COMO ESCREVER TEXTOS
Gêneros e sequências textuais

O GEN | Grupo Editorial Nacional, a maior plataforma editorial no segmento CTP (científico, técnico e profissional), publica nas áreas de saúde, ciências exatas, jurídicas, sociais aplicadas, humanas e de concursos, além de prover serviços direcionados a educação, capacitação médica continuada e preparação para concursos. Conheça nosso catálogo, composto por mais de cinco mil obras e três mil e-books, em www.grupogen.com.br.

As editoras que integram o GEN, respeitadas no mercado editorial, construíram catálogos inigualáveis, com obras decisivas na formação acadêmica e no aperfeiçoamento de várias gerações de profissionais e de estudantes de Administração, Direito, Engenharia, Enfermagem, Fisioterapia, Medicina, Odontologia, Educação Física e muitas outras ciências, tendo se tornado sinônimo de seriedade e respeito.

Nossa missão é prover o melhor conteúdo científico e distribuí-lo de maneira flexível e conveniente, a preços justos, gerando benefícios e servindo a autores, docentes, livreiros, funcionários, colaboradores e acionistas.

Nosso comportamento ético incondicional e nossa responsabilidade social e ambiental são reforçados pela natureza educacional de nossa atividade, sem comprometer o crescimento contínuo e a rentabilidade do grupo.

JOÃO BOSCO MEDEIROS
CAROLINA TOMASI

COMO ESCREVER TEXTOS
Gêneros e sequências textuais

Para ler, compreender e escrever
gêneros administrativos empresariais e oficiais

Coerência e coesão linguística

Argumentação

Os autores e a editora empenharam-se para citar adequadamente e dar o devido crédito a todos os detentores dos direitos autorais de qualquer material utilizado neste livro, dispondo-se a possíveis acertos caso, inadvertidamente, a identificação de algum deles tenha sido omitida.

Não é responsabilidade da editora nem dos autores a ocorrência de eventuais perdas ou danos a pessoas ou bens que tenham origem no uso desta publicação.

Apesar dos melhores esforços dos autores, do editor e dos revisores, é inevitável que surjam erros no texto. Assim, são bem-vindas as comunicações de usuários sobre correções ou sugestões referentes ao conteúdo ou ao nível pedagógico que auxiliem o aprimoramento de edições futuras. Os comentários dos leitores podem ser encaminhados à **Editora Atlas S.A.** pelo e-mail **editorialcsa@grupogen.com.br**.

Direitos exclusivos para a língua portuguesa
Copyright © 2017 by
Editora Atlas S.A.
Uma editora integrante do GEN | Grupo Editorial Nacional

Reservados todos os direitos. É proibida a duplicação ou reprodução deste volume, no todo ou em parte, sob quaisquer formas ou por quaisquer meios (eletrônico, mecânico, gravação, fotocópia, distribuição na internet ou outros), sem permissão expressa da editora.

Rua Conselheiro Nébias, 1384
Campos Elísios, São Paulo, SP — CEP 01203-904
Tels.: 21-3543-0770/11-5080-0770
editorialcsa@grupogen.com.br
www.grupogen.com.br

Designer de capa: Saulo Schwartzmann
Editoração Eletrônica: MSDE | MANU SANTOS Design

CIP-BRASIL. CATALOGAÇÃO NA PUBLICAÇÃO
SINDICATO NACIONAL DOS EDITORES DE LIVROS, RJ

M728c

Medeiros, João Bosco

Como escrever textos : gêneros e sequências textuais / João Bosco Medeiros, Carolina Tomasi. São Paulo : Atlas, 2017.

Inclui bibliografia e índice
ISBN 978-85-97-00930-9

1. Análise do discurso. 2. Leitura. I. Tomasi, Carolina. II. Título.

16-38014 CDD: 401.41
          CDU: 81.42

Para entender como se dá a comunicação em uma esfera social, é preciso investigar os gêneros discursivos usados na interação entre os participantes dessa esfera, considerando aspectos linguísticos e discursivos que podem ser percebidos tanto em uma análise microestrutural quanto macroestrutural. Essa perspectiva pressupõe a existência de uma relação inseparável entre o gênero e a esfera social em que foi construído, ou seja, entre o texto e o contexto, uma vez que o texto é a materialização da linguagem de um determinado ambiente social, no qual essa linguagem desempenha uma função específica (HENDGES In: MEURER; MOTTA-ROTH, 2002, p. 117-118).

Sumário

Introdução XIII

PARTE I – Competências Comunicativas 1

1 GÊNEROS DISCURSIVOS 1
    1   **Antiguidade dos estudos de gêneros** 1
    2   **Enfoque discursivo-interacionista de Bakhtin** 3
    3   **Interacionismo sociodiscursivo de Bronckart** 28
        3.1   Ação e operação de linguagem 29
        3.2   O texto como folhado de camadas superpostas 29
    4   **Gêneros como ferramentas: Dolz e Schneuwly** 29
    5   **Comunidades discursivas e propósito de comunicação: John Swales** 31
    6   **Gêneros como prática sócio-histórica** 35
    7   **A intergenericidade: mistura e mudança de gênero** 37
    8   **Conclusão** 43
    Exercícios 44

2 TIPOLOGIA TEXTUAL 47
    1   **Conceito de língua, texto, discurso** 47
        1.1   Língua 47
        1.2   Texto 50
        1.3   Discurso 52
    2   **Gêneros discursivos com base na textualidade** 54
    3   **Sequências textuais** 57
        3.1   Sequência textual narrativa 59
        3.2   Sequência textual descritiva 67
        3.3   Sequência textual argumentativa 76
            3.3.1   A retórica aristotélica 88
            3.3.2   Novas abordagens da retórica 91
        3.4   Sequência textual expositiva/explicativa 104
            3.4.1   Sequência textual expositiva 104
            3.4.2   Sequência textual explicativa 108
        3.5   Sequência textual injuntiva 111
        3.6   Sequência textual dialogal 113
    Exercícios 115

3 VARIAÇÃO E VARIEDADE LINGUÍSTICA ... 119
  1 Variação e variante ... 119
  2 Variedades linguísticas ... 121
  3 Conceito de norma ... 122
  4 Discussão sobre a expressão *norma culta* ... 125
  5 O português do Brasil ... 133
  6 Variedades inovadoras, prestigiadas, estigmatizadas ... 135
  7 Variedades linguísticas vistas por Bortoni-Ricardo ... 148
  8 Preconceito linguístico ... 150

  Exercícios ... *153*

4 PRODUÇÃO DE TEXTOS E LEITURA ... 155
  1 Concepções de escrita: como produto, como processo, como planejamento ... 156
  2 Produção textual nas teorias sociointeracionistas ... 158
  3 Textualidade ... 162
    3.1 Intencionalidade ... 163
    3.2 Aceitabilidade ... 165
    3.3 Informatividade ... 168
    3.4 Situacionalidade ... 171
    3.5 Intertextualidade ... 174
    3.6 Coerência e coesão ... 180
  4 Progressão textual ... 183
  5 Articuladores textuais discursivo-argumentativos ... 196
  6 Leitura ... 198

  Exercícios ... *213*

5 COESÃO E COERÊNCIA TEXTUAL ... 215
  1 Coesão ... 216
  2 Coerência ... 221
  3 Fatores pragmáticos ... 228

  Exercícios ... *228*

6 ESTUDO DO VOCABULÁRIO ... 231
  1 Antonímia ... 232
  2 Paronímia ... 234
  3 Homonímia ... 234
  4 Polissemia ... 235
  5 Denotação e conotação ... 235
  6 Sinonímia ... 235

7	Hiponímia e hiperonímia	236
8	Campo lexical e campo associativo	236
9	Formação das palavras	238
10	Enriquecimento do vocabulário	238

Exercícios 242

PARTE II – Gêneros Administrativos Empresariais e Oficiais 245

7 COMUNICAÇÃO EMPRESARIAL E OFICIAL 245
1. Gênero como forma de ação social 245
2. As palavras fazem coisas 249
3. Gênero administrativo em face da comunicação 250
4. Redação profissional 254
5. Carta 255
   - 5.1 *Ars dictaminis* 255
   - 5.2 A carta e sua história 256
   - 5.3 Carta comercial 258
     - 5.3.1 Estrutura 262
     - 5.3.2 Manutenção da face positiva 267
     - 5.3.3 Expressividade, distribuição do texto, preconceitos e estereótipos 267
     - 5.3.4 Clareza, concisão, precisão 268
     - 5.3.5 Correção gramatical 271
     - 5.3.6 Articuladores argumentativos 272
     - 5.3.7 Uso de adjetivos 272
   - 5.4 Carta entre amigos 274
   - 5.5 Carta-manifesto 275
   - 5.6 Carta aberta 279
   - 5.7 Carta do(a) editor(a) 282
   - 5.8 Carta do(a) leitor(a) 284
   - 5.9 Carta de venda de produtos ou serviços – mala-direta 284
   - 5.10 Ofício 287

Exercícios 293

8 FUNÇÃO SOCIOCOMUNICATIVA DOS TEXTOS 295
1. Função de dar conhecimento de algo a alguém, prestar contas, relatar 295
   - 1.1 Memorando 295
   - 1.2 Bilhete 300
   - 1.3 *E-mail* 300
     - 1.3.1 Suporte ou gênero? 303
     - 1.3.2 Estrutura 304

		1.3.3	Ortografia 306
		1.3.4	Processo de comunicação e funções da linguagem 307
	1.4	WhatsApp 308
	1.5	Circular 308
	1.6	Comunicação/comunicado 312
	1.7	Edital 313
	1.8	Auto 315
	1.9	Ata 318
	1.10	Aviso 320
	1.11	Citação 326
	1.12	Relatório administrativo 327
	1.13	*Curriculum vitae* 332
		1.13.1	Questões práticas 333
		1.13.2	Currículo eletrônico 335
		1.13.3	Guia para preparação de um currículo eletrônico 335
		1.13.4	Currículo oficial 336
2	Função de estabelecer concordância 337
	2.1	Acórdão 337
	2.2	Acordo 337
	2.3	Convênio 337
	2.4	Contrato 340
	2.5	Convenção 344
3	Função de pedir, solicitar, esclarecer 345
	3.1	Abaixo-assinado 345
	3.2	Petição 345
	3.3	Requerimento 346
	3.4	Requisição 348
	3.5	Solicitação 348
	3.6	Memorial 348
4	Função de permitir 348
	4.1	Alvará 348
	4.2	Autorização 349
	4.3	Liberação 350
5	Função de dar fé da verdade de algo, declarar 350
	5.1	Atestado 350
	5.2	Certidão 351
	5.3	Certificado 352
	5.4	Declaração 353
	5.5	Recibo 354
6	Função de decidir, resolver 356

	6.1	Ordem de serviço	356
	6.2	Decisão	359
	6.3	Resolução	359
7	**Função de solicitar presença**	360
	7.1	Convite	360
	7.2	Convocação	361
	7.3	Notificação	363
	7.4	Intimação	363
8	**Função de prometer**	363
	8.1	Nota promissória	364
	8.2	Termo de compromisso	364
	8.3	Voto	364
9	**Função de decretar ou estabelecer normas, regulamentar**	365
	9.1	Decreto	365
	9.2	Decreto-lei	367
	9.3	Lei	368
	9.4	Estatuto	369
	9.5	Regulamento interno	371
10	**Função de determinar a realização de algo**	373
	10.1	Mandado	374
	10.2	Interpelação	374
11	**Função de acrescentar elementos a um documento, declarando, corrigindo, ratificando**	374
	11.1	Averbação	374
	11.2	Apostila	374
12	**Função de outorgar mandato, explicitando poderes**	375
	12.1	Procuração	375
	Exercícios	378

REFERÊNCIAS 381
ÍNDICE REMISSIVO 395

Introdução

> *O domínio dos gêneros se constitui como instrumento que possibilita aos agentes produtores e leitores uma melhor relação com os textos, pois, ao compreender como utilizar um texto pertencente a determinado gênero, pressupõe-se que esses agentes poderão agir com a linguagem de forma mais eficaz, mesmo diante de textos pertencentes a gêneros até então desconhecidos* (CRISTOVÃO; NASCIMENTO In: KARWOSKI; GAYDECZKA; BRITO, 2011, p. 43).

Várias são as abordagens sobre gêneros discursivos. Uma delas, a que o considera como ação social, apoia-se em concepções de gênero que ultrapassam a ideia de gêneros como modelo a ser preenchido, forma estrutural a ser seguida, um instrumento desvinculado de seu papel social. Neste livro, apresentamos diversos enfoques, mas sempre salientando a necessidade de superar a visão esquemática, relacionando o gênero a práticas sociais, uma forma que nos permite compreender e participar da sociedade.

Com os Parâmetros Curriculares Nacionais (1998), entende-se que é prioridade hoje proporcionar aos interessados em estudar a língua portuguesa falada no Brasil o domínio da leitura e da escrita, consideradas essenciais para a maioria das atividades profissionais. Mudanças significativas no estudo do português brasileiro foram introduzidas por essa nova concepção de estudo da língua. Substituiu-se o tradicional enfoque estrutural no estudo linguístico por uma abordagem apoiada no caráter social da linguagem de base sociointeracionista. Paralelamente, incorporou-se a esse tipo de abordagem a noção de gêneros.

Diante das necessidades atuais, é uma preocupação constante oferecer ao estudante ou ao estudioso uma experiência de letramento, que se caracteriza como experiência com o mundo letrado. É um conceito que envolve as mais variadas experiências textuais da cultura letrada de uma sociedade. Daí o interesse em desenvolver habilidades de leitura e produção de variados tipos de texto, pois se entende que, para ter acesso aos mais variados lugares sociais, o indivíduo precisa saber ler muitos tipos de texto, entre os quais os administrativos, como memorandos, relatórios, *e-mails*, circulares, comunicados, edital de concurso, contratos, recibos, bem como desenvolver sua postura crítica diante dos textos.

Este livro, voltando-se para a prática da leitura e produção textual, com foco nos textos administrativos empresariais e oficiais, é composto de duas partes e oito capítulos. Na Parte I, discutimos questões relativas à competência comunicativa; na Parte II, tratamos dos mais variados gêneros que circulam quer na administração empresarial quer na administração pública. No Capítulo 1, tratamos dos gêneros discursivos, apresentando as mais diversas abordagens que o tema tem merecido: da posição de Bakhtin a Bazerman e Carolyn Miller; de Bronckart a John Swales. No Capítulo 2, focalizamos conceitos de língua, texto, discurso, bem como as tipologias textuais. No Capítulo 3, tratamos de variação, variante e variedades linguísticas, salientando que estas últimas compreendem um contínuo que vai das mais prestigiadas às menos prestigiadas e que tal valoração é tão somente social, não pertence à língua. No Capítulo 4, concentramo-nos na produção de textos, bem como oferecemos subsídios para a prática de leitura, visando à formação de leitores críticos. No Capítulo 5, tratamos de uma competência de comunicação altamente relevante: coesão e coerência textual. O Capítulo 6 é dedicado ao estudo do vocabulário; focaliza antonímia, paronímia, homonímia, polissemia, denotação, conotação, hiponímia e hiperonímia. No Capítulo 7, tratamos de variados tipos de cartas (comerciais, particulares, carta manifesto, carta aberta, carta do editor, carta do leitor) e de ofício, que é um tipo de carta que circula na administração pública. Ainda nesse capítulo, focalizamos estrutura desse gênero, manutenção da face positiva, clareza, concisão, precisão, uso de adjetivos e advérbios (modalizadores). Finalmente, no Capítulo 8 expomos um conjunto variado de gêneros administrativos, organizando-os conforme a função sociocomunicativa.

PARTE I

Competências Comunicativas

1
Gêneros discursivos

> *Os autores em geral parecem ficar muito pouco à vontade quando o assunto é tipologia textual ou gêneros discursivos. Isso porque os gêneros com frequência não têm características só deles, havendo características de um que se adequam muito bem a outros* (MESQUITA In: TRAVAGLIA; FINOTTI; MESQUITA, 2008, p. 135).

1 ANTIGUIDADE DOS ESTUDOS DE GÊNEROS

O exame dos gêneros do discurso ou gênero textual vem de longa data. Na tradição ocidental, o estudo de gêneros esteve relacionado aos estudos literários. Constituem antecedentes dos estudos modernos: Platão, Aristóteles, Horácio, Quintiliano. Hoje, os estudos sobre gêneros ganhou extensão maior e não se atêm apenas aos estudos literários: gênero passou a ser visto como uma categoria que se utiliza para se referir a discursos de todo tipo, falado ou escrito, com aspirações literárias ou não.

Através da história, tem sido frequente a distinção de gêneros literários, como lírico, épico, dramático, enfim distinção entre poesia e prosa, tragédia e comédia. Para Bazerman (2011a, p. 25), "o gênero, nos estudos literários, está mais relacionado às questões de forma textual ou dos efeitos sobre um leitor ideal do que sobre as relações sociais".

Herdamos, pois, o conceito de gênero da antiguidade clássica, como podemos verificar na *Retórica* e na *Poética* de Aristóteles. Três tipos de discurso, que constituem os gêneros retóricos, interessaram-lhe (MEYER, 2007, p. 28-29):

- o **epidítico**: dedicado ao louvor ou à censura. Gênero "centrado no estilo atraente e agradável, em que o auditório desempenha um papel preciso, pelo fato de comandar o louvor ou a aclamação ou a censura";
- o **deliberativo**: próprio para o aconselhamento ou desaconselhamento das assembleias; gênero que se caracteriza por dever "decidir agir em função do útil ou do prejudicial";
- o **judiciário**: adequado para defender ou acusar; gênero "em que se determina se uma ação é justa ou não".

Para Pinheiro (In: MEURER; MOTTA-ROTH, 2002, p. 263), nessa divisão "as distinções estão fundamentalmente vinculadas ao modo de imitação ou de representação da realidade [...]. Ao lírico pertencem as obras em que fala apenas o autor; ao épico, àquelas em que autores e personagens têm direito a voz e, ao dramático, estão associadas obras em que apenas os personagens falam".

Os gêneros em retórica caracterizam o que será tratado, permitindo que o leitor anteveja que respostas pode esperar para seus questionamentos. Esses gêneros podem aparecer de **forma híbrida**, ou seja, podem surgir sobrepostos. Podemos, por exemplo, nos ocupar do justo (gênero judiciário) em um discurso político (gênero deliberativo), bem como do útil (gênero deliberativo) em um discurso jurídico (gênero judiciário). Nesse caso, ocorre um **intercâmbio de gênero**, ou seja, um gênero de texto no lugar de outro, como forma estilística e de construção do sentido (cf. TRAVAGLIA, 2007, p. 1299).

Aristóteles entendia haver nos discursos três elementos: (1) aquele que fala; (2) aquele a quem se fala; (3) aquilo sobre o que se fala.

Três eram os tipos de ouvinte: (1) um que se comporta como espectador que vê o presente; (2) um ouvinte coletivo, que se comporta como uma assembleia que olha para o futuro; (3) e um que se comporta como juiz, que se ocupa de julgar coisas passadas. Daí resultavam três gêneros: o deliberativo, o epidítico e o judiciário.

Compunham os gêneros um *éthos*, um *páthos* e um *logos*. O *páthos* manifesta-se quando o auditório julga (avalia) se o discurso é belo (gênero epidítico), ou útil (gênero deliberativo), ou justo (gênero judiciário); ativam-se paixões, estados de alma. O *éthos* do enunciador, ao ornamentar, deliberar ou defender, interfere distintamente nesses três gêneros. O *logos*, por sua vez, diz respeito ao que é possível, ao que será possível, ao que teria sido possível.

O *éthos* é constituído pelos traços de comportamento do enunciador; está ligado à pessoa que enuncia um discurso; relaciona-se com a imagem que o enunciador (ou orador) projeta de si mesmo; é o *éthos* que "o torna exemplar aos olhos do auditório, que então se dispõe a ouvi-lo e a segui-lo" (MEYER, 2007, p. 34). O que lhe confere autoridade são as virtudes morais, como boa conduta e confiança. Continua Meyer (2007, p. 36): "seguramente, o orador se mascara ou se revela, se dissimula ou se exibe com toda transparência, em função da problemática que ele precisa enfrentar. Ele é prudente ou finge". Ele sinaliza para o auditório: "eu tenho a resposta para a questão que vocês propõem; podem confiar em mim".

Assim, podemos afirmar que o *éthos* remete às respostas, enquanto o *páthos* é fonte de questionamentos. As paixões do auditório podem ser de temor, amor, ódio, esperança, desespero etc. Segundo Meyer (2007, p. 37), "a paixão começa pela expressão subjetiva de uma questão vista sob o ângulo do prazer e do desprazer". E logo adiante, na página 40, diz que o *páthos* é a dimensão retórica que compreende: as questões do auditório, as emoções que o auditório experimenta diante dessas questões, bem como as respostas produzidas e os valores que justificam aos olhos do auditório a resposta a essas questões.

Finalmente, o *logos* preserva a diferença entre questões e respostas; ele é aquilo que está em questão.

2 ENFOQUE DISCURSIVO-INTERACIONISTA DE BAKHTIN

A abordagem bakhtiniana, também conhecida como abordagem sociodialógica ou sociodiscursiva, entende a constituição e o funcionamento dos gêneros com base em sua relação com a situação social de interação e a esfera social de atividade. O processo comunicativo implica pessoas que estejam no controle do gênero, uma situação social determinada, bem como vozes que estão implícitas ou explícitas, compondo o discurso.

Nossos atos comunicativos envolvem aspectos linguísticos, bem como a interação, que é cercada por um conjunto de expectativas que devem ser preenchidas. De um *editorial*, por exemplo, espera-se que manifeste o ponto de vista dos donos e responsáveis pela empresa jornalística; que aborde questões atuais e de interesse da sociedade; que tenha determinada extensão; que nomeie com precisão o assunto de que trata, e assim por diante. Deve manifestar pertencimento a um domínio discursivo (o jornalístico), que proporciona o aparecimento de discursos específicos. Esse conjunto de noções caracterizadoras chamamos de gênero. Bakhtin (2006, p. 282) afirma:

> Falamos apenas através de determinados gêneros do discurso, isto é, todos os nossos enunciados possuem *formas* relativamente estáveis e típicas de *construção do todo*. Dispomos de um rico repertório de gêneros de discurso orais (e escritos). *Em termos práticos,* nós os empregamos de forma segura e habilidosa, mas *em termos teóricos* podemos desconhecer inteiramente a sua existência.

Por serem diversas as esferas de atividade humana, os gêneros discursivos são múltiplos e heterogêneos, compondo um *continuum* que vai da conversação espontânea aos textos científicos. Todos nós dispomos de uma **competência genérica** (competência relativa aos usos de gêneros discursivos) que nos orienta na **compreensão e produção** de sentido de textos orais e escritos. Se lemos em um *horóscopo*, não o confundimos com um texto de psicologia:

> Virgem: cuide para que seu senso crítico não [o] faça ficar mais ranzinza nas [suas] relações. Observe mais e seja paciente com as diferenças (*Metro*, São Paulo, 4 maio 2015, p. 11).

Observe, por exemplo, o uso de imperativo, comum nesse tipo de texto, bem como as afirmações genéricas, que servem para todos os signos. Vejamos agora um texto de psicologia, dificilmente localizamos enunciados cristalizados do senso comum ou formas imperativas:

> Nossa capacidade de lidar com a frustração foi reduzida ao mínimo. Há uma enorme vontade de, junto com a frustração, jogar fora tudo. Vê-se isso nas pessoas que vão desfazendo relações amorosas em série para, a seguir, entrar em outra que segue o mesmo modelo. Ou seja, às vezes a pessoa age como se o problema estivesse fora, quando, na realidade, está dentro dela. Fica difícil separar o ganho de liberdade e o individualismo competitivo e destrutivo, mas é essencial separá-los. Porque, se queremos valorizar a liberdade como fator de realização pessoal, a realização de um não pode ocasionar a destruição dos outros. Mesmo porque vivemos em um mundo em que todo mundo cabe, todo mundo tem espaço. Ninguém precisa descartar ou desqualificar outras pessoas para se realizar. Então, na transformação social que estamos atravessando, é fundamental saber distinguir entre a liberdade, na qual devemos apostar, e o risco de destruir o outro (GIKOVATE; RIBEIRO, 2013, p. 56).

Neste último texto, não encontramos as ordens do texto de horóscopo, mas uma descrição de comportamento, bem como uma análise dos tempos modernos ("Vê-se isso nas pessoas que vão desfazendo relações amorosas em série para, a seguir, entrar em outra que segue o mesmo modelo"; "na transformação social que estamos atravessando, é fundamental saber distinguir entre a liberdade, na qual devemos apostar, e o risco de destruir o outro"). O foco deixa de ser concentrado no *eu*, para ocupar-se das relações *eu-tu*. Não há uma preocupação com ações a serem tomadas imediatamente, para a solução de problemas corriqueiros e sem face específica, mas uma reflexão sobre nossas relações humanas.

As manifestações espontâneas são resultado da interação humana que ocorre nos diálogos cotidianos. Paulatinamente, essas manifestações adquirem formas e características que as identificam; organizadas, recebem o nome de **gêneros discursivos primários**, como os textos orais produzidos em nossos *diálogos com familiares, amigos, colegas de trabalho, cartas pessoais, diário íntimo*. Já as manifestações **complexas e estruturadas**, que dispõem de formas e padrões linguísticos, constituem os **gêneros discursivos secundários**, que compreendem *conferências, palestras, entrevistas, cultos religiosos, sermões, cartas comerciais*, e-mails *comerciais, relatórios científicos e administrativos, artigos jornalísticos, propagandas, romance, conto, novela, fábulas, apólogos, poemas, peças teatrais, monografias, dissertações de mestrado, teses, ritos jurídicos, como defesa processual, acusação, petição*.

Enquanto os **gêneros primários** têm relação direta com a situação em que são produzidos e funcionam em situações espontâneas de comunicação cotidiana, os **secundários** são resultado de circunstâncias de troca cultural e pertencem a situações culturais mais complexas, que tendem a explorar e a recuperar discursos primários e exigem, para seu domínio, aprendizagem.

Como a linguagem tem um caráter social, é produto da interação social, entende-se que os enunciados linguísticos são determinados por uma situação concreta, bem como pelo contexto que constitui o conjunto das condições de vida de uma comunidade linguística. Segundo Cunha (In: DIONISIO; MACHADO; BEZERRA, 2010, p. 181), só compreendemos a linguagem se temos conhecimento de seus elementos constitutivos: participantes, lugar, tempo, propósito comunicativo (*convencer, explicar, responder, elogiar, dizer verdades ou mentiras, agradar, criticar*), bem como conhecimento das diferentes semiologias (gestos, imagens, língua etc.) que entram na sua produção. Fora da situação em que a língua é produzida, só há abstrações, como é o caso das frases e palavras isoladas.

Para Bakhtin, é pela linguagem que o sujeito ocupa papel diferenciado em uma situação de interação. Por isso, para compreender as relações sócio-históricas de uma sociedade, precisamos focalizar o sujeito: é ele que produz enunciados, que são acontecimentos que implicam uma situação histórica, uma identificação dos atores sociais, uma cultura, o estabelecimento de um diálogo.

Rojo (In: MEURER; BONINI; MOTTA-ROTH, 2010, p. 199) entende que a adoção da perspectiva dos gêneros do discurso permite uma análise pormenorizada dos aspectos sócio-históricos da situação enunciativa; podemos então verificar os propósitos enunciativos do locutor, sua apreciação valorativa sobre seu interlocutor e tema discursivo. Com base nessa análise, podemos buscar as marcas linguísticas (composição e estilo) que no enunciado mostram aspectos da situação.

Uma diversidade grande de produções de linguagem está na base da diversidade de atividades sociais realizadas por diferentes grupos. Os discursos são diferentes em cada esfera de atividade do homem. Em cada lugar, exercemos um papel diferente e nos valemos de atividades linguísticas diversas: o diretor de uma empresa enquanto diretor vale-se de uma forma específica de linguagem; no relacionamento interpessoal, nos corredores da empresa, utiliza outra que, por sua vez, é diferente daquela que lhe serve na padaria. A diversidade de produções linguísticas é imensa, mas organizada.

Nossa **competência linguística** nos indica o gênero discursivo apropriado às mais diversas situações. Brandão (2004) entende que "os gêneros do discurso são diferentes formas de uso da linguagem que variam de acordo com as diferentes esferas de atividade do homem". Assim, temos: uma língua que usamos no cotidiano, uma que usamos no trabalho (emprego), uma literária, outra jurídica, outra ainda política, religiosa etc. Cada uma delas constitui sistemas diferentes e manifesta a necessidade de competência linguística a todo falante.

Segundo Bakhtin, essa competência inclui o conhecimento de que o dialogismo é o princípio constitutivo e fundador da linguagem e condição do sentido do discurso; todo dizer é constituído de outros dizeres; tudo o que dizemos é uma reação, uma resposta a outros enunciados. Em nossa interação verbal, nossas palavras brotam de outros enunciados, ou remetem a eles. Elas não são neutras, portanto, mas já trazem sentidos, visões de mundo (ver RODRIGUES In: MEURER; BONINI; MOTTA-ROTH, 2010, p. 155).

Com relação ao dialogismo, Cunha (In: DIONISIO; MACHADO; BEZERRA, 2010, p. 181) afirma:

> Todo enunciado é uma resposta a um *já dito*, seja numa situação imediata, seja num contexto mais amplo. Não se trata aqui do diálogo entre falantes numa situação de conversação, mas da relação do enunciado com o que já foi dito sobre o mesmo assunto, e com o que lhe suceder na "corrente ininterrupta da comunicação verbal". Assim, a fala é sempre constituída de outras que lhe antecederam sobre o tema.

O dialogismo se dá em vários níveis: na interação entre autor e leitor, na relação entre interlocutores, nas relações com outros discursos ou outros textos, na relação do texto com o contexto. Assim é que a significação não é dada, mas se constrói dialogicamente (cf. CORRÊA; SILVA In: APARÍCIO; SILVA, 2014, p. 150).

Cunha (In: DIONISIO; MACHADO; BEZERRA, 2010, p. 181) esclarece que o termo *dialogismo*, ao ser traduzido por *intertextualidade* (o que é muito comum nos manuais da área), provoca confusão entre os conceitos: o de intertextualidade, por exemplo, é usado relativamente à inserção de outras vozes no texto, quer por citação direta, quer por paráfrase (citação indireta), quer por alusão (cf. FIORIN In: BARROS; FIORIN, 1999, p. 30), quer por ironia. Alguns autores preferem as expressões *polifonia* ou *discurso reportado*:

1. **Citação direta:** "Na quinta-feira seguinte, dia 17, a virologista Danielle Leal de Oliveira usou parte das células preparadas por Stella para iniciar a cultura de Zika e anunciou em um *e-mail*: 'Inoculei os vírus hoje. Estamos de dedos cruzados pra ver se eles crescem'" (ZORZETTO, Ricardo. Zica: o vírus que pegou o país de surpresa. *Pesquisa FAPESP*, São Paulo, n. 239, jan. 2016, p. 47).
"Vinícius incorporou-se ao, digamos, pensamento nacional com frases que as pessoas citam no dia a dia, às vezes sem saber que foi ele quem as inventou. Uma das mais conhecidas é: 'O melhor amigo do homem é o uísque. O uísque é o cachorro engarrafado'. Ou esta, sobre o avião: 'É mais pesado que o ar, tem motor a explosão e foi inventado por brasileiro. Não pode dar certo'"

(CASTRO, Ruy. A graça dessa acusação. *Folha de S. Paulo,* São Paulo, 22 abr. 2016, p. A2).
2. **Citação indireta:** enunciados introduzidos por verbos *dicendi* (*afirmar, dizer, sugerir, indicar, observar* etc.); aqui, não temos acesso à fala original, mas a uma paráfrase dela: "Vários especialistas consultados pela reportagem afirmam que o Zika é o principal suspeito de causar a microcefalia" (ZORZETTO, Ricardo. Zica: o vírus que pegou o país de surpresa. *Pesquisa FAPESP*, São Paulo, n. 239, jan. 2016, p. 51). Outro exemplo: "Freud costumava dizer que a razão fala baixo, mas nunca se cala. Queiram ou não a história será escrita lembrando que, em 2016, o Brasil sofreu um golpe de Estado que lhe deu, de vez, as feições de um Estado oligárquico" (SAFATLE, Vladimir. Sob o olhar do mundo. *Folha de S. Paulo,* São Paulo, 22 abr. 2016, p. C8). Outro exemplo: "Marc Bloch, um dos fundadores da revista *Annales*, escreveu em seus manuscritos inacabados sobre a história que o objeto da história é o homem no tempo. Isso não significa que se deva procurar as causas originais que levariam as coisas a serem o que são, ou os homens a agirem como agem, mas significa que os homens, como dizia, parecem-se mais com seu tempo que com seus pais" (BIROLI, Flávia. Dizer (n)o tempo: observações sobre história, historicidade e discurso. In: SIGNORINI, Inês (Org.). *[Re]Discutir texto, gênero e discurso.* São Paulo: Parábola, 2010. p. 172).
3. A **alusão**, embora possa ser explícita ou implícita, em geral é vista como uma referência vaga, como ocorre em "receber um presente de grego", em que há uma alusão ao cavalo de Troia, cavalo que os gregos utilizaram estrategicamente para derrotar os troianos: ele era de madeira e oco por dentro; a *Ilíada* de Homero conta que ele foi carregado para dentro das muralhas de Troia, sem que os troianos soubessem que em seu interior escondiam-se guerreiros inimigos. À noite, os guerreiros saíram do cavalo, dominaram as sentinelas e permitiram a entrada do exército grego, que destruiu a cidade. Quando se diz então que se recebeu um presente de grego, o interlocutor pode dar-se conta de que o presente recebido constitui uma cilada, um problema futuro, um *antipresente*. Outro exemplo: "Por mais contraditório que pareça, é muito mais difícil escrever curto e grosso do que escrever comprido. A imposição de limites de tempo e espaço ao texto exige concisão, clareza e objetividade. Em textos curtos, fica impossível encher linguiça e dizer duas vezes a mesma coisa. Nessa hora, quem sabe sabe; quem não sabe se trumbica" (SALVADOR, 2015, p. 18). Em "quem não sabe se trumbica", há uma alusão ao Velho Guerreiro, Chacrinha, que dizia: "quem não se comunica se trumbica".
4. **Ironia:** Fulano é mesmo muito competente, apenas não se entende bem com empilhadeira! [Em "muito competente", podemos identificar a fala de terceiros que poderiam ter elogiado indevidamente o profissional de almoxarifado.]

Considerando a "intertextualidade" (dialogismo), Affonso Romano de Sant'Anna (1985, p. 9) entende que "tanto Tynianov quanto Bakhtin trabalharam apenas com os conceitos de *paródia* e de *estilização*" e afirma que sua proposta "é sair dessa dicotomia simples e introduzir dois elementos que complementam melhor o quadro de relações"; desenvolve então, além dos dois conceitos anteriores, o de *paráfrase e apropriação*. Na paráfrase, haveria um desvio mínimo; na estilização, um desvio tolerável; na paródia, um desvio total.

A "Canção do exílio", de Gonçalves Dias ("Minha terra tem palmeiras,/onde canta o sabiá..."), foi, através da história, parafraseada, estilizada e parodiada. Drummond, segundo Sant'Anna (p. 23), a teria **parafraseado** em "Europa, França e Bahia" ("Meus olhos brasileiros se fecham saudosos/Minha boca procura a 'Canção do Exílio'/Como era mesmo a 'Canção do Exílio'?/Eu tão esquecido de minha terra.../Ai terra que tem palmeiras/ onde canta o sabiá!"). Teria ocorrido aqui um deslocamento mínimo e uso de uma técnica de *citação e transcrição direta*. Observe-se a citação do poema de Gonçalves Dias no texto de Drummond: "Minha boca procura a 'Canção do Exílio'", bem como transcrição em "minha terra", "tem palmeiras onde canta o sabiá".

O poema "Um dia depois do outro", de Cassiano Ricardo ("Esta saudade que fere/ mais do que as outras quiçá,/sem exílio nem palmeira/onde canta um sabiá"), seria um exemplo de **estilização**.

Em "Canto de regresso à pátria" ("minha terra tem palmares/onde gorjeia o mar/os passarinhos daqui/não cantam, como os de lá"), de Oswald de Andrade, no entanto, teríamos um distanciamento absoluto, uma **paródia**; o sentido é invertido: a paronomásia *palmeiras/Palmares* encarrega-se de introduzir uma crítica histórica e social. Substitui-se "o ingênuo termo romântico 'palmeira' pelo nome do famoso quilombo onde os negros liderados por Zumbi foram dizimados em 1695" (SANT'ANNA, 1985, p. 25). O leitor toma contato com duas vozes: em presença, a voz de Oswald; em ausência, a voz de Gonçalves Dias. Na paráfrase, temos uma continuidade da ideologia dominante, enquanto na paródia temos uma descontinuidade. Na paródia, temos uma intertextualidade de diferenças; na paráfrase, intertextualidade de semelhanças. Sant'Anna (1985, p. 27-28) entende ainda que "a paródia, por estar do lado do novo e do diferente, é sempre inauguradora de um novo paradigma". A paráfrase, por sua vez, por repousar "sobre o idêntico e o semelhante, pouco faz evoluir a linguagem. Ela se oculta atrás de algo já estabelecido, de um velho paradigma". Como a paráfrase é continuidade ideológica e a paródia descontinuidade, podemos afirmar que a "a ideologia tende a falar sempre do mesmo e do idêntico".

Com base nesses conceitos é que se pode afirmar que "o discurso não é individual, porque se constrói entre pelo menos dois interlocutores e também porque se constrói nas relações com outros discursos ou textos" (ARAÚJO In: MEURER; MOTTA-ROTH, 2002, p. 142). Qualquer texto seria "um tecido de muitas vozes", ou de discursos que, ao se cruzarem, entram em acordo ou estabelecem uma polêmica. Um texto nunca seria resultado da produção de um sentido construído pelo autor, mas, juntos, autor e leitor, locutor e interlocutor, constroem o texto e seu sentido. No texto "Uma análise da polifonia discursiva em resenhas críticas acadêmicas", Araújo (In: MEURER; MOTTA-ROTH, 2002, p. 142-143) afirma ainda que nessa concepção dialógica do discurso, os termos polifonia, heterogeneidade e intertextualidade referem-se a conceitos bastante discutidos. [...] O conceito de polifonia foi desenvolvido por Ducrot na Semântica Argumentativa, porém foi Mikhail Bakhtin o primeiro estudioso a elaborar os conceitos de polifonia e heterogeneidade, defendendo a ideia de que todo texto é um objeto heterogêneo, no sentido de que todo texto é a reconfiguração de outros textos que lhe dão origem, lhe predeterminam, dialogando com ele, retomando-o, ou mesmo se opondo a ele.

Dialogismo e polifonia são conceitos diferentes, que não devem ser confundidos. Para Bakhtin, diálogo diz respeito a toda a comunicação verbal; é uma propriedade da linguagem e não apenas uma comunicação face a face. Assim, todo texto dialoga com outro(s) texto(s). Em *Problemas da poética de Dostoiévski*, Bakhtin (1997) desenvolve o conceito de **polifonia**, que seria característica do romance plurivocal. A pluralidade de vozes das personagens apresenta certa independência em relação à voz do narrador. Em geral, o romance apresenta diversidade de vozes que se chocam, manifestando diferentes pontos de vista sobre o mundo e a realidade social. Já o **dialogismo** é o princípio constitutivo da linguagem, que se caracteriza pela presença de vozes polêmicas ou contratuais em um discurso. A linguagem é heterogênea, ou seja, o discurso é constituído com base no discurso do outro (*já dito*).

Para Barros (In: BARROS; FIORIN, 1999, p. 3), "concebe-se o dialogismo como o espaço interacional entre o eu e o tu ou entre o eu e o outro no texto". Segundo ainda Barros, Bakhtin insistia "em afirmar que nenhuma palavra é nossa, mas traz em si a perspectiva da outra voz".

É o dialogismo que faz o discurso ser heterogêneo, composto de mais de uma voz. A heterogeneidade pode ser **constitutiva** ou **mostrada**. A **constitutiva** não se mostra explicitamente no texto; é percebida pela memória discursiva de uma formação social. A **mostrada** apresenta marcas linguísticas no texto, marcas explícitas de diversas fontes enunciativas (discurso direto apresentado entre aspas, ou marcas tipográficas, como diferença de caracteres [*itálico*, **bold**, LETRAS MAIÚSCULAS etc.], recuo de um texto em relação à margem esquerda, espaço interlinear menor, ou discurso indireto) que denunciam a presença do outro no texto. Vejamos um exemplo:

> ### DOSE CONTRA DENGUE NÃO TEM PREVISÃO
>
> O Instituto Butantan afirmou que a terceira fase de testes da vacina contra a dengue ainda não tem uma data para começar.
>
> Em entrevista ao jornal "Folha de S. Paulo", o diretor da entidade, Jorge Kalil, disse que a liberação depende de aprovação da Anvisa (Agência Nacional de Vigilância Sanitária).
>
> A previsão do instituto é de que a vacina esteja disponível para a população em 2016. Segundo Kalil, os testes mostrariam a eficácia da vacina em até três meses após a liberação (*Metro*, São Paulo, 4 maio 2015, p. 2).

Como podemos verificar, o texto do jornal *Metro* é composto de mais de uma voz, aquilo que Bakhtin chama de *dialogismo*, que pode ser constitutivo ou marcado. Já no título podemos perceber a voz de alguém que estivesse perguntando sobre a previsão de uma vacina contra a dengue. Nesse caso, o dialogismo é constitutivo. O texto é resposta a uma demanda, a um questionamento de outrem. Em seguida, o texto é aberto com uma forma marcada de participação de outra voz, em discurso indireto: "o Instituto Butantan afirmou que". A presença dessa outra voz empresta ao texto credibilidade, porque a afirmação é de uma instituição que goza de prestígio social. O enunciador distancia-se da afirmação, assume uma posição neutra. No segundo parágrafo, temos a voz de Jorge Kalil; novamente, a afirmação ganha em credibilidade por se tratar de voz de uma autoridade, diretor do Instituto Butantan. Portanto, o que em princípio parecia constituir-se o texto na voz de um enunciador, a do jornalista, é em verdade um texto constituído de: (a) uma voz que manifesta interesse em saber quando estará disponível uma vacina e (b) a voz de uma autoridade, que estabelece um prazo para tal.

As aspas constituem uma marca. Quando o enunciador se vale do uso de **aspas**, ele introduz certo distanciamento do enunciado; podem indicar para o leitor que "a palavra não é apropriada, mas mesmo assim está sendo utilizada". Se, num processo narrativo ou argumentativo, por exemplo, o enunciador utiliza uma expressão de outra pessoa entre aspas, diz-se que ele produz um efeito de sentido que resguarda seu ponto de vista; nesse caso, o uso de aspas manifesta um juízo crítico implícito: o distanciamento, às vezes, reflete um questionamento sobre a propriedade das palavras aspeadas, às vezes uma indicação de que elas pertencem a outrem. Exemplos:

> A Internet cria "um leitor mais burro e mais violento". O décimo romance de Bernardo Carvalho é sobre a incapacidade de comunicar este presente incessantemente mutante e narcisista. *Reprodução* põe o dedo na ferida do debate político pós-Internet, o lugar do lugar-comum (LUCAS, Isabel. *Ipsilon Brasil,* out. 2005. p. 12).
>
> Bernardo Carvalho vem de um país "sem leitores", o Brasil: "No livro há esse desespero de uma língua, de uma escrita feita para um mundo que não quer recebê-la" (LUCAS, Isabel. *Ipsilon Brasil,* out. 2005. p. 12).

Outras possibilidades de **heterogeneidade mostrada** encontramos na **ironia**, na **imitação**, na **pressuposição**. Na **ironia**, por exemplo, o locutor utiliza as palavras do outro, mas dá orientação oposta de sentido. Suponhamos que, para nos referir a alguém de poucas habilidades manuais, grosseiro, digamos: "Ele tem a habilidade de um "relojoeiro", a delicadeza de um "ourives", de um "joalheiro"." Nesse caso, as palavras aspeadas remetem a discursos em que elas aparecem na forma positiva, referindo-se a profissionais que são realmente habilidosos, cuidadosos, que trabalham com delicadeza.

Vejamos alguns exemplos de uso de aspas:

1. Para indicar discurso direto e adicionar credibilidade; trata-se de argumento de autoridade:

   Para esses casos também é indicada a isotretinoína. "Trata-se do tipo de acne mais grave de todos, podendo ocorrer, além de nódulos e lesões, também cistos e abscessos que causam cicatrizes na pele", avisa a médica da Pró-Corpo Estética (*Ponto de Encontro: a revista da Drogaria São Paulo*, São Paulo, n. 58, p. 16, out./nov. 2015).

   Vale aqui lembrar uma frase de Guimarães Rosa: "O que ela [a vida] quer da gente é coragem" (SAYÃO, Rosely. *Folha de S. Paulo,* São Paulo, 26 jan. 2016, p. B2).

   Para rebater, o empresário passou a repetir o mesmo discurso em encontros com militantes: "Não quero o voto de alguém que, em troca, queira emprego ou favor" (*Folha de S. Paulo,* São Paulo, 26 jan. 2016, p. A6).

   O discurso do outro, no entanto, nem sempre vem entre aspas, porque o autor do enunciado julga ser a fonte reconhecível com facilidade pelo leitor, como se dá no caso seguinte:

   Não mais, Musa, não mais. Acossado, o ex-presidente virou um narrador sem ponto de vista. Ora fala como um líder de truz dos trabalhadores. E ora se gaba de ter feito palestras milionárias a executivos amestrados (CONTI, Mario Sergio. *Folha de S. Paulo,* São Paulo, 26 jan. 2016, p. A5).

   Neste último exemplo, há uma alusão a Camões, que diz em *Os lusíadas*: "Não mais, Musa, não mais, que a Lira tenho/Destemperada e a voz enrouquecida/E não do canto, mas de ver que venho/Cantar a gente surda e endurecida./O favor com que mais se acende o engenho/Não no dá a pátria, não, que está metida/No gosto da cobiça e na rudeza/Duma austera, apagada e vil tristeza" (CAMÕES, 2003, p. 262).

2. Para destacar uma palavra, indicar um neologismo ou gíria, palavra não dicionarizada:

   Para montar um bom roteiro [de viagem] é importante pesquisar sobre o destino escolhido, quanto mais informações obtiver, melhor. *Blogs* e redes sociais podem contribuir muito nessa busca. Dessa forma, você consegue planejar melhor o tempo que vai passar no local, porque aproveita dicas de quem já esteve lá e pode fugir das "furadas" (*Ponto de Encontro: a revista da Drogaria São Paulo*, São Paulo, n. 58, p. 31, out./nov. 2015).

   Ao colocar aspas, a enunciação afasta-se do enunciado. Diz algo como: "como se diz na gíria: 'furadas'"; "a expressão não é minha", ou "sei que a palavra é uma gíria e, por isso, estou usando aspas".

> O sertão seria um grande deserto, "desertão". Lugar cuja escassez não se resume à adversidade do ecossistema (*Folha de S. Paulo*, São Paulo, 26 jan. 2016, p. A2).

Aqui, as aspas indicam que o autor chama a atenção para a metáfora expressa pelo aumentativo incomum de *deserto*.

3. Para indicar que a(s) palavra(s) pertence(m) a outrem; às vezes, indicam que são impróprias, outras vezes manifestam ponto de vista crítico por sua inadequação:

> O Brasil está "perdendo feio" a batalha para o *Aedes aegypti*. O diagnóstico foi feito ontem pelo ministro da Saúde, Marcelo Castro (*Folha de S. Paulo*, São Paulo, 26 jan. 2016, p. A2).

As aspas aqui indicam que "perdendo feio" pertence ao discurso do ministro da Saúde; não é do jornalista, autor do texto.

> Desde então, Castro colecionou falas polêmicas. Em uma delas, disse que iria "torcer para que as mulheres peguem zica" antes da idade fértil, "aí ficariam imunizadas pelo próprio mosquito" e não precisariam de vacina (*Folha de S. Paulo*, São Paulo, 26 jan. 2016, p. B4).

Novamente, as aspas servem para distanciar a fala do ministro da do jornalista.

> Na guerra contra o "danado" do mosquito *Aedes egypti*, que "é tímido, mas gosta das extremidades", as mulheres se protegem menos que os homens, porque "ficam com as pernas de fora". E quando usam calça, usam sandália" (*Folha de S. Paulo*, São Paulo, 26 de jan. 2016, p. B4).

Outra vez, as aspas servem para indicar responsabilidade; umas palavras pertencem ao jornalista, outras ao ministro da Saúde, Marcelo Castro.

4. Para indicar ironia:

> Como imaginar que políticos com a "honorabilidade" dos citados se prestariam a desviar verbas destinadas à merenda dos alunos pobres da rede estadual? (*Folha de S. Paulo*, São Paulo, 26 jan. 2016, p. A3).

Aqui, se nota que o jornalista não vê nenhuma honorabilidade nos políticos envolvidos no episódio; daí o uso de aspas para indicar posicionamento irônico.

5. Para indicar discordância com relação à palavra empregada, ou com a qual não se concorda, mas é a que se ouve ou se vê no cotidiano, ou manifestar distanciamento ("essas palavras não são minhas; são da própria pessoa de que estou tratando"):

> A primeira reação dos porta-vozes do "mercado" à reviravolta foi, como previsível, chutar para cima as previsões de inflação para este e para os

próximos anos. Chutaram bem (FREIRE, Vinícius Torres. *Folha de S. Paulo*, São Paulo, 26 jan. 2016, p. A14).

O jornalista poderia usar aspas tanto para "porta-vozes", chamando a atenção para a impropriedade do termo, como em "mercado", indicando que mercado não tem ações humanas, não designam porta-vozes para expor suas decisões; são pessoas que determinam, que tomam decisões, que falam. O mercado não subordina ninguém, não manda ninguém dizer nada.

> Deve haver um tanto de contrassenso na crítica da presidente, em artigo publicado pela *Folha*, a "setores da oposição que não aceitaram o resultado das urnas". Afinal, ela própria inaugurou o desrespeito à escolha que convenceu o eleitorado a fazer (PATU, Gustavo. A falta que a política faz. *Folha de S. Paulo,* São Paulo, 5 de jan. 2016, p. A2).

A expressão entre aspas indica que ela não pertence ao autor do texto, Gustavo Patu, que a considera talvez imprópria.

Essa concepção dialógica da linguagem afirma não haver discurso ou texto homogêneo; "o texto não é um objeto sem voz e o sujeito é sempre produto da multiplicidade, da diferença, da alteridade, isto é, do dialogismo, da polifonia, da poliglossia" (ARAÚJO In: MEURER; MOTTA-ROTH, 2002, p. 144).

Como os enunciados são produto de interação social, toda palavra é resultado de trocas sociais em determinado contexto. Por serem sociais e ocorrerem em um contexto, **os gêneros são diversos e definem-se como tipos de enunciados relativamente estáveis, caracterizados por um conteúdo temático, uma construção composicional e um estilo.**

O conteúdo temático constitui o objeto do discurso, o assunto; a **construção composicional** diz respeito à estrutura formal, que, conforme o gênero, pode ser mais rígida (gêneros administrativos oficiais, por exemplo); e o **estilo** compreende elementos relativos à escolha do indivíduo (seleção do vocabulário, estruturas frasais, opções gramaticais).

Os enunciados são marcados por aspectos sociais, históricos e temporais, refletem finalidades e condições específicas de uma instituição. Conforme crescem as instituições em complexidade, amplia-se o repertório de gêneros discursivos.

Eliana Dias et al. (2011, p. 142-145), em "Gêneros textuais e(ou) gêneros discursivos: uma questão de nomenclatura?", afirmam que, da perspectiva bakhtiniana **os gêneros são práticas sociocomunicativas**, realizadas historicamente. Eles recebem influência de fenômenos sociais e dependem da situação comunicativa em que são constituídos. No momento da interação, valemo-nos de um gênero que, embora seja selecionado conforme a situação discursiva, revela necessidades próprias dos atores envolvidos. Enfim, ele está presente em toda atividade comunicativa humana.

No capítulo "Os gêneros do discurso" de *Estética da criação verbal*, Bakhtin (2006, p. 261-262) afirma:

> Todos os diversos campos da atividade humana estão ligados ao uso da linguagem. Compreende-se perfeitamente que o caráter e as formas desse

> uso sejam tão multiformes quanto os campos da atividade humana, o que, é claro, não contradiz a unidade nacional de uma língua. O emprego da língua efetua-se em forma de enunciados (orais e escritos) concretos e únicos, proferidos pelos integrantes desse ou daquele campo da atividade humana. Esses enunciados refletem as condições específicas e as finalidades de cada referido campo não só por seu **conteúdo (temático)** e pelo **estilo da linguagem**, ou seja, pela seleção dos recursos lexicais, fraseológicos e gramaticais da língua mas, acima de tudo, por sua **construção composicional**. Todos esses três elementos – **o conteúdo temático, o estilo, a construção composicional** – estão indissoluvelmente ligados no todo do enunciado e são igualmente determinados pela especificidade de um determinado campo da comunicação. Evidentemente, cada enunciado particular é individual, mas cada campo de utilização da língua elabora seus *tipos relativamente estáveis* de enunciados, os quais denominamos *gêneros do discurso*. [destaque nosso em **bold**]

A título de rápida explanação, podemos verificar a existência de variados gêneros **no jornalismo** (editorial, artigos, reportagem, manchetes, boxes, carta do leitor, charges, tiras de quadrinhos), **na literatura** (epopeia, romance, conto, novela, poesia lírica, sátira, soneto, ode), **no teatro** (tragédia, drama, comédia), **nas empresas** (cartas comerciais, *e-mails*, comunicados internos, relatórios administrativos, bilhetes), **na publicidade** (cartazes, propaganda impressa e eletrônica, *jingle*, filmete, *spot*), **na universidade ou gêneros acadêmicos** (resenhas, dissertações, teses, artigos científicos, debates, defesas de teses). No **mundo da fala**, também há variados gêneros (gêneros orais): bate-papo entre marido e esposa, entre pais e filhos, comentários sobre notícias vistas e ouvidas em programas jornalísticos da televisão, recados, fofocas, comentários sobre filmes, peças de teatro, livros, artigos de jornal e revista.

Entre os gêneros que circulam na família, Marcuschi (2011, p. 28-29) salienta: lista de compras, lista de materiais, lista de dívidas a pagar, relação de compras do mês, endereços, cartas pessoais, avisos, letreiros, nome de ruas, receita médica, rótulos, convites, convocações de reunião, anúncios, publicidade, cartazes, calendários de parede, certidões de nascimento, certidão de casamento, contas de água, contas de luz, contas de telefone, cartão de controle de saúde, título de eleitor, cadastro, escritura da casa, receitas culinárias, orações, folhetos, volantes, bula de remédio, os diversos livros da *Bíblia*. Todos esses são gêneros e cada um deles compreende diferentes elementos a que se deve atender para que a comunicação alcance eficácia.

Em todos os lugares que vivemos, há uma infinidade de textos. Já nos familiarizamos tanto com eles que nem sempre nos perguntamos sobre a situação em que foram produzidos, para quem foram escritos, quem os escreveu, que objetivos tinham em vista. Se temos consciência dos objetivos comunicativos de produção de um gênero em uma comunidade discursiva, "sua construção pode tornar-se mais fácil" (BOTELHO; SILVA In: APARÍCIO; SILVA, 2014, p. 283-306).

Os gêneros discursivos, ou gêneros textuais,[1] são regidos por um conjunto de condições que envolvem seu funcionamento, como lugar onde ocorre a comunicação, isto é, a instância social de uso da linguagem (privada ou pública), papel dos interlocutores da comunicação, grau de formalidade e informalidade entre os interlocutores, coerções sobre o que pode ou não ser dito na ocasião e como deve ser dito, atitude enunciativa (aproximação ou distanciamento do objeto; uso de 1ª pessoa ou de construções passivas sintéticas: *fez-se, realizou-se, aluga-se, vende-se*), expectativas e finalidades da comunicação, modalidade de registro verbal (tensa ou distensa, mais monitorada ou menos monitorada gramaticalmente), veículo utilizado para a veiculação do texto (cf. SILVA, 2015, p. 7).

Um **relatório administrativo de vendas**, por exemplo, pode ter como **finalidade** prestar contas das visitas realizadas, dos clientes contactados, dos negócios estabelecidos, da produtividade de certas ações, sempre levando em conta tanto quem o produz (quem o escreve), quanto para quem é produzido (destinatário); terá determinado tom e estilo se escrito para um gerente; outro se escrito para um diretor. Qual será o tom adequado: formal ou informal? Será mais incisivo, objetivo, ou mais longo, repleto de adjetivação e advérbios? Um **bilhete** pode ter como **objetivo** informar uma pessoa sobre o que deve fazer, a ordem de execução das tarefas, o tempo em que as ações devem ser realizadas. Quem vai escrevê-lo? Vai escrevê-lo para quem? A que situação corresponde? Um **aviso** pode ter em vista informar sobre a necessidade de cumprimento de prazos, ou relembrar atrasos etc., mas quem escreverá o aviso? Escreverá para quem? O que o determinou? Que estratégias utilizar: maior ou menor formalidade? Busca de efeito de objetividade ou de subjetividade, com modalização constante?

Não se confunde um *e-mail* ou **carta comercial** ou **familiar** com um **editorial jornalístico**, um **soneto** com uma **bula** de remédio. Cada um desses gêneros tem uma estrutura própria. Alguns têm em vista circulação mais aberta, mais ampla (editorial); outros, mais restrita (carta familiar). Também varia o tipo de linguagem: uns requerem um registro mais monitorado gramaticalmente (editorial), outros menos monitorado (carta familiar).

Assim, podemos dizer que todos os textos, orais ou escritos, têm algumas características fundamentais que nos permitem identificá-los como sendo da "família" de determinado tipo de texto; características que permitem considerá-los da mesma linha que outros; essas características são: assunto tratado (não há prescrição, nem modo de usar em um editorial, mas há em uma bula de remédio), destinador (o editorial é escrito por um jornalista), destinatário (um editorial visa a um público diversificado que tem em vista saber a opinião do jornal ou dos donos da empresa jornalística), finalidade (uma bula tem como objetivo informar o usuário do medicamento sobre propriedades, composição,

---

1 Roxane Rojo (cf. MEURER; BONINI; MOTTA-ROTH, 2010, p. 184-207) explica que os autores que adotam a expressão gêneros de texto analisam elementos da materialidade da estrutura composicional, noções relativas à linguística textual. Já os autores que se valem da expressão gêneros discursivos selecionam aspectos da materialidade linguística relativos à situação da enunciação (cf. VIERIA; SILVA In: APARÍCIO; SILVA, 2014, p. 177-178).

contraindicações etc. do remédio), tipo de texto adequado (descritivo na bula de remédio; argumentativo no editorial; injuntivo em uma receita culinária).

Além disso, há gêneros que dispõem de marcas linguísticas, que os identificam: um texto que começa com "era uma vez" nós o identificamos como conto maravilhoso; um texto que apresenta o vocativo "prezado amigo" nós o classificamos como carta; identificamos receitas culinárias por suas características singulares de uso de imperativo: "junte dois ovos, duas colheres de açúcar, uma xícara de farinha de trigo e mexa..."

Isso, porém, não quer dizer que o gênero é estável; ele é **relativamente estável**; não é uma forma fixa, estereotipada; ele é dinâmico.

Rodrigues (In: MEURER; BONINI; MOTTA-ROTH, 2010, p. 164) chama a atenção para o fato de que é a relação com a situação social de interação que constitui um gênero e não suas **propriedades formais**. Há, por exemplo, traços formais semelhantes entre os gêneros **biografia científica** e **romance biográfico**, mas são gêneros distintos, pois eles se encontram em esferas sociais diferentes e têm funções discursivo-ideológicas distintas: um tem finalidade histórico-científica, outro finalidade estética.

Segundo Sparano et al. (2012, p. 27-28), "o ideal seria adotar a palavra gênero com todas as categorias imbricadas"; poderíamos privilegiar o gênero ora como uma categoria cultural, ora como um esquema cognitivo, ora como uma forma de ação social. Quando se privilegia um desses aspectos, não podemos negar os demais. Estudar o gênero de uma perspectiva tão somente é reduzi-lo.

Duas correntes, pelo menos, sobressaem nos estudos do gênero: a **teoria de gêneros discursivos** e a **teoria de gêneros textuais**, ambas da herança bakhtiniana; a primeira apoia-se no **exame das situações de produção dos enunciados e seus aspectos sócio-históricos**. A segunda ocupa-se da **descrição da materialidade textual**.

O gênero *multa de trânsito*, por exemplo, pode ser visto como uma **forma de ação social**; nele detectamos uma estrutura textual e uma categoria cultural. Ele é uma **forma de agir** na sociedade; dispõe de um **esquema cognitivo** e constitui uma **ação retórica**; manifesta um propósito e uma forma de organização social. Se a multa não for lavrada por um policial ou realizada adequadamente, identificaremos uma infração às regras aceitas: a notação da infração precisa partir de um policial ou fiscal tidos como autoridades reconhecidas para essa função (ou registrada por instrumentos eletrônicos), bem como apresentar informações sobre local da infração de trânsito, dia, hora. O destinatário espera, se autuado, que o seja por um profissional competente, que siga a lei e o faça da forma estabelecida, registrando a ocorrência em formulário apropriado. Assim, o texto da multa que o infrator recebe cumpre uma função retórica: informar que houve um desrespeito à lei, que deve recolher a multa e que o documento recebido sirva para futuras ações: pagamento do devido ou ação contra a multa estipulada. O gênero *multa de trânsito* obedece a determinadas regras, enfim, gera uma expectativa de cumprimento de condições para que se obtenha o efeito desejado.

O estudo de **gêneros textuais** nos permite examinar detidamente a organização textual, a pertinência do tema, a competência dos interlocutores, a função social, enfim observar como esses elementos foram acionados para a realização dos enunciados, tendo em vista a situação comunicativa.

Para Bakhtin (2006, p. 283),

> os gêneros do discurso organizam o nosso discurso quase da mesma forma que o organizam as formas gramaticais (sintáticas). Nós aprendemos a moldar o nosso discurso em formas de gênero e, quando ouvimos o discurso alheio, já adivinhamos o seu gênero pelas primeiras palavras, adivinhamos um determinado volume (isto é, uma extensão aproximada do conjunto do discurso), uma determinada construção composicional, prevemos o fim, isto é, desde o início temos a sensação do conjunto do discurso que em seguida apenas se diferencia no processo da fala.

Em seguida, afirma ainda que, se para nos comunicarmos, precisássemos criar novos gêneros, "a comunicação seria quase impossível". Também para Marcuschi (In: DIONISIO; MACHADO; BEZERRA, 2010, p. 22-23), a comunicação verbal só é possível por meio de algum gênero textual, posição que é defendida por Bronckart, e adotada pela maioria dos que "tratam a língua em seus aspectos discursivos e enunciativos, e não em suas peculiaridades formais". Essa visão entende a língua como atividade social, histórica e cognitiva e privilegia a funcionalidade e a interatividade e não o aspecto formal e estrutural da língua.

Os gêneros textuais são, pois, práticas comunicativas: são realizados segundo uma forma peculiar, uma função específica e em certos contextos sociais. Isso nos permite reconhecê-los e compreendê-los. Se não reconhecemos um texto como fazendo parte de uma comunidade de textos ("família", domínio discursivo), temos dificuldade para entendê-lo. Se, no entanto, diante de um artigo científico, reconhecemos sua forma, imediatamente nos pomos a lê-lo como uma contribuição à ciência e procuramos nele os elementos que lhe são comuns: objeto, objetivo, problema, hipóteses, variáveis, justificativa, *corpus*, metodologia, teoria de base, conclusão. Não o lemos como se estivéssemos diante de uma crônica literária. E diante de uma crônica literária, não buscamos a identificação dos elementos de um artigo científico: estabelecemos então com ela outra postura como leitor, verificando formas estéticas, visão de mundo, literariedade, ou elementos que componham sua função poética. Isso, todavia, não quer dizer que os gêneros não sofram variações e sejam estáticos, que não haja intercâmbio entre eles, que não se manifestem de forma híbrida.

Alguns gêneros são mais rígidos que outros: uma **procuração** tem uma estrutura cristalizada, por exemplo, enquanto um **bilhete** a um amigo admite múltiplas variações; uma **fábula** tem uma estrutura mais rígida que uma **carta familiar**; já uma **carta comercial** tem uma estrutura menos flexível que um **recado** a um amigo. Há gêneros que pedem maior participação do destinador (emissor), outros que recusam a participação subjetiva; um poema lírico apresenta maior densidade subjetiva que um artigo científico.

Entre os gêneros que são marcados por maior estabilidade, temos *e-mails comerciais, cartas comerciais, relatórios administrativos, procuração, requerimentos, atestados, declarações, teses*; em geral, obedecem a um esquema rígido, que admite poucas variações. Outros gêneros são mais maleáveis, permitindo desvios, como é o caso, por exemplo, da *crônica jornalística, do bate-papo descontraído*. Outros ainda não só admitem a variação, como também estimulam a criatividade, como é o caso do *conto*, do *romance*, dos *poemas*; quanto mais estranhos, mais inovadores, mais valorizados podem ser.

Os gêneros, como já dissemos, embora tenham certa estabilidade, não impedem a variação, permitindo a interação verbal. Eles são imprescindíveis para a interação; são regulados por dois princípios: (1) um **princípio centrípeto de identidade**, que se volta para a repetição e é governado por regras que lhe dão caráter normalizado; e (2) um **princípio centrífugo**, regulado pela diferença, que se volta para a inovação e, nesse caso, produz variações, alterando as regras que o compõem. Enquanto as primeiras garantem a estabilidade do gênero, possibilitando economia nas relações de comunicação, as segundas são responsáveis pela variabilidade, criatividade e inovação, permitindo a participação do sujeito com sua subjetividade, sua marca subjetiva, seu estilo.

Finalmente, os gêneros influenciam os níveis de textualização, ou seja, o conteúdo temático, o estilo e a composição estão em relação de dependência com o gênero do discurso.

Comumente, diz-se que os gêneros geram uma expectativa social; constituem lugares onde o sentido é construído. Eles dão forma ao que pensamos; estabelecem-se como lugares que nos são familiares; para eles nos encaminhamos sempre que temos de realizar uma interação comunicativa; são, enfim, moldes, modelos que nos permitem entrar em interação com o outro. Essa **função cognitiva** nos permite a elaboração de sentidos e nos proporciona parâmetros para a formulação de nossos pensamentos.

A **função comunicativa** compreende uma forma de ação e de organização social. Daí a função dos gêneros de possibilitar a **ação** entre pessoas nos mais variados contextos, sempre levando em conta o lugar do indivíduo na sociedade. De um líder estudantil, por exemplo, espera-se determinado tipo de discurso; de um líder sindical espera-se certa postura diante de determinadas leis trabalhistas. A função dos gêneros é de organizar, rotinizar e condicionar soluções para problemas de comunicação (cf. BAZERMAN, 2011b, p. 59).

Todas as nossas ações na sociedade são realizadas segundo gêneros específicos. Todavia, não é possível estudar todos os gêneros, porque sua diversidade compreende uma grandeza que não permite que sejam abarcadas por um exame. Em cada domínio humano, há uma infinidade de possibilidade de textos. Suponhamos um supermercado. Você já imaginou quantos tipos de gêneros diferentes há no seu interior? Há os gêneros orais na relação patrão e empregados, diretores e gerente, gerente e subordinados; relação entre empregados; comunicação dos empregados com os clientes e fornecedores. Os gêneros escritos também são inúmeros: relatórios, etiquetação, cartazes, comunicados internos, volantes de propaganda etc. E os gêneros dentro de um hospital? Dentro de uma instituição financeira? Poderia dizer os tipos de gêneros que ocorrem no interior de sua casa (orais e escritos)?

Por causa da grande quantidade de gêneros, sua descrição não pode ser realizada exaustivamente e, por serem apenas **relativamente estáveis**, seu exame não conhece conclusões definitivas. Os gêneros cotidianos, como *saudações, despedidas, felicitações,* *votos de pesar, bate-papo sobre tempo, saúde, filhos*, variam em função da situação, da posição social e das relações pessoais entre os participantes da comunicação; algumas formas são mais respeitosas, outras burocráticas, outras mais familiares. Alguns desses gêneros implicam certo tom, certa entonação expressiva. Já os gêneros elevados, oficiais, gozam de alto grau de estabilidade e coação (BAKHTIN, 2006, p. 283-284).

Sparano et al. (2012, p. 22) salientam que "basta observarmos os gêneros [para verificarmos] que eles mudam, migram, se transformam", características que constituem sua forma de existência. E citam como exemplo de mudança e transformação a **carta**: como gênero, ela foi sendo utilizada nas mais diversas funções e se multiplicando em subgêneros: *carta de amor, carta comercial, carta aberta* ou *carta manifesto, carta de cobrança* etc. Hoje, ela vem se transmutando em *e-mail*, que, também vem ampliando suas funções, ou seja, é utilizado no bate-papo entre amigos, nas relações comerciais, na propaganda etc.

Os gêneros têm uma perspectiva sócio-histórica e, por isso, sofrem mudanças que garantem sua permanência ou desaparecimento. Às vezes, são substituídos por outros se a função ainda for necessária.

Além das questões formais, linguísticas, os gêneros têm um papel social. Uma **entrevista de emprego** subentende uma pessoa empenhada em apresentar sua competência para alcançar o emprego que tem em vista. De um lado, o entrevistador, cumpre o papel que lhe cabe na organização a que pertence; de outro, o entrevistado, que procura dar respostas adequadas ao que supõe corresponder às expectativas de um postulante a participar da estrutura da empresa. O candidato prepara-se para perguntas burocráticas e criativas, porque sabe que do sucesso do diálogo pode advir o emprego que busca. Sabe que precisa ser gentil, que a polêmica não é bem-vinda nessa hora, que se espera dele uma postura adequada, quer falando, quer vestindo-se, quer tomando água ou café; sabe que precisa ter jogo de cintura, flexibilidade, que deve ser sincero, honesto, correto, ético. Se pretende obter sucesso na entrevista, prepara-se convenientemente para responder com segurança às perguntas que lhe são feitas.

Se compreendemos um gênero e seu funcionamento, isso nos ajudará a interpretar determinadas situações, a reagir diante de certos textos (orais ou escritos), a aumentar nossa confiança na prática de um texto.

Se temos de escrever um texto, somos pressionados pela ideia de que devemos nos conformar ao gênero do **domínio** a que ele se refere, ou seja, para agir socialmente por meio de um texto, precisamos respeitar as condições do domínio a que se prende. Se não preenchidas as expectativas criadas por cada gênero, corremos o risco de não nos comunicar, ou não alcançar eficácia com nossa comunicação. Suponhamos um boletim de ocorrência: a **descrição** nesse gênero obedece a certo padrão: pede identificação rigorosa das pessoas envolvidas, do objeto do boletim (o tópico de que ele trata), local, data, hora etc.

ESTADO ... SECRETARIA DE SEGURANÇA PÚBLICA – POLÍCIA MILITAR

BOLETIM DE REGISTRO DE ACIDENTE DE TRÂNSITO

Registro Policial n. .... – Delegacia ....
Este Boletim deve ser encaminhado URGENTE à Delegacia da jurisdição.

Município ....

Data ..../......../............... Hora do acidente ....

Dia da semana ....

Local ....
....

Condições do tempo: ....
....
....

Sinalização: Boa ...... Deficiente ...... Sem sinalização ....

Tipo de acidente: Atropelamento .... Capotamento ....

Choque ....

Abalroamento .... Tombamento .... Colisão ....

Veículo n. .... Tipo .... Cor .... Marca .... Ano ......

Estado ....

Proprietário ....

Endereço ....
....

Veículo n. .... Tipo .... Cor .... Marca .... Ano ......

Placa n. .... Cidade .... Estado ....

Proprietário ....

Endereço ....
....

Motorista n. ....

Nome ....

Endereço ....
....

Estado .... Idade .... Estado civil ....
Identidade n. .... Carteira de Habilitação n. ....

Prontuário n. .... Expedida pelo Estado ....
Categoria .... Exame Médico válido até .... /........ /...........
Motorista n. .... Nome ....
....
Endereço ....
....

Estado .... Idade .... Estado civil ....
Identidade n. .... Carteira de Habilitação n. ....

Prontuário n. .... Expedida pelo Estado ....
Categoria .... Exame Médico válido até .... /........ /...........
Vítima Nome ....
....

Endereço ....
....

Cidade .... Estado ....
Idade .... Sexo............ Ferimentos: Leves ...... Graves ...... Fatais ......
Removida para ....
....

Vítima Nome ....
....

Endereço ....
....

Cidade .... Estado ....
Idade .... Sexo............ Ferimentos: Leves ...... Graves ...... Fatais ......
Removida para ....
....

Decreto n. X, de .../.........../ ..... – DO do Estado ... n. X, de .../.........../
..... – BOL da PM n. Y, de .../.........../......

OBS.: As 1ª e 3ª vias brancas são destacáveis e enviadas para a Delegacia

As 2ª e 4ª vias azuis são para Arquivo da OPM.

Testemunhas (n. ..... Mínimo Duas)

Nome ....
Identidade n. .... Endereço ....
.... Cidade ....

Nome ....
Identidade n. .... Endereço ....
.... Cidade ....

Nome ....
Identidade n. .... Endereço ....
.... Cidade ....

Descrição sumária do acidente

Impactos e avarias ....
....

Veículo 1: ....
....
....
....

Veículo 2: ....
....
....
....

Data: Identificação do Agente
                                   Policial (letra de imprensa)

_____
                    Assinatura

Nome ....
Posto de graduação ou cargo: ....
OPM: ....

Decreto n. X. .../........./..... – DO do Estado ..... n. Y, .../........./..... –
BOL da PM n. X, de .../........./.....

OBS.: As 1ª e 3ª vias brancas são destacáveis e enviadas para a Delegacia

As 2ª e 4ª vias azuis são para Arquivo da OPM.

A descrição de um boletim de acidente de trânsito tem em vista criar o efeito de realidade: tudo é muito preciso e não há subjetividade dirigindo a enunciação, que se afasta do interlocutor. Não vemos nele marcas de quem o elaborou. Diferentemente, em uma descrição literária, podemos localizar marcas da enunciação, como na descrição que encontramos logo às primeiras páginas de *O primo Basílio*:

> E cofiando a barba curta e fina, muito frisada, os seus olhos iam-se demorando, com uma ternura, naqueles móveis íntimos, que eram do tempo da mamã: o velho guarda-louça envidraçado, com as pratas muito tratadas a gesso-cré, resplandecendo decorativamente; o velho painel a óleo, tão querido, que vira desde pequeno, onde apenas se percebiam, num fundo lascado, os tons avermelhados de cobre de um bojo de caçarola e os rosados desbotados de um molho de rabanetes! Defronte, na outra parede, era o retrato de seu pai: estava vestido à moda de 1830, tinha a fisionomia redonda, o olho luzidio, o beiço sensual; e sobre a sua casaca abotoada reluzia a comenda de Nossa Senhora da Conceição. Fora um antigo empregado do Ministério da Fazenda, muito divertido, grande tocador de flauta. Nunca o conhecera, mas a mamã afirmava-lhe "que o retrato só lhe faltava falar". Vivera sempre naquela casa com sua mãe. Chamava-se Isaura; era uma senhora alta, de nariz afilado, muito apreensiva; bebia ao jantar água quente; e ao voltar um dia do lausperene da Graça, morrera de repente, sem um ai!
>
> Fisicamente Jorge nunca se parecera com ela. Fora sempre robusto, de hábitos viris. Tinha os dentes admiráveis de seu pai, os seus ombros fortes.
>
> De sua mãe herdara a placidez, o gênio manso. Quando era estudante na Politécnica, às 8 horas recolhia-se, acendia o seu candeeiro de latão, abria os seus compêndios. Não frequentava botequins, nem fazia noitadas. Só duas vezes por semana, regularmente, ia ver uma rapariguinha costureira, a Eufrásia, que vivia ao Borratem, e nos dias em que o Brasileiro, o seu homem, ia jogar o bósforo ao clube, recebia Jorge com grandes cautelas e palavras muito exaltadas; era enjeitada, e no seu corpinho fino e magro havia sempre o cheiro relentado de

> uma pontinha de febre. Jorge achava-a *romanesca*, e censurava-lho. Ele nunca fora sentimental; os seus condiscípulos, que liam Alfred de Musset suspirando e desejavam ter amado Margarida de Gautier, chamavam-lhe *proseirão, burguês*; Jorge ria; não lhe faltava um botão nas camisas; era muito escarolado; admirava Luís Figuier, Bastiat e Castilho, tinha horror a dívidas, e sentia-se feliz (QUEIRÓS, 1992, p. 10).

A descrição que Eça de Queirós nos apresenta da casa de Jorge está em consonância com a personagem. Temos aqui uma descrição subjetiva em que o meio determina o comportamento da personagem; traços de sua personalidade podem ser deduzidos do ambiente que o cercava. Notamos na descrição marcas da enunciação, como em: "muito frisada" (ponto de vista de quem descreve); "os seus olhos iam-se demorando, com uma ternura, naqueles móveis íntimos" (novamente, o leitor pode perceber que o enunciador vai fazendo suas avaliações); "resplandecendo decorativamente" (expressão cuja modalização transmite a visão que o enunciador quer que o leitor absorva).

Outro exemplo: ao escrevermos um **requerimento**, temos de ter consciência de que vamos nos relacionar com alguém que é autoridade no seu meio, que precisamos informar com exatidão o que estamos requerendo, que necessitamos nos identificar adequadamente (nome, filiação, naturalidade, estado civil, profissão, rua, número, cidade, estado). É imprescindível ainda saber qual é a forma de tratamento que se usa nesse tipo de texto, cargo da autoridade, órgão a que nos dirigimos, vocativo usual, justificativa e fecho do requerimento ("nestes termos, pede deferimento"), local, data, assinatura. Enfim, reconhecemos que se trata de um texto específico, com características singulares. Estamos aqui diante de um **gênero rígido**, que não admite criatividade: não podemos, por exemplo, fazer um requerimento como se fosse um poema concreto, construindo com a mensagem um desenho em acordo com o que requeremos.

A criação e a recepção de um texto constituem atividade que depende da participação de produtor e recebedor do texto: um e outro precisam ter o propósito de compreenderem e serem compreendidos; precisam ter o desejo de entrar em interação verbal. É necessário que o leitor ou ouvinte tenha conhecimento do mundo semelhante ao do enunciador, bem como sobre a sociedade em que o texto se insere, da variedade de língua em que foi escrito ou falado.

Cada gênero funciona de um modo particular na sociedade: as características de um repetem-se nos textos com os quais forma um agrupamento, ou seja, os textos que recebem a mesma etiqueta genérica apresentam características semelhantes. Imaginemos, por exemplo, as **atas de condomínio**: em todas elas vamos detectar elementos que são comuns a esse tipo de documento: dia, mês, ano, hora e local da reunião, pessoas presentes; uma declaração sobre o presidente e sobre o secretário (quem presidiu a reunião e quem tomou nota das deliberações), ordem do dia, fecho, assinatura do presidente, do secretário e de todos os participantes:

> CONDOMÍNIO JAJÁ
>
> Ata da Assembleia Geral Ordinária realizada no dia 5 de maio de 2016.
>
> Aos cinco dias do mês de maio de 2016, às 17 horas, no salão social do Edifício Jajá, na Rua Iracema, n. 15, São Paulo (SP), reuniram-se em Assembleia Geral Ordinária os condôminos João dos Santos, José de Oliveira, Maria das Cinzas, Carlos Farina, Gilberto Manuel... Sob a presidência de Ismael Gomes de Sá, que convidou Marlene Sousa para secretariar e registrar as deliberações tomadas na oportunidade. A ordem do dia foi a seguinte: (a) reforma da fachada do prédio e calçada; (b) pintura das áreas comuns do interior do edifício; (c) contratação de um auxiliar de limpeza; (d) instalação de um porteiro eletrônico. Posta em discussão a ordem do dia, foram aprovados por unanimidade: (a) o contato com três empresas para pedir orçamento da reforma da fachada e calçada; (b) a postergação da pintura para o mês de dezembro deste ano; (c) a contratação de um auxiliar de limpeza; (d) o adiamento da instalação do porteiro eletrônico para o ano de 2016. Nada mais havendo a tratar e ninguém querendo fazer uso da palavra, o Presidente determinou a lavratura da presente ata, que foi lida e aprovada, sendo assinada por todos os presentes. Presidente.......; Secretário....; condôminos: ....

O gênero utilizado para veicular um texto seria então uma camisa de força? Evidentemente, não. Há espaço para a criatividade do enunciador, como podemos verificar no **relatório administrativo** que Graciliano Ramos, quando era prefeito de Palmeira dos Índios, enviou ao Governador de Alagoas. Mesmo sendo um gênero pouco afeito à criatividade, Graciliano introduz jogos linguísticos, ironias, bom humor, que fazem desse relatório um exemplar nada cristalizado:

> Sr. Governador.
>
> Esta exposição é talvez desnecessária. O balanço que remeto a V. Exa. mostra bem de que modo foi gasto em 1929 o dinheiro da Prefeitura Municipal de Palmeira dos Índios. E nas contas regularmente publicadas há pormenores abundantes, minudência que excitaram o espanto benévolo da imprensa.
>
> Isto é, pois, uma reprodução de fatos que já narrei, com algarismo e prova de guarda-livros, em numerosos balancetes e nas relações que os acompanharam. [...]

E não empreguei rigores excessivos. Fiz apenas isto: extingui favores largamente concedidos a pessoa que não precisavam deles e pus termo à extorsões que afligiam os matutos de pequeno valor, ordinariamente raspados, escorchados, esbrugados pelos exatores. [...]

A Prefeitura foi intrujada quando, em 1920, aqui se firmou um contrato para o fornecimento de luz. Apesar de ser o negócio referente à claridade, julgo que assinaram aquilo às escuras. É um *bluff*. Pagamos até a luz que a lua nos dá. [...]

Os gastos com viação e obras públicas foram excessivos. Lamento, entretanto, não me haver sido possível gastar mais. Infelizmente a nossa pobreza é grande. E ainda que elevemos a receita ao dobro da importância que ela ordinariamente alcançava, e economizemos com avareza, muito nos falta realizar. Está visto que me não preocupei com todas as obras exigidas. Escolhi as mais urgentes.

Fiz reparos nas propriedades do Município, remendei as ruas e cuidei especialmente de viação.

Possuímos uma teia de aranha de veredas muito pitorescas, que se torcem em curvas caprichosas, sobem montes e descem vales de maneira incrível. O caminho que vai a Quebrangulo, por exemplo, original produto de engenharia tupi, tem lugares que só podem ser transitados por automóvel Ford e lagartixa. Sempre me pareceu lamentável desperdício consertar semelhante porcaria. [...]

Favoreci a agricultura livrando-a dos bichos criados à toa; ataquei as patifarias dos pequeninos senhores feudais, exploradores da canalha; suprimi, nas questões rurais, a presença de certos intermediários, que estragavam tudo; facilitei o transporte; estimulei as relações entre o produtor e o consumidor. [...]

MIUDEZAS

Não pretendo levar ao público a ideia de que os meus empreendimentos tenham vulto. Sei perfeitamente que são miuçalhas. Mas afinal existem. E, comparados a outros ainda menores, demonstram que aqui pelo interior podem tentar-se coisas um pouco diferentes dessas invisíveis sem grande esforço de imaginação ou microscópio. [...]

Esforcei-me por não cometer injustiças. Isto não obstante, atiraram as multas contra mim como arma política. Com inabilidade infantil, de resto. Se eu deixasse em paz o proprietário que abre as cercas de um desgraçado agricultor e lhe transforma em pasto a lavoura, devia enforcar-me.

> Sei bem que antigamente os agentes municipais eram zarolhos. Quando um infeliz se cansava de mendigar o que lhe pertencia, tomava uma resolução heroica; encomendava-se a Deus e ia à capital. E os Prefeitos achavam razoável que os contraventores fossem punidos pelo Sr. Secretário do Interior, por intermédio da polícia. [...]
>
> Bem comido, bem bebido, o pobre povo sofredor quer escolas, quer luz, quer estradas, quer higiene. É exigente e resmungão.
>
> Como ninguém ignora que se não obtém de graça as coisas exigidas, cada um dos membros desta respeitável classe acha que os impostos devem ser pagos pelos outros. [...]
>
> Tenho também a ideia de iniciar a construção de açudes na zona sertaneja. Mas para que semear promessas que não sei se darão frutos? Relatarei com pormenores os planos a que me referia quando eles estiverem executados, se isto acontecer. [...]
>
> O Município, que esperou dois anos, espera mais um. Mete na Prefeitura um sujeito hábil e vinga-se dizendo de mim cobras e lagartos.
>
> Paz e prosperidade.
>
> Palmeira dos Índios, 11 de janeiro de 1930.
>
> GRACILIANO RAMOS

Graciliano manteve o conteúdo composicional de um relatório, prestando as informações necessárias, mas o fez segundo um estilo próprio, que não é comum em textos dessa área. Escreveu um relatório administrativo, não um texto literário; podem-se reconhecer nele algumas qualidades da prosa de Graciliano, mas é fundamentalmente um **texto técnico**.

3 INTERACIONISMO SOCIODISCURSIVO DE BRONCKART

Bronckart é um estudioso do gênero da perspectiva interacionista e sociodiscursiva de caráter psicolinguístico. Essa corrente consiste em uma abordagem sociocomunicativa da linguagem. O interacionismo sociodiscursivo vê a conduta humana como produto de socialização. Nossas ações seriam o resultado da apropriação de propriedades da atividade social mediada pela linguagem; as ações humanas têm significado numa interação quando há apropriação dos gêneros. O falante só interage se domina o gênero. O interacionismo sociodiscursivo considera que é por meio da linguagem que o homem transforma o meio.

Para Bronckart, os gêneros seriam constructos históricos que vão se adaptando às situações; são as situações que determinam a pertinência de uso de um gênero em lugar de outro (cf. SANTOS, 2010, p. 26 s).

Machado (In: MEURER; BONINI; MOTTA-ROTH, 2010, p. 236) reconhece haver no interacionismo sociodiscursivo maior elaboração dos conceitos de tipos discursivos. Argumenta ainda que, ao lado da definição de gênero de texto, também são importantes para essa corrente teórica os conceitos de *tipos de discurso* e *tipos de sequência*. O interacionismo sociodiscursivo mantém um diálogo intenso com uma quantidade grande de autores de várias disciplinas das ciências humanas.

Bronckart adota o interacionismo sociodiscursivo de Bakhtin. Os textos seriam produtos da atividade humana e estariam articulados aos interesses e condições de funcionamento das mais diversas formações sociais. O objeto de análise de Bronckart não são os gêneros, mas os textos, que ele entende serem compostos por três **camadas superpostas**: (a) a infraestrutura, que compreende o plano geral, constituído de conteúdo temático, articulações entre tipos de discurso e articulações entre tipos e sequências; (b) mecanismos de textualização, que são responsáveis pela coerência temática, explicitada por organizadores textuais; (c) mecanismos enunciativos, responsáveis pela coerência pragmática do texto; são eles que esclarecem quais são os posicionamentos enunciativos, identificando modalizações (atenuações, ênfases) e inserindo vozes no texto.

3.1 Ação e operação de linguagem

A perspectiva interacionista sociodiscursiva de Bronckart parte do conceito de **ação** como unidade psicológica. Para atingir os objetivos de uma ação, são necessárias determinadas **operações**. Assim, a **ação de linguagem** é vista como um conjunto de operações de linguagem, cujo resultado é o texto. Um indivíduo é responsável pela realização dessa ação; ele é movido e orientado por mais de um objetivo.

As operações não são lineares, sucedendo numa ordem rígida uma à outra, mas estão em interação. Em primeiro lugar, considerem-se as operações que envolvem conhecimentos sobre a situação, bem como a escolha de um gênero. Essa situação implica: (a) os conteúdos que serão objeto do texto; (b) o espaço e o tempo em que emissor e receptor estão situados; (c) o produtor; (d) o destinatário; (e) o lugar social em que se realiza a interação e em que vai circular o texto; (f) os papéis sociais de emissor e receptor; (g) o efeito que o destinador objetiva produzir no destinatário.

3.2 O texto como folhado de camadas superpostas

Para Vieira e Silva (In: APARÍCIO; SILVA, 2014, p. 177), os **textos** seriam compostos de um **folhado de três camadas superpostas**: (a) um nível profundo que constitui a infraestrutura (composta de conteúdo temático e articulações entre tipos de discurso; plano geral, gênero, tamanho do texto, conteúdo temático, condições de produção, que compreendem registro verbal (variedade linguística a ser utilizada), suporte, circulação e escolha das sequências linguísticas); (b) um nível intermediário composto dos **mecanismos de** textualização (que se responsabilizam pela coerência temática, envolvendo coesão nominal e verbal); e (c) um nível mais superficial, que compreende os **mecanismos enunciativos**, que são responsáveis pela coerência pragmática do texto; nesse caso, temos a identificação de vozes e instâncias que se manifestam, avaliações, julgamentos, sentimentos sobre o conteúdo temático (modalizações).

4 GÊNEROS COMO FERRAMENTAS: DOLZ E SCHNEUWLY

Para Schneuwly, os gêneros funcionam como **ferramentas, instrumentos**, que "devem ser apropriados pelo sujeito a fim de se comunicar em situações discursivas diversas" (CORRÊA; SILVA In: APARÍCIO; SILVA, 2014, p. 150). O gênero seria um mediador de práticas sociais. Essa abordagem visa, no estudo de uma língua, tornar o cidadão capaz de interagir e de se comunicar linguisticamente por meio de gêneros.

Aparício e Andrade (In: APARÍCIO; SILVA, 2014, p. 260), com base em Dolz e Schneuwly, afirmam no estudo dos gêneros a necessidade de desenvolver a capacidade de linguagem, caracterizada por três capacidades:

> *capacidades de ação* (relacionadas ao reconhecimento do contexto de produção do gênero); *capacidades discursivas* (relacionadas ao reconhecimento da arquitetura textual do gênero) e *capacidades linguístico-discursivas* (relacionadas ao reconhecimento e utilização de mecanismos de textualização, valores das vozes e das modalizações para o efeito de sentidos do gênero).

Os textos articulam-se às necessidades e aos interesses do sujeito e às condições de funcionamento dos contextos sociais em que estão inseridos e em que produzem seus enunciados.

Joaquim Dolz, Michele Noverraz e Bernard Schneuwly entendem que o estudo dos gêneros discursivos pode ser feito segundo uma **sequência didática**, que compreende quatro fases: (1) apresentação da situação, de um problema que deverá ser resolvido por meio de um texto; (2) produção de um exemplar do gênero sob estudo, para identificar os conhecimentos prévios deles; (3) módulos, situações em que se possam contemplar as dificuldades apresentadas na etapa anterior; (4) produção final.

Considerando, por exemplo, a redação de *e-mail* dentro de uma empresa, teríamos de refletir sobre o problema que temos de resolver; que tópico deve ser tratado na relação com o interlocutor. Em seguida, produz-se um rascunho do texto. Tomar exemplares de *e-mail* que circulam na empresa para fazer um comparativo e observar procedimentos comuns: variedade linguística utilizada, apresentação formal (visual), paragrafação, espaço interlinear, tamanho da mensagem, identificação do objeto do *e-mail* na **linha de assunto**. Verificam-se então as dificuldades que a redação ofereceu: elementos estruturais: cumprimentos iniciais, forma de tratamento, assunto, despedida cortês, assinatura, identificação da função que ocupa na empresa; grafia das palavras, sem esquecer o rigor que a grafia de nomes próprios exige. Produção final do texto e revisão rigorosa antes de enviar o *e-mail*: nesse estágio a preocupação com grafia, plurais, acentuação, pontuação, concordância nominal e verbal pode ser relevante, dependendo do interlocutor. Há interlocutores que se incomodam com a troca de *s* por *z*, a inobservância de plurais.

> Sueli Rosa:
>
> Olá, tudo bem?
>
> Já tive a oportunidade de conversar com você na reunião em sua empresa, em 3 de junho de 2017. Na ocasião, ficamos de nos contactar para tratarmos de assuntos relativos à difusão obra X, como lançamento do livro, disponibilidade para palestras, redação de textos para publicidade, conversa com seus divulgadores para esclarecimentos sobre posicionamento do livro no mercado, distinguindo suas qualidades e público-alvo etc. Sei que são inúmeros os seus compromissos, mas não poderia deixar de salientar a necessidade de agendarmos uma nova reunião na sede de sua empresa ainda este mês. Seria possível?
>
> Obrigado por sua atenção.
>
> João Batista

A resposta a esse *e-mail* poderia conter a seguinte mensagem:

> Prof. João Batista:
>
> Boa tarde.
>
> Muito oportuno o seu *e-mail*. Durante o tempo em que permaneci em silêncio, estive resolvendo alguns detalhes relativos à promoção e venda de seu livro. Agora, já podemos agendar uma reunião para 25 de agosto de 2017, às 15 horas, aqui na sede do Grupo X. Estarão presentes na ocasião: o Diretor Editorial, sua secretária, nosso Gerente de Promoção e eu, Diretora de Marketing. Trataremos dos seguintes assuntos: (a) *press release* de sua obra para distribuí-lo a jornais; (b) visita de nossos promotores a faculdades para contato com professores das áreas de Linguística, Redação Técnica, Secretariado, Administração; (c) posicionamento de seu livro em nosso catálogo e no mercado editorial; (d) palestras em eventos variados; (e) cursos e treinamento de redação corporativa; (f) outros assuntos de seu interesse e da Editora.

> Em relação ao lançamento de seu livro, estamos entrando em acordo com a Livraria X. Informaremos o senhor quando dispusermos de data, horário e local.
>
> Meus agradecimentos por seu interesse por nosso trabalho.
>
> Sueli Rosa,
>
> Diretora de Marketing.

Uma situação retórica leva ao uso de determinada forma de comunicação e de agir: "a linguagem posta em funcionamento exige que a pessoa aja de modo tipificado, fazendo uso de determinado gênero" (SILVA; BEZERRA In: APARÍCIO; SILVA, 2014, p. 29). No exemplo anterior, preferiu-se o *e-mail* e não um telefonema, tendo em vista a necessidade de um registro escrito de compromisso assumido, necessidade de uma resposta por escrito (quem telefona espera ouvir a voz do outro; quem escreve espera receber uma resposta por escrito), rapidez da mensagem eletrônica por escrito, pois uma conversa sempre demanda maior dispêndio de tempo; a pessoa procurada por telefone pode não poder atender etc.

Silva e Bezerra, à página 45, afirmam ainda ter evidenciado em seus estudos que há uma tendência a associar "quadros referenciais diversos, realizando uma abordagem 'mestiça'". Em geral, faz-se referência às ideias de Bakhtin e a um grande número de teorias. Esses estudos, no entanto, costumam abordar essas teorias sem fazer considerações sobre suas origens.

5 COMUNIDADES DISCURSIVAS E PROPÓSITO DE COMUNICAÇÃO: JOHN SWALES

A perspectiva swalesiana no estudo dos gêneros é mais formal e foi influenciada pelos estudos de John Swales, cuja proposta é sociorretórica: o autor trata de comunidades discursivas, propósito comunicativo, organização retórica dos gêneros textuais; os gêneros são tidos como eventos de comunicação; os participantes desempenham papéis no ambiente de produção/recepção do texto; os gêneros têm um objetivo a realizar. Swales entende que as comunidades discursivas são compostas por membros que operam comumente com um gênero e por isso têm maior conhecimento das convenções desse gênero; as comunidades discursivas têm uma estrutura hierárquica, em que se podem identificar membros iniciantes e membros experientes; para alcançar a posição de membro experiente, o indivíduo precisa conhecer a linguagem dessa comunidade e dominar os gêneros que aí são praticados (cf. BONINI In: KARWOSKI; GAYDECZKA; BRITO, 2011, p. 55).

Para Swales, gênero é uma classe de eventos comunicativos realizados por comunidades discursivas que têm um **propósito de comunicação**; essas comunidades discursivas reconhecem a lógica do gênero, dispõem de um repertório de gêneros, utilizam um léxico apropriado que elas desenvolveram (por exemplo, uso de siglas, símbolos, abreviaturas) e atribuem ao gênero convenções e valores adequados (cf. HEMAIS; BIASI-RODRIGUES In: MEURER; BONINI; MOTTA-ROTH, 2010, p. 127). Tendo recebido algumas críticas, Swales refinou o conceito, considerando que "a comunidade discursiva passou a ser caracterizada como um grupo que trabalha junto e mantém seu repertório de gêneros, com traços retóricos evidentes e com a força que valida as atividades da comunidade" (p. 127).

Objetivando desenvolver o conhecimento dos gêneros textuais, bem como a capacidade de produzir textos que realizem as características do gênero, John Swales estabelece uma análise linguístico-textual dos gêneros. Seu trabalho apresenta uma preocupação com a análise formal e discursiva dos mais variados gêneros. Há artigos seus que se ocupam, por exemplo, do uso do particípio em textos de química, uso de citações em textos de linguística aplicada, declaração de missão em textos da área de administração, cartas que são endereçadas ao editor de periódicos, acompanhadas de um artigo para publicação, uso de imperativo e da primeira pessoa em textos acadêmicos (cf. HEMAIS; BIASI-RODRIGUES In: MEURER; BONINI; MOTTA-ROTH, 2010, p. 108-109). Esse tipo de análise conduziria à criação de uma consciência retórica. Entende Swales que essa abordagem das escolhas linguísticas torna a aprendizagem eficaz.

Para Swales, no entanto, o texto deve ser visto em seu contexto; ele não pode ser compreendido com base apenas nos elementos linguísticos.

Para definir gênero, Swales parte da ideia de classe. O gênero seria uma classe de eventos comunicativos, em que a linguagem verbal tem papel fundamental: "O evento comunicativo é constituído do discurso, dos participantes, da função do discurso e do ambiente onde o discurso é produzido e recebido" (HEMAIS; BIASI-RODRIGUES In: MEURER; BONINI; MOTTA-ROTH, 2010, p. 113). Uma segunda característica dos gêneros é que eles têm um propósito comunicativo, ou seja, os gêneros têm a função de realizar um objetivo ou mais de um objetivo. Outra característica do gênero é a **prototipicidade**: um texto será classificado como fazendo parte de um gênero se ele manifestar traços específicos de tal gênero. Os textos que apresentam características semelhantes constituem um protótipo do gênero. Um gênero dispõe ainda de características lógicas que lhe são subjacentes. Todo gênero tem uma lógica própria e serve a um propósito que a comunidade reconhece. Daí a expectativa de cumprimento de determinadas convenções. Finalmente, o gênero se caracteriza pela terminologia utilizada. Um artigo científico, por exemplo, não inclui *revisão*, mas *sessão de revisão*. Eis a definição de gênero de Swales:

> Um gênero compreende uma classe de eventos comunicativos, cujos exemplares compartilham os mesmos propósitos comunicativos. Esses propósitos são reconhecidos pelos membros mais experientes da comunidade discursiva original e constituem a razão do gênero. A razão subjacente dá o contorno da estrutura esquemática do discurso e influencia e restringe as escolhas de conteúdo e estilo. O propósito comunicativo é o critério que é privilegiado e que faz com que o escopo do gênero se mantenha enfocado estreitamente em determinada ação retórica compatível com o gênero. Além do propósito, os exemplares do gênero demonstram

padrões semelhantes, mas com variações em termos de estrutura, estilo, conteúdo e público-alvo. Se forem realizadas todas as expectativas em relação àquilo que é altamente provável para o gênero, o exemplar será visto pela comunidade discursiva original como um protótipo. Os gêneros têm nomes herdados e produzidos pelas comunidades discursivas e importados por outras comunidades. Esses nomes constituem uma comunicação etnográfica valiosa, porém normalmente precisam de validação adicional (SWALES Apud HEMAIS; BIASI-RODRIGUES, 2010, p. 114-115).

Compartilhar objetivos é um critério relevante para definir **comunidade discursiva**. Além disso, os membros do grupo dessa comunidade devem "ter mecanismos próprios para a comunicação se dar entre eles" (p. 115). Os **mecanismos de comunicação**, ao mesmo tempo que fornecem informação, estimulam o retorno da comunicação. Toda comunidade discursiva desenvolve um elenco próprio de gêneros. O uso de um deles envolve a decisão sobre quais tópicos são relevantes e quais elementos formais devem ser observados, de tal forma que o gênero gera expectativas sobre o discurso apropriado. Finalmente, toda comunidade discursiva utiliza determinado **léxico**, com significado específico, como, por exemplo, símbolos, abreviaturas, abreviações. Os membros da comunidade compartilham um léxico, que expressa significados relevantes para seus objetivos. Em uma comunidade, há os mais experientes que detêm mais conhecimento e os novatos que são estimulados a adquirir esse conhecimento para participar plenamente da comunidade.

Refinando o conceito, Swales propôs o conceito de **comunidade discursiva de lugar**, que seria um grupo de pessoas que trabalham juntas, cujos objetivos são os do grupo. Essa comunidade produziria um conjunto de gêneros para orientar e monitorar os objetivos e os propósitos do grupo. Como para os membros mais antigos os gêneros possuem características discursivas e retóricas evidentes, eles compõem um **sistema** ou **rede interativa**, cuja função adicional é validar as atividades da comunidade fora de sua esfera. A comunidade discursiva de lugar tem consciência de sua história; ela busca levar o conhecimento de suas tradições aos que nela ingressam, os novatos.

Em uma empresa, por exemplo, uma secretária mais antiga pode orientar uma novata sobre os gêneros que circulam no ambiente, a linguagem utilizada, formas de tratamento, fórmulas de cortesia, símbolos, nomenclaturas, extensão das mensagens.

O contexto, que Swales prioriza, é composto por participantes e elementos da situação que geram o texto, bem como a análise linguística, respaldando-se na gramática sistêmico-funcional de Halliday.

O conceito de **propósito comunicativo** é central na definição de gênero, visto que determina a sua estrutura esquemática, assim como as escolhas relativas ao conteúdo e ao estilo. Os membros mais experientes de uma comunidade discursiva *exploram* o gênero, manipulando os elementos de intenção, posicionamento, forma e função *para as suas intenções pessoais*, sempre dentro dos propósitos socialmente reconhecidos. Salienta que dois seriam os procedimentos para identificar um gênero: um procedimento textual/linguístico e um procedimento contextual.

A prototipicidade de um gênero revela-se um ideal que nem sempre é atingido pelos mais diversos exemplares do mesmo gênero. E nessa diversidade localizamos a influência do contexto na definição do que é determinado gênero textual. Uma resenha acadêmica para fins de exercício didático, por exemplo, terá sua forma influenciada pelo objetivo do cumprimento de uma tarefa escolar e existência de um leitor, o professor; já uma resenha publicada em um jornal tem outros objetivos: informar o público sobre uma nova obra, suas qualidades, limitações, oportunidade.

Um resumo de filme, por exemplo, varia conforme o veículo em que circula. Pode em alguns casos, como os que aparecem em DVDs, simplesmente conter o seguinte texto:

> **O ÚLTIMO ATO**
>
> Simon Axler (Al Pacino) é um famoso ator de teatro que se torna depressivo e adquire tendências suicidaSim.s quando, de repente e inexplicavelmente, perde seu talento. Numa tentativa de recuperar seu dom, ele tem um caso com uma jovem lésbica que tem a metade da idade dele. Rapidamente, a relação gera caos e pessoas ligadas ao casal reaparecem em suas vidas.
>
> Baseado no aclamado livro de Philip Roth.
>
> Roteiro de Buck Henry e Michal Zebede.
>
> Al Pacino/Greta Gerwig/Dianne Wiest
>
> Dirigido por Barry Levinson.
>
> California Filmes, 2015
>
> 113 minutos
>
> Drama

Esse tipo de resumo pode ser suficiente se publicado no estojo de um DVD, ou como informação de programação cultural, mas não o ser se constituir-se em parte de uma resenha propriamente dita para ser publicada nas páginas de um jornal, ou em uma revista. Em uma resenha, o resumo pode contemplar outros elementos, estender-se, focalizar personagens principais e secundários, contemplar início, conflito, resolução da ação, visão de mundo do diretor.

6 GÊNEROS COMO PRÁTICA SÓCIO-HISTÓRICA

Observa Marcuschi (2011, p. 152) a existência de quatro perspectivas atuais no estudo dos gêneros: (1) uma linha bakhtiniana que é socioconstrutivista e é representada por

Schneuwly e Dolz, bem como pelo interacionismo sociodiscursivo de Bronckart; é uma linha de caráter aplicativo ao ensino de língua materna; (2) uma linha de perspectiva swalesiana, mais formal, influenciada pelos estudos de John Swales; (3) uma linha de perspectiva sistêmico-funcional, de ascendência hallidayana; (4) uma perspectiva marcada pela influência de Charles Bazerman e Carolyn Miller, que também apresenta ligação com de Bakhtin, Adam, Bronckart.

Para Marcuschi (In: KARWOSKI; GAYDECZKA; BRITO, 2011, p. 19), pode-se "dizer que as teorias de gênero que privilegiam a forma ou a estrutura estão hoje em crise, tendo-se em vista que o gênero é essencialmente flexível e variável". Eles são uma **forma de ação social**; dispõem de um esquema cognitivo; apresentam uma estrutura textual; manifestam uma forma de organização social e constituem uma **ação retórica**.

Todos os textos que encontramos no dia a dia apresentam padrões sociocomunicativos, têm características definidas por funções, objetivos e estilo realizados concretamente na integração de forças históricas, sociais, institucionais e técnicas. Os gêneros textuais são práticas sociodiscursivas, que se caracterizam por suas funções comunicativas, cognitivas e institucionais e não por peculiaridades linguísticas e estruturais tão somente. O domínio discursivo designa a esfera de produção discursiva em que os textos circulam. Assim, temos: discurso jurídico, religioso, científico, acadêmico, jornalístico. Nesses domínios, distinguimos inúmeros gêneros textuais (cf. SANTOS, 2010, p. 29 s). Em *Produção textual, análise de gêneros e compreensão*, Marchuschi (2011, p. 149), depois de afirmar, em companhia de Carolyn Miller, que o gênero é um artefato cultural, "importante como parte integrante da estrutura comunicativa de nossa sociedade", postula que "há muito a discutir e tentar distinguir as ideias de que gênero é: uma categoria cultural, um esquema cognitivo, uma forma de ação social, uma estrutura social, uma forma de organização social, uma ação retórica".

Essa noção de gênero que não se caracteriza apenas pela forma é compartilhada também por Roxane Rojo (2010, p. 196), que, no artigo "Gêneros do discurso e gêneros textuais: questões teóricas e aplicadas", argumenta que se devem privilegiar os aspectos sócio-históricos da situação enunciativa, o objetivo que o enunciador tem em vista, sua apreciação valorativa dos temas envolvidos para, em seguida, tratar de outras questões, como composição e estilo.

O indivíduo precisa dispor de recursos cognitivos, capacidade para usar a linguagem, mediante processos psicológicos complexos, que implicam desenvolvimento de conceitos, memória lógica, abstrações, capacidade de comparar e diferenciar. Além disso, a situação real pede a mobilização de competências específicas para a realização da ação que se tem em vista. A competência envolve os saberes e experiências dos sujeitos envolvidos.

Assim como a língua varia, também é próprio dos gêneros variarem, adaptarem-se, renovarem-se, multiplicarem-se. Daí a tendência hoje de evitar a classificação e a postura estrutural, para concentrar-se na focalização e na dinamicidade dos gêneros, ocupando-se de seus aspectos processual, social, interativo, cognitivo.

Entende Marcuschi (In: DIONISIO; MACHADO; BEZERRA, 2010, p. 19) que os gêneros textuais "são fenômenos históricos, profundamente vinculados à vida cultural e social". Eles seriam fruto de um trabalho coletivo e contribuiriam para "ordenar e estabilizar as atividades comunicativas do dia a dia". São maleáveis, dinâmicos e surgem conforme as necessidades e atividades socioculturais e, ainda, paralelamente às evoluções tecnológicas. Por isso, os gêneros "integram-se funcionalmente nas culturas em que se desenvolvem".

Para a construção do sentido de um texto, levamos em consideração que tanto a escrita quanto a fala se baseiam em formas **relativamente** estáveis de estruturação, os gêneros textuais. Estes apresentam na superfície textual algumas marcas de sua identidade: quem, ouvindo ou lendo a expressão "bata o ovo com um garfo e passe-o para a tigela em que estão as lulas", não identifica aí uma receita culinária? Essa previsibilidade, no entanto, não deve ser vista como camisa de força, ou impossibilidade de seleção de outras formas linguísticas (cf. SILVA, 2015, p. 12-13).

Os gêneros são dinâmicos, apresentando variações em sua constituição, que geram novos gêneros. Os *e-mails*, bem como os *blogs*, por exemplo, são vistos por alguns autores como variações das cartas e dos diários, que ganharam novas características por causa do canal (suporte) utilizado, os aparelhos eletrônicos que dão acesso à Internet. Para Marcuschi (2010, p. 19), os gêneros são fruto de trabalho coletivo, contribuem para ordenar e estabilizar as atividades cotidianas; são entidades sociodiscursivas e formas de ação social indispensáveis em qualquer situação comunicativa, que apresentam "alto poder preditivo e interpretativo das ações humanas em qualquer contexto discursivo". Eles "não são instrumentos estanques e enrijecedores da ação criativa. Caracterizam-se como eventos textuais altamente maleáveis, dinâmicos e plásticos".

Os gêneros textuais seriam determinados sobretudo pelos objetivos do enunciador e não propriamente pela forma. É necessário sensibilidade para a escolha dos gêneros, bem como não tomá-los como peças que se sobrepõem às estruturas sociais. Os gêneros são *formas de ação*, artefatos culturais e fenômenos linguísticos. São sensíveis à realidade de seu tempo e envolvidos com as diversas formas de comunicação existentes.

Os gêneros novos apoiam-se em outros que são mais antigos, como acontece com os gêneros oriundos de inovações tecnológicas (*blogs, e-mails,* torpedos, mensagens operadas pelo *Facebook, chats, WhatsApp*).

Além do aspecto da maleabilidade, verifica-se que os gêneros podem receber contribuição intertextual, proporcionando o aparecimento de **intergêneros**, de mescla de gêneros, como já temos afirmado.

7 A INTERGENERICIDADE: MISTURA E MUDANÇA DE GÊNERO

Embora os gêneros tenham características próprias e manifestem consonância com o meio em que circulam e no qual foram gerados, eles podem ter **forma híbrida**, inter-relacionando-se com outros. Assim, um gênero pode apresentar-se com a função de outro; pode assumir a forma de outro gênero, tendo em vista o objetivo da comunicação (cf. KOCH; ELIAS, 2006, p. 114-122).

Para Brandão (2004), a **mescla de gêneros** se dá quando um texto de um gênero dialoga com outro, remete a outro, ou incorpora outro gênero, "imitando ou deslocando a função e/ou forma originais". Na literatura, encontramos inúmeros casos de deslocamento/imbricamento de gêneros com o objetivo de provocar estranhamento. Na linguagem cotidiana, para produzir diferentes efeitos de sentido (ironia, crítica, vozes que ecoam outras vozes etc.), o fenômeno também ocorre. Vejamos um exemplo:

> CARTA
>
> Há muito tempo, sim, que não te escrevo.
> Ficaram velhas todas as notícias.
> Eu mesmo envelheci: Olha, em relevo,
> estes sinais em mim, não das carícias
>
> (tão leves) que fazias no meu rosto:
> são golpes, são espinhos, são lembranças
> da vida a teu menino, que ao sol-posto
> perde a sabedoria das crianças.
>
> A falta que me fazes não é tanto
> à hora de dormir, quando dizias
> "Deus te abençoe", e a noite abria em sonho.
>
> É quando, ao despertar, revejo a um canto
> a noite acumulada de meus dias,
> E sinto que estou vivo, e que não sonho (ANDRADE, 2001, v. 1, p. 490).

Nenhum leitor teria dúvida de que se trata de um poema, embora seja denominado "carta" e em seu conteúdo haja traços de uma carta familiar; aqui, o texto recebe a forma clássica de um soneto e o enunciador estabelece um diálogo com "provavelmente" sua mãe, que parece já estar em outro mundo. O saudosismo romântico é substituído pela visão de uma realidade dura: "eu sinto que estou vivo, e que não sonho". Lemos então o poema como literatura, não como se fosse uma cartinha de um filho para sua mãe. A função desse texto não é informativa, mas poética; a preocupação é com a literariedade; não se trata de uma comunicação filho/mãe, mas da apresentação de uma visão de mundo por meio de uma forma poética. Predomina o interesse com a forma linguístico-literária. A mescla de gêneros é uma estratégia para alcançar o objetivo que se tem em vista com uma comunicação.

A mistura de gêneros é comum na obra de Jorge Amado. Quem lê *Dona Flor e seus dois maridos* depara com receitas culinárias, como a que segue:

> Me deixem em paz com meu luto e minha solidão. Não me falem dessas coisas, respeitem meu estado de viúva. Vamos ao fogão: prato de capricho e esmero é o vatapá de peixe (ou de galinha), o mais famoso de toda a culinária da Bahia. Não me digam que sou jovem, sou viúva: morta estou para essas coisas. Vatapá para servir a dez pessoas (e para sobrar como é devido).
>
> Tragam duas cabeças de garoupa fresca – pode ser de outro peixe mas não é tão bom. Tomem do sal, do coentro, do alho e da cebola, alguns tomates e o suco de um limão.
>
> Quatro colheres das de sopa, cheias com o melhor azeite doce, tanto serve português como espanhol; ouvi dizer que o grego inda é melhor, não sei. Jamais usei por não encontrá-lo à venda.
>
> Se encontrar um noivo o que farei? [...] Desejo de viúva é desejo de deboche e de pecado, viúva séria não fala nessas coisas, não pensa nessas coisas, não conversa sobre isso. Me deixem em paz, no meu fogão.
>
> Refoguem o peixe nesses temperos todos e o ponham a cozinhar num bocadinho d'água, um bocadinho só, um quase nada. Depois é só coar o molho, deixá-lo à parte, e vamos adiante.
>
> Se meu leito é triste cama de dormir, apenas, sem outra serventia, que importa? Tudo no mundo tem compensações. Nada melhor do que viver tranquila, sem sonhos, sem desejos, sem se consumir em labaredas com o ventre aceso em fogo. Vida melhor não pode haver que a de viúva séria e recatada, vida pacata, liberta da ambição e do desejo. Mas, e se não for meu leito cama de dormir e, sim, deserto a atravessar, escaldante areia do desejo sem porta de saída? [...] Continuemos a lição.
>
> Tomem do ralo e de dois cocos escolhidos – e ralem. Ralem com vontade, vamos, ralem; nunca fez mal a ninguém um pouco de exercício (dizem que o exercício evita os pensamentos maus: não creio). Juntem a branca massa bem ralada e a aqueçam antes de espremê-la: assim sairá mais fácil o leite grosso, o puro leite de coco sem mistura. À parte o deixem.
>
> Tirado esse primeiro leite, o grosso, não joguem a massa fora, não sejam esperdiçadas, que os tempos não estão de desperdício. Peguem a mesma massa e escaldem na fervura de um litro d'água. Depois a espremam para obter o leite ralo. O que sobrar da massa joguem fora, pois agora é só bagaço.

> Viúva é só bagaço, limitação e hipocrisia. [...]
>
> Descasquem o pão dormido e descascado o ponham nesse leite ralo para amolecer. Na máquina de moer carne (bem lavada) moam o pão assim amolecido em coco, e moam amendoins, camarões secos, castanhas de caju, gengibre, sem esquecer a pimenta malagueta ao gosto do freguês (uns gostam de vatapá ardendo na pimenta, outros querem uma pitada apenas, uma sombra de picante).
>
> Moídos e misturados, esses temperos juntem ao apurado molho da garoupa, somando tempero com tempero, o gengibre com o coco, o sal com a pimenta, o alho com a castanha, e levem tudo ao fogo só para engrossar o caldo.
>
> Se o vatapá, forte de gengibre, pimenta, amendoim, não age sobre a gente dando calor aos sons, devassos condimentos? Que sei eu de tais necessidades? Jamais necessitei de gengibre e amendoim; eram a mão, a língua, a palavra, o lábio, seu perfil, sua graça, era ele quem me despia do lençol e do pudor para a louca astronomia de seu beijo, para me acender em estrelas, em seu mel noturno. [...]
>
> A seguir agreguem leite de coco, o grosso e puro, e finalmente o azeite de dendê, duas xícaras bem medidas: flor de dendê, da cor de ouro velho, a cor do vatapá. Deixem cozinhar por longo tempo em fogo baixo; com a colher de pau não parem de mexer, sempre para o mesmo lado; não parem de mexer senão embola o vatapá. Mexam, remexam, vamos, sem parar; até chegar ao ponto justo e exatamente.
>
> Em fogo lento meus sonhos me consomem, não me cabe culpa, sou apenas uma viúva dividida ao meio, de um lado viúva honesta e recatada, de outro viúva debochada, quase histérica, desfeita em chilique e calundu. Esse manto de recato me asfixia, de noite corro as ruas em busca de marido. De marido a quem servir o vatapá doirado e meu cobreado corpo de gengibre e mel.
>
> Chegou o vatapá ao ponto, vejam que beleza! Para servi-lo falta apenas derramar um pouco de azeite de dendê, azeite cru. Acompanhado de acaçá o sirvam, e noivos e maridos lamberão os beiços (AMADO, 2001, p. 231-233).

As características do texto de Jorge Amado não fazem dele uma receita culinária; é um texto cuja função é literária. É receita, mas não tem função de receita. Tem ingredientes de receita, formas verbais no imperativo, sequências textuais injuntivas, mas não é receita. Nesse caso, a forma de receita está a serviço da literatura: aos ingredientes e modo de preparo aparece entremeado o fogo erótico de Dona Flor; o texto explora o jogo semântico de fogo/comida/prazer sexual, ressaltando costume, numa visão de mundo em que viver prazerosamente salta à vista.

Ao final do texto, o leitor até pode tentar experimentar fazer o prato de vatapá proposto, mas a função do texto não é essa; não é a de uma cozinheira ou de um *chef* de cozinha. O leitor está diante de um texto de literatura; a ambiguidade de alguns termos, em vez do saboroso prato, faz saltar das linhas a libido da personagem, porque o texto é construído com termos que guardam estreita relação semântica com o de uma cena erótica.

Embora possa haver mistura de gêneros, o que vai permitir a identificação de um texto é o objetivo, a função. No caso do texto de Drummond, temos um poema; no caso de Jorge Amado, não temos uma receita de vatapá, mas um trecho de um romance, uma prosa literária.

O poema "Sick transit", de José Paulo Paes (2008, p. 189), mostra uma placa de trânsito com os dizeres: "LIBERDADE INTERDITADA", uma flecha indicando direção à direita, sob a qual se lê DETRAN e logo abaixo PARAISO/V. MARIANA.

Fonte: Paes (2008, p. 189).

Posta como placa de trânsito, produz sentidos completamente diferentes daqueles do poema: há obstáculos na direção da Av. Liberdade. O motorista deveria seguir a direção da flecha se desejasse dirigir-se em direção ao Detran (até setembro de 2009, o Detran ficava na Av. Pedro Álvares Cabral, próximo ao Parque Ibirapuera, em São Paulo) e ao Paraíso e à Vila Mariana (ambos bairros de São Paulo). Como o texto também aparece em um livro de poesia (*Meia palavra*), ele ganha novas significações. Na época da publicação do poema, o Brasil vivia sob o regime ditatorial e a liberdade estava "interditada". Daí a direção obrigatória. Em inglês, *sick* significa doente (o Brasil estaria vivendo um período de doença democrática) e, além disso, há uma paronomásia entre *sick* e *sic* (latim). Explorando a ambiguidade, o enunciador do poema, valendo-se de seus conhecimentos do latim ("sic transit gloria mundi" = "assim passa a glória do mundo" ou "as coisas do mundo são passageiras"), transforma a precisão da placa de trânsito em texto poético.

Essa alteração da significação do texto é movida pela alteração do gênero do texto, ou seja, **devemos ter presente que o significado de um texto depende também do gênero em que foi produzido**. Segundo Fiorin (In: MARI; WALTY; VERSIANI, 2005, p. 102), "a placa de trânsito transforma-se num poema que fala sobre a impossibilidade do querer (a interdição da liberdade) e a coerção do dever". E continua Fiorin à página 103: "O que é importante é ter presente que a mudança de gênero do texto altera os significados dos elementos do texto (palavras, imagens, gestos etc.). Isso quer dizer que o significado desses elementos depende também do gênero do texto".

Nos romances, a **intercambialidade de gêneros** também se observa: há aqueles que em seu interior utilizam cartas, poemas, bilhetes, receitas culinárias, letra de canções, provérbios etc.

Na publicidade, também encontramos exemplos de **mistura de gênero**; um anúncio incorpora a função de outro gênero, como uma estratégia de comunicação, simplesmente para manter o interlocutor atento. Em campanha de amaciante da Bombril, em 1998: "'Mon Bijou' deixa sua roupa uma perfeita obra-prima", o ator João Carlos Moreno aparecia com cabelos pretos compridos em pose que lembrava a Mona Lisa, de Leonardo da Vinci. A peça bem-humorada visava manter vivo o produto na memória do telespectador, como mantemos viva na memória a tela de Leonardo. Subvertia-se a ordem estabelecida, a beleza de Mona Lisa por uma figura masculina de poucas qualidades estéticas, para chamar a atenção sobre um produto.

Carlos Heitor Cony, com suas receitas de São Cipriano, também pode ser citado como exemplo de **intergenericidade**. A paródia pode ser lida como crítica bem-humorada à política nacional, que muitas vezes somente com magia para sair das enrascadas em que os políticos metem o Brasil:

> NOVAS RECEITAS DE SÃO CIPRIANO
>
> Continuo hoje a divulgar piedosas receitas do livro Único e Verdadeiro atribuído ao santo.
>
> Preliminarmente, uma sugestão às autoridades deste país: na página 300 do precioso livro há uma infalível receita para fazer ouro. Acredito que o ministro Malan e o BNDES, preocupados com os nossos lastros, que obrigam o país a andar de rastros pedindo dinheiro aos outros, adquiram o compêndio de São Cipriano. [...]
>
> Encerrando, ensinarei a mágica que São Cipriano, muito antes do advento do striptease, bolou no deserto, em meio a penitências, "Para se ver dançar nua a mulher que se deseja". Lá vai: juntem-se três grãos de mostarda, duas cantáridas, uma pedra de enxofre e duas penas de coruja. Coloque-se tudo num lenço de pessoa asmática e deixa-se o enquirimanço na bolsa da mulher que se deseja ver dançar nua.

> Depois, apague as luzes, dirija o spotlight para cima da mulher e aproveite. Quando cansar, suborne a polícia, abra um inferninho ou ofereça o número ao programa do Faustão (Disponível em: <http//www1.folha.uol.com.br/fsp/ilustrad/fq11129822.htm>. Acesso em: 11 maio 2015).

À moda de uma simpatia, ou magia, Cony constrói sua crônica política, para, estrategicamente, fazer sobressair ironicamente a situação política brasileira.

A intergenericidade conhece variadas formas. No texto seguinte, Mirian Goldenberg assumindo o papel de uma leitora de sua coluna "A arte de dizer não", endereça-lhe (a Mirian Goldenberg) algumas palavras, parabenizando-a pelo Dia da Mulher e agradecendo-lhe pela transformação de sua vida. O tom do texto é de uma **carta**, com vocativo inicial no primeiro parágrafo e despedida no último. Parece uma carta de uma leitora, mas não é; é uma coluna, um artigo de jornal:

> POR QUE TEMOS MEDO DE DIZER NÃO?
>
> Parabéns pelo Dia da Mulher, Mirian. Quero que você saiba que as suas colunas têm provocado uma profunda transformação na minha vida.
>
> Descobri que as principais causas do meu sofrimento são: o medo, a vaidade, a culpa e a vergonha. Fiz muitas escolhas equivocadas em função destes quatro inimigos da felicidade: casei com um homem egoísta porque tinha medo de ficar sozinha, fui a muitos eventos sociais por medo das pessoas ficarem chateadas com a minha ausência, participei de inúmeras reuniões improdutivas só porque não queria dizer não.
>
> O início da minha libertação foi quando, lendo a sua coluna "a arte de dizer não", descobri que devo seguir a minha própria vontade. Aprendi com você que não devo dar ouvidos ao medo, à vaidade, à culpa e à vergonha, pois estes sentimentos são péssimos conselheiros.
>
> Foi uma verdadeira revolução na minha vida quando aprendi a dizer não e a valorizar a liberdade de ser "eu mesma". Não vou mais a festas de gente que eu não gosto, não aceito mais participar de eventos que não me interessam, não faço mais nada só para agradar os outros. É um exercício muito difícil, mas, com o tempo, estou cada vez mais conectada com a minha vontade e com muito menos medo de dizer não. [...]
>
> Mas, sinceramente, cheguei a uma fase da minha vida que não preciso mais fazer nada só por obrigação. Não tenho mais tempo para desperdiçar. Se vou fazer algo só para deixar os outros felizes, e que

> vai ser um sofrimento ou uma chatice para mim, lembro que a vida é muito curta. [...]
>
> Muito obrigada por me lembrar da importância de dizer não e também por me ensinar a "ligar o botão do foda-se" para tudo o que não quero mais na minha vida (GOLDENBERG, Mirian. Por que temos medo de dizer não? *Folha de S. Paulo,* São Paulo, 8 mar. 2016, p. B7).

8 CONCLUSÃO

Os gêneros materializam-se em textos, com uma **forma composicional** específica.

Do ponto de vista da **composição**, os gêneros têm organização, estabelecida segundo os objetivos que se tem em vista com a comunicação. A padronização possibilita economia de tempo, de interpretação; ela está diretamente relacionada com a circulação e a função social.

Um **contrato**, por exemplo, tem um título (termo do contrato), uma ementa (resumo do assunto), um texto (nomes e qualificações dos contratantes), cláusulas contratuais, exposição do que se contrata, fecho ("e por estarem assim justas e contratadas e de acordo com as cláusulas deste contrato..."), local e data da assinatura do contrato, assinatura do contratante à direita e das testemunhas à esquerda.

Uma **circular** apresenta: nome da empresa, endereço, título (circular n. ..., de .../.../...), uma ementa, que é facultativa (resumo do assunto da circular), vocativo (tratamento e cargo das autoridades destinatárias da circular), texto (desenvolvimento do assunto tratado), fecho (fórmula de cortesia), assinatura (nome e cargo da autoridade competente).

Um *e-mail* na administração empresarial traz o nome do interlocutor, seguido de dois-pontos, um cumprimento ("bom dia", "boa tarde", "boa noite"), um texto (a mensagem) com informações sobre o que se deseja, uma despedida, que inclui agradecimentos ("muito obrigado por sua atenção"; "muito obrigado pelo interesse em resolver meu problema"), e um fecho ("um abraço", "atenciosamente"), assinatura do emissor da correspondência eletrônica.

Um **recibo** tem o título "Recibo", o valor (R$ xxx,xx), o texto que compreende a declaração do que se recebeu ("Recebi do Sr. fulano de tal [nome, endereço, CPF ou CNPJ]"), valor por extenso, motivo do recebimento, local, data, assinatura (nome do recebedor, endereço, CPF ou CNPJ), testemunhas (com suas identificações).

Há gêneros que restringem com maior força a utilização de estilo próprio (como os documentos oficiais), outros o aceitam com mais tranquilidade (gêneros literários). O que define gênero é sua função e não sua forma. Assim, o relatório de Graciliano Ramos citado não é propriamente um texto literário, embora apresente algumas características desse gênero; é um texto administrativo de prestação de contas.

Isso, no entanto, não quer dizer que o enunciador possa ignorar a relativa estabilidade dos gêneros textuais.

EXERCÍCIOS

1. Faça uma lista dos gêneros orais que você produz no seu dia a dia. Há semelhanças entre eles? Diferenças? Quais?

2. Faça uma lista dos gêneros escritos que você produz no seu dia a dia, em casa e no trabalho. Quais são suas semelhanças e diferenças?

3. Elenque os gêneros que são objeto de sua leitura no dia a dia. Comente suas diferenças e semelhanças.

4. Quais gêneros você lê ou pesquisa na Internet? Há alguma semelhança entre eles e uma carta?

5. Em um jornal, qual o gênero que você normalmente procura ler em primeiro lugar? Lê com frequência editoriais? Cartas do leitor? Artigos de opinião? Tirinhas de HQs? Horóscopo? Resenhas de livros? Resenhas de espetáculos de música, teatrais ou de dança? Lê resenhas de filmes? Receitas culinárias?

6. Localize um texto no jornal ou revista em que você não concorda com a opinião de um articulista, ou que verificou preconceito nos argumentos por ele utilizados. Escreva uma carta de leitor para a editoria do jornal ou revista, apresentando argumentos contrários do articulista.

7. Quais são as diferenças entre uma charge e uma tirinha de HQ?

8. Você comprou um eletrodoméstico e notou que ele não funciona a contento. Em que termos produziria um texto (oral, se diante do balconista, ou com uso do telefone, ou por escrito, veiculando-o por *e-mail*), reclamando a troca do aparelho defeituoso? Como você se organizaria para produzir esse texto? Que informações ressaltaria? Que documentos seriam necessários? Elenque as atividades que seriam necessárias.

9. Você comprou um produto e verificou a existência de defeito. O fornecedor não admite trocá-lo. Você aciona o Procon. Que termos utilizaria em sua conversa com um profissional do Procon?

10. Você precisa deixar um aviso para sua mãe, irmão ou irmã, avô ou avó, tio ou tia sobre uma necessidade premente sua. Que termos utilizaria? Construa o texto.

11. Um parente próximo ou amigo faz aniversário e você vai cumprimentá-lo por telefone ou pessoalmente. Como seria esse texto oral?

12. Seu amigo ou amiga, ou um parente seu, se casou e você precisa enviar-lhe uma mensagem escrita de congratulação. Redija esse bilhete.

13. Você está procurando emprego. Como você se prepara para a entrevista? Que informações você gostaria de apresentar para seu interlocutor?

14. Faça uma entrevista com um colega: num primeiro momento, você é um gerente de recursos humanos de uma empresa e entrevista um pretendente a um emprego (determine a existência de uma vaga na função X em sua empresa); no segundo momento, é você quem está sendo entrevistado: que informações prioritárias gostaria de focalizar?

15. Você está viajando e deseja mandar um cartão-postal para um amigo ou parente. Construa o texto que vai enviar-lhe. Quais são os elementos que não podem faltar em uma mensagem escrita em um postal?

16. Ainda em sua viagem, você vai enviar um *e-mail* para um amigo ou parente, contando um fato vivido nos seus dias de férias. Como seria esse texto?

17. Reunir-se com colegas e discutir assuntos relativos a um suposto condomínio. Eleger um presidente, que escolherá um(a) secretário(a); estabelecer uma ordem do dia; em seguida, discutir os assuntos problemáticos do condomínio; redigir uma ata, que será assinada por todos os participantes. Cópias da ata serão enviadas a todos os colegas do grupo, como se fizessem parte do condomínio.

18. Escreva um texto sobre um cão ou gato perdido. Verifique na Internet como se faz um anúncio sobre animais perdidos; você poderá encontrar dicas, como, por exemplo: "a palavra *perdido* ou *procura-se* deve ser escrita em letras maiúsculas e ser colocada logo no início do cartaz, para chamar a atenção imediatamente". Segundo a receita oferecida, a linguagem deve ser clara e objetiva, bem como apresentar uma foto do animal, raça, sexo, cor, detalhes (cicatriz, ou uma marca qualquer), fase (filhote, adulto, idade avançada), porte, data, bairro onde desapareceu, contato, recompensa (veja <http://www.animale.me/como-fazer-um-cartaz-de-cachorro-ou-gato-perdido-que-traga-resultado/>).

2
Tipologia textual

Um usuário competente de língua é aquele capaz de produzir os mais diversos tipos de textos, exigidos nas mais variadas situações comunicativas, e utilizando a "estrutura" própria de cada categoria de textos (FERREIRA In: TRAVAGLIA; FINOTTI; MESQUITA, 2008, p. 349).

1 CONCEITO DE LÍNGUA, TEXTO, DISCURSO

1.1 Língua

Para Travaglia (2009, p. 21-23), três seriam as concepções de língua: (1) como expressão do pensamento; (2) como instrumento de comunicação; (3) como forma ou processo de interação (cf. PEREIRA, 2016).

Como **expressão do pensamento**, entende-se que, se uma pessoa não se expressa bem, isso se dá porque não pensa: "a expressão se constrói no interior da mente, sendo sua exteriorização apenas uma tradução". A enunciação não seria afetada pelo outro nem pelas circunstâncias constituidoras da situação social em que acontece a enunciação. Haveria regras que garantem a organização lógica do pensamento e da linguagem, e elas se confundem com as regras gramaticais e têm por objetivo garantir o "bem falar" e o "bem escrever". Continua Travaglia: "para essa concepção, o modo como o texto, que se usa em cada situação de interação comunicativa, está constituído não depende em nada de para quem se fala, em que situação se fala (onde, como, quando), para que se fala" (p. 22).

Como **instrumento de comunicação**, a língua é vista como um código, ou como conjunto de signos passíveis de combinação, capazes de transmitir uma mensagem de um emissor a um receptor. Nesse sentido, o conceito de língua está diretamente relacionado com a teoria da comunicação; a língua é um conjunto de regras capazes de transmitir uma mensagem ao receptor: "o código deve, portanto, ser dominado pelos falantes para que a comunicação possa ser efetivada [...]. É necessário que o código seja utilizado de maneira semelhante, preestabelecida, convencionada para que a comunicação se efetive" (p. 22). Essa concepção imanente dos estudos da língua apoia-se em Saussure, Chomsky, que são representantes de uma visão formalista e estrutural dos estudos linguísticos: não há aqui preocupação com os interlocutores e a situação de uso da língua.

Como **processo de interação**, a língua possibilita que os indivíduos interajam; serve a língua não apenas para exteriorizar pensamentos, mas também realizar ações: "o que o indivíduo faz ao usar a língua não é tão somente traduzir e exteriorizar um pensamento, ou transmitir informações a outrem, mas sim realizar ações, agir, atuar sobre o interlocutor" (p. 23). A língua seria, portanto, um lugar de interação humana, que possibilita a produção de sentidos entre interlocutores em situações de comunicação e em determinado contexto sócio-histórico e ideológico: "os usuários da língua ou interlocutores interagem enquanto sujeitos que ocupam lugares sociais e "falam" e "ouvem" desses lugares de acordo com formações imaginárias (imagens) que a sociedade estabeleceu para tais lugares sociais". Essa concepção de língua apoia-se na Linguística Textual, na Teoria do Discurso, na Análise do Discurso, na Semântica Argumentativa, na Pragmática.

Em relação à **competência textual**, Travaglia (2009, p. 19) afirma que ela é constituída, em situação de interação comunicativa, pela produção e compreensão de textos considerados bem formados. Ela compreende: capacidade formativa, capacidade transformativa e capacidade qualificativa.

A **capacidade formativa** "possibilita aos usuários da língua produzir e compreender um número de textos que seria potencialmente ilimitado e, além disso, avaliar a boa ou má formação de um texto dado, o que equivaleria mais ou menos a ser capaz de dizer se uma sequência linguística dada é ou não um texto" (p. 18).

A **capacidade transformativa** possibilita que os usuários da língua reformulem, parafraseiem e resumam textos, segundo os mais variados fins, e julgar se "o produto dessas modificações é adequado ao texto sobre o qual a modificação foi feita".

A **capacidade qualificativa** permite ao usuário de uma língua "dizer a que tipo de texto pertence um dado texto, naturalmente segundo uma determinada tipologia". Nesse sentido, o usuário da língua é capaz de dizer se se trata de uma piada, uma fábula, um romance, uma ata, um aviso, uma carta: "a capacidade qualificativa tem a ver com a capacidade formativa, à medida que deve possibilitar ao usuário ser capaz de produzir um texto de determinado tipo" (p. 18).

Em relação ao **conceito de língua**, Marcuschi (2011, p. 67) esclarece que a língua é uma atividade cognitiva; sua função mais importante não é informacional, mas inserir os indivíduos em contextos sócio-históricos e permitir que se entendam. É mais do que um veículo de informações. Não é, portanto, simplesmente um instrumento para reproduzir ou representar ideias. O discurso não é um acontecimento isolado; ele está em oposição a outros discursos que o precederam, ou que o sucederão. Temos, portanto, aqui uma concepção de língua que não a vê apenas como descritiva ou representacionista; ela jamais é neutra e é sempre dotada de intencionalidade. Usamos a língua "não só para estabelecer comunicação, mas, sobretudo, para pedir, ordenar, sugerir, criticar, argumentar, fixar uma imagem positiva ou negativa, afirmar ou negar uma ideia" (FERREIRA, 2015, p. 50). Por meio da língua, estabelecemos acordos com nosso interlocutor a fim de negociar a distância em relação ao que estamos dizendo. Visão diametralmente oposta à de Saussure (2006, p. 17), que define língua, nos seguintes termos:

> Mas o que é a língua? Para nós, ela não se confunde com a linguagem; é somente uma parte determinada, essencial dela, indubitavelmente. É, ao mesmo tempo, um produto social da faculdade de linguagem e um conjunto de convenções necessárias, adotadas pelo corpo social para permitir o exercício dessa faculdade nos indivíduos.

À página 130 e 131, Saussure, ao tratar do valor linguístico, afirma: "Para compreender por que a língua não pode ser senão um **sistema de valores puros**, basta considerar os dois elementos que entram em jogo no seu funcionamento: as ideias e os sons" [destaque nosso]. E, adiante, exemplifica:

> a língua é também comparável a uma folha de papel: o pensamento é o anverso e o som o verso; não se pode cortar um sem cortar, ao mesmo tempo, o outro; assim tampouco, na língua, se poderia isolar o som do pensamento, ou o pensamento do som; só se chegaria a isso por uma abstração cujo resultado seria fazer Psicologia pura ou Fonologia pura.

Segundo a visão estruturalista saussuriana, a língua é um **sistema abstrato autônomo**, autorregulador e arbitrário em sua gênese. Nesse sistema, não haveria "lugar para "porquês": a língua é exatamente o que é, e a tarefa do linguista é descrevê-la sem fazer referência a fatores externos" (IKEDA In: MEURER; BONINI; MOTTA-ROTH, 2010, p. 51).

Os americanos Edward Sapir e Benjamin Lee Whorf, bem como o linguista britânico Michael A. K. Halliday, estudam a língua de outra forma: "afirmam existir uma relação causal entre a estrutura semântica e a cognição, que a língua influi no pensamento, no sentido de que sua estrutura canaliza a experiência mental do mundo" (IKEDA In:

MEURER; BONINI; MOTTA-ROTH, 2010, p. 51). Segundo a hipótese Sapir-Whorf, "a relatividade hipotetiza que as línguas diferem radicalmente em sua estrutura, e o determinismo postula que o pensamento das pessoas é totalmente restringido pela língua" (p. 51). A língua permite que as pessoas classifiquem objetos e seres e leva-as a pensar o mundo em termos de certas categorias artificiais, tidas como sendo do senso comum. Segundo essa concepção, a forma linguística é afetada pelas circunstâncias sociais.

Para Bagno (2014, p. 22), língua

> é um **conjunto** de representações simbólicas do mundo físico e do mundo mental que:
>
> 1. é **compartilhado** pelos membros de uma dada comunidade humana como **recurso comunicativo**;
> 2. serve para a **interação** e integração sociocultural dos membros dessa comunidade;
> 3. se organiza fonomorfossintaticamente (sons + palavras + frases) segundo **convenções** firmadas ao longo da história dessa comunidade;
> 4. **coevolui** com os desenvolvimentos cognitivos e os desenvolvimentos culturais dessa comunidade, sendo então sempre **variável e mutante**, um **processo** nunca acabado;
> 5. se manifesta concretamente por meio de um repertório limitado de **sons** emitidos pelo aparelho fonador de cada indivíduo.

E, na página 24, com base em Ataliba T. de Castilho, afirma que a língua é um multissistema que se subdivide em quatro sistemas independentes: o discurso, a gramática, o léxico e a semântica.

1.2 Texto

O **texto**, que pode ser oral ou escrito, é para Brandão, em "Gêneros do discurso: unidade e diversidade" (2004), um todo significativo, produzido na interação de pessoas. Sua produção e compreensão implicam as condições de produção, como situação de enunciação, interlocutores, contexto histórico e social. Daí afirmar-se que o texto mobiliza competências linguísticas e extralinguísticas, como conhecimento de mundo, saber enciclopédico, ideologia.

Todo texto é composto de variadas **vozes**: é **heterogêneo, polifônico**; ele pode compreender mais de um tipo de texto: nele podem aparecer segmentos descritivos, narrativos, argumentativos, expositivos, embora possa prevalecer um ou outro tipo.

Entende Koch (2002, p. 16) que o **conceito de texto** depende do que se entende por **língua** e **sujeito**. Se entendemos **língua como representação do pensamento** e sujeito como senhor absoluto de suas ações e de tudo o que diz, o texto seria um objeto lógico do pensamento do autor; ao leitor e ao ouvinte caberia tão somente "captar essa representação mental, juntamente com as intenções (psicológicas) do produtor, exercendo um papel essencialmente passivo".

Se entendemos a **língua como código**, instrumento de comunicação, e sujeito como determinado pelo sistema, o texto seria um produto codificado por um emissor cuja decodificação depende de um leitor/ouvinte conhecedor do código utilizado. Nessa concepção, o papel do leitor/ouvinte é outra vez passivo.

Na **concepção dialógica da língua (interacional)**, os sujeitos são atores/construtores sociais; o texto então seria o lugar de interação. Nesse caso, os interlocutores são vistos como ativos. Dialogicamente constroem os sentidos que, às vezes, estão implícitos e dependem do contexto sociocognitivo dos participantes da interação. Agora, já não há uma representação mental realizada por um emissor que deve ser captada ou decodificada por um decodificador. Temos uma atividade interativa de produção de sentidos, realizada segundo os elementos linguísticos presentes na superfície do texto e em sua organização. Nesse caso, a produção do sentido de um texto envolve uma grande quantidade de saberes: conhecimento linguístico, conhecimento do contexto, conhecimento enciclopédico. O sentido não preexiste à interação dos sujeitos.

O autor de *O texto argumentativo* (1994) distingue texto e discurso, reconhece que alguns autores utilizam as expressões *texto* e *discurso* indiferentemente e que outros entendem que o texto seria a realização do discurso. Nesse caso, o discurso se materializaria no texto. Por exemplo: um texto que defende a necessidade de controle de poluentes apoia-se no discurso ecológico; um sermão de um pároco ou pastor apoia-se no discurso religioso; o texto do advogado, no discurso jurídico e assim por diante. Citelli (1994, p. 18) afirma:

> a visão que temos das coisas, dos homens, do mundo é, ela também, constituída a partir de algo que passaremos a chamar de **formação discursiva**. Noutras palavras, não se trata de pensar o ponto de vista como alguma coisa absolutamente individual, algo que as pessoas elaboram independentemente de outras pessoas, fora das circunstâncias econômicas, sociais e culturais que as envolvem. Ao contrário, mesmo quando emitimos simples opiniões, o fazemos, no geral, orientados por concepções que tendem a ser cifradas nos discursos com os quais convivemos [destaque nosso]

Os textos constituem a materialização de um **gênero**, ou seja, todos os textos manifestam um gênero. Quando construímos um texto, além do objetivo que temos em vista, levamos em consideração a atitude do destinatário, seu nível de conhecimento sobre o assunto, opiniões, convicções, preconceitos, crenças sobre o assunto tratado; orienta-nos ainda a seleção dos recursos linguísticos a serem utilizados para provocar o efeito de sentido desejado e uma resposta do interlocutor, persuadindo-o sobre algo. Desse ponto de vista, a linguagem a ser utilizada não está previamente pronta; é algo que se constitui num processo de interação de um sujeito com outros sujeitos.

Examinando a **capacidade de linguagem**, Cristóvão (In: MEURER; MOTTA-ROTH, 2002, p. 42), apoiada em Dolz, Pasquier e Bronckart (1993) e em Dolz e Schneuwly (1998), entende que três são as capacidades envolvidas na produção e compreensão de textos: **capacidade de ação, capacidade discursiva** e **capacidade linguístico-discursiva**.

A capacidade de ação orienta o sujeito a ajustar seu texto à representação do contexto social de produção. Por ela, o enunciador reconhece o gênero e sua relação com o contexto de produção e mobilização de conteúdos.

A capacidade discursiva implica o reconhecimento do plano textual geral do gênero a ser utilizado, bem como a sequência textual a ser mobilizada.

A capacidade linguístico-discursiva envolve aspectos linguísticos; abrange o reconhecimento e utilização do valor das unidades linguístico-discursivas próprias para cada gênero, adequadas à construção do significado global do texto, ou seja, as capacidades linguístico-discursivas são estabelecidas por escolhas de unidades linguísticas e mecanismos de textualização, que asseguram a coesão e coerência textual e operações enunciativas, que incluem as modalizações, vozes (cf. CRISTÓVÃO; NASCIMENTO In: KARWOSKI; GAYDECZKA; BRITO, 2011, p. 43).

Também Lousada (In: DIONISIO; MACHADO; BEZERRA, 2010, p. 83), apoiada em Pasquier, Bronckart, Dolz e Schneuwly, vê o gênero "como um verdadeiro instrumento para o desenvolvimento dos três tipos de **capacidades de linguagem**: as de ação, as discursivas, as linguístico-discursivas". Quando interagimos nas diferentes situações sociais por meio de textos, utilizamos essas capacidades.

Para Marcuschi (2011, p. 222), quando objetivamos escrever um texto, o primeiro passo é escolher o gênero; em seguida precisamos analisar as propriedades do tipo escolhido, seus usos, formas de realização, variações, contextos de uso. Podemos então verificar a necessidade de: (a) **análise das atividades discursivas**: por que escolher determinado gênero em uma situação de comunicação; saber quem é o produtor do gênero, suas intenções, participação dos interlocutores e identificação dos conhecimentos mobilizados para produzir o gênero em determinada circunstância; (b) **utilização das sequências típicas** necessárias à composição do gênero (argumentativa, narrativa, descritiva, expositiva, injuntiva, dialogal); (c) **domínio dos mecanismos linguísticos**, como aspectos sintáticos, morfológicos, propriedades léxicas, bem como escolha da variedade linguística e do estilo (formal, informal) apropriados à situação; levam-se em conta aspectos relativos à coesão e coerência textual.

Motta-Roth (In: MEURER; MOTTA-ROTH, 2002, p. 102) inclui na competência comunicativa o conceito de **competência metalinguística** sobre gêneros textuais, que compreende conteúdos representados, objetivos, participantes, papéis sociais, escolhas léxico-gramaticais.

1.3 Discurso

Discurso é uma atividade comunicativa, que produz efeitos de sentido entre interlocutores. Ele pressupõe uma concepção de **língua como atividade de construção de sentidos** entre falantes. O que se diz significa em relação ao que não se diz; significa em relação ao lugar de onde se diz: se falo como professor, ou como juiz, ou como amigo. O significado de um discurso depende da relação com outros discursos que existem na sociedade. Ele manifesta-se por meio de textos, e é por meio dos textos que se pode entender como funciona o discurso.

Para Dias et al. (2011, p. 153), a **competência discursiva** é "a capacidade que os usuários da língua devem ter para escolher o gênero mais adequado aos seus propósitos, na prática de produção de textos, e de, na prática de leitura, reconhecer o gênero em evidência, suas especificidades e a prática social à qual ele está vinculado". Competência discursiva envolve (1) **competência linguística** para as mais diversas situações de comunicação; (2) **competência textual**, que é a capacidade de reconhecimento de um texto como uma unidade de sentido coerente e de produção de textos coerentes de diferentes tipos; (3) **competência comunicativa**, que é a capacidade de usar a língua em conformidade com a situação e o lugar em que se dá a comunicação. Neste último caso, essa capacidade implica saber quando falar, quando não falar, a quem falar, onde falar e de que forma falar, saber utilizar as regras do discurso específico para a ocasião. Por isso, não podem ser dissociados da competência discursiva conceitos como os de sociedade, instituições sociais, comunidades linguísticas, cidadania.

Wachowicz (2010, p. 22-23), ao discutir o que é texto e o que é discurso, afirma que o texto é discurso e que ele não pode ser visto somente como uma estrutura, como nas tradições estruturalistas de tratamento textual:

> Texto é produto social; é criação da história que se entrelaça às relações organizadas dos indivíduos; é instrumento por meio do qual os indivíduos criam, mantêm ou subvertem suas estruturas sociais.
> Logo, pensar no texto como discurso significa pensar na ideologia histórica que o instituiu. Isso quer dizer que não se pode analisar um texto como uma fotografia congelada de formas gramaticais fixas, que justifiquem o trabalho com a gramática.

Um texto tem uma intenção, tem um interlocutor em que projeta uma reação e apresenta, sobretudo, uma ideologia.

Meurer (In: MEURER; BONINI; MOTTA-ROTH, 2010, p. 87), apoiado em Foucault, afirma que "texto é a realização linguística na qual se manifesta o discurso". Já o discurso é constituído pelo "conjunto de afirmações que, articuladas em linguagem, expressam valores e significado das diferentes instituições". Enquanto texto é uma entidade física, a produção linguística de um ou mais indivíduos, o discurso é o conjunto de princípios, valores e significados que subjaz ao texto.

Todo discurso veicula ideologias, ou seja, maneiras específicas de conceber a realidade. Além disso, todo discurso é também exercício de poder e domínio de uns sobre outros. É o discurso que organiza o texto e estabelece como ele poderá ser: quais tópicos serão objeto da abordagem, como o texto deverá ser organizado, o que pode ser dito e o que não pode ser dito.

Para Meurer (p. 87), como o discurso está em relação dialética com estruturas sociais, ele cria formas de conhecimento e crenças, relações sociais e identidades. Os textos contêm traços e pistas de rotinas sociais, em que os sentidos são muitas vezes naturalizados, dificultando sua percepção pelos indivíduos. A **naturalização** é um processo mental em que admitimos como realidade natural o que é simplesmente uma interpretação. Por exemplo, é um sentido naturalizado admitir que, quanto maior o nível de escolaridade, maior o ganho no mercado de trabalho. Consideramos natural que uma pessoa com menos escolaridade ganhe menos. Esse fato, todavia, nada tem de natural. Trata-se de um sentido que foi naturalizado.

Além disso, os textos são perpassados por **relações de poder**. Normalmente, há uma assimetria de poder. A fala do patrão em relação à do empregado; a fala do comerciante em relação à do consumidor; a fala do médico em relação à do paciente; a fala do professor em relação à do aluno etc.

O discurso é influenciado pelas estruturas sociais e, ao mesmo tempo, as influencia. Como exemplo, podemos citar a visão que temos de um líder político. Suponhamos o presidente dos Estados Unidos: haverá discursos que o valorizam positivamente, fazendo sobressair determinados valores caros ao Ocidente, e discursos que o veem de forma negativa, veiculando valores caros a outra ideologia.

As realidades apresentadas nos discursos são criações sociais e não verdades absolutas (cf. MEURER In: MEURER; BONINI; MOTTA-ROTH, 2010, p. 89). É por meio do discurso que construímos realidades sociais.

As relações entre linguagem e estrutura social em geral são opacas: a realidade criada pelo discurso passa a ser vista como natural e imutável. Para desconstruir os significados que não são evidentes, que estão ocultos, é necessário que o discurso seja visto criticamente, procurando mostrar nos textos traços e pistas que refletem discursos, ideologias e estruturas sociais que privilegiam determinados grupos em detrimento de outros (MEURER In: MEURER; BONINI; MOTTA-ROTH, 2010, p. 91).

2 GÊNEROS DISCURSIVOS COM BASE NA TEXTUALIDADE

Jean-Michel Adam (2009) focaliza os gêneros discursivos com base na textualidade, na materialidade do texto. Em vez de ocupar-se de gêneros discursivos propriamente, preocupa-se com a dimensão textual, os componentes mais estáveis, como os **tipos de texto**, ou **sequências textuais**, como descritiva, narrativa, argumentativa, explicativa, dialogal.

Na base do conceito de **tipos de discurso**, encontram-se as reflexões de Benveniste sobre a situação de enunciação, bem como a distinção entre **discurso** e **história**. Enquanto **o discurso apresenta marcas da enunciação** ("estou cursando medicina" = "eu digo que no momento estou cursando medicina", em que a enunciação aparece no enunciado), a **história** não apresenta marcas da enunciação ("ela faz um curso de medicina"); o enunciado apresenta-se isento das marcas da enunciação. Marcam a enunciação os pronomes pessoais, as circunstâncias espaciais e temporais (*aqui, neste lugar, agora*, os demonstrativos *este/aquele*), bem como as interrogações, os imperativos, os vocativos, o presente do indicativo e as modalizações (por exemplo, *talvez, com certeza, infelizmente* etc.).

É a dicotomia *enunciação/enunciado* que sustenta os conceitos de discurso e história. No discurso, há uma coincidência do acontecimento descrito com o momento da enunciação. A característica fundamental do discurso é a categoria *eu-tu*. A história é caracterizada pela presença do pronome *ele* e verbos na terceira pessoa e de um presente atemporal. Da história excluem-se reflexões, juízos de valor, modalizações, de forma que os acontecimentos pareçam narrar-se por si próprios. Como teremos oportunidade de verificar, em inúmeros gêneros administrativos públicos e privados esse é o tipo de enunciado escolhido, para construir o efeito de neutralidade e objetividade, bem como de ausência de subjetividade.

Bakhtin entendia o enunciado como uma unidade real, delimitada pela alternância de sujeitos falantes; o enunciado terminaria sempre com a passagem da fala para o outro, ou transferência da palavra para o outro. Bakhtin interliga linguagem, atividade discursiva e sociedade. À unidade dialógica do enunciado se junta o gênero, uma unidade motriz da linguagem e elemento que se estabiliza em uma instância social.

Como já dissemos, Bakhtin entende haver duas categorias de gêneros: os **primários**, que seriam tipos simples de enunciados, como uma conversa cotidiana ou uma carta, e os **secundários**, que seriam tipos complexos que incorporam os gêneros primários. Seriam exemplos deste último tipo de gênero: romance, peça de teatro.

A ideia de estabilidade dos gêneros de Bakhtin é fundamental para Adam, visto que o estudioso russo propõe que os gêneros primários sejam vistos como nucleares e responsáveis pela estruturação dos gêneros secundários: os gêneros primários constituem sequências textuais, compostas por proposições relativamente estáveis e maleáveis, que atravessam os gêneros secundários (BONINI In: MEURER; BONINI; MOTTA-ROTH, 2010, p. 208).

Para o conceito de estabilidade das sequências, apoiou-se no raciocínio prototípico. O **protótipo** "reúne o maior número de pistas de validade para ser membro dela" (BONINI In: MEURER; BONINI; MOTTA-ROTH, 2010, p. 208). Se tomamos uma *galinha* ou um *pato*, por exemplo, como protótipos de *ave*, é porque vemos neles todas as características de uma ave: ser vivo, vertebrado, bípede, ovíparo, coberto de penas, possuidor de asas e de bico, sem dentes etc. Já *avestruz* e *ema* estariam um pouco afastados desse representante típico, ou estariam na periferia do exemplar típico. Assim, quando falamos em ave, não pensamos imediatamente em avestruz nem em ema, nem em pinguim, porque não são elementos prototípicos de ave. Uma *baleia* estaria na periferia da prototipicidade dos mamíferos, enquanto *gato*, *cachorro* estariam no centro. Da mesma forma, **os gêneros são classificados pelos traços que compartilham com as sequências prototípicas**. Um artigo de jornal, um conto, uma fábula, um apólogo pertencem ao tipo narrativo, visto serem compostos particularmente por sequências narrativas.

Para Adam, as sequências apoiam-se nos conceitos de (1) **base** e **tipo de texto** e (2) **superestrutura textual**. O falante teria um conhecimento intuitivo de texto, teria conhecimento dos mecanismos textuais. Cinco seriam os tipos textuais: *a descrição, a narração, a exposição, a argumentação, a instrução*. Esses tipos constituem um conjunto de recursos cognitivos responsáveis, em parte, pela produção do texto.

O número de sequências textuais não é consensual, assim como a expressão **sequência** é objeto de controvérsia e é substituída às vezes por **tipo de texto**. Há autores, como Meurer (em "O conhecimento de gêneros textuais e a formação do profissional da linguagem", texto publicado em *Aspectos da linguística aplicada*, organizado por M. B. Fortkamp e L. M. B. Tomitch), que preferem a expressão **modalidade retórica**.

Adam entende que a injunção é um tipo de descrição; e, juntamente com Bronckart, não considera a existência da sequência expositiva. Para Bonini, no entanto, sem o tipo expositivo, seria difícil explicar a planificação de uma notícia, pois ela não é explicativa, nem narrativa, nem descritiva.

O conceito de **superestrutura** baseia-se em van Dijk: seria um **esquema cognitivo** composto por categorias que, ao serem preenchidas, são responsáveis pela realização do texto. Para Bonini (In: MEURER; BONINI; MOTTA-ROTH, 2010, p. 218), fundamentalmente a diferença da sequência textual em relação ao gênero é sua menor variabilidade. Os gêneros marcam situações sociais específicas e são heterogêneos. As sequências, por sua vez, atravessam todos os gêneros.

Para Machado (In: MEURER; BONINI; MOTTA-ROTH, 2010, p. 246-247), são os seguintes os tipos de sequência textual:

Quadro 2.1   Tipos de sequência.

SEQUÊNCIA	EFEITO PRETENDIDO	FASES
Narrativa	Manter a atenção do destinatário, estabelecendo uma tensão e subsequente resolução.	Situação inicial Complicação Ações desencadeadas Resolução Situação final
Descritiva	Fazer o destinatário ver minuciosamente elementos de um objeto do discurso, segundo a orientação dada a seu olhar pelo produtor.	Tematização Aspectualização Relação Expansão
Argumentativa	Convencer o destinatário da validade do ponto de vista do enunciador diante de um objeto do discurso visto como contestável pelo produtor e/ou pelo destinatário.	Premissas Suporte argumentativo Contra-argumentação Conclusão
Explicativa/ Expositiva	Levar o destinatário a compreender um objeto do discurso, visto pelo produtor como incontestável, mas de difícil compreensão para o destinatário.	Constatação inicial Problematização Resolução Conclusão/Avaliação

SEQUÊNCIA	EFEITO PRETENDIDO	FASES
Injuntiva	Fazer o destinatário agir segundo uma direção para atingir um objetivo.	Enumeração de ações temporalmente subsequentes
Dialogal	O propósito é levar o destinatário a manter-se na interação proposta.	Abertura Operações transacionais Fechamento

3 SEQUÊNCIAS TEXTUAIS

Qualquer comunicação dá-se por meio de textos concretos, de realizações comunicativas entre pessoas com uma finalidade, uma intenção, um objetivo. Como vimos anteriormente, o texto é um lugar de interação de pessoas que se juntam para construir sentidos, e elas o fazem por meio de gêneros, que cumprem uma função social e organizam-se segundo uma estrutura composicional mais ou menos padronizada.

Para Sparano et al. (2012, p. 48-49),

> enquanto os gêneros textuais correspondem a situações de uso com fins comunicativos, os tipos dizem respeito à *materialidade linguística*. [...] É importante lembrar que tipos ou sequências textuais não são entidades comunicativas, mas sim entidades formais. Para a identificação do tipo textual, predomina a identificação de determinados elementos típicos e de sequências linguísticas típicas como norteadoras.

O número de **tipos textuais**, diferentemente dos gêneros que constituem uma lista aberta, é limitado: descritivo, narrativo, expositivo, argumentativo, injuntivo, dialogal. Esses tipos textuais também são conhecidos como **sequências textuais** e são identificados pelo léxico utilizado, pela sintaxe, pelos tempos verbais, pelas relações lógicas etc.

Uma composição textual não mantém a mesma regularidade o tempo todo: um texto argumentativo não o será o tempo todo; uma descrição pode conter momentos narrativos, uma narração pode ser entremeada de passagens argumentativas.

Uma sequência textual tem uma organização própria. Ela é, segundo Wachowicz (2010, p. 50), o mais previsível dos elementos composicionais do gênero; os outros dois elementos composicionais são o assunto [tema] e o estilo. As convenções estabelecidas culturalmente para os gêneros dão-lhe certa previsibilidade. Essa mesma previsibilidade "licencia a transgressão ou subversão da estrutura". Assim é que uma receita culinária pode apresentar-se texto literário, ou uma crônica de jornal apresentar estrutura de uma tese acadêmica: tese, antítese, síntese. O fato de os gêneros serem tipos relativamente estáveis de enunciados é que permite que identifiquemos imediatamente uma receita, um bilhete, uma lista de compras a serem realizadas no supermercado, um volante de serviços que se propõem perscrutar o futuro etc.

Para Josélia Ribeiro (2012, p. 30), as sequências textuais apresentam menor variabilidade e isso as distingue fundamentalmente de um gênero. Enquanto os gêneros são heterogêneos e são constituídos, realizados, nas interações comunicativas e apresentam-se em uma diversidade muito grande, a sequência textual é relativamente estável, o que torna possível sua classificação em um número limitado de tipos.

O tipo é uma categoria mais geral de organização dos textos, ou seja, os gêneros utilizam tipos textuais para se materializarem, o que possibilita que um tipo seja utilizado por gêneros diversos. Por exemplo: os gêneros **artigo científico** e **editorial** valem-se do tipo argumentativo, o que não exclui que venham a utilizar os tipos descritivos, narrativos e expositivos em seu interior; os gêneros **aviso** e **comunicado interno** valem-se de sequências textuais expositivas, mas não excluem sequências argumentativas e injuntivas. Uma coluna de jornal (um gênero do domínio jornalístico), bem como uma fábula, usa o tipo narrativo, argumentativo, descritivo. Portanto, o que se nota nos tipos textuais é que eles podem constituir-se pela mesclagem, pela mistura. O que vai permitir identificar um tipo é a dominância: se prevalece o tipo argumentativo, o texto é considerado argumentativo; se prevalece o narrativo, diremos que o texto é narrativo, embora possa ser constituído de variados tipos textuais.

Todo texto é uma realidade heterogênea, composta por variadas sequências, que se intercalam; uma delas pode ser predominante. Excepcionalmente, no entanto, é possível uma estrutura sequencial homogênea, como afirma Ribeiro (2012, p. 32) com base em Adam.

As classificações de textos mais antigas compreendiam: narração, descrição, dissertação. Havia também aquelas que substituíam dissertação por argumentação, explicação e exposição.

Os **textos narrativos** ocupam-se de contar o que ocorreu em determinado espaço e momento. São exemplos: a piada, a adivinha, a notícia de jornal, o conto, a lenda, o romance, a novela, a biografia, as memórias, os relatos de viagem, o diário.

Os **textos descritivos** procuram mostrar o objeto de uma forma estática, proporcionando ao interlocutor uma fotografia do objeto ou da situação. São exemplos: descrições de aparelhos eletroeletrônicos.

Os **textos argumentativos**, por sua vez, comentam, avaliam, apresentam um ponto de vista sobre um fato, um acontecimento, uma situação, uma questão humana. São exemplos: os editoriais de jornal, os textos interpretativos, os discursos religiosos, as peças jurídicas, o ensaio, a resenha de livros, de espetáculos musicais e teatrais.

Os **textos explicativos** ou **expositivos** dedicam-se a mostrar o funcionamento, os processos e visam transmitir saberes. São exemplos: relatórios técnicos, relatórios científicos, aula expositiva, conferência, comunicação científica.

Arruda-Fernandes (In: TRAVAGLIA; FINOTTI; MESQUITA, 2008, p. 89) entende haver confusão quando se considera o texto dissertativo como sinônimo de texto argumentativo. Também Garcia (1986, p. 370) salienta esse problema nos manuais e compêndios de língua portuguesa. Em geral, afirmam que a argumentação é apenas momentos da dissertação. Contudo, as características de uma e outra são diversas: "Se a primeira tem como propósito principal expor ou explanar, explicar ou interpretar ideias, a segunda visa sobretudo a convencer, persuadir ou influenciar o leitor ou ouvinte."

Um texto argumentativo pode ser composto de narração, dissertação, descrição, injunções. Vejam-se, por exemplo, **as fábulas, os apólogos, as parábolas**: são narrativas com forte conteúdo argumentativo. Para Arantes (In: TRAVAGLIA; FINOTTI; MESQUITA, 2008, p. 208), esses três gêneros se diferenciam também em relação à categoria comentário. No **apólogo**, há predominância da avaliação, quer por meio da fala do narrador, quer por meio da fala de algo que faz as vezes de personagem (os apólogos são constituídos por objetos ou seres e não por ser humano); na **fábula**, predomina a ocorrência de explicação, em geral por meio do produtor do texto; na **parábola**, ocorre também uma avaliação por meio da fala do narrador. E conclui Arantes (p. 208-209) que esses gêneros

> não podem ser caracterizados simplesmente como tipos narrativos, pois nessa perspectiva o interlocutor se instaura como um mero assistente, espectador não participante, que apenas toma conhecimento de fatos, enquanto que nesses gêneros, apólogo, fábula e parábola, o que se busca é sua adesão e, assim, a narrativa funciona como argumento.

Salienta Arruda-Fernandes (In: TRAVAGLIA; FINOTTI; MESQUITA, 2008, p. 89) que uma argumentação busca agir sobre a razão, bem como sobre a vontade. Ela deve provocar uma ação, ou forte disposição à ação. Dois seriam os tipos de argumentação: (1) **argumentação** *stricto sensu*: o locutor produz um texto argumentativo, considerando que seu alocutário precisa ser influenciado no seu modo de pensar e agir, precisa ser transformado; (2) **argumentação não** *stricto sensu*: o locutor vê seu interlocutor como um cúmplice, possuidor de ideias ou modo com os quais se identifica.

3.1 Sequência textual narrativa

Fatos reais ou imaginários são constitutivos de toda narrativa; eles abrangem eventos e ações. Estas exigem a presença de um agente que provoca ou impede uma mudança; aqueles ocorrem por efeito de causas, sem que haja a intervenção intencional de um agente.

Na sequência narrativa, temos uma sucessão de eventos: um evento ou fato é consequência de outro evento, constituindo seu elemento principal a delimitação do tempo. Observamos ainda na narrativa uma unidade temática: a ação narrada precisa apresentar um caráter de unidade; daí privilegiar um sujeito agente; embora possam ser muitas as personagens, haverá uma que será a principal.

O desenrolar dos fatos, os predicados transformados, implica a transformação da personagem ou das personagens: haverá, por exemplo, predicados negativos no início da narrativa e positivos ao final dela, ou vice-versa.

Cinco (ou seis) seriam os elementos da **superestrutura da narrativa canônica:** (1) situação inicial; (2) complicação (conflito)/clímax; (3) reação ou avaliação; (4) desenlace ou resolução; (5) situação final, seguida às vezes de (6) moral da história ou coda.

Esse processo narrativo compreende um início, um meio e um fim; e é a **intriga** que dá sustentação aos fatos narrados, ao conjunto de fatos orquestrados. Intriga aqui não significa bisbilhotice, mexerico, fuxico, mas "conjunto de peripécias imaginadas pelo autor de uma peça dramática, de um romance, de um filme etc." (HOUAISS; VILLAR, 2001, p. 1639).

Na literatura, entende-se intriga como trama e utiliza-se o conceito de **enredo** para a disposição dos acontecimentos segundo a vontade do autor. Enredo seria a ordem em que os acontecimentos estão narrados no romance, no conto, na novela. Já a **intriga** constitui o relato sucinto, porém atento à noção de causalidade e, nesse sentido, seria equivalente a trama. Em geral, é usado o termo como equivalente a conflito.

O narrador pode alterar a ordem de exposição dos acontecimentos; nesse caso, como em *Dom Casmurro*, por exemplo, o fim da narrativa aparece logo no início: os fatos que Bentinho nos conta nas primeiras páginas do livro pertencem ao final da história: ele já é senhor, reconstrói a casa da infância para examinar a trajetória de sua vida. Um leitor que fosse contar a história de Bentinho, no entanto, relataria os acontecimentos, respeitando a ordem temporal: infância, juventude, idade madura.

Exemplo de sequência narrativa:

> **GARE DO INFINITO**
>
> Papai estava doente na cama e vinha um carro e um homem e o carro ficava esperando no jardim.
>
> Levaram-me para uma casa velha que fazia doces e nos mudamos para a sala do quintal onde tinha uma figueira na janela.
>
> No desabar do jantar noturno a voz toda preta de mamãe ia me buscar para a reza do Anjo que carregou meu pai (ANDRADE, O., 1988, p. 62).

No trecho transcrito de *Memórias sentimentais de João Miramar*, podemos notar: (1) uma sucessão de eventos: pai doente, a chegada de um carro para levá-lo, provavelmente já morto, a mudança de casa, a empregada que fazia doces, a mãe viúva, vestida de preto, a oração das seis horas da tarde, ou reza da "Ave-Maria"; (2) a unidade temática: o contato do menino com a morte do pai; (3) os predicados transformados: as mudanças na vida do narrador e de sua família; (4) o processo: há um início (o pai doente), a morte (o carro que o levou embora), a mudança de casa, a reza pela alma do pai; (5) esses acontecimentos constituidores da intriga revelam que a morte do pai teria provocado a separação de mãe e filho (tentativa da mãe de poupar o filho de viver determinadas emoções). Não há propriamente uma moral, mas o ponto de vista de uma criança que vê a morte como uma garagem (gare), onde nos estacionamos para sempre (infinita), o que, de certa forma, difere da visão cristã, que vê a morte como a passagem para outra vida, a espiritual. A visão do narrador não implica recompensa aos bons e castigo aos maus.

Para Wachowicz (2010, p. 56-57), apoiado em Adam, as condições para a construção de uma narrativa são: (a) sucessão de eventos no tempo, em que temos a transformação de predicados, que estão em relação de causalidade; (b) existência de pelo menos uma personagem antropomorfa envolvida nos eventos (ou que faz as vezes de personagem antropomorfa); (c) uma organização de acontecimentos que incluem um conflito ou intriga, encaminhando-se para uma resolução; uma narrativa não se reduz à sucessão de acontecimentos; eles se organizam tendo em vista um clímax, a culminação de um conflito, que garante dramaticidade às personagens envolvidas; (d) um juízo de valor, ou moral; "uma narrativa [...] não precisa explicitar uma moral final, mas há uma leitura de mundo orientada ideologicamente que o leitor também infere" (p. 62); (e) o traço da verossimilhança, em que o leitor é levado a acreditar na plausibilidade da história.

O tempo seria a matéria-prima da narrativa: é com ele que estabelecemos a sequência dos acontecimentos.

A escolha que fizermos do narrador (em 1ª ou 3ª pessoa, por exemplo) poderá distribuir pelo texto marcas da presença ou não do enunciador, produzindo efeitos de sentido de subjetividade ou de objetividade, bem como a distinção entre o **tempo da narrativa** (enunciado) e o **tempo da enunciação**.

Em *Dona Flor e seus dois maridos*, há diferença marcante entre o **tempo da enunciação** e o dos acontecimentos que estão sendo narrados:

> Vadinho, o primeiro marido de Dona Flor, morreu num domingo de carnaval, pela manhã, quando, fantasiado de baiana, sambava num bloco, na maior animação, no Largo Dois de Julho, não longe de sua casa. Não pertencia ao bloco, acabara de nele misturar-se, em companhia de mais quatro amigos, todos com traje de baiana, e vinham de um bar do Cabeça onde o uísque correra farto à custa de um certo Moysés Alves, fazendeiro de cacau, rico e perdulário (AMADO, 2001, p. 3).

Observe que o tempo do narrador, o da enunciação, é o presente; ele começa a contar a história pela morte de Vadinho: "morreu num domingo de carnaval, pela manhã". Tempo, portanto, anterior ao início da narração. A morte de Vadinho se dá depois de ter sambado "num bloco, na maior animação, no Largo Dois de Julho"; esse acontecimento é posterior a outro: tinha bebido com quatro amigos no bar do Cabeça, às custas de um fazendeiro de cacau, "rico e perdulário".

Em *São Bernardo*, temos no capítulo 3 acontecimentos: (1) do **presente da enunciação:** "começo declarando que me chamo", "peso oitenta e nove quilos", "[...] este rosto vermelho e cabeludo tem-me rendido muita consideração", "julgo que...", "lembro-me" "a velha Margarida mora aqui"; (2) acontecimentos da narrativa, que recuam no tempo, e já completamente concluídos: "completei cinquenta anos pelo São Pedro", "depois botou os quartos de banda e enxeriu-se com o João Fagundes"; (3) acontecimentos mais distantes e durativos do passado: "quando me faltavam estas qualidades, a consideração era menor", "um cego que me puxava as orelhas e da velha Margarida, que vendia doces"; "até aos dezoito anos", "ela ficou-se mijando de gosto":

> Começo declarando que me chamo Paulo Honório, peso oitenta e nove quilos e completei cinquenta anos pelo São Pedro. A idade, o peso, as sobrancelhas cerradas e grisalhas, este rosto vermelho e cabeludo têm-me rendido muita consideração. Quando me faltavam estas qualidades, a consideração era menor. [...]
>
> Se tentasse contar-lhes a minha meninice, precisava mentir. Julgo que rolei por aí à toa. Lembro-me de um cego que me puxava as orelhas e da velha Margarida, que vendia doces. O cego desapareceu. A velha Margarida mora aqui em S. Bernardo, numa casinha limpa, e ninguém a incomoda. Custa-me dez mil-réis por semana, quantia suficiente para compensar o bocado que me deu. Tem um século, e qualquer dia destes compro-lhe mortalha e mando enterrá-la perto do altar-mor da capela.
>
> Até aos dezoito anos gastei muita enxada ganhando cinco tostões por doze horas de serviço. Aí pratiquei o meu primeiro ato digno de referência. Numa sentinela, que acabou em furdunço, abrequei a Germana, cabritinha sarará danadamente assanhada, e arrochei-lhe um beliscão retorcido na popa da bunda. Ela ficou-se mijando de gosto. Depois botou os quartos de banda e enxeriu-se com o João Fagundes, um que mudou o nome para furtar cavalos (RAMOS, 1979, p. 12-13).

Em *Dom Casmurro*, Bento de Albuquerque Santiago (Bentinho), depois de ter vivido os acontecimentos e já cinquentão, passa a narrar sua vida passada:

> Vivo só, com um criado. A casa em que moro é própria; fi-la construir de propósito, levado de um desejo tão particular que me vexa imprimi-lo, mas vá lá. Um dia, há bastantes anos, lembrou-me reproduzir no Engenho Novo a casa em que me criei na antiga Rua de Matacavalos, dando-lhe o mesmo aspecto e economia daquela outra, que desapareceu (ASSIS, 1997, p. 809).

Pelos rastros que deixa no texto, o leitor toma conhecimento de três tempos: o da enunciação (presente: "vivo só", "a casa em que moro", "me vexa imprimi-lo"), o de uma decisão de reconstruir uma casa ("um dia há bastantes anos") e o da infância ("casa em que me criei na antiga Rua de Mata-cavalos"). Vejamos detidamente: a dominância de sequência narrativa pode ser percebida, portanto, nos tempos verbais que indicam variados momentos na história de Bentinho:

1. **Presente da enunciação**, momento em que Bentinho escreve suas memórias (veja adiante a transcrição completa em "3.2 Sequência textual descritiva"): "Agora que expliquei o título..."; "vivo só, com um criado. A casa em que moro é própria"; "me vexa exprimi-lo, mas vá lá"; "é o mesmo prédio assobradado..."; "a pintura do teto e das paredes é mais ou menos igual"; "não alcanço a razão de tais personagens"; "o mais é também análogo e parecido. Tenho chacarinha [...] há aqui o mesmo contraste da vida interior, que é pacata, com a exterior, que é ruidosa"; "os amigos que me restam são de data recente"; "quanto às amigas, algumas datam de quinze anos, outras de menos".
2. **Passado** (os fatos relatados referem-se a um momento anterior ao momento da escrita): "fi-la [a casa] construir de propósito..."; "um dia, há bastantes anos, lembrou-me reproduzir no Engenho Novo a casa em que me criei na antiga Rua de Mata-cavalos, dando-lhe o mesmo aspecto e economia daquela outra, que desapareceu. Construtor e pintor entenderam bem as indicações que lhes fiz"; "quando fomos para a casa de Mata-cavalos, já ela estava assim decorada; vinha do decênio anterior. Naturalmente era gosto do tempo meter sabor clássico"; "uma certidão que me desse vinte anos de idade poderia enganar os estranhos..."; "todos os antigos foram estudar a geologia dos campos-santos".

O texto é predominantemente narrativo, mas há passagens:

3. **Descritivas**: "é o mesmo prédio assobradado, três janelas de frente, varanda ao fundo, as mesmas alcovas e salas. Na principal destas, a pintura do teto e das paredes é mais ou menos igual, umas grinaldas de flores miúdas e grandes pássaros que as tomam nos bicos, de espaço a espaço. Nos quatro cantos do teto as figuras das estações, e ao centro das paredes os medalhões de César, Augusto, Nero e Massinissa, com os nomes por baixo..."; "tenho chacarinha, flores, legume, uma casuarina, um poço e lavadouro. Uso louça velha e mobília velha".
4. **Opinativas:** "Não alcanço a razão de tais personagens. Quando fomos para a casa de Mata-cavalos, já ela estava assim decorada; vinha do decênio anterior. Naturalmente era gosto do tempo meter sabor clássico e figuras antigas em pinturas americanas"; "O meu fim evidente era atar as duas pontas da vida, e restaurar na velhice a adolescência. Pois, senhor, não consegui recompor o que foi nem o que fui. Em tudo, se o rosto é igual, a fisionomia é diferente. Se só me faltassem os outros, vá; um homem consola-se mais ou menos das pessoas que perde; mas falto eu mesmo, e esta lacuna é tudo. O que aqui está é, mal comprando, semelhante à pintura que se põe na barba e nos cabelos, e que apenas conserva o hábito externo, como se diz nas autópsias; o interno não aguenta tinta. Uma certidão que me desse vinte anos de idade poderia enganar os estranhos, como todos os documentos falsos, mas não a mim."

A situação inicial e final são, em geral, compostas sobretudo por descrições, enquanto a complicação, (re)ações, resolução são propriamente narrativas.

Se falta intriga (conflito), temos crônica, relatos históricos, mas não um conto ou romance.

Em relação aos verbos, nas sequências narrativas temos predominância de marcadores temporais e os auxiliares aspectuais. Para Travaglia (2016, p. 7-8), "dos aspectos de duração os mais característicos da narração são o durativo, o iterativo e o pontual". As modalidades mais utilizadas são as de certeza e probabilidade, "uma vez que são os textos que dão a conhecer os acontecimentos". O passado aparece com função retrospectiva, enquanto o presente aparece com função de relevo.

Vejamos agora um encaixamento de sequências descritivas e expositivas em um artigo jornalístico, em que predominam sequências narrativas:

> Um cão farejador, da raça Bloodhound, foi condecorado na noite de ontem por coragem e bravura na Câmara Municipal de São Paulo. Ele auxiliou nas investigações de pessoas desaparecidas e está prestes a se aposentar.
>
> Essa é a primeira vez que o Legislativo paulistano homenageia um cão. Além do cachorro Bruno, 20 adestradores foram condecorados.
>
> **O animal, de oito anos, faz parte da equipe da Polícia Civil que atua no trabalho de buscas.** Bruno ajudou nas investigações da morte do executivo americano David Benjamin Sommer, em janeiro. Ele farejou o sangue da vítima em uma casa de prostituição no centro, o que resultou na prisão do suspeito do crime.
>
> **De origem belga, a raça Bloodhound é conhecida por farejar rastros humanos a longas distâncias.**
>
> Segundo a polícia, **Bruno é o veterano de um total de seis cachorros que foram treinados para detectar materiais explosivos, buscar pessoas desaparecidas e localizar cadáveres.**
>
> A homenagem é uma iniciativa do vereador Nelo Rodolfo (PMDB-SP). A intenção é usar o cão como um símbolo de outros cachorros que foram importantes para solucionar casos policiais. Bruno receberá uma medalha e um diploma na cerimônia.
>
> Com a aposentadoria, o cão irá permanecer com sua dona, a adestradora que o treinou (*Metro*, São Paulo, 13 maio 2015, p. 4). [destaques nossos]

Os destaques indicam segmentos descritivos (distribuídos pelo texto) e expositivos ("**De origem belga, a raça Bloodhound é conhecida por farejar rastros humanos a longas distâncias**"), encaixados na narrativa.

Além desse aspecto diferencial entre tempos verbais, temos basicamente em uma narrativa, como já vimos, uma situação inicial, uma complicação, ações desencadeadas e uma resolução. Há narrativas que apresentam a moral explicitamente e outras que o fazem implicitamente. Trata-se de uma reflexão sobre os fatos narrados. Não é essencial à narrativa. Vejamos esses elementos no exemplo seguinte:

> O ADIVINHO
>
> Um adivinho montara sua banca numa praça e começou a ficar rico. Mas, de repente, alguém veio lhe dizer que haviam forçado as portas de sua casa e tinham-lhe roubado tudo. Transtornado, ele se levantou dum pulo só e, lamentando-se, correu até a casa para ver o que tinha acontecido. Um dos que se encontravam lá disse-lhe impertinente:
>
> – Como é que é, amigo! Ficas te vangloriando de prever o destino dos outros e não prevês o teu?
>
> Muita gente se acha capaz de dirigir os negócios dos outros quando não é capaz de dirigir os próprios (ESOPO, 2007, p. 146).

Aqui, um narrador em 3ª pessoa produz efeito de objetividade, a fim de que a moral da história do final do texto angarie validade universal. **Situação inicial:** a personagem "adivinho" manipula sua clientela, como alguém que sabe e pode prever o futuro. **Conflito:** o acontecimento problemático a ser resolvido ao longo da história constitui a tensão do eixo dramático; é o acontecimento que desencadeia a complicação da história: na fábula de Esopo sob análise, quando o adivinho começa a ficar rico, surge um obstáculo à continuação do fazer do adivinho: o roubo de sua casa. **Reação:** "transtornado, ele se levantou dum pulo só e, lamentando-se, correu até a casa para ver o que tinha acontecido". O **desenlace** ou **resolução** é constituído pelo desmascaramento do adivinho: "Como é que é, amigo! Ficas te vangloriando de prever o destino dos outros e não prevês o teu?" Finalmente, a **moral**: "Muita gente se acha capaz de dirigir os negócios dos outros quando não é capaz de dirigir os próprios."

Se dividirmos a fábula em três segmentos, verificaremos que no primeiro predomina o **pretérito perfeito** (próprio para ações já devidamente encerradas [aspecto terminal]): *começou, veio, levantou, correu, disse*, bem como o **pretérito imperfeito** (próprio para ações durativas): *haviam, tinham, tinha, encontravam*. No segundo e terceiro segmentos, dominam o presente do indicativo, adequado para o diálogo, presentificando uma ação e uma moralização que se quer de validade universal (atemporal).

Embora seja comum em narrativas o uso do pretérito perfeito e do imperfeito, são encontráveis também narrativas realizadas com o presente do indicativo, como as narrativas de pesquisas científicas, ou de acontecimentos históricos: "A Independência do Brasil **dá-se** a 7 de setembro de 1822." No jornalismo, também é comum a presentificação de ações passadas:

> Na cola de uma mulher caminhando na rua, um rapaz grita: "Vai ter que me passar seu telefone, hein!" Ela faz que não e apressa o passo.
>
> A poucos metros dali, uma van colhe depoimentos de mulheres. "Precisamos falar de assédio", anuncia um adesivo ao veículo. [...]
>
> À tarde, uma mulher entra na van para contar a história de um filho pequeno, vítima de abuso. A diretora explica que ela pode usar um aparelho para distorção de voz e uma de quatro máscaras se não quiser ser identificada.
>
> Confeccionados pela diretora de arte Juliana Souza, 35, os objetos têm cores e expressões para representar diferentes sentimentos que explicam por que a pessoa não quis mostrar o rosto: amarelo – com expressão assustada – para medo; azul, olhos caídos, para tristeza; vermelho para raiva; roxo, com olhos para baixo, vergonha.
>
> A mulher escolhe usar o disfarce azul.
>
> Do lado de fora, uma funcionária da Secretaria Municipal de Políticas para Mulheres dá encaminhamento a aquelas que precisarem (GRAGNANI, Juliana. *Folha de S. Paulo*, São Paulo, 8 mar. 2016, p. B3).

Observe no texto transcrito a ausência de intriga (ação principal de uma narrativa, conflito) na narrativa jornalística, diferentemente, portanto, de uma narrativa ficcional em contos, novelas, romances etc., em que a presença da intriga é fundamental.

As sequências narrativas podem aparecer em variados gêneros; da mesma forma, a sequência argumentativa não é exclusiva de discursos argumentativos e a descritiva de textos descritivos. Um texto narrativo pode ser argumentativo, como é o caso de apólogos, parábolas, fábulas.

Na fábula seguinte, podemos verificar que, embora haja uma narrativa, é forte a presença da argumentação:

> O HOMEM RICO E O CURTUME
>
> Um homem muito rico morava bem perto de um curtume. Como já não suportava mais o mau cheiro das peles, pressionou o proprietário a se mudar. Este sempre dizia que iria se mudar logo logo, mas não o fazia nunca. E fez isso durante tanto tempo que o homem rico se habituou ao cheiro do curtume e parou de importuná-lo.
>
> O hábito atenua os dissabores (ESOPO, 2007, p. 133-134).

Nesse caso, a narrativa está a serviço de uma argumentação, que aparece sobretudo na moral da fábula. A preocupação fundamental do texto não é narrar a história de um homem rico, mas persuadir o leitor de que: (1) a paciência pode colher melhores resultados que as ações precipitadas; mesmo nos casos mais difíceis, "o hábito (ou seja, o escoar do tempo) atenua os dissabores"; (2) e de que "nós nos acostumamos até mesmo com coisas 'malcheirosas'."

3.2 Sequência textual descritiva

Em geral, a sequência descritiva ocupa-se apenas de parte de um todo; selecionamos o que queremos transmitir ao leitor ou ao ouvinte, o que de certa forma já implica ausência de neutralidade. Preocupa-nos **designar** o que queremos informar, nomeando os objetos ou pessoas; em seguida, definimos objetos e pessoas para que o interlocutor tenha ideia precisa da extensão dos enunciados, dos atributos essenciais e específicos do objeto da descrição; finalmente, esse tipo de texto vale-se da individuação, necessária para tornar singular o objeto do enunciado; é essa individuação que especifica, distingue, particulariza.

A sequência descritiva é a menos autônoma entre todas as sequências textuais. Em geral, é parte da sequência narrativa, participando do relato sobretudo da parte inicial em que se apresentam espaço e personagens. Diferentemente da narrativa, a sequência descritiva não obedece a uma ordem fixa: pode-se, por exemplo, descrever uma sala, começando por cores, luminárias, teto, piso, espaço, janela, porta, tapete, ou iniciar por tapete, porta, janela, espaço, piso, teto, luminárias, cores. O fundamental é transmitir as propriedades do objeto, ou dos seres que se quer que o enunciatário forme deles uma ideia, uma fotografia. Vejamos um exemplo:

> FAMÍLIA
>
> Três meninos e duas meninas,
> sendo uma ainda de colo.
> A cozinheira preta, a copeira mulata,

> o papagaio, o gato, o cachorro,
> as galinhas gordas no palmo de horta
> e a mulher que trata de tudo.
>
> A espreguiçadeira, a cama, a gangorra,
> o cigarro, o trabalho, a reza,
> a goiabada na sobremesa de domingo,
> o palito nos dentes contentes,
> o gramofone rouco toda noite
> e a mulher que trata de tudo.
>
> O agiota, o leiteiro, o turco,
> O médico uma vez por mês,
> O bilhete todas as semanas
> branco! mas a esperança sempre verde.
> A mulher que trata de tudo
> E a felicidade (ANDRADE, C. D., 2002. p. 26).

Para transmitir uma "fotografia" de uma cena familiar, Drummond vale-se da frase nominal, ou seja, sem verbo. Esse tipo de frase, tal como os enunciados com o verbo *ser* e *estar*, transmite uma fotografia, a ideia de fixidez, de algo parado, estático.

O texto desenvolve-se orientando-se pela **anáfora indireta**, que é aquela que se apoia em condições cognitivas, bem como em atividades inferenciais que ativam e reativam referentes. Diferentemente da anáfora, em que ocorre a retomada de uma informação já veiculada (recuperação de elementos anteriores; por exemplo: "João foi ao cinema, **ele** voltou às 8 horas da noite depois da **sessão**"), a anáfora indireta apenas infere: "nas anáforas indiretas não ocorre uma *retomada de referentes*, mas sim uma *ativação de novos referentes*" (MARCUSCHI In: KOCH; MORATO; BENTES, 2005, p. 59). E continua Marcuschi: as anáforas indiretas têm "uma motivação ou ancoragem no universo textual". Seu exemplo é esclarecedor: "Ontem fomos a *um restaurante. O garçom* foi muito deselegante e arrogante." O termo *garçom* não é estranho, porque sabemos que em um restaurante é comum a existência de garçom para atender aos clientes. Quando falamos *restaurante*, inúmeros termos podem ser relacionados, como *comida, cardápio, guardanapo, prato, talheres, copos* etc. Todos esses termos constituem anáfora indireta de *restaurante*.

Em "três meninos e duas meninas, sendo **uma** de colo", temos uma anáfora direta, porque **uma** retoma duas meninas. O restante do texto, no entanto, vale-se de anáforas indiretas: "o papagaio, o gato, o cachorro, as galinhas gordas no palmo de horta"; essas anáforas indiretas, por inferência, levam a reconhecer uma família que vive cercada de animais e horta. Da mesma forma, são anáforas indiretas: "a espreguiçadeira, a cama, a gangorra, o cigarro, o trabalho, a reza, a goiabada na sobremesa de domingo, o palito nos dentes contentes, o gramofone rouco toda noite"; elas contribuem para a expansão do texto e permitem que o leitor forme uma ideia do espaço em que vivem, como vivem, religiosidade, costumes. De igual forma, contribuem ainda para a formação da imagem da família objeto do texto outras anáforas indiretas: "o agiota, o leiteiro, o turco, o médico uma vez por mês, o bilhete todas as semanas branco! mas a esperança sempre verde"; todas elas são constituídas por expressões nominais definidas (**a** espreguiçadeira, **a** cama, **a** gangorra; o agiota, o leiteiro, o turco etc.).

Portanto, as anáforas indiretas caracterizam-se pela ausência de uma expressão antecedente ou subsequente explícita no cotexto, mas presente no contexto sociocognitivo ou semântico com o qual estabelece relação, que normalmente se chama âncora. No poema de Drummond, a palavra *família* desencadeia todos os elementos constitutivos da cena descrita, dando-lhe coerência e unidade; é esse o elemento aglutinador que dá unidade ao texto; normalmente, não juntamos *agiota*, *médico*, *leiteiro* em um mesmo enunciado, por exemplo.

Agora, vejamos um texto em que, mesmo aparecendo alguns verbos de ação, o que temos é uma descrição:

> Suspendamos a pena e vamos à janela espairecer a memória. Realmente, o quadro era feio, já pela morte, já pelo defunto, que era horrível... Isto aqui, sim, é outra cousa. Tudo o que vejo lá fora respira vida, a cabra que rumina ao pé de uma carroça, a galinha que marisca no chão da rua, o trem da Estrada Central que bufa, assobia, fumega e passa, a palmeira que investe para o céu, e finalmente aquela torre de igreja, apesar de não ter músculos nem folhagem. Um rapaz, que ali no beco empina um papagaio de papel, não morreu nem morre, posto também se chame Manduca (ASSIS, 1997, v. 1, p. 893).

Embora haja algum movimento na cena, o que temos é ainda uma fotografia de tudo o que o sujeito vê pela janela. Sua preocupação não é narrar, mas mostrar o que vê, contrastando a vida com a morte.

Wachowicz (2010, p. 68) entende que, diferentemente da sequência narrativa em que se preveem "fatos ordenados no tempo com envolvimento de personagens", a organização da sequência descritiva "não está tão sedimentada". O objetivo da sequência descritiva "é o levantamento de propriedades qualificativas [...] muito mais do que fatos reais sucessivos que ocorrem no mundo perceptível". Teria, portanto, a descrição caráter menos concreto do que a sequência narrativa. Em geral, a descrição implica a ideia de enumeração de atributos, mas seria possível ver nela uma hierarquização, uma estrutura.

A sequência descritiva compreende os seguintes elementos:

1. **Operação de tematização:** define o objeto da descrição e confere unidade a determinado segmento; a tematização envolve **ancoragem**, que se define

como operação pela qual o objeto descrito é denominado. Três são os tipos de operações de tematização: (a) o objeto pode ser imediatamente denominado (**ancoragem**) e com base nessa denominação inicia-se a descrição do todo; (b) sua denominação pode ser adiada e aparecer apenas no fim (**ancoragem diferida**); (c) sua denominação pode ser reformulada (retematizada): nesse caso, depois de o objeto ser nomeado, ocorre uma nova denominação do objeto, uma **reformulação**. A reformulação pode aparecer por meio de expressões como: "em suma", "em resumo", "em outras palavras" etc.

2. **Operação de aspectualização:** relato de aspectos físicos do objeto, de suas propriedades e das partes do objeto. Duas são as suas operações: a fragmentação e a qualificação: pela fragmentação (ou partição) partes do objeto descrito são selecionadas para descrevê-las especificamente; pela operação de qualificação (ou atribuição de propriedades) destacamos características do todo ou das partes selecionadas.

3. **Operações de relação:** as operações de relação podem ser por contiguidade ou por analogia; baseiam-se nas características de um referente em relação a outro. Na relação de contiguidade, vê-se o objeto do discurso situado espacial ou temporalmente em relação a outros objetos do discurso. Na relação de analogia, temos uma operação que permite a descrição do todo ou das partes, de forma comparativa ou metafórica, considerando-os em relação a outros objetos do discurso.

4. **Operação de expansão:** amplia a descrição por meio da adição de uma operação à operação anterior, valendo-se de subtematizações sucessivas.

Resumindo, a tematização confere unidade a um segmento; por meio dela, definimos o objeto e a unidade descrita. Ela compreende a **ancoragem** ou **designação** imediata do objeto a ser descrito; todavia, também se pode adiar a denominação do objeto descrito, bem como apresentar uma reformulação ou retematização, uma nova denominação do objeto, que já teria recebido uma primeira denominação. O objeto pode ser descrito levando-se em consideração sua relação com o espaço e o tempo (relação de contiguidade), ou sua analogia com outros objetos. Além disso, podemos adicionar descrições de descrições, ou seja, tomando uma parte já descrita, podemos submetê-la a novas descrições em que sejam salientados outros pormenores, e nesse caso teríamos operações de expansão da descrição.

Vejamos um texto retirado de *Dom Casmurro*:

CAPÍTULO II – DO LIVRO

Agora que expliquei o título, passo a escrever o livro. Antes disso, porém, digamos os motivos que me põem a pena na mão.

> Vivo só, com um criado. A casa em que moro é própria; fi-la construir de propósito, levado de um desejo tão particular que me vexa exprimi-lo, mas vá lá. Um dia, há bastantes anos, lembrou-me reproduzir no Engenho Novo a casa em que me criei na antiga Rua de Mata-cavalos, dando-lhe o mesmo aspecto e economia daquela outra, que desapareceu. Construtor e pintor entenderam bem as indicações que lhes fiz: *é o mesmo prédio assobradado, três janelas de frente, varanda ao fundo, as mesmas alcovas e salas. Na principal destas, a pintura do teto e das paredes é mais ou menos igual, umas grinaldas de flores miúdas e grandes pássaros que as tomam nos bicos, de espaço a espaço. Nos quatro cantos do teto as figuras das estações, e ao centro das paredes os medalhões de César, Augusto, Nero e Massinissa, com os nomes por baixo...* Não alcanço a razão de tais personagens. Quando fomos para a casa de Mata-cavalos, já ela estava assim decorada; vinha do decênio anterior. Naturalmente era gosto do tempo meter sabor clássico e figuras antigas em pinturas americanas. *O mais é também análogo e parecido. Tenho chacarinha, flores, legume, uma casuarina, um poço e lavadouro. Uso louça velha e mobília velha. Enfim, agora, como outrora, há aqui o mesmo contraste da vida interior, que é pacata, com a exterior, que é ruidosa* (ASSIS, 1997, v. 1, p. 809-810). [destaques nossos]

A descrição (destacada em itálico no texto transcrito) aparece entremeada na narrativa. Nesse caso, pela operação de **tematização** somos informados qual é o objeto da descrição e temos uma **operação de ancoragem**: o tópico que vai ser objeto da descrição é a casa construída no Engenho Novo à semelhança da casa onde Bentinho viveu a infância, a casa de Mata-cavalos. Pela **operação de aspectualização**, partes da casa são enumeradas; tomamos contato com vários pormenores: "três janelas de frente, varanda ao fundo, as mesmas alcovas e salas. Na principal destas, a pintura do teto e das paredes é mais ou menos igual, umas grinaldas de flores miúdas e grandes pássaros que as tomam nos bicos, de espaço a espaço". "Tenho chacarinha, flores, legume, uma casuarina, um poço e lavadouro. Uso louça velha e mobília velha. Enfim, agora, como outrora, há aqui o mesmo contraste da vida interior, que é pacata, com a exterior, que é ruidosa". Na descrição é de notar a opção do enunciador pela **operação de relação por contiguidade**: a casa é vista em relação a outros objetos e está situada no tempo e no espaço. Pela **operação de expansão**, somos levados a nos deter no teto da casa, que é objeto então de subtematização: a pintura das estações nos quatro cantos, bem como as figuras dos medalhões de César, Augusto, Nero e Massinissa, com os nomes por baixo.

Não se pode falar, propriamente, em uma estrutura típica da descrição. Sua organização não obedece a uma ordem preestabelecida, uma hierarquização de partes. Em geral, temos em um texto partes descritivas que se encaixam e não uma sequência descritiva isolada. Também é de destacar que as descrições não estão livres de um ponto de vista, de uma visão de mundo do enunciador. Não são neutras. No exemplo apresentado, o narrador quer persuadir o leitor da sua vida reclusa, de um homem que se isolou por causa do insucesso de seu casamento. Mostra, ao descrever sua casa e seus costumes, certo refinamento social, bem como seu poder econômico, pois nos diz que tem casa e um criado (escravo) para fazer-lhe as coisas de que precisa. Não é um qualquer; é alguém que tem consciência do que foi e do que é. Também nos diz que está escrevendo um livro, o que produz o efeito de sentido de pessoa de algum talento literário.

A ordem de uma sequência descritiva não é linear, vertical e hierárquica. Seria um processo de enumeração e expansão que requisita a competência lexical do descritor. Também é de dizer que, mesmo na sequência descritiva, há uma orientação argumentativa, pois qualquer texto depende de um enunciador que se posiciona diante de um interlocutor, ainda que este último possa estar apenas implícito. No caso do texto de Machado de Assis, o interlocutor que Bentinho tem em vista não é um joão-ninguém; é alguém que conhece história romana, que saiba ou tenha curiosidade em saber quem são *César, Augusto, Nero e Massinissa*. Bentinho, por sua vez, é um narrador atencioso, meticuloso, atento a pormenores. Não é um homem rude, mas um homem que chega ao atual estágio da vida preocupado em desatar o nó dos acontecimentos que o fizeram ser como é.

Vejamos agora um exemplo de sequência descritiva em **manual de instrução**:

MOTO BOMBA SB MINI

A Moto Bomba SB MINI foi projetada pela Sarlobetter para funcionar como bomba de circulação ou acoplada a filtro biológico de fundo, em aquários de água doce ou salgada, tendo aplicação em pequenas fontes e chafarizes.

Silenciosa e eficaz, esta moto bomba produz intensa movimentação de água, com baixo consumo de energia elétrica. Seu *design* exclusivo a torna bastante versátil e compacta. Como em todas as bombas Sarlobetter, os componentes elétricos são totalmente imersos em resina epóxi, tornando-as seguras contra choque elétrico mesmo trabalhando continuamente submersas. [...]

A Moto Bomba SB MINI dispensa qualquer tipo de lubrificação. Com o passar do tempo é possível que haja acúmulo de limo e sujeira na cavidade do conjunto impulsor, o que pode dificultar o funcionamento da bomba. Para determinar se a limpeza do equipamento é necessária, ligue e desligue a bomba da tomada algumas vezes observando se a mesma funciona prontamente. Caso observe alguma falha na partida deve-se realizar a limpeza.

Para desmontar a bomba, retire a tampa inferior, depois o adaptador e o impulsor, faça a limpeza de todas as peças com água.

> Para montar, siga o caminho inverso: coloque o impulsor dentro do indutor, encaixe o adaptador, depois a tampa no mesmo para travá-la.
>
> As peças de reposição podem ser solicitadas ao revendedor de sua preferência (*Manual do Proprietário*. Moto Bomba SB MINI).

No primeiro parágrafo, temos a tematização: a Moto Bomba SB MINI. Essa designação possibilita unidade ao texto da sequência descritiva. No segundo parágrafo, ocorre a aspectualização, as propriedades do objeto descrito. No terceiro parágrafo, aparecem as operação de relação e tomamos conhecimento das características espaciais da bomba; no caso, as relações por contiguidade é que nos fornecem informações, como: "Com o passar do tempo é possível que haja acúmulo de limo e sujeira na cavidade do conjunto impulsor, o que pode dificultar o funcionamento da bomba." As operações de expansão da sequência descritiva podem ser notadas no seguinte trecho: "Com o passar do tempo é possível que haja acúmulo de limo e sujeira na cavidade do conjunto impulsor, o que pode dificultar o funcionamento da bomba." Nesse enunciado, verificamos a subtematização do acúmulo de sujeira. No final da sequência descritiva, temos uma sequência injuntiva, um texto instrucional, que fornece ao consumidor algumas informações sobre a montagem da bombinha. Daí o uso de formas imperativas: *siga, coloque, encaixe*. As formas imperativas às vezes podem ser substituídas em alguns textos pelo infinitivo com valor de imperativo: "Preencher com letra de forma"; "ler todo o questionário antes de responder"; "atentar para as orientações luminosas".

Vejamos outro exemplo de sequência descritiva, agora em uma notícia sobre um edital de concurso:

> **CONCURSO CRN 6ª REGIÃO: EDITAL E INSCRIÇÃO**
>
> São ofertadas várias vagas para auxiliar administrativo, assistente de informática e nutricionista fiscal, no Conselho Regional de Nutricionistas – 6ª Região.
>
> O Conselho Regional de Nutricionistas da 6ª Região torna pública a realização de concurso público regido pelo edital n. 1, de 8 de junho de 2015. A finalidade é o provimento de vagas imediatas e a formação de cadastro de reserva no quadro de pessoal do CRN-6, nos cargos de Auxiliar Administrativo, Assistente de Informática e Nutricionista Fiscal (níveis médio e superior).
>
> O edital prevê que apenas quatro vagas oferecidas serão para provimento imediato, no posto de Auxiliar Administrativo, enquanto que outras 800 oportunidades somente se destinam à constituição de um quadro

> reserva de classificados. Os aprovados que forem contratados poderão ser lotados em uma das seguintes cidades: Fortaleza (CE), Imperatriz (MA), João Pessoa (PB), Maceió (AL), Natal (RN), São Luís (MA), Recife (PE) e Teresina (PI), fazendo jus a remuneração de até R$ 2.690,19, além de benefícios.
>
> As inscrições serão efetuadas apenas via internet, no site da organizadora (www.quadrix.org.br), até às 23h59min do dia 13 de julho de 2015, considerando-se o horário de Brasília. A taxa de inscrição é de R$ 35,00 (nível médio) e R$ 60,00 (nível superior).
>
> O Instituto Quadrix aplicará a prova objetiva nas cidades de Imperatriz, São Luís (MA), Maceió (AL), Fortaleza (CE), Natal (RN), Recife (PE), João Pessoa (PB) e Teresina (PI), considerando o horário de Brasília. A duração do exame será de quatro horas e a data de aplicação será provavelmente no dia 26 de julho de 2015, no turno da tarde.
>
> Ao candidato só será permitida a participação na prova, na respectiva data, horário e local divulgados no *site* do Quadrix e no comprovante definitivo de inscrição, que será disponibilizado em 20 de julho. O gabarito oficial preliminar da prova objetiva será divulgado no dia 27 de julho, de acordo com o cronograma válido.
>
> A admissão dos candidatos aprovados obedecerá rigorosamente à ordem de classificação dos candidatos, observadas as reais necessidades de pessoal do CRN-6.
>
> O prazo de validade do concurso público será de dois anos, contados a partir da data de publicação da homologação do resultado final, podendo ser prorrogado, uma única vez, por igual período. Publicado em 8/6/2015, 17h47 (Disponível em: <http://www.concursosnobrasil.com.br/concursos/br/2015/06/concurso-crn-6.html>. Acesso em: 1º jul. 2015).

A tematização é o concurso CRN 6ª Região para inscrição de "provimento de vagas imediatas e a formação de cadastro de reserva no quadro de pessoal do CRN-6, nos cargos de Auxiliar Administrativo, Assistente de Informática e Nutricionista Fiscal (níveis médio e superior)".

Temos aspectualização no seguinte trecho:

> O edital prevê que apenas quatro vagas oferecidas serão para provimento imediato, no posto de Auxiliar Administrativo, enquanto que outras 800 oportunidades somente se destinam à constituição de um quadro reserva de classificados.

Operações de relação por contiguidade podem ser localizadas no seguinte enunciado:

> Os aprovados que forem contratados poderão ser lotados em uma das seguintes cidades: Fortaleza (CE), Imperatriz (MA), João Pessoa (PB), Maceió (AL), Natal (RN), São Luís (MA), Recife (PE) e Teresina (PI), fazendo jus a remuneração de até R$ 2.690,19, além de benefícios.

Já as operações de expansão localizam-se em:

> As inscrições serão efetuadas apenas via internet, no site da organizadora (www.quadrix.org.br), até às 23h59min do dia 13 de julho de 2015, considerando-se o horário de Brasília. A taxa de inscrição é de R$ 35,00 (nível médio) e R$ 60,00 (nível superior).
>
> O Instituto Quadrix aplicará a prova objetiva nas cidades de Imperatriz, São Luís (MA), Maceió (AL), Fortaleza (CE), Natal (RN), Recife (PE), João Pessoa (PB) e Teresina (PI), considerando o horário de Brasília. A duração do exame será de quatro horas e a data de aplicação será provavelmente no dia 26 de julho de 2015, no turno da tarde.
>
> Ao candidato só será permitida a participação na prova, na respectiva data, horário e local divulgados no site do Quadrix e no comprovante definitivo de inscrição, que será disponibilizado em 20 de julho. O gabarito oficial preliminar da prova objetiva será divulgado no dia 27 de julho, de acordo com o cronograma válido.

A sequência descritiva é, pois, um tipo de texto que não se ocupa das transformações de estado de um objeto ou pessoa, mas das propriedades de coisas e pessoas, buscando transmitir uma "fotografia" delas. Por isso, não há relação de anterioridade e posterioridade entre os enunciados desse tipo de texto, o que possibilita trocá-los de lugar sem que haja alteração significativa.

Em geral, são verbos de descrição *ser* e *estar*. Alguns autores entendem ser possível a descrição com o uso de verbos que exprimem movimento, desde que sejam simultâneos e não indiquem anterioridade ou posterioridade. Para Travaglia (2016, p. 6), "contrariamente ao que se tem proposto a descrição se faz sobretudo com verbos dinâmicos. Os estáticos [*ser, estar*] aparecem muito na descrição estática, mas eles não são a maioria". Aparecem também "verbos enunciativos ligados à visão, já que se instaura o interlocutor como 'voyeur': ver, perceber, notar, observar, admirar, avistar (todos em sentido sensorial)". Para Travaglia, ainda,

> os textos descritivos só são possíveis com o aspecto imperfectivo, sendo que na descrição narradora aparecem os aspectos durativo e iterativo (de duração limitada) e na descrição comentadora os aspectos indeterminado e habitual (de duração ilimitada). A descrição ainda é caracterizada pelos aspectos começado e cursivo. [...] Por ser um tipo de texto do conhecer, o predomínio quase total é da modalidade epistêmica da certeza. Às vezes aparece a possibilidade. [...] O tempo para a descrição será dado sempre pela relação entre o tempo referencial e o da enunciação: a) passado para

as descrições passadas (estáticas e dinâmicas, narradoras e comentadoras) [...]; b) onitemporal para as descrições presentes de comentário (estáticas ou dinâmicas) [...]; c) presente para as descrições presentes de narração e futuro para as narrações futuras.

Nos textos literários em prosa, a descrição, além de mostrar onde os acontecimentos se dão, funciona como **elemento retardador de ações**. A descrição aparece então encaixada em sequências narrativas. Não é ela, todavia, exclusividade de textos literários, visto que pode ser localizada em notícias, relatórios administrativos, teses de doutorado, artigos científicos, dicionários, enciclopédias, manuais de eletrodomésticos.

3.3 Sequência textual argumentativa

A sequência textual argumentativa dispõe de longa tradição. Já a *retórica clássica* tratava dela. A sequência argumentativa preocupa-se em explicar, analisar, classificar, avaliar a realidade do mundo. É o tipo de sequência predominante nos discursos científicos, filosóficos, nos editoriais jornalísticos. A argumentação está sempre presente em qualquer que seja o tipo de texto: há uma voz que se estabelece em contato com outra, manifestando um ponto de vista, buscando a adesão do interlocutor ou de um auditório às teses defendidas. Todavia, se em qualquer texto podemos detectar uma argumentação, um juízo sobre as coisas do mundo, "é só a sequência argumentativa que terá a estrutura constitutiva do raciocínio" (WACHOWICZ, 2010, p. 95).

Atualmente, dá-se preferência às expressões *sequência textual argumentativa/opinativa* e *sequência textual expositiva/explicativa* no lugar de textos dissertativos. A expressão *dissertação* englobaria ambas as sequências, caracterizando-se por analisar fatos da realidade, utilizando conceitos abstratos. Os textos dissertativos podem ser expositivos ou argumentativos.

Em geral, apoiamo-nos em um raciocínio silogístico para persuadir o outro: premissa maior, premissa menor, conclusão. Ou, em outros termos: tese anterior, fatos, inferências e construção de argumentos, conclusão (nova tese). O raciocínio pode ser dedutivo (partimos do geral para chegar a um conceito particular), ou indutivo (partimos do particular para chegar a um conceito universal). Se partimos da observação dos fatos para construir argumentos e chegar a uma tese, temos um raciocínio indutivo; se partimos de uma "verdade universal" (tese) para, em seguida, aplicá-la a fatos particulares, temos um raciocínio dedutivo.

Os raciocínios que se valem da dedução podem ser: (a) *apodíticos*, que são considerados demonstrativos ou científicos; "operam-se com premissas verdadeiras e com premissas que produzem efeito de sentido de verdade. As premissas verdadeiras e certas conduzem a uma conclusão também verdadeira e certa, pois derivada da evidência" (FERREIRA, 2015, p. 81); (b) *dialéticos*, que são os que partem de uma premissa provável e geram conclusão razoável, provável, mas não absolutamente certa; (c) *raciocínios falaciosos*, que são logicamente inconsistentes, sem fundamentos válidos, como ocorre em: "Todo gato é um felino dócil. A jaguatirica é um felino. Logo, a jaguatirica é dócil."

Quando se expõe um ponto de vista, manifesta-se uma visão de mundo: sustentam-se determinadas posições, enquanto se rejeitam outras. Os textos, contudo, não se apresentam segundo um tipo puro; em geral, eles são mesclados: um mesmo texto ora apresenta sequências expositivas, ora descritivas, ora argumentativas etc. Importa que saibamos que há textos que se ocupam de expor com argumentos a solução de um problema, que explicam um fenômeno social (seriam, portanto, expositivos) e outros que se preocupam com expor um ponto de vista sobre a realidade, sempre com base em argumentos consistentes (seriam, portanto, argumentativos).

A sequência textual argumentativa tem algumas características que lhe são fundamentais: são temáticas, ou seja, são dominantemente abstratas; não se ocupam de narrar um acontecimento nem de descrever um cenário, mas de oferecer análises, interpretações, avaliações. O texto não se organiza segundo uma cronologia temporal, mas com base em relações lógicas: pertinência, causalidade, implicação, correspondência.

Para Travaglia (2016, p. 6-7), são utilizados em dissertações (que aqui estamos subdividindo em sequências argumentativas e expositivas) verbos gramaticais, "sobretudo os auxiliares modais das mais diferentes modalidades" (*poder, dever*) e diferentes espécies: certeza, dúvida, probabilidade, obrigatoriedade etc. Além disso, esses tipos de sequências compreendem "todos os tipos de verbos dinâmicos, estáticos e gramaticais". Outros verbos comuns são: *pensar, achar, saber, parecer*. Para Travaglia, os textos dissertativos "só podem ser formulados com os aspectos imperfectivo, começado, cursivo e os de duração ilimitada", visto que se pretende apresentar fatos como válidos para todos os tempos. Em relação aos tempos verbais, não há restrição: todos podem ser utilizados, embora haja predominância do valor onitemporal, ou **presente atemporal**, porque tem em vista expor verdades gerais.

Comumente, é um texto em que se notam três fases: uma introdutória, uma de desenvolvimento e outra de conclusão. Também é sua característica o **uso da 3ª pessoa**, porque o enunciador normalmente busca afastar-se do objeto de que trata para produzir o efeito de objetividade, garantir menor subjetividade e passar a ideia de neutralidade. Além das **formas impessoais**, o enunciador também pode valer-se da **primeira pessoa do plural** (cf. FIORIN, 2003, p. 165). Neste último caso, teríamos três possibilidades: o **nós inclusivo**, para gerar o efeito de aproximação do enunciatário (*nós podemos concluir...*); o **nós exclusivo** (*nós da comunidade científica, os cientistas, verificamos...*) para gerar o efeito de distanciamento e de produção de uma verdade científica; nesse caso, ao **eu** se juntam **ele** ou **eles**; e um **nós misto**, em que ao **eu** se acrescem **tu** (singular ou plural) e **ele(s)**.

Outra característica das sequências argumentativas consiste em contrapor enunciados, apoiando-se em **operadores argumentativos (mas, embora)**.

Os operadores argumentativos nem sempre estão presentes na sequência argumentativa; eles podem estar subentendidos. Vejamos um exemplo:

> Roteiro é imaginação e trabalho de rua, pesquisa. Não é aos manuais que devemos recorrer nos momentos de dúvida e de paralisia que

> tantas vezes nos aterrorizam, mas aos grandes filmes feitos através dos tempos (*Revista e,* São Paulo: *Sesc,* n. 1, ano 22, p. 45, jul. 2015).

Há uma oposição de enunciados, ou oposição de vozes: uma que afirma a necessidade de recorrer a manuais nos momentos de dúvida e de paralisia e outra que propõe recorrer à observação dos grandes filmes.

> Não é aos manuais que devemos recorrer nos momentos de dúvida e de paralisia que tantas vezes nos aterrorizam, **mas** aos grandes filmes feitos através dos tempos.

Há aí um enunciado implícito: "os manuais sobre roteiros de produção de filmes não são instrumentos seguros a que se deve recorrer em momentos de dúvida e paralisia [falta de criatividade]"; "não é à teoria que devemos recorrer, mas à observação pessoal". Com base em um desses enunciados, teríamos o seguinte raciocínio:

> Se os manuais sobre roteiros de produção de filmes (= teoria) não são instrumentos seguros a que se deve recorrer em momentos de dúvida e paralisia [falta de criatividade] que tantas vezes nos [a nós cineastas] atemorizam. Instrumentos seguros são os grandes filmes.
> Eu tenho dúvida e estou paralisado.
> Logo, devo recorrer à observação dos grandes filmes feitos através dos tempos.

Essa conclusão leva o leitor de volta ao enunciado inicial: "roteiro é imaginação e trabalho de rua, pesquisa", ou seja, não se constrói um roteiro com base em manuais, mas com imaginação, com trabalho de rua, pesquisa.

No exemplo apresentado, o uso do operador argumentativo *mas* leva a rejeitar a afirmação exposta: "cineastas em momento de dúvida ou de paralisia poderiam recorrer a um manual teórico para resolver seus problemas, mas não é isso que eu entendo ser a solução; por isso, recomendo recorrer à observação dos grandes filmes, feitos através dos tempos". Assim, contesta-se a afirmação anterior (tese), apresentando novo argumento: não recorrer a manuais (antítese), mas às grandes realizações cinematográficas (síntese, que se constitui em nova tese).

Enquanto os textos **explicativos** e **expositivos** têm a preocupação de mostrar relações de causalidade e se ocupam de transmitir conhecimentos, um saber sobre um objeto, os **textos opinativos (argumentativos)** expõem o ponto de vista do autor sobre um fato social, ou um objeto. Os textos opinativos são construídos com argumentos objetivos e consistentes, e não apenas com "eu acho que..." O texto dissertativo compreenderia o texto expositivo e o texto opinativo. Além de identificar um problema, o texto expositivo estabelece uma ligação de causalidade entre fenômenos, objetivando explicar o fenômeno identificado; ele serviria para construir e transmitir um saber sobre um tema. Já o texto opinativo (argumentativo) externaria o ponto de vista do autor sobre uma questão da vida social [...]. É um texto que exige uma argumentação objetiva e consistente para expor um ponto de vista sobre uma dada questão. Como as questões que atingem os seres humanos [...] são sempre polêmicas, o texto opinativo é um pronunciamento sobre uma questão da vida social. [...] O texto opinativo sustenta determinadas posições e refuta outras (FIORIN In: MARI; WALTY; VERSIANI, 2005, p. 112-113).

Quando se distinguem **dissertação** de **argumentação**, afirma-se que esta última estaria centrada no destinatário, uma vez que objetiva persuadi-lo e que aquela se centra no emissor, objetivando informar e mostrar o que se sabe e o que se conhece. Nesse sentido, a dissertação semelha-se ao que chamamos sequência explicativa ou expositiva. Citelli (1994, p. 6-7), no entanto, entende que discurso argumentativo é aquele em que prevalecem argumentos e a exposição de ideias, salientando que as modalidades (sequências textuais) não se apresentam de forma pura: "em geral, elementos descritivos, dissertativos e narrativos encontram-se misturados na trama textual. O que ocorre é a **dominância** de uma forma sobre outra". E ainda esclarece que utilizará os termos dissertação e argumentação "como quase sinônimos". Para Citelli (1994, p. 7), as formas dissertativas fazem parte do nosso cotidiano: aparecem na publicidade, no jornalismo, na política, nas aulas, nos conselhos dos amigos, nas polêmicas. E, depois de afirmar que "falamos ou escrevemos porque desejamos elaborar uma rede de significados com vistas a informar, explicar, discordar, convencer, aconselhar, ordenar", Citelli (1994, p. 22) explicita que todo texto "não é uma sucessão desconexa de frases ou palavras enunciadas aleatoriamente", pois queremos, com o texto, comunicar intenções e sermos entendidos.

A forma clássica do texto argumentativo compreende uma **coerência macroestrutural**, constituída de: afirmação de uma tese, demonstração, conclusão. Citando a *Arte retórica* de Aristóteles, Citelli (1994, p. 26) entende que a coerência nesse caso é resultado de um **exórdio** (início do texto, indicação do assunto, um conselho, um elogio, uma censura), de uma **narração** (apresentação dos fatos, sem rapidez nem concisão), de **provas** (mostrar evidências, números, tabelas, depoimentos de especialistas) e, finalmente, da **peroração** (conclusão, que é a última oportunidade para persuadir o interlocutor em relação à tese que se defende).

Entre os mecanismos argumentativos, Citelli (1994, p. 60-76) salienta: o **posto** e o **pressuposto** (por exemplo: quando se fala que "fulano é um ex-árbitro de futebol", está posto que "fulano não exerce a profissão de árbitro de futebol", bem como pressupondo que "fulano foi árbitro de futebol"), a inferência e o subentendido.

As **inferências** permitem reconhecer relações lógicas: se digo que "à noite em São Paulo não se podem ver estrelas", posso inferir que a poluição dos automóveis impede que se vejam as estrelas no céu paulistano, ou que a iluminação da cidade é um obstáculo para ver estrelas no céu paulistano.

O **subentendido**, por sua vez, caracteriza-se como uma sugestão do texto; não está escrito no texto, mas se pode subentender: se digo que "fulano reclama sempre do árbitro", pode-se subentender que "fulano não admite nunca que seu time foi inferior em determinada partida, que seu time é sempre superior e que só perde porque os árbitros prejudicam seu time".

Outras estratégias de argumentação incluem:

1. A escolha lexical: por exemplo, se uma pessoa de baixa renda, ao transgredir uma norma social, é identificada como criminosa, ladra, e uma pessoa de alta renda recebe nomes como *corrupto, infrator*, temos uma estratégia de argumentação baseada no léxico. Jogador de time do interior pode ser *perna de pau, cabeça de bagre*; se de time considerado bom, receberá nomes como *limitado, fora de forma, desmotivado*.
2. Expressões de valor fixo: "o bem sempre vence", "os mais velhos merecem respeito", "não se cospe no prato que se come".
3. Ironia: "se o carro atropelou o pedestre, é porque estava a uma velocidade de uma carroça", para dizer que sua velocidade era incompatível com a via, estava a uma velocidade em que um acidente seria previsível.
4. Paródia: ver propaganda da Bombril, particularmente a da Mona Lisa, que se pode encontrar na Internet.
5. Citações e argumentos de autoridade. Exemplo: "Para as mulheres, a reposição hormonal é uma solução comum quando ocorre a interrupção do ciclo menstrual. Mas no caso dos homens, como saber, por exemplo, da necessidade de fazer o tratamento? 'A falta de testosterona (hormônio masculino) pode surgir na adolescência do menino, mesmo que esta escassez seja mais comum entre os 40 e 55 anos. Os sintomas nesta fase costumam ser semelhantes à menopausa nas mulheres, devido à queda dos níveis hormonais', explica o Dr. Cley Rocha de Farias, endocrinologista e metabiologista do Hospital das Clínicas de São Paulo" (*Ponto de Encontro*, n. 58, p. 18, out./nov. 2015).
6. Alusão: "referência vaga, de maneira indireta. [...] avaliação indireta de uma pessoa ou um fato pela citação de algo que possa lembrá-lo" (HOUAISS; VILLAR, 2001, p. 171). Para Citelli (1994, p. 74), "aludir é fazer referência sem designar, necessariamente, de forma clara o significado. Por este processo, o leitor/ouvinte absorve, por meio de pequenos índices, valores, ideias ou conceitos". Alusão é uma referência direta ou indireta a uma obra, a uma personagem. A alusão pode ser metafórica ("Fulano é um Judas"), metonímica ("Entrei no Masp para ver os impressionistas" = entrei no Masp para ver as obras de Renoir, Manet, Monet e outros, que são considerados artistas plásticos impressionistas). As alusões podem ser ainda: históricas, míticas, literárias. Os livros *Tudo o que você queria saber sobre propaganda e ninguém teve paciência para explicar* (Edison Benetti, Julio Ribeiro e Magy Imoberdorf, publicado pela Editora Atlas) e *Tudo o que você não queria saber sobre sexo* (Mirian Goldenberg e Adão Iturrusgarai, publicado pela Record), bem como o filme de Woody Allen, *Tudo o que você sempre quis saber sobre sexo mas tinha medo de perguntar*, são alusões à obra de David Reuben,

publicada em 1969: *Tudo o que você gostaria de saber sobre sexo mas tinha medo de perguntar* (Edibolso).

Fiorin e Savioli (1999, p. 291) salientam a existência do **argumento da competência linguística**: há situações de comunicação em que a variedade linguística adequada é da norma-padrão. A utilização dessa variedade proporciona confiabilidade ao que se diz. Estaria compreendido nesse caso o uso de um vocabulário e uma sintaxe apropriados. Por exemplo, a credibilidade de um técnico também está associada ao vocabulário da área em que atua. Imagine-se um físico, em um Congresso de físicos, falando gíria para explicar uma lei física, ou um advogado, em um Tribunal, valendo-se de palavras estranhas ao seu meio: provavelmente não alcançará eficácia em sua comunicação. Vejamos um exemplo, em que o uso de vocabulário apropriado, como *sorotipos, vírus, hiperendemicidade, tipo hemorrágico, cocirculação, larvas, mosquito Aedes aegypti*, adiciona ao texto carga argumentativa:

> O trabalho do grupo de Zanotto vem apontando caminhos para o combate à dengue e sublinhando o risco crescente das epidemias. Um motivo de alerta é a presença dos quatro sorotipos do vírus que eles observaram em Guarujá naquele verão [2012-2013], como mostra artigo de 2014 na *PLoS Neglected Tropical Diseases*. Provavelmente tem impacto a proximidade do porto de Santos, onde mosquitos e vírus desembarcam como passageiros clandestinos. Em Jundiaí, muito próxima à Região Metropolitana de São Paulo, os pesquisadores encontraram apenas os sorotipos 1 e 4, mas isso não chega a ser um alívio. Em conjunto, os dois municípios já revelavam que a capital paulista está sujeita a múltiplos vírus, criando uma situação conhecida como hiperendemicidade, que aumenta o risco de uma pessoa ser infectada várias vezes, com maior risco de casos do tipo hemorrágico. "A presença dos quatro sorotipos em um surto numa das áreas mais densamente povoadas no Brasil é um achado perturbador", afirma Villabona-Arenas. "Essa cocirculação só havia sido documentada em países do sudoeste da Ásia há décadas e mais recentemente na Índia, sempre associada à maior gravidade de doença entre crianças."
>
> De fato, os números mais recentes não permitem relaxar, embora o medo imediato do mosquito *Aedes aegypti*, transmissor da doença, comece a ficar em segundo plano com a chegada do frio e da seca, que não favorecem o desenvolvimento das larvas. A região Sudeste foi palco de 66% dos quase 746 mil casos registrados pelo Ministério da Saúde no país inteiro desde o início de 2015 até 18 de abril (GUIMARÃES, Maria; NOGUEIRA, Pablo. Um vilão de muitas caras. *Pesquisa Fapesp*, n. 232, jun. 2015, p. 16-17, jun. 2015).

O enunciador pode valer-se, ainda, de determinadas **estratégias** para persuadir o interlocutor (FIORIN; SAVIOLI 1999, p. 292-293):

1. Estratégia persuasiva baseada no **emissor**: afirmar-se competente para falar sobre determinado assunto, por exemplo.
2. Estratégia baseada no **receptor**: nesse caso, faz-se alguma afirmação positiva do receptor, que ele é capaz, educado, competente (manipulação por sedução).
3. Estratégia baseada na **mensagem**: nesse caso, há preocupação com a forma daquilo que é dito, valendo-se de criatividade poética. A propaganda da Vivo é um exemplo de texto que explora o poético:

> Pega, pega, pega bem.
> Tudo o que pega bem
> Faz a gente se sentir mais vivo.
> Fuja do normal.
> Seja digital.
> Se eu quero, eu consigo.
> Tudo o que pega bem
> Faz a gente se sentir mais vivo.
> Viva esse mundo.
> Chame todo mundo.
> Seja mais ativo.
> Pega, pega, pega bem.
> Fazer acontecer pega bem.
> Você pode mais com a Vivo.
> Tudo o que pega bem
> Faz a gente se sentir mais vivo.
> Tenha uma ideia.
> Mude sua história.
> Crie um aplicativo (Disponível em: <vivopegabem.clientes.ananke.com.br>. Acesso em: 22 jun. 2015).

4. Estratégia baseada na **referência**: nesse caso, apoia-se em provas, estatísticas (aqui, temos o que Aristóteles chamava de lugares da quantidade), conhecimento de mundo:

> A avaliação do transporte público tem piorado. O porcentual de brasileiros que o avalia como ótimo ou bom caiu de 39% em 2011 para

24% três anos depois, segundo pesquisa da Confederação Nacional da Indústria. "Os três principais problemas são capilaridade, frequência e preço da passagem", analisa Renato da Fonseca, gerente-executivo de Pesquisa e Competitividade da CNI.

Reverter o quadro exigirá investimentos bilionários. Atualmente, 84% da população vive em cidades. Um estudo do BNDES, com base em dados das 15 maiores regiões metropolitanas, aponta que o tempo médio de deslocamento nesse grupo no trecho casa-trabalho é de 43 minutos (e, aproximadamente, 50 minutos em São Paulo e no Rio de Janeiro). Nas demais regiões metropolitanas é de 27 minutos e no restante do Brasil, de 23 minutos. Haveria uma demanda de investimentos em mobilidade urbana equivalente a 4,8% do PIB nessas 15 áreas. Os maiores gargalos estão em São Paulo (83 bilhões de reais), Rio de Janeiro (42 bilhões) e Belo Horizonte (25 bilhões). As três capitais, ao lado de Fortaleza e Porto Alegre, concentram 77% da demanda. A maior parte dos recursos destina-se aos modais metro-ferroviários: 210 bilhões de reais para a construção de 834 quilômetros de metrôs, trens, monotrilhos e VLTs. O custo de implementação de 1 quilômetro de metrô com a construção de estação alcança cerca de 500 milhões de reais (ROCKMANN, Roberto. Mobilidade: vida de sardinha. *Carta Capital,* São Paulo, ano 22, n. 885, p. 40-41, 27 jan. 2016).

No exemplo seguinte, a argumentação é orientada por nosso conhecimento de mundo de que é nossa obrigação ocupar-nos do planeta, para que nossa vida ganhe em qualidade, quer produzindo energia limpa, quer não poluindo nossos rios nem promovendo engarrafamentos (trânsito pesado). Além disso, o texto adiciona uma referência que nos é muito cara: o acesso à assistência médica de qualidade. O uso de *nós* exclusivo ("Utilizando nossos avançados sistemas de infraestrutura e nossa TI inovadora, já criamos soluções para melhorar a qualidade de vida") proporciona ao texto certo distanciamento do leitor: os profissionais da Hitachi são competentes para nos proporcionar "um mundo melhor". Tudo o que o texto nos diz é do nosso conhecimento de mundo de que se trata de coisa boa e, portanto, podemos dar fé, acreditar. Temos, então, uma argumentação que se apoia naquilo que para Aristóteles era o lugar da qualidade:

A INOVAÇÃO SOCIAL É UM LEGADO PARA AS FUTURAS GERAÇÕES

Imagine se nossas crianças e os filhos delas pudessem acordar em um mundo melhor. Onde a energia é mais limpa e a água é sempre abundante. Onde engarrafamentos são raros e todos têm acesso à assistência médica que merecem.

> Na Hitachi, acreditamos que a Inovação Social pode ajudar a tornar realidade esses e muitos outros sonhos sociais. E estamos comprometidos a liderar isso.
>
> Utilizando nossos avançados sistemas de infraestrutura e nossa TI inovadora, já criamos soluções para melhorar a qualidade de vida. E com o mundo se desenvolvendo além da imaginação, precisamos estar também em constante evolução. Neste momento estamos conectando diferentes sistemas de infraestruturas, tais como energia, água e transporte, para que possamos compartilhar recursos e responder de forma eficaz às mudanças globais. Essa é apenas uma das muitas maneiras em que estamos inovando para ter um impacto duradouro.
>
> Hitachi Social Innovation. É o nosso legado para as futuras gerações
> (*Folha de S. Paulo*, São Paulo, 27 fev. 2015, p. B3).

5. Estratégia baseada no **código**: explora oposições de significado de palavras (oposição de *globo* e *quadrado* e utilização da plurissignificação *globo* – redondo – nome da empresa):

> Mesmo que o globo fôsse quadrado, O GLOBO seria avançado.

Fonte: Disponível em: <www.diariodapropaganda.blogspot.com>. Acesso em: 22 maio 2015.

6. Estratégia baseada no **canal**: nesse caso, o valor de verdade apoia-se na credibilidade do canal. Se falamos: "Isso deu no Jornal Nacional", ou "Li isso na *Folha de S. Paulo*" ou "Ouvi isso na Rádio Bandeirantes, no programa Primeira Hora", a informação pode ganhar confiabilidade.

De nada vale dizer algo como *tenho certeza, estou seguro, afirmo com toda a convicção, é claro, é evidente*, se não se constrói no texto o efeito de verdade que leva o leitor a crer no que está sendo dito.

A **estrutura da sequência argumentativa** é composta de: (a) apresentação de um ponto de vista (**posição**); (b) explicitação das causas e razões da posição defendida (**justificação/explicação**); (c) aspectos particulares da posição (**especificação**); exemplificação (**sustentação**); (d) confirmação da posição defendida (**conclusão**), que é a moral da "história". Vejamos como isso se dá em um texto:

> **IGUARIA POLÊMICA**
>
> Fosse na França, talvez houvesse algum sentido em ocupar o tempo do Poder Legislativo com debates a respeito da produção e da comercialização do *foie gras*. Na cidade de São Paulo, contudo, a aprovação de um projeto de lei com vistas a proibir a venda da polêmica iguaria não passa de uma excentricidade da Câmara Municipal.
>
> Não por não existir aí uma discussão legítima sobre o sofrimento animal; ocorre que os vereadores simplesmente não têm competência constitucional para aprovar esse tipo de restrição – e ao prefeito Fernando Haddad (PT) bastará esse motivo para vetar o dispositivo.
>
> Na arquitetura federativa do Brasil, não cabe aos edis banir mercadorias que são legais no país. Mesmo que apenas quisessem disciplinar a produção do pitéu nos limites do município, a iniciativa teria alcance quase nulo, já que São Paulo não apresenta grandes porções de zona rural nem se notabiliza por atividade agrícola – e menos ainda no setor de *foie gras*.
>
> Daí não decorre que militantes dos direitos dos animais devam resignar-se e abandonar patos e gansos à própria sorte. Existem outras formas de atuação política que não passam pela criação de leis, normas e regulamentos.
>
> Pode-se assumir que o processo consagrado de produção de *foie gras* (significa "fígado gordo" em francês) gera sofrimento desnecessário às aves. Em sua última quinzena de vida, elas são submetidas a um regime de alimentação forçada por meio de tubos inseridos várias vezes por dia em seus esôfagos.
>
> É compreensível a repulsa provocada pela prática de enfiar nutrientes goela abaixo de patos e gansos a fim de que seus fígados desenvolvam uma esteatose capaz de torná-los mais tenros.

> Os grupos de ação deveriam aproveitar essa indignação para incentivar consumidores a exigir melhor tratamento para as aves. Movimentos do gênero já eclodiram em outras partes do mundo.
>
> São consideráveis as chances de sucesso desse tipo de campanha. Afinal, a alimentação forçada não é absolutamente essencial à produção da iguaria. Há muito tempo a humanidade sabe que patos e gansos passam por um processo de engorda voluntária nos períodos pré-migratórios.
>
> Trata-se, portanto, de buscar maneiras mais aceitáveis de conseguir uma esteatose, obtendo um *"foie gras* ético". Militantes mais engajados ainda manterão sua crítica de fundo quanto ao sacrifício de animais para satisfazer os humanos, mas, até onde a vista alcança, o mundo ainda não está pronto para o vegetarianismo universal (*Folha de S. Paulo*, São Paulo, 21 maio 2015, p. A2).

1. Apresentação de um ponto de vista **(posição)**

Diante do ponto de vista dos vereadores de São Paulo que buscam a "aprovação de um projeto de lei com vistas a proibir a venda da polêmica iguaria não passa de uma excentricidade da Câmara Municipal", o editorialista expõe outro: "Fosse na França, talvez houvesse algum sentido em ocupar o tempo do Poder Legislativo com debates a respeito da produção e da comercialização do *foie gras*. Na cidade de São Paulo, contudo, a aprovação de um projeto de lei com vistas a proibir a venda da polêmica iguaria não passa de uma excentricidade da Câmara Municipal."

No primeiro parágrafo temos, portanto, a **tese do enunciador**: não há "sentido em ocupar o tempo do Poder Legislativo com debates a respeito da produção e da comercialização do *foie gras*".

2. Explicitação das causas e razões da posição defendida **(justificação/ explicação)**

Depois de afirmar a legitimidade da polêmica sobre o sofrimento do animal, o editorialista apresenta argumentos contrários (**antítese**) a quem defende a não produção e não comercialização do *foie gras* e os justifica, apresentando razões: "os vereadores simplesmente não têm competência constitucional para aprovar esse tipo de restrição"; "na arquitetura federativa do Brasil, não cabe aos edis banir mercadorias que são legais no país e ao prefeito bastará esse motivo para vetar o dispositivo".

3. Aspectos particulares da posição **(especificação)**, exemplificação **(sustentação)**

Os argumentos do editorialista são especificados e sustentados em dois momentos: "Mesmo que apenas quisessem disciplinar a produção do pitéu nos limites do município, a iniciativa teria alcance quase nulo, já que São Paulo não apresenta grandes porções de zona rural nem se notabiliza por atividade agrícola – e menos ainda no setor de *foie gras*."

"Afinal, a alimentação forçada não é absolutamente essencial à produção da iguaria. Há muito tempo a humanidade sabe que patos e gansos passam por um processo de engorda voluntária nos períodos pré-migratórios."

4. Confirmação da posição defendida **(conclusão)**, que é a moral da "história"

"O mundo ainda não está pronto para o vegetarianismo universal" e, portanto, devem-se "buscar maneiras mais aceitáveis de conseguir uma esteatose" e não impedir a produção e comercialização de *foie gras* (que era a tese anterior).

Para Gryner (2000, p. 99), com base em Schiffrin, "Background: what is discourse" (1987), a argumentação "é constituída essencialmente por dois componentes: a posição a ser defendida e a sua sustentação, esta última podendo corresponder a explanação, justificação, defesa e modo de apresentação".

O surgimento de uma posição controversa coincide com a presença de enunciados condicionais, ou seja, a produção de enunciados condicionais e de posições controversas favorece o desenvolvimento de sequências argumentativas. As marcas argumentativas espalhadas pelo texto compreendem: asserção de uma posição, generalização, exemplificação, contra-argumentação. Certos marcadores, como *porque*, *suponhamos*, *por exemplo*, *só*, *assim*, *então*, *aí*, *mas*, são elementos que permitem reconhecer uma sequência argumentativa.

Embora esses elementos sejam encontráveis nas sequências argumentativas, isso nem sempre ocorre. Um único elemento, no entanto, é fundamental: o ponto de vista exarado (posição) (cf. GRYNER, 2000, p. 104).

Na sequência argumentativa, há dois movimentos: um de demonstração e/ou justificativa de uma tese e um movimento de refutação de outras teses ou argumentos. Nesse tipo de sequência, podemos reconhecer um ponto de vista favorável ou desfavorável em relação a uma tese inicial, bem como a sustentação desse ponto de vista com base em argumentos e provas.

A sequência argumentativa compreende a ação de *aceitar, refutar, demonstrar, justificar* argumentos ou teses, tendo em vista persuadir o interlocutor de que o ponto de vista defendido deve prevalecer. A preocupação desse tipo de sequência é persuadir o interlocutor, levá-lo a acreditar no que lhe está sendo dito e a fazer o que lhe é proposto.

Em "A sequência argumentativa: estrutura e funções", Gryner (2000, p. 98 s) afirma que a sequência argumentativa remonta à Antiguidade clássica e tem envolvido pesquisadores das áreas de Lógica, Direito, Inteligência Artificial. A Análise da Conversação vê a argumentação como um discurso pelo qual o faltante "sustenta uma posição controvertida", enquanto a *Retórica* de Aristóteles estuda esse tipo de discurso como "um meio para atingir os objetivos persuasivos do locutor".

3.3.1 A retórica aristotélica

Segundo Aristóteles, a argumentação, para ser válida e correta, precisa apoiar-se na lógica formal (analítica). Um argumento é considerado válido se seguir três princípios: o da **identidade**, o da **não contradição** e o do **terceiro excluído**. Segundo o princípio da identidade, um ser é igual a si mesmo, ou em outros termos, A = A. Pelo princípio da não contradição, uma coisa não pode, ao mesmo tempo, ser e não ser; A não pode ser, ao mesmo tempo, não A. Pelo princípio do terceiro excluído, uma proposição ou é verdadeira ou é falsa; não há uma terceira possibilidade.

Para a lógica formal, o silogismo analítico ("Todo homem é racional; fulano é homem; logo, fulano é racional" = premissa maior ou universal e premissa menor ou particular e conclusão) é garantia para o pensamento chegar a conclusões verdadeiras. Já a *lógica dialética* baseia-se em enunciados prováveis, dos quais se podem extrair conclusões apenas verossímeis ou prováveis. Com esse tipo de raciocínio, chega-se a **uma** verdade, não **à** verdade, e não se excluem outras verdades. O raciocínio dialético diz respeito ao diálogo entre duas posições contrapostas e é constituído de tese, antítese, síntese. Objetivando alcançar uma resposta convincente para uma situação, a dialética relaciona-se diretamente com a ação, com a tomada de decisão, com o estabelecimento de uma opinião por parte do interlocutor (cf. RIBEIRO, 2012, p. 58).

A eficácia de um discurso (a persuasão da audiência) depende:
1. da confiança que o orador inspira no auditório; ele deve assumir um caráter (*éthos*);
2. das emoções que suscita no auditório para alcançar adesão ao que diz (*páthos*);
3. das escolhas realizadas pelo orador para constituir sua argumentação (o raciocínio propriamente dito, o *logos*).

Vejamos um exemplo de sequência argumentativa, para aplicação dos conceitos de Aristóteles:

> SONHAR + REALIZAR
> Fórmula KLABIN para resultados extraordinários
>
> Nossa nova fábrica, a Unidade Puma, no Paraná, dá a partida nas máquinas com a produção de seu primeiro fardo de celulose. Cumprir o cronograma desse projeto foi mais que um desafio, foi o compromisso que assumimos em nossa busca incessante pela excelência.
>
> Agora, somada à liderança na produção e exportação de papéis para embalagem e embalagens de papel no país, nos tornamos a única empresa brasileira a fornecer ao mercado, simultaneamente, celuloses

> branqueadas de fibra curta, de fibra longa e celulose *fluff* produzidas em uma fábrica inteiramente projetada para essa finalidade.
>
> As melhores práticas globais de sustentabilidade são os alicerces dessa nova operação, que alia alta produtividade florestal, baixo custo, logística eficiente e tecnologia ambiental de ponta, assegurando os mais modernos processos de tratamento de emissões hídricas e atmosféricas. Além disso, a Unidade Puma levará a Klabin à condição de autossuficiência energética. É assim que a Klabin escreve sua história. Com ousadia, capacidade de realização e comprometida com o desenvolvimento sustentável.
>
> EXCELÊNCIA. ATRIBUTO KLABIN EM 117 ANOS DE TRAJETÓRIA.
>
> KLABIN
>
> (*Folha de S. Paulo*, São Paulo, 8 mar. 2016, p. A18).

Esse anúncio foi publicado no primeiro caderno da *Folha de S. Paulo*, um jornal que goza de credibilidade em São Paulo e no Brasil. Essa escolha do suporte já implica um juízo de autoridade; o leitor que ler o anúncio poderá dizer: "li na *Folha de S. Paulo!*". Revela um *éthos* de um enunciador criterioso na escolha do suporte de suas mensagens. A confecção gráfica do anúncio, que ocupa uma página inteira, também revela um caráter de circunspecção, de seriedade, de quem tem responsabilidade social. Além disso, patenteia a pujança administrativa de uma corporação que deu certo, que tem sucesso em seus empreendimentos. Veja o anúncio no Acervo Folha: <http://acervo.folha.uol.com.br/fsp/2016/03/08/2//6017621>.

No primeiro parágrafo, temos um enunciado híbrido: parte é expositiva, parte argumentativa, sobressaindo, porém, este último aspecto. Sua preocupação não é só informar sobre o funcionamento da nova fábrica de produção de celulose, situada na Unidade Puma, Paraná, mas também persuadir o leitor de que a empresa está preocupada com a "excelência" de seus produtos. Afirma ainda a grandeza da empresa: "a única empresa brasileira a fornecer ao mercado, simultaneamente, celuloses branqueadas de fibra curta, de fibra longa e celulose *fluff*", em que se nota o *argumento de qualidade* de que fala a *Retórica*: "a única empresa...". Os três últimos enunciados são também argumentativos e visam mostrar ao leitor que se trata de uma empresa com responsabilidade social: "as melhores práticas globais de sustentabilidade são os alicerces dessa nova operação [...] assegurando os mais modernos processos de tratamento de emissões hídricas e atmosféricas", enunciados que revelam **lugares da qualidade** de que fala a *Retórica* de Aristóteles.

Seria a Klabin, portanto, uma empresa preocupada com o meio ambiente, uma empresa que não polui nem rios nem a qualidade do ar. É também uma fábrica energeticamente autossustentável. Até aqui, os argumentos ocupam-se do *logos*.

O *páthos* pode ser visto, sobretudo, no *slogan* final. Dois argumentos arrematam o anúncio: um construído com a palavra *excelência* (**qualidade máxima**), que seria o grande atributo da empresa e sua longevidade ("117 anos de trajetória"), que traduz um **lugar da quantidade**. A preocupação do enunciador é firmar o ponto de vista de que não se trata de uma empresa qualquer, mas de uma sólida empresa, que tem história, que respeita o meio ambiente e que tem responsabilidade social. E, por isso, vale-se de argumentos ideologicamente ecológicos, tão ao gosto da plateia do nosso século.

Para suscitar emoção no leitor, a argumentação é construída à base de adjetivos: *extraordinários, nossa nova fábrica* (aqui, é de se perguntar se é um *nosso* exclusivo ou inclusivo; nossa de quem?), *única, melhores, globais, alta* [produtividade], *baixo* [custo], *eficiente*, [tecnologia] *ambiental de ponta, mais modernos, sustentável*. Alguns substantivos também têm caráter argumentativo nesse texto: *resultados, desafio, compromisso,* [busca incessante pela] *excelência, liderança, sustentabilidade* [a palavra do momento], *alicerces, produtividade, custo, logística, tecnologia, tratamento de emissões, autossuficiência, história, ousadia, capacidade de realização, desenvolvimento, excelência*. Alguns verbos utilizados também têm função persuasiva: *sonhar, realizar, cumprir* [o cronograma desse projeto foi mais que um desafio] (trata-se, portanto, de uma empresa que cumpre o que projeta), *assegurando*. Enfim, temos aqui o que na retórica de Aristóteles é chamado de **lugar da qualidade**: afirma-se a superioridade da fábrica da Klabin em relação às fábricas concorrentes.

Ainda contribui para provocar as emoções do leitor o uso da 1ª pessoa do plural: *nossa nova fábrica, assumimos, nos tornamos*. Essa aproximação do leitor tem em vista mostrar uma empresa que não seria de um dono apenas, mas uma propriedade de muitos, apresentando-a quase como uma família: *nossa nova fábrica*.

Os enunciados finais do anúncio, no entanto, não contemplam a mesma enunciação; o enunciador afasta-se do enunciatário (leitor), distancia-se, para fixar a imagem da grandeza e solidez da empresa. Os enunciados são construídos de forma que não permitam retruque, participação. São peremptórios, decisivos; como se fossem evidentes por si (apodíticos): "as melhores práticas globais são os alicerces dessa nova operação"; "a Unidade Puma levará a Klabin à condição de autossuficiência energética"; "é assim que a Klabin escreve a sua história". O raciocínio apodítico é autoritário, imperativo; esse tipo de raciocínio opera "com premissas verdadeiras e com premissas que produzem o efeito de verdade. As premissas verdadeiras e certas conduzem a uma conclusão também verdadeira e certa, pois derivada da evidência" (FERREIRA, 2015, p. 81).

O verde da propaganda veiculada é outro traço argumentativo, que objetiva firmar a preocupação da empresa com a responsabilidade social, com o meio ambiente: a empresa não polui o ar, não destrói as florestas, produz a energia de que precisa [como este livro não é impresso em cores, optamos por não reproduzir o anúncio]: "As melhores práticas globais de sustentabilidade são os alicerces dessa nova operação, que alia alta produtividade florestal, baixo custo, logística eficiente e tecnologia ambiental de ponta, assegurando os mais modernos processos de tratamento de emissões hídricas e atmosféricas."

Para a retórica aristotélica, uma sequência argumentativa é composta de quatro partes: **exórdio** ou **introdução** (no anúncio que nos serve para análise, o exórdio ocupa o primeiro parágrafo), **narração** ou **argumentação** (distribuída por todo o texto sob análise, mas especificamente pelo segundo parágrafo), **provas** (além da grandiosidade do anúncio, de sua pujança, mostrando uma fábrica imponente, o texto iconiza uma produção de papel que não polui o ar, nem as águas, nem destrói as florestas: não há chaminés, mas apenas a limpidez de resmas de papel empilhadas em consonância com o branco da mensagem (cuja grafia aparece vazada no jornal [fundo escuro, letras brancas]) e **peroração** ou **conclusão** (composta pelo *slogan* final em letras maiúsculas): "EXCELÊNCIA. ATRIBUTO KLABIN EM 117 ANOS DE TRAJETÓRIA."

3.3.2 Novas abordagens da retórica

Para Aristóteles (2007, p. 23), a retórica é a arte da persuasão, a "faculdade de observar os meios de persuasão disponíveis em qualquer caso dado". Entende-se por *persuadir* a exploração pelo discurso de **apelos emocionais**. *Convencer*, por sua vez, identifica mover pela **razão**, expondo provas lógicas.

Para Perelman e Olbrechts-Tyteca (1996, p. 16), "a argumentação visa à adesão dos espíritos e, por isso mesmo, pressupõe a existência de um contato intelectual". E, adiante, à página 30, acrescenta:

> para quem se preocupa com o resultado, persuadir é mais do que convencer, pois a convicção não passa da primeira fase que leva à ação.
> Em contrapartida, para quem está preocupado com o caráter da adesão, convencer é mais do que persuadir.

E na página 50, volta a explicitar:

> O objetivo de toda argumentação, como dissemos, é provocar ou aumentar a adesão dos espíritos às teses que se apresentam a seu assentimento: uma argumentação eficaz é a que consegue aumentar essa intensidade de adesão, de forma que se desencadeie nos ouvintes a ação pretendida (ação positiva ou abstenção) ou, pelo menos, crie neles uma disposição para a ação, que se manifestará no momento oportuno.

Perelman e Olbrechts-Tyteca (1996, p. 16, 17, 18) veem a argumentação como um processo que visa criar ou acarretar a adesão do interlocutor às teses que a ele são apresentadas:

> Quando se trata de argumentar, de influenciar, por meio do discurso, a intensidade de adesão de um auditório a certas teses, já não é possível menosprezar completamente, considerando-as irrelevantes, as condições psíquicas e sociais sem as quais a argumentação ficaria sem objeto ou sem efeito. Pois *toda argumentação visa à adesão dos espíritos e, por isso mesmo, pressupõe a existência de um contato intelectual.*
> Para que haja argumentação, é mister que, num dado momento, realize-se uma comunidade efetiva dos espíritos. É mister que se esteja de acordo, antes de mais nada e em princípio, sobre a formação dessa comunidade

intelectual e, depois, sobre o fato de se debater uma questão determinada.
[...]
O mínimo indispensável à argumentação parece ser a existência de uma linguagem em comum, de uma técnica que possibilite a comunicação. [...] Em nosso mundo hierarquizado, ordenado, existem geralmente regras que estabelecem como a conversa pode iniciar-se, um acordo prévio resultante das próprias normas da vida social. [...]
Com efeito, para argumentar, é preciso ter apreço pela adesão do interlocutor, pelo seu consentimento, pela sua participação mental.

Além de estabelecer alguns critérios para a existência da argumentação ([1] "Quando se trata de argumentar [...] não é possível menosprezar completamente, considerando-as irrelevantes, as condições psíquicas e sociais sem as quais a argumentação ficaria sem objeto ou sem efeito"; [2] "toda argumentação [...] pressupõe a existência de um contato intelectual"; [3] "para que haja argumentação, é mister que, num dado momento, realize-se uma comunidade efetiva dos espíritos"; "e, depois, [se esteja de acordo] sobre o fato de se debater uma questão determinada"), Perelman e Olbrechts-Tyteca salientam o cuidado que se deve ter com o interlocutor, que não deve ser visto como adversário; "é preciso ter apreço pela adesão do interlocutor, pelo seu consentimento; pela sua participação mental".

As **estratégias argumentativas**, ou **técnicas argumentativas**, para Perelman e Olbrechts-Tyteca, compreendem:

- **Argumentos quase lógicos:** são os que se ocupam com a verdade; compreendem: a contradição e a incompatibilidade, o ridículo e seu papel na argumentação, a identidade e a definição, a regra da justiça, os argumentos de reciprocidade, os argumentos de transitividade, a inclusão da parte no todo, a divisão do todo em suas partes, os argumentos de comparação, o argumento pelo sacrifício, a probabilidade (cf. PERELMAN; OLBRECHTS-TYTECA, 1996, p. 219-295). Esse tipo de argumento apoia-se em princípios lógicos, em premissas preexistentes (cf. PARREIRA In: TRAVAGLIA; FINOTTI; MESQUITA, 2008, p. 286).
- **Argumentos baseados na estrutura do real:** não estão relacionados com a descrição objetiva dos fatos, mas às opiniões a eles relativas; compreendem: o vínculo causal e a argumentação, o argumento pragmático, os fins e os meios, o argumento do desperdício, o argumento da superação, o argumento de autoridade (cf. PERELMAN; OLBRECHTS-TYTECA, 1996, p. 297-398).
- **Ligações que fundamentam a estrutura do real:** compreendem: a argumentação pelo exemplo, a ilustração, o modelo e o antimodelo, a analogia (PERELMAN; OLBRECHTS-TYTECA, 1996, p. 399-465).

1. Argumentos quase lógicos

Apresentam algum grau de parentesco com os raciocínios formais, dedutivos, mas, diferentemente da linguagem formal que estabelece uma conclusão unívoca, os argumentos quase lógicos são movidos pela ambiguidade da linguagem, que possibilita variadas interpretações; o enunciador pode com sua habilidade contornar as situações que parecem contraditórias, se vistas pelo ângulo do princípio da identidade. Estruturalmente, os argumentos quase lógicos lembram os raciocínios formais. Os argumentos quase lógicos compreendem:

  1.1 Os **argumentos de contradição e incompatibilidade** caracterizam-se por diferir do argumento lógico-matemático para o qual uma coisa não pode ser e não ser ao mesmo tempo, sob pena de tornar-se incoerente, ou seja, não posso afirmar ao mesmo tempo como verdadeiras duas sentenças opostas ou contraditórias. Todavia, no raciocínio quase lógico isso é possível. Quando dizemos que "políticos são políticos", no primeiro termo temos o sentido de pessoa que se ocupa da política, ou pertence a partidos políticos, estadista; já o segundo termo é ambíguo: envolve astúcia, sagacidade, esperteza, polidez, cortesia, urbanidade; pode compreender também avaliações negativas, como pessoa sem escrúpulos, desonesta, que se envolve com corrupção etc. Na linguagem formal, não temos ambiguidade e a conclusão a que se chega em um raciocínio formal é unívoca. A contradição na linguagem formal origina-se dos absurdos; os signos utilizados têm sempre uma única interpretação.

  Muitas vezes, a **incompatibilidade** se resolve com a apresentação de restrições ou de preferência: um fato ruim preferível a outro que seria catastrófico. Suponhamos: um enunciador afirma que a inflação é danosa para a economia, mas, diante de alguns malefícios que o controle exagerado da inflação pode produzir em determinada época, é preferível pequena elevação da taxa de inflação momentaneamente; nesse caso, a excessiva redução da taxa de inflação provocaria desemprego em massa. Esse enunciador opta, portanto, por explorar os benefícios do emprego e coloca em segundo plano a inflação. O enunciador pode também explorar o sentido contrário: o desemprego é um mal para a sociedade, mas a inflação é um mal maior e, portanto, mesmo que a taxa de desemprego venha a subir momentaneamente, ela é preferível à inflação. Não se fala aqui, portanto, de **contradição,** mas de **incompatibilidade**. Pelo raciocínio formal, todavia, não se admite nenhuma ambiguidade: ou a inflação é ruim e deve ser eliminada, ou o desemprego é ruim e deve ser eliminado.

  Na argumentação que se vale de argumentos quase lógicos, a incompatibilidade é contornada e aceita, apresentando-se, porém, restrições do alcance ("Inflação momentânea"; "desemprego momentâneo"). Restringe-se o alcance dos termos, que deixam de ser utilizados com sua extensão máxima. Nesse caso, a incompatibilidade é contornada.

  O princípio lógico da não contradição estabelece que, se algo é verdadeiro, não pode ser ao mesmo tempo falso, e vice-versa. Em relação à incompatibilidade, diz-se que, por exemplo, um árbitro de futebol não pode ser conselheiro de um time de futebol. Há incompatibilidade de sua função. Da mesma forma, um magistrado julgando um parente seu.

  1.2 O **argumento de identidade e definição** põe em relação de identidade duas expressões. A definição aparece aqui como uma estratégia para construir um argumento. Pelo princípio de identidade, dizemos que "maçã é maçã", ou A = A. Temos aqui uma identidade entre o que é definido e a definição. Se afirmo que a universidade X é de ponta, identifico essa universidade como detentora de excelente quadro de professores, excelente qualidade de pesquisa, excelente relação com a comunidade etc.

Pode-se ainda argumentar utilizando a **definição de uma palavra**. As definições são compostas de gênero e diferenças específicas. Nesse caso, temos uma definição lógica. Exemplo:

> mesa – móvel composto de um tampo horizontal, de formatos diversos, repousando sobre um ou mais pés, e que geralmente se destina a fins utilitários: refeições, jogos, escrita, costura, apoio etc. (HOUAISS; VILLAR, 2001, p. 1901).

Gênero: móvel; diferenças específicas: (1) composto de um tampo horizontal; (2) de formatos diversos; (3) [que] repousa sobre um ou mais pés; (4) que geralmente se destina a fins utilitários.

A definição lógica pode valer-se de articuladores argumentativos, como os de explicação e conclusão:

> O significante, evidentemente, não pode ser o som, as fonias, nem as grafias, que compõem a parte audível ou visível do signo linguístico, pois, se assim fosse, não haveria compreensão/comunicação entre os falantes já que as fonias são diferentes a cada emissão de um signo e as grafias também. Então, o significante só pode ser uma **classe de fonias/grafias**, ou seja, o significante permite aos usuários da língua perceber fonias/grafias distintas como pertencendo à mesma classe, ao mesmo significante (TRAVAGLIA In: TRAVAGLIA; FINOTTI; MESQUITA, 2008, p. 173).

Uma argumentação, porém, pode ser construída com base em uma **definição expressiva**, que é aquela que não se faz do ponto de vista da lógica, mas de um ponto de vista particular. Assim, a mesa para um decorador poderá ser um objeto de decoração de uma sala; para uma família, lugar de encontro; para um profissional que trabalha em um escritório, "meu ganha-pão"; para um estilista, uma tela onde cria seus modelos etc.

Uma definição pode ser também **normativa** e, nesse caso, temos as especificidades em que um termo é empregado. Um desconforto digestivo, um peso no estômago após as refeições é definido por um médico como **dispepsia**.

Outro tipo de definição é a **etimológica**. Suponhamos:

> Epigrama: significando originalmente a inscrição que cumpria a função de perpetuar o nome do autor de uma obra de arte ou daquele que fazia a doação de uma oferenda votiva, a palavra epigrama (do grego epi + grafo, "escrevo sobre") também designava os ditos sepulcrais de uma lápide, feitos com o intuito de eternizar a memória do cadáver. O fato de essa forma de inscrição tumular ser composta em versos facilitou a perda de sua função pragmática, o que impulsionou o seu revestimento de respeitado valor artístico e literário (SANTINI In: FERNANDES; LEITE; BALDAN, 2006, p. 94-95).

Primitivamente, como prevalecia o sentido etimológico entre os gregos, epigrama designava toda inscrição em túmulos, monumentos, estátuas. O epigrama cristalizou-se mais tarde como forma literária breve e concisa, ocupando-se de temas como o vinho, o amor, a sátira, a liberdade, o ódio aos tiranos.

1.3 O **argumento por transitividade** estabelece relação semelhante ao que ocorre na matemática: se A é igual a B e B é igual a C; A é igual a C. Se afirmo que a universidade X é excelente em pesquisa e que a universidade Y se lhe equipara nessa qualidade e esta última é tão boa em pesquisa como o é a universidade U; as universidades U e X apresentam grau de excelência em pesquisa que se equivalem. Outro exemplo: se a vitória da seleção X foi boa para o futebol mundial; se o futebol brasileiro faz parte do futebol mundial; então, a vitória da seleção X foi boa também para o futebol brasileiro.

1.4 O **argumento por comparação** confronta situações ou seres diferentes para estabelecer igualdade, inferioridade ou superioridade. A **comparação** é, pois, outro argumento quase lógico. Suponhamos comparar as qualidades da programação da emissora A com a de B e concluir que B é mais interessante, porque seus programas não são apelativos. Suponhamos: passar o farol vermelho ou estacionar automóvel em lugar proibido é uma conduta indevida tanto quanto "furar fila", ou querer levar vantagem nas mais diferentes situações do dia a dia. Nesse tipo de argumento, podem ser encontradas expressões como: *melhor, pior, menor, mais quente, mais forte, mais fraco, mais adequado, menos quente* etc. Para Aristóteles, havia aqui uma argumentação baseada em lugares da qualidade.

1.5 O **argumento por inclusão ou divisão** se estabelece pela relação entre o todo e suas partes, articulando as partes ao todo.

No argumento por inclusão, é comum a **anáfora indireta**, que é um recurso de coesão apropriado para a expansão de um texto. Exemplo:

> Além dos sedimentos, também preocupa os pesquisadores o conteúdo da lama em termos químicos. Um componente cuja abundância surpreende pouco, dada a atividade de extração de minério que deu origem ao acidente, é o ferro. Valéria afirma que isso pode ser um problema porque seu excesso pode causar uma proliferação excessiva dos organismos planctônicos (seres microscópicos que flutuam na coluna d"água) e provocar grande desequilíbrio ecológico (GUIMARÃES, Maria. Os danos escondidos na lama. *Pesquisa FAPESP*, n. 239, p. 58, jan. 2016).

No argumento por divisão, posso dizer, por exemplo, que o ensino é apenas parte das atividades de uma universidade. Posso também chamar a atenção para as partes constitutivas do todo: "o trecho X da rodovia Y é excelente".

Não é característica dos argumentos quase lógicos a certeza absoluta; eles se apoiam em probabilidades. Se digo que um mecânico hidráulico (encanador) será capaz de identificar apenas com um olhar um vazamento que tenho em minha casa, raciocino com probabilidade.

Outras formas de raciocínio quase lógico implicam considerações sobre todo e parte. Nesse caso, podemos ter **argumentos por inclusão ou divisão**. Às vezes, não dizemos: "todos os amigos compareceram à festa, exceto um que estava viajando"? "Todos vibraram com o gol, mas fulano de tal detestava futebol e permaneceu calado"? Às vezes, dividimos o todo, conforme nossas necessidades: uma partida de futebol tem noventa minutos (mais os descontos). O comentarista pode afirmar: o jogo compreendeu dois tempos distintos, mas no todo o time X dominou a partida; nos primeiros 30 minutos, o time Y foi sufocado, depois equilibrou as ações; no segundo tempo, nos últimos 15 minutos iniciais o time Y acertou a trave de X por duas vezes e obrigou o goleiro a três ou quatro defesas milagrosas, enquanto seu próprio goleiro não foi exigido uma única vez. No todo, porém, X dominou a partida. Nesse tipo de divisão, fazemos o todo compor-se de partes que não são exatamente iguais.

Outro exemplo seria: no Brasil, é comum as empresas dividirem o pagamento do salário de seus empregados em duas parcelas. Uma ocorre no meio do mês ou no dia 20; outra no quinto dia útil do mês. Isso poderia levar a supor que as duas parcelas sejam iguais, mas o valor do "adiantamento" não é igual ao do pagamento daquele que ocorre no quinto dia útil do mês. Nesse caso, temos um todo cujas metades não são iguais.

Um **argumento por divisão** também pode ser apresentado em forma de dilema: ambas as direções conduzem ao mesmo resultado. Na brincadeira, não se diz: "A vida tem seus abrolhos, mas também espinhos." Não há saída, ou as alternativas conduzem à mesma conclusão. Abrolhos significa *espinho, escolho, recife, dificuldade*.

1.6 O **argumento por retorsão** (contestação) também se coloca como um argumento quase lógico: nesse caso, a réplica é constituída utilizando os argumentos do interlocutor. Suponhamos: alguém, com o argumento da necessidade de salvar o planeta, condena o uso de sacolinhas plásticas nas compras de supermercado; o interlocutor pode objetar que também se deveriam considerar outras formas de poluição: sonora, do ar, da água, bem como que se deveria evitar o consumo exagerado de muitos produtos dos quais sequer tem necessidade e cujo descarte polui muito mais que as sacolinhas. Nesse caso, aproveitamos o argumento do interlocutor para contestá-lo.

1.7 O **argumento do ridículo**, também uma forma de argumento quase lógico, é comum em ironias. O sujeito foi assaltado e, ironicamente, se diz: "foi assaltado porque saiu tarde da noite de casa, porque se expôs indevidamente na rua"; "quem mandou não fechar a janela do carro?" O articulista do jornal, para demonstrar sua indignação contra o poder público que deixou de fazer obras de contenção, afirma ironicamente: "quem mandou morar perto do morro?" (sugerindo algo como a fala dos responsáveis pelo governo).

Entre os **argumentos quase lógicos** há os que apelam para estruturas lógicas (contradição, identidade total ou parcial, transitividade) e os que recorrem a relações matemáticas, que compreendem ralação parte com o todo, de menor com o maior, relação de frequência. Embora os argumentos quase lógicos sejam semelhantes aos raciocínios lógicos, eles não têm o mesmo rigor destes últimos e possibilitam mais de uma interpretação e, por isso, não são conclusivos, visto que sofrem redução para se chegar a uma demonstração formal. Se se entra em contradição, por exemplo, durante um discurso, tem-se um absurdo se examinado segundo o princípio da identidade. O que temos, porém, é uma incompatibilidade, pois que a ambiguidade da linguagem impede que se fale em contradição. Teremos um discurso ridículo, mas não absurdo.

2. Argumentos baseados na estrutura do real

Os argumentos baseados na estrutura do real são argumentos que não constroem realidades, mas apenas relacionam elementos da realidade (cf. WACHOWICZ, 2010, p. 112).
- ligação por sucessão;
- argumento pragmático;
- argumento do desperdício;
- argumento pelo exemplo;
- argumento pelo modelo ou antimodelo; argumento pela analogia.

2.1 **Argumento por sucessão:** já não temos aqui raciocínio de base matemática, mas raciocínio apoiado na observação da realidade. Um argumento baseado na estrutura do real baseia-se na relação de causa e consequência. Perelman e Olbrechts-Tyteca (1996, p. 299-300) veem nesse tipo de argumento "ligações por sucessão":

> Dentre as ligações de sucessão, o vínculo causal desempenha, incontestavelmente, um papel essencial, e seus efeitos argumentativos são tão numerosos quanto variados. Desde logo, vê-se que ele deve permitir argumentações de três tipos: (a) as que tendem a relacionar dois acontecimentos sucessivos dados entre eles, por meio de um vínculo causal; (b) as que,

sendo dado um acontecimento, tendem a descobrir a existência de uma causa que pôde determiná-lo; (c) as que, sendo dado um acontecimento, tendem a evidenciar o efeito que dele deve resultar.

Se temos dois fatos e um é causa de outro, temos aí a possibilidade de construir um argumento pragmático. Suponhamos: se a redução da maioridade penal reduzir o número de crimes cometidos por menores de 18 anos, então poderemos afirmar que a nova legislação sobre a maioridade penal contribuiu para a redução do número de crimes cometidos por menores. Todavia, para que esse tipo de argumento funcione, é preciso que o interlocutor ou a audiência concorde com o argumento, entendendo que a redução da criminalidade se deve à nova legislação e não a outros fatores.

2.2 **Argumento pragmático:** esse tipo de argumento baseado na estrutura do real é definido da seguinte forma por Perelman e Olbrechts-Tyteca (1996, p. 303):

> Denominamos argumento pragmático aquele que permite apreciar um ato ou um acontecimento consoante suas consequências favoráveis ou desfavoráveis. Esse argumento desempenha um papel a tal ponto essencial na argumentação que certos autores quiseram ver nele o esquema único da lógica dos juízos de valor. Para apreciar um acontecimento, cumpre reportar-se a seus efeitos. É a estes que Locke, por exemplo, se refere para criticar o poder espiritual dos Príncipes:
>
>> Jamais se poderá estabelecer ou salvaguardar nem a paz, nem a segurança, nem sequer a simples amizade entre homens, enquanto prevalecer a opinião de que o poder é fundamentado sobre a Graça e de que a religião deve ser propagada pela força das armas.

O argumento pragmático parece desenvolver-se sem grande dificuldade, pois a transferência do valor das consequências para a causa ocorre mesmo sem ser pretendida. Entretanto, quem é acusado de ter cometido uma má ação pode esforçar-se por romper o vínculo causal e por lançar a culpabilidade em outra pessoa ou nas circunstâncias. Se conseguir inocentar-se terá, por esse próprio fato, transferido o juízo desfavorável para o que parecerá, nesse momento, a causa da ação. Vejamos outro exemplo:

Tipologia textual 99

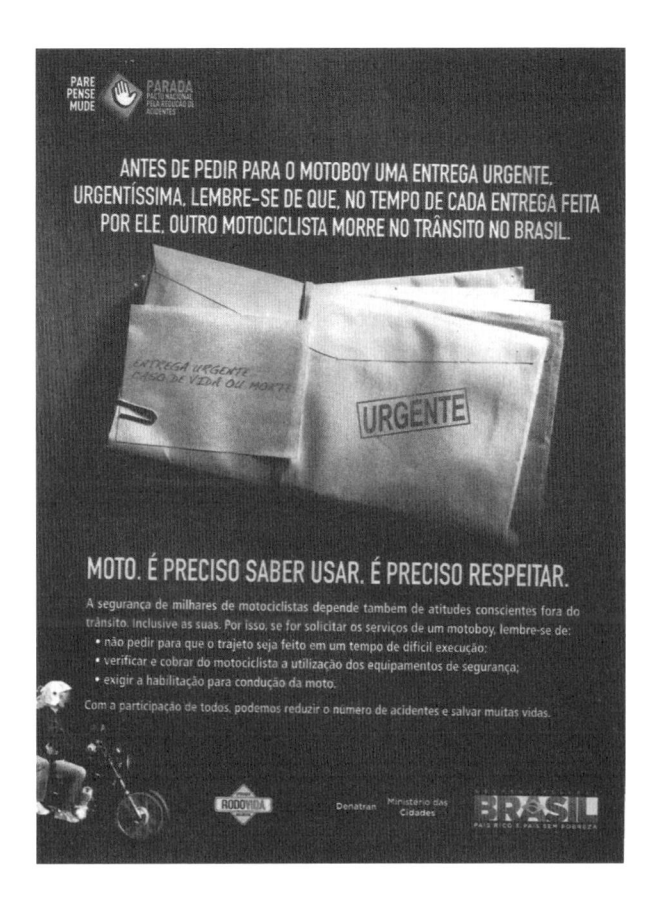

[Anúncio PARADA - Pacto Nacional pela Redução de Acidentes]

ANTES DE PEDIR PARA O MOTOBOY UMA ENTREGA URGENTE, URGENTÍSSIMA, LEMBRE-SE DE QUE, NO TEMPO DE CADA ENTREGA FEITA POR ELE, OUTRO MOTOCICLISTA MORRE NO TRÂNSITO NO BRASIL.

MOTO. É PRECISO SABER USAR. É PRECISO RESPEITAR.

A segurança de milhares de motociclistas depende também de atitudes conscientes fora do trânsito. Inclusive as suas. Por isso, se for solicitar os serviços de um motoboy, lembre-se de:
• não pedir para que o trajeto seja feito em um tempo de difícil execução;
• verificar e cobrar do motociclista a utilização dos equipamentos de segurança;
• exigir a habilitação para condução da moto.

Com a participação de todos, podemos reduzir o número de acidentes e salvar muitas vidas.

Fonte: PARADA (Pacto Nacional pela Redução de Acidentes). Extraído de: *Revista do Brasil*, São Paulo, n. 68, fev. 2012.

No caso da propaganda vista, o argumento utilizado ressalta a consequência "perda da vida no trânsito" diretamente relacionada ao pedido de "urgência urgentíssima". Por isso, "a segurança de milhares de motociclistas depende também de atitudes conscientes fora do trânsito".

2.3 Também se constituem argumentos baseados na estrutura do real aqueles em que se consideram **os fins e os meios**: "existe uma interação entre os objetivos perseguidos e os meios empregados para realizá-los" (PERELMAN; OLBRECHTS-TYTECA, 1996, p. 312). Há alguns fins que são desejáveis justamente porque são de mais fácil realização. Pode-se, por exemplo, argumentar que "se um candidato ainda não obteve sucesso, talvez lhe tenha faltado considerar os meios adequados". Outro exemplo:

> **TODA SOCIEDADE ENSINA**
>
> Este não é apenas o *slogan* de **Carta Educação**, nova plataforma digital que a Editora Confiança acaba de lançar. Trata-se de uma filosofia sem a qual será impossível transformar o Brasil em um país desenvolvido, produtivo e democrático.
>
> **Carta Educação** vai ao ar com o compromisso de ampliar o debate sobre a educação em sua plenitude, além dos muros da escola, além do giz e da lousa. Queremos nos tornar um espaço de participação de todos, alunos, pais, professores, especialistas e não especialistas.
>
> Para a Editora, a educação se torna mais democrática, mais eficiente e mais inclusiva quando mais brasileiros entenderem seu papel e o exercerem de forma plena. O que está em jogo é o futuro do País. O futuro de cada um de nós (*Carta Capital*, ano 22, n. 885, p. 83, 27 jan. 2016).

2.4   O argumento do **desperdício**, outro tipo de argumento baseado na estrutura do real, consiste em dizer que não se deve desistir de uma ação se ela já estiver iniciada. Suponhamos: uma pessoa se propõe participar de um concurso público; depois do primeiro tropeço, pensa em desistir da ideia. Um amigo pode argumentar que seria um desperdício de tempo jogar todo o estudo preparatório no lixo; então, afirma que deve seguir tentando até conseguir.

2.5   Perelman e Olbrechts-Tyteca (1996, p. 321) analisam ainda, dentro dos argumentos baseados na estrutura do real, o **argumento da direção**, que "consiste, essencialmente, no alerta contra o uso do procedimento das etapas: se você ceder esta vez, deverá ceder um pouco mais da próxima, e sabe Deus aonde você vai parar". O argumento de direção "desperta o temor de que uma ação nos envolva num encadeamento de situações cujo desfecho se receia" (p. 327).

2.6   Já o **argumento por superação** entende que existe a possibilidade de avançar sempre mais em determinado sentido, sem acreditar em um limite nessa direção e, com isso, alcançar sempre maior valor.

2.7   Os argumentos baseados na estrutura do real compreendem ainda **ligações de coexistência**, que unem duas realidades de nível desigual, uma delas seria mais fundamental que outra. Por exemplo: podemos argumentar que são superiores os valores humanos ao valor das coisas. No uso da língua, não se diz preconceituosamente: "quer um retrato do que é fulano, veja a língua que ele fala"? Ou "De um torcedor do time X, não se poderia esperar um comportamento que não fosse violento"? Em geral, esse tipo de raciocínio, facilmente contestável, faz-se com generalizações e pouca observação; são estabelecidas associações impropriamente.

Ainda dentro da categoria argumentos baseados na estrutura do real, Perelman e Olbrechts-Tyteca (1996, p. 348-349, 350) examinam o **argumento de autoridade**:

> O argumento de autoridade é de extrema importância e, embora sempre seja permitido, numa argumentação particular, contestar-lhe o valor, não se pode, sem mais, descartá-lo como irrelevante [...]. Atacaram o argumento de autoridade em nome da verdade. E isso porque, na medida em que toda proposição é considerada verdadeira ou falsa, o argumento de autoridade já não encontra lugar legítimo em nosso arsenal intelectual. Mas será sempre esse o caso? Poderíamos reduzir todos os problemas de direito, por exemplo, a problemas científicos, nos quais se trata apenas de verdade? [...]
> O mais das vezes o argumento de autoridade, em vez de constituir a única prova, vem completar uma rica argumentação. Constata-se então que uma mesma autoridade é valorizada ou desvalorizada conforme coincida ou não com a opinião dos oradores. [...]
> O espaço do argumento de autoridade na argumentação é considerável. Mas não se deve perder de vista que, como todo argumento, ele se insere entre outros acordos. De um lado, recorre-se a ele quando o acordo sobre o que se expressa está sujeito a ser questionado; de outro, o próprio argumento de autoridade pode ser contestado.

Vamos a um exemplo:

> Há quem confunda nostalgia com saudosismo. Besteira: saudosismo é querer viver no passado, é lamentoso: "Ah, não se fazem mais ovos como antigamente." Nostalgia é contemplar beleza que mora dentro de nossas mentes, é aproveitar o patrimônio de nosso HD, beleza que nós possuímos! Meu amigo Carlos Süssekind dizia diante dessa onda de autoajuda: "Não entendo esse negócio de viver o presente. Eu vivo no passado e no futuro, e é dele que meu presente é feito." De fato, quem vive só no presente é quem tem Alzheimer. E os lesados de maconha, claro (DAUDT, Francisco. A nostalgia como esporte. *Folha de S. Paulo*, São Paulo, 6 jan. 2016, p. B2).

No texto, temos duas vozes utilizadas para dar sustentação ao discurso: uma genérica, das que se ouve todos os dias (que o enunciador contesta) e outra que o enunciador identifica e na qual se apoia para justificar seu ponto de vista.

O argumento de autoridade caracteriza-se pela citação de autores ou instituições que são autoridades em certo ramo do saber. Exemplo:

> A endometriose surge quando células do endométrio (tecido que reveste o útero) se fixam em outros locais do abdome, como ovários, trompas, os ligamentos que sustentam o útero, a área entre a vagina e o reto, a superfície externa do útero, a membrana que reveste a parede abdominal (peritônio). Dali, continuam a responder aos estímulos hormonais – assim, o tecido cresce todo mês e sangra. Por não ter como escoar, o sangue se acumula, causando inflamações. E elas podem provocar sofrimento incapacitante, que se manifesta como cólica menstrual, dor pélvica crônica e dor nas relações sexuais. Às vezes, as células do endométrio "grudam em cicatrizes de cirurgias ou sobre o intestino e a bexiga, causando desconforto ou dor ao urinar e evacuar, além de infecção urinária e diarreia, sobretudo nos dias da menstruação. Segundo o ginecologista Nicolau D'Amico Filho, diretor de Comunicações da SBE – Associação Brasileira de Endometriose e Ginecologia Minimamente Invasiva, os focos podem ser superficiais ou profundos. Mas a intensidade da dor nem sempre é proporcional à gravidade. Mulheres com quadros profundos podem relatar pouca dor, e vice-versa. Uma minoria não apresenta sintomas. Metade das portadoras está sujeita à infertilidade. "A endometriose pode causar obstrução nas trompas, o que inviabiliza a gravidez por meios naturais", explica o ginecologista Carlos Alberto Petta, do Centro de Reprodução Humana do Hospital Sírio-Libanês, em são Paulo, que participa de pesquisa sobre o tema (NABUCO, Cristina. Um nó que não se desfaz. *Cláudia*, São Paulo, p. 196, maio 2013).

3. Ligações que fundamentam a estrutura do real

O terceiro grupo de argumentos examinados por Perelman e Olbrechts-Tyteca (1996, p. 399) compreende as ligações que fundamentam a estrutura do real. São argumentos construídos com base em inferência de fatos.

       3.1   Entre esses argumentos, sobressai a **argumentação pelo exemplo**; nesse caso, elegemos algo como modelo a ser imitado. Assim, imaginemos uma pessoa que dedicou sua vida a uma ONG que cuida de pessoas carentes e é muito querida. Posso inferir desse fato que ajudar o próximo é um bom caminho para ser estimado pelas pessoas. São argumentos que estabelecem sua própria realidade.

       3.2   Outra possibilidade de argumentação diz respeito ao aproveitamento de **antimodelos**. Suponhamos uma pessoa que abandonou a escola logo nos primeiros anos e que perdeu grandes oportunidades no mercado de trabalho por falta de estudos. Essa pessoa pode constituir-se em antimodelo, ou seja, um modelo a não ser seguido.

Para Ribeiro (2012, p. 73-74), na ligação que fundamenta a estrutura do real, "um caso particular é generalizado para estabelecer aquilo que se acredita ser uma estrutura do real socialmente construído". Esse tipo de argumento constrói a realidade mediante generalizações, regularidades e modelos, fundamentando-se em casos particulares, exemplos, ilustrações. Podemos também aí incluir a **argumentação por analogia**, que é constituída por uma inferência; temos um argumento que se constrói partindo-se de um particular para aplicá-lo a outro particular.

Perelman e Olbrechts-Tyteca (1996, p. 424) entendem que

> todo estudo global da argumentação deve, pois, incluí-la [a analogia] enquanto elemento de prova.
> Parece-nos que seu valor argumentativo será posto em evidência com maior clareza se encararmos a analogia como uma similitude de estruturas, cuja fórmula mais genérica seria: A está para B assim como C está para D.

Os autores citados apresentam em seguida um exemplo de Aristóteles:

> Assim como os olhos dos morcegos são ofuscados pela luz do dia, a inteligência de nossa alma é ofuscada pelas coisas mais naturalmente evidentes (p. 424).

No direito, em determinadas áreas (civil, por exemplo; não se aplica a analogia no direito penal nem no tributário) utiliza-se a analogia como forma de interpretação quando não há na lei especificação exata da situação sob análise. Analogia é análise por semelhança; aplica-se a um problema semelhante uma hipótese não prevista em lei.

Um exemplo de analogia: "o pincel está para a pintura, assim como a goiva para a xilogravura".

A parábola do bom semeador é um exemplo de analogia:

> Naquele dia, saindo Jesus de casa, sentou-se junto ao mar; chegaram a ele grandes multidões, de modo que entrou numa barca e se assentou; e todo o povo ficou em pé na praia. Muitas coisas lhes falou em parábolas, dizendo: O semeador saiu a semear. Quando semeava, uma parte da semente caiu à beira do caminho, e vieram as aves e comeram-na. Outra parte caiu nos lugares pedregosos, onde não havia muita terra; logo nasceu, porque a terra não era profunda e tendo saído o sol, queimou-se; e porque não tinha raiz, secou-se. Outra caiu entre os espinhos, e os espinhos cresceram e a sufocaram. Outra caiu na boa terra e dava fruto, havendo grãos que rendiam cem, outros sessenta, outros trinta por um. Quem tem ouvidos, ouça (*Mateus*, 13:1-9).

Nesse caso, como podemos ver em Vieira (2000, p. 29-52), no "Sermão da Sexagésima", temos uma analogia do semeador (agricultor) com o pregador evangélico. Essa comparação serve-lhe de base para estabelecer seus argumentos.

3.3 Argumento por ilustração caracteriza-se pela presença de um breve relato que ilustra uma inferência, ou uma tese já conhecida. Suponhamos que se esteja argumentando sobre o mau atendimento de uma fornecedora de serviços telefônicos. Para ilustrar a argumentação, pode-se valer de um caso ocorrido com um amigo, por exemplo. Relato então o problema que meu amigo vivenciou e o atendimento que recebeu.

Até aqui, vimos argumentos por **processo de ligação**; vejamos agora argumentos por **processos de dissociação**, que são aqueles que compreendem separações, divisões para melhor compreender uma situação. Suponhamos que tenhamos de argumentar sobre o **signo**. Podemos, para efeito de esclarecimento, dissociá-lo em plano da expressão e plano do conteúdo, ou significante e significado. No estudo das variedades linguísticas, separamos a língua falada da língua escrita; assim, podemos examinar uma variedade falada e escrita e outra variedade igualmente falada e escrita. Em ambas as modalidades, verificaremos a existência de diferenças. A variedade prestigiada escrita, por exemplo, pode exigir maior monitoramento, enquanto a falada menor; a variedade estigmatizada escrita pode aparecer com menor espontaneidade que a falada. A dissociação pode servir neste último caso para argumentar que *língua falada* e *língua escrita* não são expressões apropriadas para distinguir variedades linguísticas, pois as variedades linguísticas contemplam ambas as formas. Para Wachowicz (2010, p. 121),

> há no argumento por dissociação, num certo sentido, a tendência de desfazer o que se relacionou nos processos de ligação, que é, obviamente, o argumento da voz contra a qual nos posicionamos, por pressuposto retórico-discursivo.

No argumento por dissociação, é comum o uso de operadores argumentativos de oposição: *mas, contudo, todavia, entretanto, de uma parte, de outra parte, de um lado, de outro lado* etc.

3.4 Sequência textual expositiva/explicativa

3.4.1 Sequência textual expositiva

É de observar que não é pacífica a separação de textos expositivos de textos explicativos. Há autores que tratam ambas as sequências como uma só, ou seja, incorporam a exposição na explicação. Por isso, Sparano et al. (2012, p. 62) afirmam que "elas caminham juntas e a explicação vem, normalmente, precedida de uma exposição".

Discutindo a pertinência da sequência explicativa, Wachowicz (2010, p. 79) argumenta que a literatura da área impõe algumas questões: "Não estaria a explicação pressuposta na descrição ou na argumentação? Por que lançar mão de uma nova categoria de sequência, se ela está presente em outras?" E, como resposta para esses questionamentos, teríamos que a sequência é uma categoria não discreta, ou seja, seus limites não são traçados por propriedades imutáveis e precisas. Uma sequência pode, no nível da constituição textual, entrar em outra, assim como um gênero pode, no nível da constituição discursiva, lançar mão de uma combinatória inédita de várias sequências. Logo, gênero e sequência textual são composições heterogêneas, mas as sequências têm uma estrutura textual previsível (WACHOWICZ, 2010, p. 80).

Adam não admite o nome **sequência expositiva**, pois entende que as sequências expositivas ou são descritivas ou explicativas. A sequência explicativa visa apresentar uma resposta à questão *como*? Nesse caso, o texto indica os passos para alcançar um objetivo e teríamos então uma sequência descritiva. Se, no entanto, o texto apresenta uma explicação, seu objetivo é dar uma resposta a um *por quê*? Diferencia-se também a sequência explicativa da sequência argumentativa, porque não objetiva mudar uma crença, um ponto de vista sobre um fato ou acontecimento, mas transformar um estado de conhecimento: de desconhecimento sobre o objeto a conhecimento do objeto.

Vejamos um exemplo:

> A água que sai das torneiras da Grande São Paulo vem de oito sistemas principais: Cantareira, Guarapiranga, Alto Tietê, Rio Grande, Ribeirão da Estiva, Alto Cotia, Baixo Cotia e Rio Claro. Formados por diversas represas de armazenamento de água, estes complexos são responsáveis pela produção de mais de 60 mil litros de água por segundo e atendem 33 municípios da região metropolitana.
>
> Por sua história, capacidade de fornecimento de água e proximidade com a capital, Guarapiranga e Billings são duas das represas mais importantes para os sistemas de abastecimento da cidade. Além disso, estão entre as primeiras represas construídas na região e se tornaram locais de lazer e concentração populacional.
>
> **Guarapiranga**
>
> As obras de represamento do rio Guarapiranga, afluente do rio Pinheiros, foram iniciadas em 1906. A construção ocorreu para auxiliar a alimentação das turbinas da Usina de Parnaíba e regularizar a vazão do rio Tietê, reduzida devido a uma forte estiagem na época. Apenas em 1928 é que se começou a retirar água para abastecer a Capital. Com um espelho d'água de 26 km², a represa chegou a ser a principal fonte de água de São Paulo.
>
> Mais tarde, nos anos 1960, o crescimento desordenado da região fez com que o reservatório ficasse comprometido. Para regularizar a vazão da represa, que vinha sendo explorada acima da sua capacidade, foram feitas obras de interligação com o braço de outros rios. Hoje, a

> Guarapiranga abastece mais de 5 milhões de pessoas em regiões como Santo Amaro, Morumbi, Pinheiros e Butantã.
>
> **Billings**
>
> Responsável por levar água a mais de 1 milhão de pessoas em Diadema, São Bernardo do Campo e Santo André, foi construída em 1925. Projetada pelo engenheiro Asa White Kenney Billings, tinha como objetivo gerar energia elétrica para as principais indústrias de São Paulo e depois passou também a fornecer água.
>
> Atualmente, é o maior reservatório da Região Metropolitana de São Paulo. Com um espelho d"água de aproximadamente 100 km², estima-se que a represa poderia abastecer aproximadamente 4,5 milhões de pessoas. Devido à poluição de parte do reservatório, porém, o fornecimento atual é de aproximadamente um terço desse potencial (*Revista e*, São Paulo: Sesc, n. 1, ano 22, p. 105, jul. 2015).

Embora não sejam explícitos os problemas, os questionamentos, é possível depreendê-los: *De onde sai a água que abastece São Paulo? Quais são as maiores represas de fornecimento de água para São Paulo? Qual a capacidade de fornecimento de água da represa Guarapiranga? Qual a capacidade de fornecimento de água da represa Billings?* Não há no texto preocupação direta de persuadir, de argumentar, embora saibamos que todo texto veicula um ponto de vista, não é neutro. A preocupação dominante é mostrar como se dá o fornecimento de água por duas das grandes represas de São Paulo; apresentar as condições de Guarapiranga e Billings.

O **tipo expositivo** estaria relacionado à análise e se materializaria por meio de conectores lógicos. É o tipo de texto comum em artigos científicos, em manuais de ciências, em livros de geografia e história, por exemplo.

A separação entre **textos expositivos** e **argumentativos, por sua vez,** nem sempre é admitida pelos autores que tratam de gêneros textuais. Para Oliveira (2011, p. 81-82),

> a diferença entre o tipo expositivo e o argumentativo é muito difícil de ser estabelecida. [...]
> Não há diferenças linguísticas claras e discretas entre o tipo expositivo e o tipo argumentativo. É por isso que muitos professores falam de textos expositivo-argumentativos ou explicativo-argumentativos. Informar e argumentar textualmente parecem estar muito mais vinculados às intenções do escritor do que a marcas gramaticais e lexicais específicas.

Os **textos argumentativos** estariam mais ligados a avaliações, julgamentos, tomada de posição, valendo-se, tanto quanto os explicativos, de conectores lógicos.

As sequências explicativa/expositiva não existem em estado puro, como podemos observar no interior do seguinte texto, em que há encaixe de descrição:

Vários tipos de gaiolas podem ser utilizadas para a manutenção de camundongos. As mais indicadas são as de policarbonato ou polipropileno, por serem feitas de material autoclavável. Em geral, os camundongos devem dispor de uma área mínima de 65 cm² por indivíduo quando agrupados e uma fêmea com a ninhada deve dispor de aproximadamente 650 cm² [...].

Para maior conforto do animal em gaiola, o piso deve ser recoberto por material apropriado chamado de cama, visando o conforto próprio, nidificação e absorção da umidade das excretas, permitindo assim a criação de um *habitat* próximo ao natural. A cama pode ser um substrato ou material qualquer que atenda a finalidade, desde que seja macia, isenta de odor, apresente alta capacidade de absorção, seja constituída de partes pequenas e finas e isenta de resíduos químicos de agrotóxicos. Deve ser de fácil obtenção e não poluente. Embora sejam utilizados materiais como vermiculita e palha de arroz, entre outras, o mais adequado é a maravalha de pinus [...].

Dentre os métodos utilizados para realização da eutanásia, têm-se os métodos físicos e os métodos químicos, utilizando-se tanto gases inalantes como agentes farmacológicos não inalantes (Animal Welfare Institute, 1968).

Os métodos físicos, como deslocamento cervical, traumatismo craniano, decapitação, exanguinação, tiro por arma de fogo ou eletrocussão, só devem ser empregados quando outros métodos podem invalidar uma determinada informação ou pesquisa, principalmente aquelas relacionadas com os processos bioquímicos do animal. Os métodos químicos utilizando agentes farmacológicos inalantes, como anestésicos ou gases, ou agentes farmacológicos não inalantes, como pentobarbital sódico ou hidrato de cloral, são os métodos de escolha de melhor resolução e mais estéticos, não causando traumas aparentes ao animal [...]

A busca incessante de novas técnicas que promovam o bem-estar animal é um aspecto relevante na otimização de experimentos biológicos, conforme mostram dados de nosso grupo (Marona & Lucchesi, 2003; Marona & Lucchesi, 2004). É importante destacar que os camundongos são os vertebrados mais utilizados nas pesquisas científicas. Este fato deve-se às semelhanças genéticas entre as espécies, uma vez que 99% dos genes humanos foram mapeados em camundongos, o que permite o estabelecimento de mecanismos envolvidos nas desordens genéticas das espécies. O camundongo é a espécie geneticamente modificada mais utilizada nas pesquisas, com cerca de 97% do total. Milhões de animais são ainda usados para buscar a cura de doenças

> e o desenvolvimento de novos produtos, vacinas, medicamentos ou cosméticos (CHORILLI, M.; MICHELIN, D. C.; SALGADO, H. R. N. Animais de laboratório: o camundongo. *Revista de Ciências Farmacêuticas Básica e Aplicada*, Araraquara, v. 28, n. 1, p. 11-23, 2007. Disponível em: <http://serv-bib.fcfar.unesp.br/seer/index.php/Cien_Farm/article/viewFile/340/325>. Acesso em: 25 maio 2015).

Nos dois parágrafos iniciais, temos uma descrição precisa de como acomodar camundongos em laboratórios de pesquisa. Nos três parágrafos finais, temos um tipo expositivo.

3.4.2 Sequência textual explicativa

Esse tipo de sequência apresenta um problema, uma explicação do problema e uma conclusão. Portanto, sua preocupação é buscar responder a um questionamento, ou resolver um problema, bem como especificar uma conclusão.

Para Wachowicz (2010, p. 81), a explicação distingue-se da argumentação "por apoiar-se na relação de causa sem a explícita intenção argumentativa da persuasão". O discurso explicativo não teria como objetivo a adesão do interlocutor ao que se apresenta, pois não há nele "explícita intenção argumentativa". Uma de suas características seria uma possível "neutralidade". A enunciação afasta-se do enunciado, para constituir o efeito de sentido de objetividade; o enunciador passa a ser simples testemunha, observador discreto dos fatos. A sequência explicativa não objetiva persuadir o interlocutor nem ninguém de nada. E, com base em Adam, expõe o estatuto da sequência explicativa que implica as seguintes condições pragmático-discursivas: "o fenômeno a ser explicado é incontestável", "o conhecimento do fenômeno é incompleto", "quem explica tem sua função reconhecida [...], é uma autoridade no assunto" (WACHOWICZ, 2010, p. 81-82).

Apoiadas em Bronckart (*Atividade de linguagem, textos e discursos: por um interacionismo sociodiscursivo*), Sparano et al. (2012, p. 59) entendem que a sequência explicativa objetiva ""fazer compreender" algo que julgamos ser de difícil compreensão". Ela caracteriza-se por explicar os motivos, por apresentar causas de um fenômeno, mas, antes de tudo, é preciso que o fenômeno seja incontestável, "pois, caso houvesse espaço para a discussão, não teríamos mais uma explicação, mas uma argumentação" (p. 60). Para Ribeiro (2012, p. 40), a sequência explicativa é caracterizada pela justificação de um fato, "estabelecendo uma relação de causa, sem a intenção de persuadir". E com base em Adam, afirma que o objetivo da sequência explicativa é responder às perguntas: por quê? Como?

As condições para a sequência explicativa seriam: incontestável existência de um fenômeno; conhecimento insuficiente do fenômeno por parte do enunciatário (nesse caso, o enunciador supõe que o enunciatário precisa da justificação do fenômeno); entendimento por parte do enunciatário de que o enunciador dispõe de competência (autoridade) para explicar o fenômeno.

A sequência explicativa compreende quatro **fases**: (a) constatação inicial (introdução de um fenômeno incontestável); (b) o problema a ser resolvido; (c) explicação ou resposta ao problema formulado; (d) conclusão-avaliação. Ou seja, apresenta-se inicialmente um tema; em seguida, uma questão sobre o tema (por que isso?), depois propõe-se uma resposta para a questão posta (porque ocorre isso) para, finalmente, desenvolver uma conclusão.

A sequência explicativa vale-se de verbos no presente; em geral, ela comporta um período hipotético seguido de uma explicação: "*se p, é porque q; se p, é para que q; se p, é em razão de q; se p, é que q*" (SPARANO et al., 2012, p. 61). Esses esquemas não aparecem normalmente no texto, mas são dedutivamente inferidos. Exemplo:

> Polinização, sinteticamente, é o processo de transferência do pólen de uma planta para a outra. O agente polinizador carrega os grãos de pólen das anteras de uma flor para o estigma de outra flor, é só assim que o gameta masculino consegue chegar até o gameta feminino e então fecundá-lo. Sendo assim, a polinização é também denominada de processo reprodutivo (ARAUJO, Marilia. Polinização. Disponível em: <http://www.infoescola.com/plantas/polinizacao/>. Acesso em: 29 maio 2015).

Se ocorre polinização, **é porque** houve transferência do pólen de uma planta para a outra. O agente polinizador carrega os grãos de pólen das anteras de uma flor para o estigma de outra flor, é só assim que o gameta masculino consegue chegar até o gameta feminino e então fecundá-lo.

Se houve transferência do pólen de uma planta para a outra, isso ocorreu **em razão de** o agente polinizador carregar os grãos de pólen das anteras de uma flor para o estigma de outra flor; é só assim que o gameta masculino consegue chegar até o gameta feminino e então fecundá-lo.

Se houve polinização, **é que** houve transferência do pólen de uma planta para a outra. O agente polinizador carrega os grãos de pólen das anteras de uma flor para o estigma de outra flor; é só assim que o gameta masculino consegue chegar até o gameta feminino e então fecundá-lo.

No texto seguinte, também se podem observar as quatro fases do texto explicativo:

> A pressão alta, também chamada de hipertensão arterial, é caracterizada pela pressão de 14 por 9 (140 × 90 mmHg). É uma doença que não tem cura e, quando não é devidamente tratada, pode aumentar o risco

> de desenvolver problemas de saúde graves, como infarto, derrame ou comprometimento renal.
>
> A **pressão alta não tem cura**, mas pode ser controlada com remédios indicados pelo cardiologista, além de uma alimentação pobre em sal e gorduras e a prática regular de exercício físico.
>
> A pressão alta é uma doença silenciosa. Geralmente, só causa sintomas como tonturas, visão turva ou falta de ar quando a pressão está muito alta, durante o que chamamos de crise hipertensiva. Nestes casos, ocorre um aumento rápido e severo de pressão arterial com níveis de pressão diastólica, que deveria ser inferior a 90, acima de 120 mmHg, sendo recomendado o indivíduo procurar o pronto-socorro.
>
> Pacientes já hipertensos, em uso diário de medicação, podem apresentar valores de pressão aumentados, mesmo sem sentir nada. [...]
>
> As causas da pressão alta estão relacionadas com fatores genéticos, excesso de peso e ter hábitos de vida pouco saudáveis, como uma alimentação rica em sal e não fazer exercício físico regular. Quando ela não é devidamente tratada, a pressão alta pode levar a sérias consequências como derrame cerebral, problemas no coração e nos rins, que podem levar o indivíduo à morte.

Constatação inicial: pressão alta = pressão de 14 por 9 (140 × 90 mmHg).

Problematização: por que a pressão alta é perigosa: "é uma doença que não tem cura e, quando não é devidamente tratada, pode aumentar o risco de desenvolver problemas de saúde graves, como infarto, derrame ou comprometimento renal".

Resolução ou explicitação propriamente: "A pressão alta é uma doença silenciosa. Geralmente, só causa sintomas como tonturas, visão turva ou falta de ar quando a pressão está muito alta, durante o que chamamos de crise hipertensiva. Nestes casos, ocorre um aumento rápido e severo de pressão arterial com níveis de pressão diastólica, que deveria ser inferior a 90, acima de 120 mmHg, sendo recomendado o indivíduo procurar o pronto-socorro." "Pacientes já hipertensos, em uso diário de medicação, podem apresentar valores de pressão aumentados, mesmo sem sentir nada."

Conclusão-avaliação: "As causas da pressão alta estão relacionadas com fatores genéticos, excesso de peso e ter hábitos de vida pouco saudáveis, como uma alimentação rica em sal e não fazer exercício físico regular. Quando ela não é devidamente tratada, a pressão alta pode levar a sérias consequências como derrame cerebral, problemas no coração e nos rins, que podem levar o indivíduo à morte."

Os textos, de modo geral, sempre apresentam uma subjetividade; ocorre que, nos textos opinativos, essa subjetividade é mais explícita. Mesmo fazendo uso da 3ª pessoa e não utilizando expressões como "eu acho", "eu penso" e adjetivos como *melhor, maior, grande, competente, bonito, feio* e outras avaliações, há outras marcas no texto que denunciam a presença de um ponto de vista, a começar da escolha que fazemos do objeto sobre o qual vamos escrever (ou falar), do título do texto, das palavras escolhidas. Suponhamos que para *Fernando Henrique Cardoso* utilizemos expressões como *professor, sociólogo* e para Juscelino Kubitschek, *construtor de Brasília*. No primeiro caso, estaremos valorizando sua profissão e sua competência como sociólogo; no segundo, estaremos salientando a capacidade de um político arrojado, empreendedor, administrador público. Além disso, são comuns nos mais variados tipos de textos as modalizações que indicam maior ou menor envolvimento do enunciador. Por exemplo, quando diz: *infelizmente, realmente, necessariamente, obrigatoriamente* etc. Alguns verbos também indicam rastro do enunciador: *dever, precisar, necessitar* etc.

3.5 Sequência textual injuntiva

Tipo de texto comum em manuais de eletrodomésticos, bula de remédios, artigos de periódicos sobre dietas, embelezamento, higiene doméstica, regimento de condomínio e em receitas culinárias. São textos instrucionais, constituídos por uma "prescrição de comportamentos sequencialmente ordenados: ação 1 + ação 2 + ação 3... + ação$_n$ = resultado ou produto" (SILVA, 2015, p. 17). Em textos como horóscopos, boletins meteorológicos e outros de tipo previsional, temos: evento 1 + evento 2 + evento 3 + evento$_n$. Adam não considera a sequência injuntiva separadamente, mas a inclui na descritiva. Há quem considere a sequência preditiva separadamente da injuntiva, visto que se caracteriza por predizer algo ou levar o interlocutor a crer em alguma coisa que ocorrerá no futuro.

A sequência injuntiva é utilizada para instruções e aparece em forma interrogativa ou imperativa.

Vejamos um exemplo:

ASPARGO AO VINAGRETE

Aspargos frescos são um delicioso substituto dos alhos-porós nesta salada, que pode ser servida morna ou à temperatura ambiente.

1. Prepare o molho vinagrete como na receita principal, usando um vinagre de conhaque em lugar do vinagre de vinho branco.

2. Substitua os alhos-porós por aspargos. Limpe 1 kg de hastes de aspargos. Se necessário, tire a pele externa e dura dos talos e corte as pontas lenhosas. Amarre os aspargos em 4-6 feixes com barbante, para manuseá-los com mais facilidade. Ponha uma panela grande de água salgada para ferver e cozinhe em fogo brando por 5-7 minutos, até que fiquem macios quando espetados com uma faca. Escorra-os, lave com água fria e escorra de novo inteiramente.

> 3. Reserve a salsinha. Deixe na marinada e termine a salada conforme a receita, decorando-a com linhas diagonais de clara e gema (CARROL & BROWN, s.d.).

Os textos injuntivos ocupam-se de transmitir um saber sobre como realizar algo. Daí apresentarem uma sequência de injunções, que tem em vista alcançar um objetivo. São algumas de suas características: uma sequência de ações que devem ser executadas sucessivamente (às vezes, simultaneamente) para se atingir o resultado esperado; há uma sequência de ordens, verificáveis no uso do imperativo: *descasque, corte, retire, coloque, polvilhe, adicione, cubra, refrigere, vire, sirva*.

Na propaganda também é comum o uso da sequência injuntiva, como em:

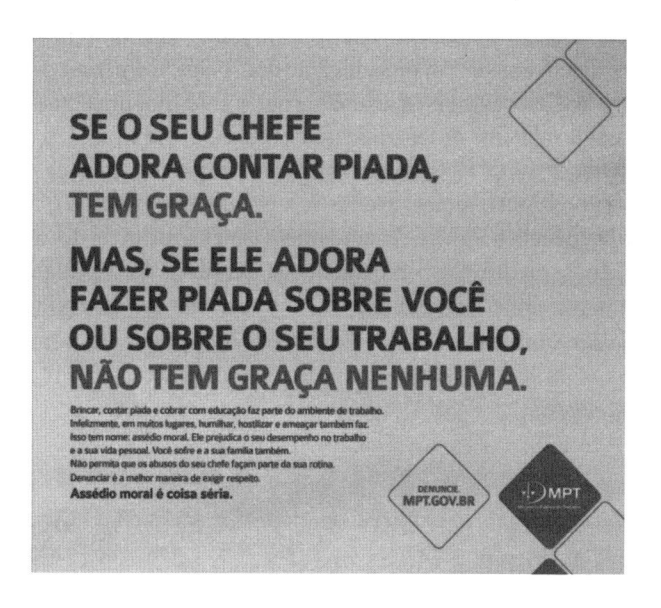

> **SE O SEU CHEFE ADORA CONTAR PIADA, TEM GRAÇA.**
>
> **MAS, SE ELE ADORA FAZER PIADA SOBRE VOCÊ OU SOBRE O SEU TRABALHO, NÃO TEM GRAÇA NENHUMA.**
>
> Brincar, contar piada e cobrar com educação faz parte do ambiente de trabalho. Infelizmente, em muitos lugares, humilhar, hostilizar e ameaçar também faz. Isso tem nome: assédio moral. Ele prejudica o seu desempenho no trabalho e a sua vida pessoal. Você sofre e a sua família também. Não permita que os abusos do seu chefe façam parte da sua rotina. Denunciar é a melhor maneira de exigir respeito.
>
> **Assédio moral é coisa séria.**
>
> DENUNCIE MPT.GOV.BR   MPT

Fonte: Ministério Público do Trabalho em São Paulo. Disponível em: <http://www.prt2.mpt.gov.br/252-mpt-em-sao-paulo-lanca-campanha-contra-assedio-moral>.

Observe a frase final do texto: "Não permita que os abusos do seu chefe façam parte da sua rotina." Esse enunciado é, evidentemente, injuntivo. O **texto injuntivo** ou **instrutivo** compõe uma previsão de comportamento futuro, concretizando-se por meio de imperativos e visa levar o interlocutor a realizar uma ação.

3.6 Sequência textual dialogal

A sequência dialogal comporta mais de um interlocutor. É constituída por uma sucessão de trocas de turnos em uma conversa, um diálogo. As trocas são caracterizadas por uma interação comunicacional de caráter fático, cuja função é iniciar e concluir uma interlocução, e por uma transação de experiências, que constitui a razão do ato interlocucional. A sequência dialogal pode ser vista em debates, em entrevistas, em sessões de terapia, em consultas médicas, enfim, no diálogo que estabelecemos nos mais diversos momentos de nossa vida cotidiana. Exemplo:

> **Professor:** – Na norma-padrão os pronomes oblíquos vêm depois do verbo; na norma culta, eles vêm antes do verbo.
>
> **Aluna 1:** – Essas construções como "Me levantarei" já estão se tornando comuns.
>
> **Professor:** – Você tem razão. Os brasileiros já estão, sim, incorporando a colocação do pronome oblíquo antes do verbo. Essas construções não são usadas apenas pelas camadas menos prestigiadas, mas também pelas classes mais privilegiadas.
>
> [...]
>
> **Professor:** – Que passagens extraídas do texto mais provocaram estranheza em vocês?
>
> **Aluno 2:** – *"Ponde-lhe"*.
>
> **Aluno 3:** – "Levantar-me-ei".
>
> **Professor:** – Essas construções nos causam estranheza porque não temos o hábito de falar desse jeito. A construção "levantar-me-ei", com o pronome oblíquo átono no meio do verbo tem o nome de mesóclise na gramática padrão. Construções como essas são pouco usadas. A tendência delas é desaparecerem.
>
> [...]
>
> **Professor:** – Vejam a construção "Eu vi ela no *shopping*". Essa frase é considerada errada? Que ideia você tem sobre construções como essa?
>
> **Aluna 8:** – Eu falo "Eu a vi no *shopping*".
>
> [...]
>
> **Aluna 7:** – Às vezes meus pais me corrigem, quando acham que estou falando errado.
>
> [...]
>
> **Professor:** – Nós, brasileiros, devemos evitar esse tipo de construção (Eu vi ela no *shopping*)?
>
> **Alunos 3 e 4:** – Não. Mas, dependendo do contexto, ela pode não ser adequada.

> **Professor:** – Tem alguém que não faz uso de uma frase com essas características?
>
> **Aluno 8:** – Tem, sim, pessoas com alto grau de escolarização *não usam*.
>
> **Aluno 9:** – Pessoas da classe alta não usam esse tipo de construção para não se igualarem às pessoas da classe baixa.
>
> **Professor:** – Vocês acham que políticos e donos de grandes multinacionais não usam construção como essa?
>
> **Aluno 9:** – Se "tiver" conversando com um amigo, ele vai usar uma construção como essa (Ei vi ela no *shopping*).
>
> **Aluno 11:** – Se ele "tiver" numa reunião de negócios vai se monitorar mais.
>
> **Aluno 12:** – Ele escolhe a forma de falar dependendo com quem está conversando.
>
> **Professor:** – Se esse político usar uma linguagem muito formal pra falar com o povo o que vai acontecer?
>
> **Alunos:** – Ele vai provocar um distanciamento (CYRANKA In: ZILLES; FARACO, 2015, p. 46-47).

A sequência textual dialogal compõe fundamentalmente os gêneros da comunicação humana: conversas cotidianas, entrevistas, conversação telefônica e outros meios eletrônicos, debates etc. Não é constituída por um locutor apenas, mas por dois ou mais. Duas são as possibilidades desse tipo de sequência: a **fática** e a **transacional**: a primeira compreende a abertura (suponhamos: "olá", "bom dia", "boa tarde", "boa noite"); a segunda é composta pelo corpo da interação dialogal, que compreende perguntas e respostas com acordos, desacordos, comentários. Veja a seguir entrevista com Giovane Gávio (ex-jogador de vôlei e atual Gerente de Competição do vôlei de praia da Olimpíada e do vôlei sentado da Paralimpíada):

> **O AMBIENTE DE HOJE SERÁ O MESMO DE 2016?**
>
> O Maracanãzinho tem algo a mais. Ele tem um papel importante na história do nosso vôlei. De certa forma, será assim. Mas a questão do entretenimento não está fechada ainda pelo comitê.
>
> **Nem todos os jogadores gostaram da rede com LED?**
>
> Nós colocamos a rede agora justamente por isso, para já fazer um teste. Os jogadores vão se familiarizar com ela.
>
> **Os voluntários foram bem?**
>
> Foi tudo ótimo. Nós queremos que eles aproveitem bastante esse momento perto dos atletas e queiram voltar durante os jogos (*Metro*, São Paulo, 16 jul. 2015, edição n. 2.082, ano 9, p. 31).

No texto, uma voz, a do jornalista, faz perguntas e outra, a de Giovane, ex-jogador de vôlei, responde.

EXERCÍCIOS

1. Identifique no texto seguinte os elementos das sequências narrativas:

O ASNO, A RAPOSA E O LEÃO

Um asno e uma raposa que tinham ficado muito amigos foram à caça. Um leão apareceu no caminho. Vendo o perigo que os ameaçava, a raposa se aproximou do leão e prometeu entregar-lhe o asno:

– Prometa-me, em troca, me deixar viva.

O leão prometeu e a raposa se empenhou para fazer o asno cair na armadilha. Mas o leão, vendo que o asno já estava ganho, pegou primeiro a raposa para depois se ocupar do asno.

Quem confia no sócio está trabalhando pela própria derrota (ESOPO, 2007, p. 102).

2. Identifique as sequências textuais do seguinte texto:

– A vida é uma ópera e uma grande ópera. O tenor e o barítono lutam pelo soprano, em presença do baixo e dos comprimários, quando não são o soprano e o contralto que lutam pelo tenor, em presença do mesmo baixo e dos mesmos comprimários. Há coros numerosos, muitos bailados, e a orquestração é excelente... [...]

E, depois de beber um gole de licor, pousou o cálix, e expôs-me a história da criação, com palavras que vou resumir.

Deus é o poeta. A música é de Satanás, jovem maestro de muito futuro, que aprendeu no conservatório do céu. Rival de Miguel, Rafael e Gabriel, não tolerava a precedência que eles tinham na distribuição dos prêmios. Pode ser também que a música em demasia doce e mística daqueles outros condiscípulos fosse aborrecível ao seu gênio essencialmente trágico. Tramou uma rebelião que foi descoberta a tempo e ele expulso do conservatório. Tudo se teria passado sem mais nada, se Deus não houvesse escrito um libreto de ópera, do qual abrira mão, por entender que tal gênero de recreio era impróprio da sua eternidade. Satanás levou o manuscrito consigo para o inferno. Com o fim de mostrar que valia mais que os outros, – e acaso para reconciliar-se com o céu – compôs a partitura, e logo que a acabou foi levá-la ao Padre Eterno.

– Senhor, não desaprendi as lições recebidas, disse-lhe. Aqui tendes a partitura, escutai-a, emendai-a, fazei-a executar, e se as achardes digna das alturas, admiti-me com ela a vossos pés...

– Não, retorquiu o Senhor, não quero ouvir nada.

– Mas senhor...

– Nada! Nada!

Satanás suplicou ainda, sem melhor fortuna, até que Deus, cansado e cheio de misericórdia, consentiu em que a ópera fosse executada, mas fora do céu. Criou um teatro especial, este planeta, e inventou uma companhia inteira, com todas as partes, primárias e comprimárias, coros e bailarinos. [...]

Isto que digo é a verdade pura e última. Um dia, quando todos os livros forem queimados por inúteis, há de haver alguém, pode ser que tenor, e talvez italiano, que ensine esta verdade aos homens. Tudo é música, meu amigo. No princípio era o dó, e o dó fez-se ré, etc. Este cálix (e enchia-o novamente), este cálix é um breve estribilho. Não se ouve? Também não se ouve o pau nem a pedra, mas tudo cabe na mesma ópera... (ASSIS, 2008, p. 23-26).

3. Como você classifica o seguinte texto?

A funcionária da Odebrecht responsável pela contabilidade de supostas propinas pagas por executivos da empresa passou a colaborar com investigadores da Lava Jato. Ela negocia um acordo de delação premiada (*Folha de S. Paulo*, São Paulo, 8 mar. 2016, p. A1).

4. Selecione um texto de seu interesse e assinale as marcas deixadas pela enunciação, principalmente as relativas a modalizações.

5. Selecione um texto de seu interesse e assinale os articuladores (operadores) argumentativos que encontrar nele.

6. Selecione, de jornais, revistas, livros, textos das seguintes sequências textuais: argumentativa, narrativa, expositiva.

7. Identifique o tipo de argumentação utilizada no seguinte texto de Gullar (2003, p. 89):

> Antes da filosofia e da ciência, o homem via o mundo conforme sua fantasia: as árvores, as pedras, os rios tinham alma, olhos e pensamento. Essa visão mágica do real foi sendo afugentada à medida que se desenvolviam as explicações racionais; refugiou-se nas culturas indígenas sobreviventes, nas crianças e nos artistas. Sobretudo, em alguns deles, como Marc Chagall em cujos quadros as noções convencionais da realidade não preponderam. Neles, as noivas flutuam no céu, as vacas amamentam seus bezerros em cima do telhado, um homem pode ter a cara verde esmeralda ou azul celeste e uma galinha pode ser maior que um jumento. Essa subversão do real, na pintura de Chagall, não é porém a simples expressão de uma rebeldia ou de um propósito anárquico e sim, manifestações da liberdade poética. Chagal, pintor-poeta, precisa ter um pé no presente e outro no passado, um pé na realidade e outro na fantasia. Ou os dois pés. O passado retorna à imaginação com um ímpeto que tudo transfigura, ilumina e subverte. Noutro artista, esse fenômeno daria certamente um resultado diverso, já que o centro de toda obra de arte é a personalidade, através da qual se realiza a síntese das vivências e técnicas. Chagall foi uma personalidade muito original. Judeu, russo de nascimento, incorporava toda uma experiência cultural, religiosa, familiar, pessoal, de alegria e drama que, graças a suas qualidades de desenhista e colorista, virou obra de arte.

3
Variação e variedade linguística

> *Refletir sobre a estrutura da língua e sobre seu funcionamento social é atividade auxiliar indispensável para o domínio fluente da fala e da escrita. E conhecer a norma culta/comum/*standard *é parte integrante do amadurecimento das nossas competências linguístico-culturais, em especial as que estão relacionadas à cultura escrita. O lema aqui pode ser: reflexão gramatical sem gramatiquice e estudo da norma culta/comum/*standard *sem normativismo* (FARACO, 2009, p. 157).

1 VARIAÇÃO E VARIANTE

Dubois et al. (1988, p. 609) define variação como

> o fenômeno no qual, na prática corrente, uma língua determinada não é jamais, numa época, num lugar e num grupo social dados, idêntica ao que

ela é noutra época, em outro lugar e em outro grupo social. A *variação diacrônica* da língua dá lugar aos diversos trabalhos de gramática histórica; a *variação no espaço* fornece seu objeto à geografia linguística e à dialetologia no sentido corrente do termo; a sociolinguística se ocupa da variação social.

Um dos primeiros postulados que se faz sobre a variação linguística é de que ela acarreta o fenômeno da **mudança**. Quando há duas formas em competição, uma delas findará por vencer a outra. E, nesse caso, a língua mudará (cf. CASTILHO, 2010, p. 87).

Para William Labov, formulador da teoria da variação e mudança, tanto a teoria gerativista como a estruturalista vê a língua como homogênea e praticada por um falante ideal. Daí questionarem Weinreich, Labov e Herzog que, "se uma língua tem de ser estruturada para funcionar eficientemente, como as pessoas continuarão a falar enquanto a língua muda, isto é, enquanto ela passa por períodos de uma sistematicidade atenuada?" (cf. CASTILHO, 2010, p. 88).

Labov tinha como seu objetivo

> mostrar que é possível acompanhar uma mudança linguística em andamento, enquanto ela ocorre, ao contrário do que diziam os linguistas anteriores a ele, que argumentavam que a mudança operava tão lentamente, tão imperceptivelmente que era impossível acompanhá-la, a não ser comparando dois estágios da língua muito afastados no tempo (BAGNO, 2014, p. 79).

Três conceitos são objeto do estudo de variação linguística em Castilho (2010, p. 695): variação, variante e variedade linguística. Pelo primeiro, entende as "diferentes execuções de uma língua, em que se observam diferenças maiores ou menores na fonética, no léxico e na gramática". Define também *variante linguística* como "cada propriedade linguística conectável a uma variação". Assim as variantes [e] e [ɛ], [o] e [ɔ] identificam variações geográficas do português brasileiro falado no Norte e no Sul. As línguas naturais constituem um feixe de variedades linguísticas.

Essas variações compreendem um conjunto de variedades, "um conjunto de usos linguísticos considerados relevantes para a caracterização de uma variedade". Na diversidade/heterogeneidade do português brasileiro, observamos as seguintes variações: geográfica, sociocultural, individual, de canal, temática. Daí Castilho (2010, p. 197) definir a **variação** como "manifestação concreta da língua" e a **variedade** "a soma idealizada das variações". E propõe o seguinte esquema:

variante > variação > variedade

Para Lucchesi (In: BAGNO, 2004, p. 67), a variação linguística pode ser dividida em variação social e variação estilística. A **variação social** diz respeito "à diferença nas frequências observadas na fala dos diversos segmentos sociais (classe alta, classe média, classe operária, classe baixa etc.)". A **variação estilística** refere-se "à variação observada na fala do indivíduo consoante a situação em que se encontra, do que temos, por exemplo, a fala espontânea, a fala formal, a leitura de texto ou de pares mínimos, de acordo com os tipos de registro colhidos na pesquisa".

Seriam os seguintes os tipos de variação para Bagno (2014, p. 80 s): a que ocorre entre gerações (nesse caso, temos "a competição entre duas ou mais formas em variação numa mesma época e num mesmo lugar que leva à vitória de uma delas"). Cita como exemplo a evolução da palavra latina *arena* > *arẽa* > *areia*.

Outra forma de variação ocorre entre as classes sociais. Para Bagno (2014, p. 84-85), "uma forma inovadora emerge na fala dos indivíduos das classes média baixa e baixa (D, E) e vai subindo na escala social até ser incorporada pelos falantes das camadas médias altas e altas (C, B, A)". Ao se instalar neste último grupo social, "o prestígio dos falantes se transfere para a inovação linguística, e a mudança se completa". Bagno cita o exemplo do verbo *odiar* que não dispunha da forma *odeio*; essa forma (*odeio*) surgiu por analogia com os verbos terminados em *ear*. Assim é que vão se tornando cada dia mais comuns *negoceio, remedeio, alumeio*.

A falta de conhecimento profundo da língua portuguesa brasileira leva a repetir lições que refletem usos que já desapareceram do nosso cotidiano, provenientes de momentos históricos do Brasil Colônia, ou do início do Império, ou do início da República. Daí que documentar e descrever a variedade do português brasileiro é condição para a renovação do ensino e um passo fundamental para a construção de uma política linguística para o português.

Em relação ao português europeu, Castilho (2010, p. 171) salienta que ele se desenvolveu em dois centros irradiadores de cultura: os mosteiros, onde monges realizavam traduções de obras latinas, francesas, espanholas, e a Corte, frequentada por fidalgos que escreviam e trovadores que cultivavam a língua literária.

2 VARIEDADES LINGUÍSTICAS

Todas as línguas são heterogêneas, ou seja, constituídas por um conjunto de variedades, cada uma regulada por uma norma. Não é correto dizer que há deturpações, corrupções, degradações na língua, pois que as variedades são constitutivas da própria língua.

Aryon Dall"Igna Rodrigues (In: BAGNO, 2004, p. 11) afirma que "não há língua que seja, em toda a sua amplitude, um sistema uno, invariado, rígido". Qualquer língua, independentemente da extensão da comunidade que a fala, é constituída por um complexo de variedades.

As línguas comportam variações quer em função do falante, quer do ouvinte, quer das circunstâncias que envolvem a prática linguística. Assim, temos **variedades dialetais**, que comportam: (a) variedades espaciais (**diatópicas**, geográficas); (b) variedades de classes sociais (**diastráticas**); (c) variedades de grupos de idade, variedades de sexo, variedades de gerações (**diacrônicas**), bem como **variedades de registro**, que compreendem variedades de grau de formalismo, de modalidade (falada ou escrita = variedade **diamésica**) e de sintonia entre emissor e receptor. Essas variedades se entrecortam.

No texto "Língua e ideologia: a reprodução do preconceito", Luiz Percival Leme Brito (In: BAGNO, 2004, p. 145-146) examina a relação entre ideologia e forma linguística

> que se manifesta tanto no modo como a gente fala como no [naquilo] que uns falam do modo que os outros falam. A ideia básica que predomina nas sociedades de escrita, como é o caso da sociedade ocidental, é que existe uma forma correta de falar – a norma culta ou língua formal ou ainda língua padrão, entre outros nomes – e que conhecer e saber usar essa forma é importante para poder participar ativamente da sociedade.
> A pessoa que sabe gramática seria educada, culta, mais preparada para a vida pública e social. [...]
> Pode-se argumentar que a *norma culta*, do jeito que é preconizada nas gramáticas, é apenas uma idealização, que funciona como uma espécie de lei, determinando usos orais e escritos e servindo de referência para a correção das formas linguísticas. De fato, não é falada por quase ninguém, e mesmo as pessoas instruídas e de boa condição social erram com relação à gramática.

O texto de Brito expõe variadas críticas ao modo de ver a língua como: (a) "existe uma forma correta de falar"; (b) "a pessoa que sabe gramática seria educada, culta, mais preparada para a vida pública e social"; (c) "a *norma culta*, do jeito que é preconizada nas gramáticas, é apenas uma idealização, que funciona como uma espécie de lei", (d) "não é falada por quase ninguém, e mesmo as pessoas instruídas e de boa condição social erram com relação à gramática".

E conclui à página 154: "O que está por trás da insistência normativa são jogos político-ideológicos, são interesses de classes, interesses inconciliáveis de classe".

Por isso, não se deve misturar o nível linguístico com o nível de valoração social. As pessoas que falam uma variedade prestigiada socialmente não são linguisticamente superiores, assim como não são inferiores os que falam uma variedade desprestigiada. Daí a necessidade de consciência de que a variedade valorizada socialmente é um fator de discriminação. Além disso, os critérios utilizados para a correção de formas não conformes à gramática não são homogêneos nem consistentes. Divergências entre os gramáticps é que não faltam e as razões para fundamentação das correções não são as mesmas.

Às vezes, para o critério de correção é usada a referência a autores consagrados; outras vezes, os gramáticos tradicionais se valem da história remota da língua, ou tratam o fato linguístico como "licença poética".

3 CONCEITO DE NORMA

Norma designa os fatos de língua usuais, comuns, correntes em uma comunidade de fala. Ela é a denominação que usamos para o conjunto de fatos linguísticos que caracterizam o modo como falam as pessoas de uma comunidade, incluindo os fenômenos em variação. Grupos sociais distinguem-se pelas formas de língua que lhes são próprias. Assim, há no Brasil inúmeras normas linguísticas, como, por exemplo, normas que caracterizam comunidades rurais tradicionais, normas usuais em grupos juvenis urbanos, normas características de populações das periferias das grandes cidades etc.

Para Dubois et al. (1988, p. 435), "a norma, que implica a existência de usos proibidos, fornece seu objeto à gramática normativa ou *gramática* no sentido corrente do termo". E, em seguida, acrescenta que se chama também "*norma* tudo o que é de uso comum e corrente numa comunidade linguística; a norma corresponde, então, à instituição social que constitui a língua".

Para Coseriu (1979, p. 72 s), norma é um conjunto de fenômenos linguísticos corriqueiros, comuns, numa dada comunidade de fala. Dessa forma, o conceito de "erro linguístico" é relativizado. Quando um falante utiliza uma estrutura comum ao grupo social a que pertence, mesmo que em desacordo com o padrão gramatical, essa estrutura não pode ser considerada errada. À escola caberia tão somente levar o estudante a ampliar sua competência linguística, tornando-o capaz de se ajustar linguisticamente às mais diversas condições de uso da língua, seja falada, seja escrita.

Em todas as sociedades, a variedade linguística de maior prestígio social é denominada *norma* ou *padrão*. O conceito de norma linguística é visto, pois, de duas perspectivas: (a) da normalidade, do que é normal, (b) e do normativo, do prescritivo (cf. FARACO, 2009, p. 74).

Também Alain Rey, em "Usos, julgamentos e prescrições linguísticas" (In: BAGNO, 2001, p. 116), segue a mesma linha de explicitação do conceito de norma: por trás do termo norma há dois conceitos: um relativo à observação e outro à elaboração de um sistema de valores. O primeiro corresponde à situação objetiva e estatística, o segundo a "um feixe de intenções subjetivas". A palavra remete à ideia de média, de frequência, de tendência habitualmente realizada, bem como à de "conformidade a uma regra, de juízo de valor".

A sociolinguística ocupa-se da primeira perspectiva; a segunda é objeto da gramática normativa. Bagno (2012, p. 21) afirma que a palavra *norma* raramente anda sozinha:

> Ela frequentemente vem seguida de algum qualificativo que tenta defini-la de modo mais específico. Dos diversos adjetivos usados para qualificar a norma, o mais comum, certamente, é o adjetivo *culta*, e a expressão *norma culta* circula livremente nos jornais, na televisão, na internet, nos livros didáticos, na fala dos professores, nos manuais de redação das grandes empresas jornalísticas, nas gramáticas, nos textos científicos sobre língua etc. Mas o que é, afinal, essa *norma culta*? Ela se refere ao que *é* (ao *normal*, ao frequente, ao habitual) ou ao que *deveria ser* (ao *normativo*, ao elaborado, à regra imposta)?

Lucchesi (In: BAGNO, 2004, p. 64) entende que o **conceito de norma** foi originalmente formulado pela escola estruturalista e que é de seu interesse "demonstrar que a realidade linguística brasileira não é apenas homogênea, mas também polarizada, definindo-se dentro do diassistema heterogêneo do português do Brasil dois sistemas igualmente heterogêneos e variáveis: a norma culta e a norma vernácula ou popular". Em seguida, discorre sobre o conceito de *norma*: "por normal se entende o que é habitual, costumeiro, tradicional dentro de uma comunidade, já o adjetivo *normativo* remete a um sistema ideal de valores que, não raro, é imposto dentro de uma comunidade" (p. 64).

Para Castilho (2010, p. 90), "as sociedades humanas são restritivas a respeito da variação linguística, promovendo uma das variáveis, a culta, e discriminando a outra, a popular".

As variantes linguísticas recebem, pois, valorações diferentes, dependendo da frequência de uso; quando as classes de maior poder aquisitivo e escolarização utilizam determinadas variantes, elas deixam de ser malvistas, como assinala Rosa Virgínia Mattos e Silva (In: BAGNO, 2004, p. 308-309): ao examinar a variação nas estruturas relativas do português brasileiro, argumenta que a convivência de três estruturas de relativização recebe diferentes avaliações sociais:

> a "padrão", estabelecida na norma pedagógica ("Ganhei um sabonete *do qual* não gostei"); a relativa "não padrão" com "pronome-lembrete" ou "pronome cópia" [também conhecida como relativa copiadora] ("Ganhei um sabonete *que* não gostei *dele*") e a "não padrão cortadora" [também conhecida como relativa cortadora] ("Ganhei um sabonete *que* não gostei").
> Os informantes rurais e não escolarizados apresentam ocorrência zero para a padrão; 16,4% para a não padrão com lembrete e 83,5% para a cortadora. Esta última, mais simples em termos estruturais, é a favorecida pelos informantes, e a que a escola deverá difundir [a padrão] inexiste nessa variedade do português brasileiro. É estrangeira, portanto. [...]
> Tais dados informam que todas as classes usam as relativas não padrão, que há uma hierarquia corrente, considerando classe e estilo, e que a não padrão com lembrete é a mais estigmatizada.

A relativa padrão é cada vez menos ouvida na fala dos brasileiros; a não padrão, denominada copiadora, é estigmatizada e a cortadora é a mais usual. Convivem, pois, em nossa sociedade três formas:

1. A **relativa padrão**, proclamada pela norma-padrão (gramatical), aprendida na escola: "Este é o livro de que lhe falei"; "estes são os produtos de que dispomos"; "esta é a disciplina da qual não gostei". Temos aqui a chamada **relativa padrão**.
2. A **relativa cortadora**: "Este é o livro que lhe falei"; "estes são os produtos que dispomos"; "esta é a disciplina que não gostei"; "as pessoas mal se dão conta que, numa cidade como São Paulo, 220 conselheiros podem ser a diferença nas condições de sobrevivência e superação da miséria de inúmeras crianças" (SUPLICY, Marta. Conselho tutelar. *Folha de S. Paulo*, 8 jan. 2016, p. A2).
3. A **relativa copiadora**: "Ontem, comi um lanche **que** eu não gostei **dele**" ["Ontem, comi um lanche do qual eu não gostei", ou "Ontem, comi um lanche de que não gostei"].

O conceito de norma pode ser examinado segundo duas perspectivas: uma ampla e outra estrita. No primeiro caso, ela se constitui em fator de coesão social. No sentido estrito, a norma caracteriza-se pelo uso e pelas atitudes de uma classe social de prestígio.

Seria próprio da comunidade linguística corrigir os "desvios" da norma, como ocorre com um pai que ensina seu filho a dizer "eu sei" no lugar de "eu sabo", ocupando-se de integrar o filho à comunidade:

> o que o move, portanto, é a pressão social, que unifica os traços culturais para que não se perca a identidade do grupo. E a língua, como traço cultural saliente, é ao mesmo tempo fator da coesão social e alvo das pressões da sociedade, ciosa de preservar sua identidade (CASTILHO In: BAGNO, 2004, p. 29).

Em "Norma-padrão brasileira: desembaraçando alguns nós", Faraco (In: BAGNO, 2004, p. 37) afirma que, "numa sociedade diversificada e estratificada como a brasileira", há inúmeras normas linguísticas: a das comunidades rurais tradicionais, a de grupos juvenis urbanos, a norma informal da classe média urbana etc. Uma norma é fator de identificação de um grupo e é "o senso de pertencimento a esse grupo que inclui o uso da forma de falar característica das práticas e expectativas linguísticas do grupo" (p. 39). Nesse sentido, a norma não é apenas um conjunto de formas linguísticas; "ela é também (e principalmente) um agregado de valores socioculturais articulados com aquelas formas" (p. 39). Haveria ainda a hibridização das normas, provocada pelo contato entre as normas, o que redunda em influências mútuas e em **mudanças linguísticas**.

4   DISCUSSÃO SOBRE A EXPRESSÃO *NORMA CULTA*

Na sociedade brasileira, são inúmeras variedades faladas, mas só desperta interesse de aprendizagem na escola a variedade chamada "culta". Também tem prevalecido a ideia de que somente a variedade prestigiada tem uma gramática e de que a única gramática a merecer estudo é a gramática prescritiva, a que estabelece normas a serem seguidas, a que estabelece o que é "certo" e o que é "errado", a que aprisiona a língua e condena os mais diversos usos. Nesse sentido, fala e escreve "bem" quem conhece a gramática prescritiva, ou melhor, "falar bem e escrever bem" é resultado da obediência às regras estabelecidas na gramática normativa.

Castilho (In: ILARI, 2002, p. 264) define **norma "culta"** como "conjunto de usos e atitudes da classe social de prestígio, sobre que se assentam as "regras do uso bom" que devem ser passadas pela escola". O uso de aspas em "regras do uso bom" manifesta o distanciamento do autor desse tipo de avaliação. Seria de se perguntar: "regras do uso bom" para quem? Quem estabeleceu o que é bom no uso da língua?

A posição privilegiada na estrutura econômica e social levou os falantes de certa variedade a se terem como mais cultos e a considerarem sua norma linguística como melhor que as outras normas da sociedade, o que tem produzido preconceitos de toda ordem em relação aos que não praticam essa norma. Em geral, o que se ouve é que as outras variedades não são cultas, são praticadas por ignorantes.

Marcos Bagno (In: BAGNO, 2004, p. 179), em "Língua, história & sociedade: breve retrospecto da norma-padrão brasileira", inicia seu texto afirmando que tentará evitar as ambiguidades da expressão norma culta, empregando, em seu lugar: (a) norma-padrão, para o ideal abstrato de língua "certa" da tradição normativo-prescritiva, e (b) *variedades cultas*, para os conjuntos de regularidades detectáveis no uso efetivo da língua por parte dos "falantes cultos" – cidadãos com escolaridade superior completa – em suas interações sociais. Emprego *variedades cultas* sempre no plural porque já se sabe que não existe um comportamento linguístico homogêneo por parte dos "falantes cultos", sobretudo (mas não somente) no tocante à língua falada, que apresenta variação de toda ordem segundo a faixa etária, a origem geográfica, a ocupação profissional etc. dos informantes.

Como a expressão *norma culta* é ambígua e de fortes conotações ideológicas (opõe letrados a não letrados, com toda sorte de discriminação), Bagno (2001, p. 10-11) sugere que se abandone na pesquisa científica esse rótulo e se utilize *variedades cultas* (no plural). E ao conjunto de prescrições tradicionais constantes de gramáticas normativas prefere dar o nome de *norma-padrão*. Afirma ainda não existir uma variedade-padrão e que a norma-padrão contempla uma língua descontextualizada, "arrancada de suas condições de produção histórica e social".

A norma-padrão, por apagar marcas de outras variedades linguísticas, constitui um fenômeno relativamente abstrato. O padrão, como esclarece Faraco (In: BAGNO, 2004, p. 42), "tem sua importância e utilidade como força centrípeta no interior do vasto universo centrífugo de qualquer língua humana", particularmente no que diz respeito à escrita. Todavia, o padrão não alcança suplantar a diversidade, visto que para tal seria necessário homogeneizar a sociedade e a cultura e paralisar o movimento e a história. Não obstante isso e considerando que também é influenciado pelas outras normas, ele tem um efeito unificador sobre as demais variedades linguísticas.

O padrão não se confunde com a norma "culta", embora esteja mais próximo dela que as demais normas. No caso brasileiro, o padrão foi construído de forma excessivamente artificial na segunda metade do século XIX, desconsiderando a norma culta brasileira de então como referência.

Como já dissemos, estabeleceram-se como norma-padrão os usos linguísticos de literatos portugueses clássicos. A elite letrada conservadora fixou como nosso padrão um modelo lusitano de escrita, praticado por escritores portugueses do Romantismo. Não foi, portanto, a língua de Portugal o nosso modelo, mas a dos literatos; não a língua falada em Portugal que também conhece variações e é constituída por um feixe de variedades.

Além dessa atitude conservadora e da pesada herança normativa dos países de línguas latinas, saliente-se o desejo da elite de então viver num país branco e europeu. E categoricamente Faraco (In: BAGNO, 2004, p. 43) acrescenta que, como era grande a distância entre a norma culta e o padrão artificialmente estabelecido,

> enraizou-se, na nossa cultura, uma atitude purista e normativista que vê erros em toda parte e condena qualquer uso – mesmo aqueles amplamente correntes na norma culta e em textos de nossos autores mais importantes – de qualquer fenômeno que fuja ao estipulado pelos compêndios

gramaticais mais conservadores. Essa situação tem nos causado inúmeros males, seja no ensino, seja no uso de um desejável padrão. Este que deveria ser um elemento sociocultural positivo, se tornou, no caso brasileiro, um pesado fator de discriminação e exclusão sociocultural.

A superação desse descalabro, de esquizofrenia linguística em que nos encontramos metidos, só poderá ser viabilizada quando o padrão for aproximado da variedade falada pela classe de prestígio em nossa sociedade (que é uma variedade distinta da norma estabelecida nas gramáticas tradicionais). E só alcançaremos esse estágio, segundo Faraco, quando linguistas, gramáticos, professores, autoridades educacionais, meios de comunicação, usuários do padrão travarem uma "guerra ideológica ao normativismo" (p. 44) e forem flexibilizadas as referências padronizadoras, incorporando mudanças generalizadas.

O debate atual sobre essa questão é recorrentemente recheado de acusações de que os linguistas são relativistas e contrários ao ensino da norma-padrão, o que não é verdade, pois o que os linguistas brasileiros combatem é o caráter artificial do nosso padrão e a concepção do padrão como uma camisa de força e os preconceitos que daí advêm. O que temos no cotidiano nacional é um conflito entre a norma estipulada nas gramáticas e a prática linguística dos brasileiros. Enquanto não se diminuir a distância entre a norma-padrão e o que efetivamente usam os brasileiros, jornais, revistas e a mídia eletrônica continuarão a abrir espaço para observações de "certo" e "errado", desconsiderando que a língua é de quem a pratica, pois que nenhuma língua consegue se fazer sem a contribuição daqueles que a utilizam. Língua nenhuma é estática e pode passar ao largo de mudanças; também não se deve confundir **mudança** com a ideia de **decadência** ou **degeneração** da língua. As mudanças fazem parte de sua existência; ela modifica-se paulatinamente, mas altera-se sempre:

> As mudanças, embora contínuas e inexoráveis, não geram perda e desintegração, mas apenas reacomodações de aspectos estruturais. Em outros termos, as mudanças redesenham a gramática, mas jamais afetam a plenitude estrutural da língua e, consequentemente, sua funcionalidade social. E isso porque as mudanças nunca se fazem de modo abrupto e universal, muito menos quando se trata da transposição de fenômenos da fala para a escrita (FARACO In: BAGNO, 2004, p. 50).

Para Lucchesi (In: BAGNO, 2004, p. 76), na realidade linguística brasileira distinguem-se, de um lado, uma "norma culta" e, de outro lado, uma "norma vernácula ou popular". Enquanto aquela seria constituída pelos padrões de comportamento linguístico dos brasileiros que têm formação escolar e acesso aos espaços da cidadania, é tributária dos modelos transmitidos pela elite colonial e do Império e é inspirada na língua da metrópole portuguesa, a norma popular é constituída por padrões de comportamento linguístico da maioria da população que é alijada de seus direitos elementares e "mantida na exclusão e na bastardia social" (p. 87).

Entende ainda Lucchesi que a polarização linguística do Brasil adveio, de um lado, dos pequenos centros urbanos, local onde se situavam os órgãos da administração colonial; nesses espaços, prevalecia a influência cultural e linguística da metrópole: "a elite colonial era naturalmente bastante zelosa dos valores europeus, buscando assimilar e preservar ao máximo [...] os modelos de cultura e de língua vindos d"além-mar". De outro lado, temos o interior do Brasil, para onde foi a maior parte da população no período colonial, que teve acesso a um português "levado não pela fala de uma aristocracia de altos funcionários ou de ricos comerciantes, mas pela fala rude e plebeia dos colonos pobres" (p. 77). Lucchesi salienta que os escravos adquiriam a língua portuguesa em situações precárias; muitas vezes, eles preferiam se comunicar entre si "usando uma língua franca africana" (p. 77).

O qualificativo *culto*, se tomado em sentido absoluto, sugere que a *norma culta* se opõe a *normas incultas*, que seriam faladas por *grupos desprovidos de cultura*, o que é um contrassenso, pois que todos os grupos são providos de cultura. Esse ponto de vista de que pessoas que falam certas variedades linguísticas são incultas é comum na avaliação de quem afirma: "determinadas pessoas não sabem falar", "falam mal", "falam errado", "são incultas", "são ignorantes" etc.

Faraco (2009, p. 22, 23, 24, 25, 26) também comenta a imprecisão semântica da expressão *norma culta*. Haveria pelo menos três sentidos para ela no uso comum: (a) substituição do termo gramática, para dar ao ensino normativo-gramatical ares científicos; (b) designação do conjunto dos preceitos da velha tradição excessivamente conservadora e pseudopurista e personalização do conceito de *norma culta*, que passou a ter vida própria como se fosse um ente vivo; (c) equivalente de *expressão escrita* e, assim, dominar a norma culta seria "escrever com correção, lógica e riqueza vocabular":

> *Norma culta* se tornou moeda corrente para, em primeiro lugar, resolver a maldição que caiu sobre a palavra gramática. [...]
>
> Como bem sabemos, a prática pedagógica tradicional sempre colocou o ensino de gramática no centro do ensino de português. No fundo, *ensinar gramática* e *ensinar português* foram sempre, na concepção tradicional, expressões sinônimas. [...]
>
> Nesse contexto, passou a ser "politicamente incorreto" dizer que se ensinava gramática (ou que era importante ou necessário seu ensino). [...]
>
> A expressão *norma culta* caiu como uma luva. Não era uma expressão desgastada (porque era, até então, de uso restrito) e vinha do discurso científico (o que lhe garantia certo *pedigree*). Passou a ser usada, então, em substituição ao termo *gramática*.
>
> Mais ainda: a novidade da expressão deu um ar de renovação, de modernização ao ensino do português. Foi possível se referir aos mesmos conteúdos com outro nome e, desse modo, criar a ilusão de que se estava agora entre os modernos.
>
> Por outro lado, a crítica aos padrões de correção e aos critérios de seu estabelecimento – em outros termos, a crítica à norma-padrão brasileira – provocou (e continua provocando) um debate acalorado e um tanto quanto sanguíneo, embora fundado em equívocos.
>
> Entenderam alguns que essa crítica estava propondo o abandono de toda e qualquer preocupação normativa, quando, na verdade, ela não fazia isso.

Apenas questionava os preceitos normativos descolados da realidade brasileira e cultivados por uma rígida e anacrônica tradição pseudopurista. [...]

A expressão *norma culta* passou, então, a ser usada para designar o conjunto dos preceitos da velha tradição excessivamente conservadora e pseudopurista. [...] Deu-se vida e poder a esse estranho ente que passou a ter, inclusive, vontade própria: "não aceita", "não admite", "condena", "proíbe", "insiste em" este ou aquele uso.

Essa curiosa personalização da norma culta tem sido, obviamente, muito conveniente: não é preciso pôr o dedo na ferida (o que é precisamente a norma culta no Brasil?), não é preciso enfrentar dilemas e contradições, não é preciso argumentar. Basta, em nome desse ente etéreo – A Sra. Dona Norma Culta – asseverar categoricamente o que se imagina ser o certo e o errado, como se houvesse indiscutível consenso sobre o assunto e fossem claras e precisas as linhas divisórias entre o "condenável" e o "aceitável", entre o que a Sra. Dona Norma Culta "aceita", "admite", "exige" e o que ela "condena", "proíbe", "não aceita", "não admite". [...]

Não faltam também vozes iradas a proclamar o fim dos tempos: a decadência, a corrupção, a degradação e até a putrefação da língua portuguesa no Brasil, motivadas – supostamente – pela incúria, pelo desleixo, pela ignorância de seus falantes. [...]

Essa esdrúxula situação (em que os manuais e os usos estão em conflito constante) e a imprecisão de sentidos que não permite que se distinga gramática de norma culta, norma culta de norma curta e norma culta de norma gramatical não encerram, porém, a questão.

Há ainda um terceiro sentido de *norma culta* no discurso da mídia e da escola para tornar a situação ainda mais imprecisa e confusa. Ela é usada como equivalente de *expressão escrita*. Assim [...] se diz "dominar a norma culta" querendo dizer "dominar a expressão escrita", isto é, nos termos (pouco precisos) da reportagem [da *Veja* de 12-9-2007] "escrever com correção, lógica e riqueza vocabular".

Por causa da ambiguidade da expressão, Bagno (2015, p. 12) afirma que abandonou a designação *norma culta*:

> esse mesmo rótulo é empregado, sem critérios claros, tanto para se referir ao modelo idealizado de língua "certa" prescrito pelas gramáticas normativas e por seus divulgadores quanto para designar o modo como realmente falam (e escrevem) os brasileiros urbanos, letrados e de *status* socioeconômico elevado. Ora, essas duas entidades são profundamente diferentes.

As duas entidades de que fala Bagno são o modelo idealizado de língua "certa" e o "modo como os brasileiros urbanos, letrados e de *status* socioeconômico elevado" realmente falam. A expressão *norma culta* deveria ser entendida como a designação da norma linguística praticada, em certas situações, por grupos sociais que desfrutam da cultura escrita, legitimada sobretudo por grupos controladores do poder social. Salienta ainda Bagno que a expressão *norma culta* foi criada pelos próprios falantes dessa norma, o que deixa transparecer o valor que emprestam a ela e com o qual interpretam o mundo.

Como apenas uma minoria tem acesso à cultura letrada e ao estudo da chamada norma "culta", que é identificada com a linguagem urbana comum em seus usos mais monitorados, no Brasil a cultura letrada, bem como o estudo da norma "culta", continua sendo um bem cultural de poucos. Essa cultura letrada, muitas vezes, funciona como fator de discriminação social, cultural e econômica. Ela mantém uma aura elitista materializada no que Faraco denomina de **norma curta**, que se caracteriza pela interdição na escrita de determinados fenômenos linguísticos. Em geral, a norma curta é constituída de picuinhas gramaticais que servem para desqualificar pessoas e mantê-las marginalizadas. Aqui, o problema principal: insiste-se no Brasil em julgamento de valor ("isso é errado") e em discriminar certas formas na escrita que são comuns na fala até mesmo dos mais letrados, os que têm curso superior completo.

Para Faraco (2009, p. 120), a remissão a autores clássicos, em geral literatos portugueses e brasileiros dos séculos XVI, XVII, XVIII, XIX, é o argumento utilizado para afirmar que formas que deles divergem devem ser combatidas; se, todavia, quando se notam em tais autores variedades que não estejam conformes à gramática que criam/estabelecem, passam então a "acusar os clássicos de terem errado, sempre que seus usos desmentem as regras agora inventadas".

José Veríssimo teria sido o primeiro a chamar a atenção para o fato de que os clássicos não constituem critério rigoroso, visto que muitas vezes desmentem as regras. Ora, se nem os clássicos escrevem conforme à gramática, que padrão é esse senão um padrão artificial? É esse vício de origem a principal causa do desenvolvimento do que Faraco chama de **norma curta**. Essa norma constitui uma coleção de preceitos que passam longe da norma real. Norma curta porque desmerece o trabalho dos dicionaristas, gramáticos e autores da literatura brasileira que já registram muitas novidades linguísticas em suas obras; novidades provenientes de variedades não valoradas positivamente, mas de uso de Norte a Sul por todos os brasileiros, indistintamente de seu grau de escolaridade. Nesse caso, podem-se citar, por exemplo, regências verbais e uso do pronome *ele* como objeto direto ("namorar com", "prefiro mais isso do que aquilo", "pega ele").

O uso do verbo *ter* no lugar do verbo *haver*, no sentido de *existir* é outro exemplo de variedade linguística utilizada por todos os brasileiros, sem distinção de classe social e de nível de escolaridade, mas a gramática continua a rejeitá-lo. A difusão de tal uso é tão universal na fala chamada "culta" que não se pode dizer tratar-se de "solecismo da linguagem comum", ou de modismo linguístico. Melhor seria admitir tratar-se de um fato da língua, mas "a norma **curta** condena esse uso". Drummond, nosso maior poeta modernista, deu-lhe *status* literário ("No meio do caminho tinha uma pedra/Tinha uma pedra no meio do caminho"), mas nem assim os puristas dão trégua (cf. FARACO, 2009, p. 125).

O prestígio e o cultivo de uma variedade de língua tem uma marca elitista, aristocrática. As elites sempre se esforçaram por criar símbolos que pudessem distingui-las do "vulgo", do povo. A certa variedade linguística agregavam-se valores simbólicos poderosos. A elite brasileira pós-Independência tinha como projeto construir uma nação branca e europeizada, bem como diferenciar-se do vulgo, ou seja, da população africana e daqueles que eram miscigenados (cf. FARACO, 2009, p. 108, com base em Pagotto). Elegeu, então, como variedade linguística de prestígio uma fala que não era a do povo e essa variedade tornou-se símbolo de pertencimento a uma classe social. Daí afirmar que talvez fosse melhor abandonar a denominação *norma culta*. Assim, estaríamos livres de sua carga de injustificável elitismo, bem como nos permitiria aproximar de uma análise mais precisa da realidade linguística brasileira, visto que não há, pelo menos na fala, grandes diferenças "entre o que se poderia chamar de norma culta e a linguagem urbana comum". Em seu lugar, poderíamos adotar a designação de *norma comum ou norma standard*, que "parecem carregar menos impregnações axiológicas do que o adjetivo *culto*". Todavia, a questão terminológica é um desafio constante, ou seja, não fica resolvida com esses adjetivos. Faraco (2009, p. 62), por sua vez, em busca de uma contribuição terminológica de baixo teor valorativo, que faça justiça à realidade linguística brasileira, utiliza *norma culta/comum/standard*, usando "os três adjetivos em sequência alternativa".

Ana Maria Zilles, na "Apresentação" à obra de Faraco (2009, p. 15), faz referência à multiplicidade de expressões em relação à variação. Segundo ela, há uma esquizofrenia linguística que deve ser enfrentada. Precisamos compreender que a "norma linguística modelar, imposta no século XIX, recebe múltiplas denominações: norma culta, norma-padrão, norma gramatical, gramática, língua culta, língua padrão, língua cuidada, língua literária". Essa diversidade de nomes mostra que o que está em foco é muito mal compreendido e muito mal avaliado em nossa sociedade.

A falta de precisão semântica com relação a esses rótulos também é salientada por Claire Lefebvre (In: BAGNO, 2001, p. 205):

> para as variedades linguísticas identificadas com situações de comunicação, vários termos são empregados: "níveis de língua", "registro", "estilo", "código", "variedade padrão" ou "não padrão", "língua formal" ou "familiar" etc. O conteúdo exato que esses termos abrangem nem sempre é claro.

Bagno (In: ZILLES; FARACO, 2015, p. 193), em "Variação, avaliação e mídia: o caso do ENEM", identifica 21 expressões utilizadas no estudo da variação linguística. A profusão terminológica resulta num problema, pois causa "confusão teórica e metodológica". Elenca: *língua culta, língua formal, língua oficial, língua padrão, linguagem formal, modalidade culta, norma culta, norma-padrão, padrão culto, padrão formal, português padrão, pronúncia padrão, uso culto, uso formal, variação padrão, variante culta, variante padrão, variedade culta, variedade formal, variedade padrão, variedade de prestígio*.

Apresenta então a expressão *variedades prestigiadas*, no lugar de *norma culta*, e *variedades estigmatizadas* para *norma popular*. Essas designações, no entanto, correm o risco de "favorecer uma sua *naturalização*" tanto em relação à estigmatização quanto em relação a prestígio.

A **norma-padrão** é um constructo sócio-histórico idealizado que tem em vista estimular a uniformização do uso; não é propriamente uma variedade de língua; é a língua abstrata objeto de gramáticos. A norma-padrão é constituída por um conjunto de instruções que tem por finalidade neutralizar as diferenças entre as variedades linguísticas.

Faraco (In: BAGNO, 2004, p. 59), depois de afirmar que a discussão sobre a norma padrão "não é tarefa apenas para especialistas" e que seria necessário um debate público, amplo e irrestrito, propõe, enquanto esse debate não ocorre: (a) a abolição de regras sobre colocação pronominal; (b) a aceitação de variadas regências corriqueiras na "norma culta" (*assistir, aspirar, obedecer* como transitivos diretos); (c) a institucionalização da concordância variável em construções com *se* ("*vende-se casas*"); (d) o reconhecimento da variação sintática dos pronomes pessoais ("*pega ele*"); (e) a aceitação de uso do *lhe* como objeto direto ("*amo-lhe*"); (f) a aceitação de uso de *eu* com a preposição *entre* ("*entre eu e ele*"); (g) a aceitação da mistura pronominal ("*vou te falar uma coisa para você*"); (h) a admissão da concordância verbal variável com verbo à esquerda do sujeito ("*cresce as estatísticas sobre desempregados*").

Em relação à regência verbal, é necessário ter presente que ela muda com o tempo. Por exemplo, o verbo *socorrer*, que no passado era transitivo indireto ("*socorrer aos náufragos*"), hoje é usado normalmente como transitivo direto, sem causar indignação ("*socorrer os náufragos*").

Muitas vezes, a consulta ao *Dicionário Houaiss* (2001), ou à *Nova gramática do português contemporâneo*, de Celso Cunha e Lindley Cintra (1985), ou à *Moderna gramática portuguesa*, de Evanildo Bechara (1999), ou ao *Dicionário de regência verbal* (1999) ou ao *Dicionário de regência nominal* (1998), de Celso Pedro Luft, pode levar a verificar que determinadas condenações são arbitrárias e, portanto, desautorizadas. De fato, consultando esses instrumentos ou o *Guia de usos do português*, organizado por Maria Helena de Moura Neves (2012), verificamos que certas questiúnculas constituem apenas ranhetices gramatiqueiras.

Com relação ao uso de *lhe* como objeto direto, Faraco (2009, p. 149) argumenta:

> O pronome *lhe[s]* passou a ocorrer também com um sentido de segunda pessoa e, nessa situação, perdeu seu caráter apenas de objeto indireto. Nada disso tem recebido um tratamento adequado por parte da gramática escolar. Em consequência, a escola continua a ensinar, no início do século XXI, um estado de língua que, como tal, não existe mais há, pelo menos, 700 anos. E os consultórios gramaticais, desconsiderando a história da língua, se ocupam em condenar boa parte dos usos pronominais correntes, sem conseguir dar conta, minimamente, dos fatos da língua real.

A **norma curta** revela-se então uma "súmula grosseira e rasteira de preceitos normativos saídos, em geral, do purismo exacerbado que, infelizmente, se alastrou entre nós desde o século XIX. A norma *curta* é a miséria da gramática" (FARACO, 2009, p. 92). E, adiante, na página 93, volta a insistir: "a norma *curta* é o mundo das condenações raivosas, das rabugices gramaticais". E na página 100: "Nossa obrigação, como estudiosos da língua, é denunciar essa cultura gramatical rasteira."

Isso, todavia, não quer dizer que se é obrigado a adotar inovações linguísticas. No uso da língua, pode-se valer tanto da postura conservadora, quanto da liberal. Adotar postura conservadora no uso da língua, no entanto, não dá o direito de condenar os que fazem uso de formas inovadoras, sobretudo quando já são acolhidas por dicionários e gramáticas.

5 O PORTUGUÊS DO BRASIL

Castilho (In: ILARI, 2002, p. 244), analisando as hipóteses interpretativas sobre o português brasileiro, aponta que duas posições antitéticas buscam interpretar o português brasileiro: "ora como uma *modalidade conservadora*, que reflete o falar quinhentista trazido pelos colonizadores, ora como *modalidade inovadora*, que se afasta a passos rápidos do português de Portugal" (destaque nosso). Castilho entende ainda que se comprovou que "falamos um português muito próximo do quinhentista, conservador, que não acompanhou as mudanças havidas no português europeu".

Seriam características **conservadoras** do português brasileiro:

1. **Conservadorismo fonético:** (a) fechamento da vogal média átona final: em vez de *fale, falo*, dizemos *fali, falu*, pronúncia corrente em Portugal até o século XVIII; (b) pronúncia do ditongo *ei* como [ej]: muitos no Brasil falam *primero, janero*; o ditongo *ou* é realizado como [o]: *ouro* pronunciamos *oro*; para *chegou, falou, pagou*, temos *chegô, falô, pagô*; o Brasil não teria acompanhado as inovações que ocorreram em Portugal no século XIX: não pronunciamos *primairo*; (c) rotacismo de *l*, travando sílabas: *marvado* (comum na fala de pessoas não escolarizadas) em vez de *malvado*; (d) supressão de *–r* no final de sílabas: *pegá, amá, falá, comê, lê* (no lugar de: *pegar, amar, falar, comer, ler*); (e) iodização da palatal [λ]: os não escolarizados dizem *muié, fiyo* (*mulher, filho*).

2. **Conservadorismo gramatical:** (a) uso do pronome pessoal *ele/ela* em função de objeto direto: *vi ele, pega ele*; (b) emprego de *ter* por *haver*: *não tem problema, tem gente na sala*; (c) uso da preposição *em* com verbos de movimento: *vou no cinema, vou na escola, vou na cidade*; (d) colocação do pronome pessoal átono em posição proclítica: *me dá uma mão, me fale sobre isso, vou lhe contar uma coisa*.

E conclui Castilho: "a hipótese conservadorista, em suma, aponta para o português brasileiro como uma variedade que, esgalhada de seu tronco europeu, principiou um processo de estagnação, que consistiu em meramente preservar as características recebidas" (p. 245).

Em relação às **inovações** apresentadas pelo português brasileiro, Castilho (In: ILARI, 2002, p. 246) salienta:

1. **Inovações fonológicas:** (a) os brasileiros, diferentemente dos portugueses, não opõem timbres abertos e fechados da vogal seguida de nasal: *cantamos* (pretérito) e *cantamos* (presente); os portugueses dizem: *cantamos* e *cantámos*; (b) semivocalização do *–l*: dizemos no Brasil *animau, papéu* (e não *animal, papel*); não há para nós distinção na pronúncia entre o advérbio *mal* e o adjetivo *mau*; (c) ditongação da vogal tônica final: dizemos *gáis, atráis, luis* e

não *gás, atrás, luz*; (d) abertura de sílabas terminadas em oclusiva em palavras como: *adevogado, pissicologia* (em vez de *advogado, psicologia*).

2. **Inovações gramaticais:** (a) pessoas não escolarizadas simplificam a concordância morfológica nominal, indicando o plural apenas do determinante: *as mesa, os livro* (*as mesas, os livros*); (b) simplificação, por parte dos usuários da variedade linguística não prestigiada, da morfologia verbal: *eu falo, você, ele, nós, eles fala* (*eu falo, você, ele fala, nós falamos, eles falam*); (c) troca da aspectualização verbal de infinitivo por gerúndio: *estou amando, estou lendo, estou dirigindo*, em lugar do português europeu: *estou a amar, estou a ler, estou a dirigir*; (d) uso de negação dupla: *não sei não, num sei não*, ou posposição da negação: *sei não*; (e) troca de pronome reto por pronome oblíquo em orações como: *isto é para mim ler* em, *esta laranja é para mim chupar* no lugar de *isto é para eu ler, esta laranja é para eu chupar*; (f) uso de *a gente* em substituição ao pronome *nós*: *a gente começamos a trabalhar, a gente começou a trabalhar* (*nós começamos a trabalhar*).

Em "Um programa mínimo", Sírio Possenti (In: BAGNO, 2004, p. 321) assevera:

> Ao contrário das afirmações sem base e muito preconceituosas do tipo "eles falam tudo errado", uma análise cuidadosa revelará que:
> a) em relação ao padrão desejável, há muita coincidência entre qualquer fala popular e a fala erudita – por exemplo, a regência da maioria absoluta dos verbos é a mesma, havendo discordância em um número muito reduzido, provavelmente menos de cinquenta;
> b) mesmo quando a fala regional é bastante diversa da norma culta, ela tem um padrão próprio. Se isso não é um consolo no que se refere ao que há por fazer, é um consolo no sentido de que se descobre que os cidadãos não falam de "qualquer jeito", "sem regras", mas segundo sua própria gramática, isto é, seguem regras diferentes, mas seguem regras, não as inventando a cada vez que falam. Conclui-se, assim, que são cognitivamente capazes.

Hoje, admite-se que os usuários de uma língua se valem de um conjunto de gramáticas, segundo a situação linguística em que estão envolvidos.

6 VARIEDADES INOVADORAS, PRESTIGIADAS, ESTIGMATIZADAS

Para Tarallo (1994, p. 8), "em toda comunidade são frequentes as formas linguísticas em variação". Dá-se o nome de variedades a essas formas linguísticas em variação. Essas variedades estão sempre em relação de concorrência. Assim, temos: *padrão vs. não padrão, conservadoras vs. inovadoras, prestigiadas vs. estigmatizadas*. Enquanto a variedade considerada padrão é mais conservadora e goza de prestígio social, as variedades inovadoras são vistas como não padrão e estigmatizadas.

Os dialetos sociais para Pretti (2000, p. 36) são divididos em três espécies: culto, comum e popular:

Culto ·················▶ Comum ◀················· Popular

Seriam características do chamado "dialeto culto" para ele: padrão linguístico, maior prestígio, situações mais formais, falantes cultos, literatura e linguagem escrita, sintaxe mais complexa, vocabulário mais amplo, vocabulário técnico, maior ligação com a gramática e com a língua dos escritores. Já o "dialeto popular" compreenderia: subpadrão linguístico, menor prestígio, situações menos formais, falantes do povo menos culto, linguagem escrita popular, simplificação sintática, vocabulário mais restrito, gíria, linguagem obscena, fora dos padrões da gramática tradicional.

Considerando os níveis de fala (registros), Pretti (2000, p. 39) divide-os em formal (situações de formalidade, predomínio de linguagem culta, comportamento linguístico mais refletido, mais tenso, vocabulário técnico), um nível comum e um terceiro nível, que seria o da coloquialidade (situações familiares ou de menor formalidade, predomínio de comportamento linguístico mais distenso, gíria, linguagem afetiva, uso de expressões obscenas).

As variedades linguísticas são ainda para Pretti (2000, p. 41) geográficas e socioculturais. Enquanto as primeiras abarcam a linguagem urbana e a rural, as segundas compreendem variedades ligadas ao falante (influenciadas por idade, sexo, profissão, posição social, grau de escolaridade, local em que reside) e variedades ligadas à situação (influenciadas por ambiente, tema, estado emocional, grau de intimidade entre os falantes).

Leite (2008, p. 107), por sua vez, ao considerar questões sociolinguísticas, apresenta um contínuo de norma culta e norma popular, intermediada por uma norma comum:

◀——— mais culta   mais popular ———▶
Norma culta ◀————————————————▶ Norma popular

Segundo a autora,

> Como as pessoas não vivem em grupos isolados, ou seja, hipoteticamente, o grupo dos usuários cultos da língua de um lado e o dos usuários não cultos de outro, há marcas linguístico-discursivas que se misturam nos dois registros. Há, contudo, marcas prototípicas de cada norma, como, para a norma culta, a observância regular da concordância (nominal e verbal), da regência (nominal e verbal), da conjugação verbal, do paralelismo sintático entre orações, da variedade de uso de conectores sintáticos, da variedade, propriedade e adequação vocabular, entre outras características.

> Quanto à norma popular, algumas marcas são prototípicas e a caracterizam, como a economia de plural no substantivo em sintagmas nominais, a eliminação de fonemas em certos contextos fonológicos (ex.: eliminação do –r– em sílabas com pr– e tr–, como pra/pa e outro/outo; eliminação do –d dos gerúndios –ndo/–no, como em falando/falano), a redução do paradigma verbal de quatro estruturas usadas regularmente nos colóquios da norma culta (*eu vou, você vai, nós vamos e eles vão*) para duas (*eu vou, você/nós/eles vai*), dentre outras características (p. 107-108).

Outro estudioso da variação linguística, Bagno (2010, p. 19), tem contestado o uso indiscriminado das expressões *norma-padrão e norma culta* "como se fossem sinônimas, quando de fato *não são*". Entende ainda haver uso acrítico do adjetivo *culto* em expressões como "português culto", "língua culta", "falante culto", por causa da "forte conotação ideológica" e do "preconceito social que ele carrega". Ainda para Bagno, é um equívoco considerar a existência de "variedade padrão", "língua padrão" ou "dialeto padrão", visto que

> o que de fato existe é uma norma-padrão – no sentido mais jurídico do termo *norma* –, que não é língua, nem dialeto, nem variedade, já que não é falada (nem mesmo escrita) por ninguém, e não existe língua, dialeto nem variedade sem falantes reais.

Em decorrência disso, é um equívoco dividir a realidade sociolinguística brasileira em *norma culta/língua padrão* vs. *norma popular/língua não padrão*. Salienta ainda Bagno que muitos dos usos linguísticos brasileiros não são exclusivos da variedade impropriamente chamada "popular": "esses mesmos usos também comparecem fartamente na fala e na escrita dos "falantes cultos", inclusive na escrita mais monitorada". Também não aceita a caracterização de língua falada com informalidade e de língua escrita com formalidade. Ambas as modalidades compreendem essas variações estilísticas.

Cada variedade linguística recebe avaliações diferentes, que se "distribuem ao longo de uma linha contínua, que vai de mais estigmatizado a mais prestigiado, com amplo espectro de gradação entre esses dois extremos" (BAGNO, 2010, p. 76):

+ estigma ◄···▶ + prestígio

Apresenta à página 106 um gráfico esclarecedor, em que na base do triângulo estariam as variedades estigmatizadas e no vértice as prestigiadas; em um balão à parte da norma-padrão:

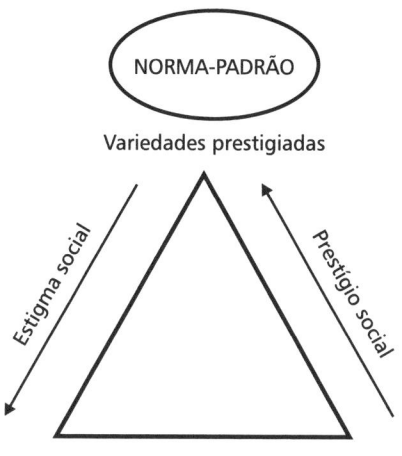

```
        NORMA-PADRÃO
    Variedades prestigiadas
         /\
   Estigma social    Prestígio social
       /    \
      /      \
     /_____\
   Variedades estigmatizadas
```

Bagno ressalta que essa avaliação "é essencialmente social", visto que não é a língua que é avaliada, mas as pessoas que usam a língua daquele modo (p. 77).

Como traços descontínuos, Bagno (2010, p. 144 s) lista:

1. Queda da vogal átona postônica em palavras proparoxítonas: *corgo, arvre* (processo que já ocorrera na passagem do latim para o português com *tégula, calidu, populu, digitu:* telha, caldo, povo, dedo).

2. Não nasalização de sílabas postônicas, como *home, onte, fizero* (que também é uma tendência antiga da língua: *abdomem/abdome, regimen/regime, certamen/certame*).

3. Monotongação de ditongos átonos crescentes em posição final: *notiça, paciença, imundice* (notícia, paciência, imundície).

4. Rotacismo em encontros consonantais ou em final de sílaba: *praca, pranta, tarco, futebor* (placa, planta, talco, futebol).

5. Pronúncia [y] da consoante palatal [λ], escrita *lh: teia, abêia, veia* (telha, abelha, velha).

6. Supressão do plural redundante: *os menino, as casa* (fenômeno que não é exclusivo da variedade estigmatizada, visto que ocorre até mesmo entre os falantes urbanos escolarizados, em situação de pouco monitoramento estilístico).

7. Redução da morfologia verbal a duas formas: *eu canto, tu/você/ele/nós/a gente/vocês/eles canta,* ou a três: *eu canto, tu/você/ele/vocês/eles canta, nós cantamo*.

8. Uso dos pronomes do caso reto em função de complemento: *abraça eu, leva nós, fulano gosta muito de tu, não conheço ela* (esse fenômeno também ocorre entre os falantes escolarizados).

9. Uso do pronome oblíquo *mim* como sujeito: *laranja para mim chupar* (fenômeno que é cada dia mais frequente até mesmo na fala de pessoas altamente escolarizadas da zona urbana).
10. Formação analógica do verbo *ponhar* com base na primeira pessoa *ponho*: *eu ponhei o prato na mesa*.
11. Uso de advérbios de intensidade com formas superlativas: *mais mió, mais pió*.
12. Léxico característico de algumas regiões: *fruita, luita, despois, dereito, menhã*.

Como traços graduais do vernáculo geral brasileiro, Bagno (2010, p. 147) salienta, entre outros:

1. Redução dos ditongos /ey/ a /e/ e /ay/ a /a/ diante de consoantes palatais ou da vibrante simples: *bêjo, olhêro, chêro, pêxe, caxa*.
2. Redução do ditongo /ow/ a /o/: *oro, calôro, amo*.
3. Ditongação da vogal tônica final seguida de /s/: *pais* (paz), *méis* (mês), *nóis* (nós), *portugueis* (português), *arrois* (arroz), *puis* (pus).
4. Pronúncia da consoante escrita L, em sílaba travada ou final de palavra, como semivogal /w/: *gow* (gol), *saw* (sal), *Brasiw* (Brasil).
5. Apagamento do /r/ em final de palavra: *cantá, vencê, professô*. Para Bagno, o apagamento do /r/ nos infinitivos é fenômeno comum a todos os brasileiros. Não se trata, portanto, de fala "popular", visto estar presente também na fala dos mais escolarizados.
6. Reorganização do paradigma de conjugação verbal: quase desaparecimento de *tu* e *vós*. Seriam então quatro as formas verbais: *eu amo, você/ele/a gente ama, nós amamos, vocês/eles amam*.
7. Queda do –s final das formas verbais da 1ª pessoa do plural: *vamo lá, trouxemo isso pra você*. Essa é uma característica da fala rápida e distensa, informal, dos brasileiros não escolarizados e escolarizados.
8. Uso do reflexivo *se* para o imperativo de 1ª pessoa do plural: *vamo se falar mais tarde!*
9. Uso do pronome *ele/ela* como objeto direto: *pega ele, vi ele*. Fenômeno já encontrável no português medieval.
10. Uso de pronomes retos com verbos causativos: *deixa eu te falar uma coisa, manda ela puxar a cortina*.
11. Análise do pronome *se* como sujeito indeterminado: *vende-se casas, aluga-se casas*.
12. Uso de verbo como impessoal, quando antecede o sujeito: *chegou as compras do supermercado*.
13. Apagamento da preposição nas orações relativas: *essa é uma ideia que não esqueço* (essa é uma ideia de que não me esqueço).

14. Desaparecimento do pronome relativo *cujo*: *o homem que o carro tombou* (o homem cujo carro tombou).
15. Uso de *onde* para lugar, tempo, situações: *na determinação do juiz, onde constava...*
16. Uso indiferente de *onde* e *aonde*: *onde pensa que vai? Aonde pensa que está?*
17. Alteração na regência de alguns verbos: *assistir um filme, obedecer os pais, namorar com fulano, chegar em São Paulo, ir no estádio de futebol, prefiro futebol do que basquete, pediu para eu refazer o trabalho.*
18. Uso da próclise como colocação pronominal única: *me telefone à noite, ela me falou ao telefone.*
19. Alteração na formação do infinitivo: *vem pra mesa, venha até aqui.*
20. Mistura de pronomes: *você não imagina a coisa que tenho pra te dizer.*
21. Uso de *lhe* como objeto direto: *você não lhe ama.*
22. Uso do verbo *ter* com sentido existencial: *não tem ninguém na rua.*
23. Reanálise do verbo *custar*: *eu custo a entender a ação dele* (custa-me entender a ação dele).
24. Uso da palavra masculina *dó* como feminina: *tenho uma dó do cão abandonado*. Ocorre o mesmo fenômeno com relação a peso (parte de quilograma): *comi trezentas gramas de salada.*
25. Uso do pronome reto depois da preposição *entre*: *essas coisas que ocorreram entre eu e você* (essas coisas que ocorreram entre mim e você).
26. Troca da preposição *a* por *para*: *entreguei a chave para fulano.*
27. Redução de *este/esse* a *esse*: *sujei essa camisa no ônibus* (referindo-se à camisa que está vestindo).

Para Castilho (2010, p. 90), "os linguistas mostram que a norma é uma variedade à qual a comunidade de fala atribui um prestígio maior, em face do qual as demais variedades sofrem discriminação". O conceito de norma abrigaria três aspectos: a **norma objetiva**, a **subjetiva** e a **pedagógica**: a primeira caracteriza-se como "uso linguístico concreto praticado pela classe socialmente prestigiada. Ela é, portanto, um dialeto social". Enganam-se os que pensam que a norma objetiva não conhece variações: como as demais variedades, também está sujeita à variação linguística. Assim, temos uma norma objetiva nos mais variados séculos, nas mais diversas regiões (Portugal, Brasil, países da África que falam português, Macau na Ásia, regiões norte, sul, leste, oeste do Brasil etc.). A norma objetiva é um feixe de normas. A segunda, a **norma subjetiva**, é "um conjunto de juízos de valor emitidos pelos falantes a respeito da norma objetiva" (p. 91). Em outras palavras, é tudo o que se espera que as pessoas digam ou escrevam em determinadas situações. Diante de certas variedades linguísticas, a chamada classe "culta" seleciona a que lhe parece mais adequada. A terceira, a **norma pedagógica** (ou padrão escolar) é a que se aprende na escola, particularmente no estudo da gramática normativa. A norma pedagógica combina a norma objetiva com a subjetiva. "Da norma pedagógica se ocupa o ensino formal da língua portuguesa, com seus instrumentos de trabalho, a Gramática Normativa e o dicionário" (CASTILHO In: BAGNO, 2010, p. 91).

A norma objetiva também está sujeita a variação linguística; ela não é estável e compreende um conjunto de normas: a norma intraindividual, que pode ser mais ou menos monitorada; a norma individual, que varia conforme a faixa etária do usuário; a norma temática, que está relacionada aos assuntos tratados; e uma norma regrada pelo canal, ou seja, ajustamos a variedade ao meio que utilizamos para a prática linguística. A variedade linguística varia se escrita ou falada: se escrita, varia se é um bilhete ou uma tese de doutorado; se falada, numa comunicação entre pares, não exige formalidade, mas, se utilizada em uma comunicação formal, em um ambiente como um congresso, por exemplo, será mais monitorada.

A norma objetiva cuida de fenômenos, por exemplo, como: execução do fonema /r/, concordância nominal e verbal, ordem dos argumentos na sentença.

Ainda segundo Castilho (2010, p. 98), "há um padrão de língua falada, que corresponde aos usos linguísticos das pessoas cultas. Há um padrão da língua escrita, que corresponde aos usos linguísticos dos jornais e revistas de grande circulação". É de dizer, contudo, que esses dois padrões comportam variações linguísticas, que são comuns nas sociedades complexas. Em relação à língua literária, ela se distancia da escrita do dia a dia, pois que se orienta por valores estéticos.

Relativamente ao registro, tanto a fala como a escrita comportam graus diversos de monitoramento, e não se podem estabelecer limites rígidos entre os diversos níveis. Rodrigues (In: BAGNO, 2004, p. 12) distingue cinco níveis em ambas as modalidades: falada (nível oratório, formal, coloquial, coloquial distenso, familiar) e escrita (nível literário, formal, semiformal, informal, pessoal).

A chamada norma "culta" é tão somente uma variedade, com funções socioculturais específicas, não advindo seu prestígio de suas propriedades gramaticais, mas de "processos sócio-históricos que agregam valores a ela". Do ponto de vista estrutural, as variedades linguísticas são equivalentes: a cada uma delas subjaz uma regra. Todavia, enquanto algumas variedades recebem avaliação social positiva, outras são estigmatizadas com valoração negativa. A diferença valorativa que comumente ocorre em relação às diferentes variedades ("este português é correto", "este português é incorreto", "esta é a língua certa" etc.) é **social**. Estudos rigorosos de uma língua reconhecem nas variedades não erros, desvios, corrupção, mas uma estrutura; todas as variedades são estruturadas, revelam uma regularidade, apresentam uma organização estrutural, uma gramática. Todavia, apenas algumas variedades são admitidas como corretas.

Para Castilho (In: ILARI, 2002, p. 247),

> a observação das línguas naturais revela que elas estão sujeitas ao fenômeno da variação. As línguas variam em razão de condicionamentos situacionais que afetam os falantes, tais como o momento histórico em que se acham, o espaço geográfico, sociocultural temático em que se movem, e o canal linguístico que escolhem para comunicar-se.

Entre as práticas linguísticas dos brasileiros, têm sido motivo de avaliação:

- o *erre caipira*, ou erre retroflexo;
- a abertura das vogais pretônicas no Nordeste;
- a palatalização do /t/ e do /d/;
- uso de *a gente* em lugar de *nós*; os pronomes de tratamento caracterizam uma mudança gramatical significativa no Brasil, visto serem permeáveis a uma imensa heterogeneidade;
- uso de tu com verbo na terceira pessoa (tu vai?).

A heterogeneidade do português brasileiro pode ser estudada segundo os seguintes parâmetros (CASTILHO, 2010, p. 198-224):

- **Variação geográfica:** compreende as mais diversas variações no uso da língua segundo a região do falante. Da mesma forma que há diferença entre o português falado nas mais diversas partes do mundo (Europa, América, África, Ásia), há diferenças entre o uso da língua no Norte/Nordeste e Sul/Sudeste/Centro-Oeste. Há correlação entre a região do falante e marcas de sua produção linguística. Em geral, é facilmente verificável a correlação entre região de origem dos falantes e marcas específicas que eles deixam em sua produção linguística. Vejam-se os casos dos gaúchos, paulistas, pernambucanos, que diferem quer no sotaque (acento), quer na escolha lexical. As diferenças notadas, no entanto, não dificultam o entendimento entre os usuários da língua. Castilho exemplifica as características do português do Nordeste e do Sul: enquanto no Nordeste é mais comum a **pronúncia** aberta das átonas pretônicas (nɛblina, nɔturno), no Sul temos o fechamento dessas vogais (*cuvardi, nuturnu*, que se alterna com *covardi, noturnu*); esse mesmo fenômeno pode ser encontrado no Sul. Castilho relaciona ainda no campo da pronúncia a diferença entre *penti, lobu* no Nordeste e *pente e lobo*, em algumas regiões do Sul. Em relação à pronúncia de consoantes, verifica-se a produção de /r/ vibrante posterior no Nordeste e no Rio de Janeiro e de /r/ retroflexo no Sudeste e no Sul como vibrante anterior: *porta, carta, caro, cobra*. A realização retroflexa é discriminada. No Nordeste e no Sul e Sudeste, ocorre a troca de *v* por *b*, em palavras como *barrer, bassoura, berruga*, na variedade não prestigiada da língua. No Nordeste, as dentais /t/ e /d/, em posição postônica, são palatalizadas (*dentʃi, pɔdʒi*). No Sudeste e no Sul, há a manutenção da execução dental de /t/ e /d/. Há ainda a perda de [–s] final em *vamos > vamo*. Morfologicamente, temos também algumas especificidades: No Norte/Nordeste, bem como no Sul e Sudeste, já não se usa o pronome relativo *cujo*, que foi substituído pelo pronome *que* (*o homem que o carro tombou* é comum na fala e na escrita; a forma *o homem cujo carro tombou* tornou-se muito rara). Observa-se também o fenômeno da elevação da vogal temática no pretérito perfeito do indicativo na variedade não prestigiada (*fiquemo, falemo*) tanto no Norte/Nordeste, como no Sul/Sudeste. Em relação à sintaxe, observa-se na variedade desprestigiada a simplificação da concordância, que é expressa apenas pelo determinante (*as carta, os carro*) tanto no Norte/Nordeste como no Sul/Sudeste. Na variedade prestigiada, mantêm-se as marcas redundantes de concordância. Quando, porém, há saliência fônica, a concordância verbal e nominal são favorecidas em todas as regiões do Brasil (*a colher, as colheres, os meninos são alto*). No Norte/Nordeste, é comum o objeto direto ser representado por *ele/lhe* (não vi ele, não lhe vi); no Sul e Sudeste predomina muitas vezes a omissão do pronome nessas (não vi ø, não ø conheço). Em todo o Brasil, há preferência pela relativa cortadora, em que se omite a preposição antes do pronome relativo (*a ideia que faço dela* em lugar de *a ideia de que faço dela, o homem que lhe falei*, em vez de *o homem de que lhe falei*).

- **Variação temporal:** português dos séculos XII-XIII, XIV, XV, XVI, XVII, XVIII, XIX, XX, início do século XXI. Uma consulta à literatura trovadoresca pode bem ilustrar a diferença do português praticado então com o português atual. Os versos seguintes são de D. Dinis I (1261-1325), rei de Portugal: "Ai flores, ai flores do verde pino, / se sabedes novas do meu amigo? / ai, Deus e u é? // Ai flores, ai flores do verde ramo, se sabedes novas do meu amado? / ai, Deus, e u é?" (In: MOISÉS, 1995, p. 25). Agora um exemplo do início do século XIX: "Oh! Que não pasmariam, se ahi mesmo houvessem podido descortinar nas profundezas do Ceo os segredos do futuro! O Portuguez, sobre cujas cans revolviam as vagas, ficava alli, como quem já tomava antecipada posse de Africa em nome de Portugal" (CASTILHO, 1905, p. 65).

- **Variação sociocultural:** a variação sociocultural leva em conta os falantes escolarizados e os não escolarizados; uns e outros não falam da mesma forma. As pessoas não escolarizadas falam uma variedade não prestigiada e até estigmatizada e os escolarizados uma variedade prestigiada. Variedade urbana de prestígio e variedade rural estigmatizada. Para Castilho (2010, p. 204), as modalidades prestigiadas e não prestigiadas foram trazidas pelos colonos portugueses, "com predominância dos falantes do português popular". Em seguida o autor interroga: "Que portugueses enfrentavam no século XVI as incertezas da longa travessia marítima? Os portugueses "bem de vida"? Não, estes financiavam as esquadras e ficavam com grande parte dos lucros. Quem enfrentava os problemas das novas terras, encarava o índio, plantava, construía e procurava ficar rico eram os sem-terra daqueles tempos. É verdade que não eram uns pobretões acabados. Eles tinham que pagar o transporte nos navios e a comida que comeriam durante a travessia." E conclui: "Não foi propriamente o português falado nas aulas da Universidade de Coimbra que desembarcou em nossas praias. Era o português popular, não padrão, o primeiro que se fez ouvir nas plagas sul-americanas. Dele deriva, de forma direta o português brasileiro popular" (CASTILHO, 2010, p. 204).

Dificilmente, uma pessoa faz uso apenas de uma variedade. A linha que separa essas variedades é tênue. O que distingue uma variedade de outra é a frequência de uso. Assim, entre os usuários da variedade não prestigiada é mais comum o não uso da concordância verbal e nominal ("a gente fomos", "nós foi", "os livro", "as sardinha"); a concordância é mais comum entre os usuários da variedade prestigiada ("a gente foi", "nós fomos", "os livros", "as sardinhas"). Mas, mesmo entre estes últimos não é incomum o uso do verbo no singular quando o sujeito vem depois dele: "não prestou atenção João e Maria"; "chegou muito tarde os dois jornais". Daí se poder dizer que quem pratica a variedade não prestigiada do português brasileiro não fala errado, assim como não fala certo quem pratica o português brasileiro prestigiado. O que devemos é utilizar a variedade adequada à situação. Quando ocorre algum juízo sobre o uso dessas variedades, ele é devido a circunstâncias sociológicas e não linguísticas. Não há superioridade e inferioridade em se tratando de variedades linguísticas. A pergunta que se faz então é: por que algumas pessoas no Brasil discriminam a variedade não prestigiada, considerando-a errada, inferior? Castilho (2010, p. 204) salienta que "mesmo que se considerem os falantes do português brasileiro originários de uma mesma região, ainda assim sua linguagem varia, pois cada falante procede de um segmento diferente da sociedade". As variedades prestigiadas e as não prestigiadas não são separáveis rigidamente. As pessoas não utilizam exclusivamente uma modalidade linguística. Castilho ainda esclarece que, em qualquer comunidade se cobra "fidelidade de seus membros aos diferentes padrões culturais, aí incluída a língua". Quando não há adesão a esses padrões, o indivíduo é considerado um estranho. Castilho (2010, p. 206-209) salienta as seguintes características diferenciadoras da variedade prestigiada (**vp**) e a variedade não prestigiada (**vnp**): na vnp, encontramos a ditongação das vogais tônicas seguidas de sibilantes no final das palavras (*mêis, Luiz*); já na vp esse fenômeno não ocorre (*mês, luz*). Na vnp, temos nasalização das átonas iniciais (*inzame, inducação, indentidade*), enquanto na vp não encontramos essa nasalização (*educação, iducação*). Enquanto na vnp temos perda da vogal átona inicial (*marelo, sucra*), na vp mantém-se essa vogal (*amarelo, açúcar*). Na vnp, temos: queda de vogais átonas postônicas nas proparoxítonas (*cosca, oclos, arvre*), na vp mantêm as proparoxítonas (*cócega, óculos, árvore*). Na vnp, temos monotongação dos ditongos (*caxa, pexe, bejo, quejo*), fenômeno que também encontramos na vp em algumas regiões. Na vnp, é comum a perda da nasalidade e monotongação dos ditongos nasais finais (*eis comi, os hómi, eis faláru, viági, reciclági*); na vp tal não ocorre (*eles comem, os homens, eles falaram, viagem, reciclagem*). Ocorre apenas na vnp a monotongação dos ditongos crescentes átonos em posição final (*ciença, experiença, negoço*). Em relação às consoantes, ocorre apenas na vnp a troca de [l] por [r] em final de sílaba e em grupos consonantais (*mardade, barde, Cróvis*). A iodização da palatal *lh* só se verifica na vnp (*o'reya, 'vɛyu*). Ocorre tanto na fala espontânea da vnp quanto na vp, a perda da consoante [*d*] se precedida de vogal (*camiano* por *caminhando*, *andano* por *andando*). Há perda das consoantes travadoras [–*s*], [–*l*], [–*r*] em sílaba final, na vnp (*as criança, os papé, comê*). Morfologicamente, temos perda progressiva do –*s* indicativo de plural (*os caderno, as caneta*) na vnp. Ocorrem ainda na vnp alterações no quadro dos pronomes pessoais: o pronome *você* substitui o pronome *tu* em quase todo o país; substituição de *nós* por *a gente*; desaparecimento de *vós*. No Rio de Janeiro, no Norte e no Sul do país, ainda se usa o *tu*, mas o verbo mantém a concordância com a terceira pessoa (*tu compreende meu ponto de vista?*); já o uso de *a gente* por *nós* é usual em todo o país. O reflexivo *se* deixa de ser exclusivo da terceira pessoa gramatical na vnp (*nóis se fala semana que vem, eu se esqueci*). Nas regiões do Sul e Sudeste, é comum a eliminação do pronome (*falaremos semana que vem, eu esqueci, ele casou em dezembro de 2015*). Na vnp, o *lhe* vale como objeto direto (*não lhe vi, não lhe conheço*) e é dito *li ou lê* (*não li vi, não le conheço*). Na vp, em vez de *vou lhe falar*, temos *vou falar para ele* ou *vou falar pra ele*; em referência a uma segunda pessoa, temos: *vou lhe comprar [o livro]* ou *vou comprar pra você*. De Norte a Sul, temos o uso de *seu* em lugar de *teu* (*este livro é seu*). Quando nos referimos a terceiros, dizemos: *esse livro é dele*. Em contextos marcados, podemos ter: *isso não é da tua conta*. Os pronomes demonstrativos deixaram de ser *este, esse, aquele* para assumir apenas as formas este/esse, aquele, ou seja, não fazemos, de Norte a Sul, nas variedades prestigiadas e não prestigiadas, diferença entre *este* e *esse*: *este caderno* refere-se a um caderno perto do *eu*, mas pode igualmente referir-se a um caderno próximo do *tu*. O pronome *cujo* deixa de ser usado na fala brasileira de Norte a Sul; em seu lugar, usamos *que* (*livro que as ilustrações não acrescentam muita coisa...* e não *livro cujas ilustrações não acrescentam muita coisa...*). Com relação à morfologia verbal, Castilho relaciona na vnp a elevação da vogal temática no pretérito perfeito do indicativo: *fiquemu, falemu, bebimu*, que se distingue do presente *ficamu, falamu, bebemu*. Já na vp, não há diferença entre o presente e o pretérito: *ficamos, falamos, bebemos*. E, ainda, com relação à morfologia de pessoa, mostra que a conjugação se reduziu às seguintes pessoas: *eu falo, você fala, ele/ela fala, a gente fala, eles fala*. Às vezes, por hipercorreção, ouvimos: *a gente falamos*. Já na vp, temos: *eu falo, você fala, ele/ela fala, a gente fala, eles falam*. Se ocorre o uso de *nós*, temos: *nós falamos*. Finalmente, em relação à sintaxe, seriam as seguintes as características: simplificação na vnp da concordância nominal, que é expressa pelo determinante: *as ervilha, os tomate*, enquanto na vp se mantém a concordância nominal: *as ervilhas, os tomates*. Também na concordância verbal, temos diferenças: *as mulheres trabalha, os homens bate papo*; já na vp, tal fenômeno não ocorre: *as mulheres trabalham, os homens batem papo*. No entanto, no caso de saliência fônica, temos em ambas as variedades: *as colheres, as pessoa saíru*. Para Castilho (p. 208), em Minas Gerais, mesmo na vp ocorre redução morfológica: *cantaru, bebêru, fizéru, saíru*. Temos ainda na vnp, omissão do objeto direto (*não vi ø*, ou *não vi ele*, ou uso de *lhe* como objeto direto: *não lhe vi*). Na vp, também ocorre a eliminação do pronome, bem como a substituição de *o, a* por *ele: não vi ele, não vi ela*, ou por *lhe: não lhe vi*; mesmo na escrita, são encontrados casos de uso de *lhe* como objeto direto. Na vnp, ainda é comum a eliminação da preposição em alguns verbos, como *precisar: precisa empregada, preciso isso*. Na vp, nas inversões ocorre o mesmo: *isso eu preciso*. Um fenômeno comum tanto à variedade prestigiada como à não prestigiada diz respeito ao uso do verbo *ter* no sentido existencial: *tem aluno na classe*. Outro fenômeno comum a ambas as variedades são as construções de tópico com retomada pronominal: *a garota, ela é muito inteligente*. Em relação ao uso de oração relativa, há preferência em ambas as variedades pela relativa cortadora: *o autor que falamos ontem, a garota que eu gosto está estudando para o vestibular*, embora na língua escrita haja "discreta preferência pela oração relativa padrão": *o autor de que falamos ontem, a garota de que eu gosto está estudando para o vestibular*. Já a relativa copiadora aparece apenas na vnp: *este é o menino que eu falei com ele semana passada*. Por fim, Castilho relaciona a preferência na vnp pela oração substantiva dequeísta (*ela afirmou de que não sairia de casa no fim de semana*), o que não ocorre na vp.

- **Variação individual:** espaço social: há correlação entre fatos linguísticos e espaço social em que se movem os falantes. Considerando a produção do indivíduo nos variados momentos e espaços de sua produção linguística, temos as **variedades de registro**, originadas de situações que exigem mais ou menos **monitoramento de linguagem**. O maior ou menor grau de formalidade não é exclusivo nem de variedades prestigiadas nem de não prestigiadas: todas as variedades conhecem maior ou menor grau de formalidade/informalidade em seu uso. Para Castilho (2010, p. 211), "diferentes graus de intimidade caracterizam espaço social interindividual. A língua produzida segundo esse eixo é denominada *registro*, em que se reconhece o português brasileiro informal (ou coloquial) e o português brasileiro formal (ou refletido)". Assim, monitoramos mais nossa prática linguística se falamos com pessoas desconhecidas: escolhemos palavras, refletimos sobre a impressão que vamos transmitir; se, no entanto, falamos com alguém muito próximo (parente, amigo, gente da família), ficamos mais à vontade, não precisamos monitorar nossa prática linguística. Se escrevemos um bilhete para um amigo, dizemos "Oi, cara", mas se escrevemos um bilhete, dentro de uma empresa, para um diretor, talvez digamos: "Sr. Fulano de Tal". As despedidas de ambos os bilhetes também serão diferentes: no primeiro caso, talvez façamos uma graça, uma brincadeira, no segundo usaremos o formalíssimo "atenciosamente". Assim, temos um estilo formal e um estilo informal. No estudo da variação individual, temos ainda a questão etária e de gênero: linguagem juvenil, linguagem de criança, linguagem de adultos, linguagem de pessoas mais velhas; linguagem masculina, linguagem feminina.

- **Variação de canal:** diz respeito à língua falada e escrita. Em qualquer dessas situações, o locutor e o interlocutor constroem juntos o sentido; a prática linguística é, de certa forma, controlada pelo interlocutor, esteja ele presente (língua falada) ou ausente (língua escrita). No uso da língua falada, podemos utilizar uma expressão menos tensa; no uso da língua escrita, talvez utilizemos uma língua mais preocupada com a gramática. A própria língua escrita também conhece variedades: uma carta para um amigo, uma conferência escrita, um relatório científico, um texto literário. Para Castilho (2010, p. 222), considerando a língua oral e escrita, afirma que "as duas variedades se dispõem num *continuum*", que vai da oralidade para a escrituralidade, "percorrendo diferentes graus de formalidade":

⬅—————————————————————➡

Conversa – Diálogo de peça teatral – Conferência, discurso – Notícia de jornal – Ensaio

- **Variação temática:** ajustamos nosso uso linguístico de acordo com o tema que estamos tratando (talvez fosse melhor dizer "conforme o gênero discursivo"). Não falamos de doenças da mesma forma que falamos de "lances duvidosos do futebol"; não falamos de religião da mesma forma que falamos de um assunto econômico. Para Castilho (2010, p. 223), se tratamos de assuntos do dia a dia, utilizamos uma variedade linguística espontânea, pouco ou nada monitorada, mas, se tratamos de um assunto técnico, utilizamos uma variedade mais monitorada e mais técnica. Assim, podemos estabelecer uma classificação: há uma variedade que atende às necessidades do cidadão comum e uma variedade que atende às necessidades do técnico, do cientista, do religioso, do político. Uma mulher qualquer pode dizer *primeira menstruação*, enquanto um médico dirá *menarca*; um homem comum diz *sensação de estufamento*, um médico, porém, poderá dizer *plenitude gástrica*; um clérigo pode dizer *homilia*, enquanto um leigo dirá *sermão*. Todavia, linguagem técnica e linguagem corrente se tocam em muitos pontos, possibilitando a migração de termos técnicos para a linguagem corrente. Castilho (2010, p. 224) salienta que, como o futebol e o Carnaval são muito importantes para os brasileiros, muitas de suas expressões passaram a ser de uso corrente como: "os empregados constituem um time poderoso", "ele foi posto de escanteio", "ela deu um chapéu na reunião", "no quesito beleza, ela é única", "fulana é da comissão de frente em sua empresa".

A **teoria da variação e da mudança** vê a língua como um fenômeno intrinsecamente heterogêneo; locutor e interlocutor, ao atuarem, deixam marcas em sua produção linguística, que revelam sua procedência regional, social, preocupação ou não com a monitoração etc.

Entende Castilho (2010, p. 198) que, para estudar a variação linguística, seria necessário selecionar um conjunto de variante. Uma variante convive com outra variante; elas coexistem no tempo. Um conjunto de variantes configuraria uma **variação**, enquanto um conjunto de variação configuraria uma variedade linguística.

No estudo das variedades linguísticas, é de reconhecer a existência de um padrão ideal e de um padrão real. O padrão ideal define o que se espera que as pessoas digam em determinada situação, que elas se conformem às normas estabelecidas pela cultura; o padrão real, no entanto, é derivado da observação sobre como as pessoas se comportam linguisticamente. Língua padrão é, pois, um padrão ideal.

Concluamos esta seção com o poema "Aula de português", de Carlos Drummond de Andrade (2001, v. 2, p. 1089):

AULA DE PORTUGUÊS

A linguagem
na ponta da língua,
tão fácil de falar
e de entender.

A linguagem
na superfície estrelada de letras,
sabe lá o que ela quer dizer?

Professor Carlos Góis, ele é quem sabe,
e vai desmatando
o amazonas de minha ignorância.

Figuras de gramática, esquipáticas,
atropelam-se, aturdem-me, sequestram-me.

Já esqueci a língua em que comia,
em que pedia para ir lá fora,
em que levava e dava pontapé,
a língua, breve língua entrecortada
do namoro com a prima.

O português são dois; o outro, mistério.

7 VARIEDADES LINGUÍSTICAS VISTAS POR BORTONI-RICARDO

Faraco (2009a, p. 44), avaliando o modelo de Bortoni-Ricardo, afirma que ele fornece o "melhor instrumental para registro da diversidade"; "busca distribuir as variedades em três *continua* que se entrecruzam: o *continuum* rural-urbano, o de oralidade-letramento e o da monitoração estilística". E adiante, à página 50, afirma ser "indispensável distinguir a norma culta falada da norma culta escrita". Haveria fenômenos que, embora não ocorram na escrita culta, ocorrem na fala culta: "em alguns casos, somos ainda uma sociedade que, em situações altamente monitoradas, usa uma variedade na fala e outra na escrita". Um exemplo seria o uso dos pronomes oblíquos de terceira pessoa (*o, a, os, as*) que "praticamente desapareceram da norma culta falada no Brasil" (p. 50), mas que ainda são comuns na escrita de variedade prestigiada.

Bortoni-Ricardo (In: BAGNO, 2004, p. 333), em "Um modelo para a análise sociolinguística do português do Brasil", parte de uma distinção entre a heterogeneidade relacionada a fatores estruturais (rural/urbano; rede de relações sociais) e a fatores funcionais (grau de formalidade, registros).

A ecologia do português brasileiro apresenta um *continuum* de urbanização, que vai de variedades rurais (dialeto caipira) a variedade urbana culta. Ao longo do *continuum* rural-urbano, haveria dois tipos de regras variáveis: regras que definem uma estratificação *descontínua*, caracterizadora de variedades regionais e sociais isoladas estigmatizadas e regras graduais que definem uma estratificação *contínua* e "estão presentes no repertório de praticamente todos os brasileiros, dependendo apenas do grau de formalidade que conferem a sua fala" (p. 334). Em seguida, amplia a proposta analítica, adotando três *continua*: o rural-urbano, o de oralidade-letramento e o de monitoração estilística. Com relação a este último parâmetro, afirma que "o interlocutor é um dos fatores – talvez o mais importante – que determina o grau de pressão comunicativa que incide sobre o falante" (p. 335). E mais adiante, à página 348, com base em Labov, afirma não existir falante de estilo único.

São exemplos de **traços graduais**: o objeto direto lexical (*ouvi ele falando depois do jogo*), a oração adjetiva cortadora (*o artigo científico* [de] *que eu gostei*). Os traços graduais apresentam uma distribuição gradual dentro do *contínuo de urbanização*, que é uma categoria utilizada para ilustrar as diferenças linguísticas em relação ao espaço social brasileiro. Enquanto na extremidade esquerda desse contínuo, temos os falantes rurais, sobretudo os que vivem em comunidades isoladas, na extremidade direita temos os falantes urbanos e, entre esses, os falantes *rurbanos*.

◄──►

Falantes rurais   Falantes rurbanos   Falantes urbanos

São **traços descontínuos** a vocalização da palatal lateral: em vez de *filho,* temos ['fiyu], em vez de *palha, paia*; o rotacismo: em vez de *problema*, temos *probrema*, em vez de *claro*, temos *craro*; o apagamento do /r/ no final das palavras: *amá* em vez de *amar*, *devagá* em vez de *devagar*; e ainda a ausência de concordância nominal e verbal: *os menino, eles correu*. A concordância verbal, quando o verbo aparece posposto ao sujeito, no entanto, conhece forte tendência, mesmo entre os falantes chamados "cultos", de não se realizar: "passou pela minha mesa João, José, Joaquim". Esses traços são constitutivos dos falantes rurais; nessa variedade linguística, verificamos pouca ou nenhuma influência da escola e da mídia. São traços descontinuados nos segmentos sociais que utilizam variedades prestigiadas.

Recebe o nome de *traço descontínuo* porque seu uso é descontinuado nas áreas urbanas. Esses traços são estigmatizados e indicam que o sujeito não pertence a determinada comunidade de fala (cf. CYRANKA In: ZILLES; FARACO, 2015, p. 35-36).

Na extremidade direita do gráfico, localizamos as variedades prestigiadas urbanas, que se aproximam da variedade padrão; nelas podemos encontrar traços graduais, os que têm uma distribuição gradual no contínuo. Nesse caso, incluem-se, por exemplo, objeto direto representado por pronome pessoal ("José não ama ela"), bem como a oração adjetiva cortadora ("o estudo ø que disponho"), a supressão do /r/ final do infinitivo ("não vou amaø o que não conheço") etc. Esses traços podem ou não estar presentes na variedade linguística dos falantes mais próximos do polo urbano e dependem do contexto de produção de fala.

No gráfico, ainda localizamos uma posição intermediária, ocupada pelas variedades rurbanas. Em geral, os falantes rurbanos são constituídos por migrantes de origem rural que preservam seus antecedentes culturais, sobretudo seu repertório linguístico, e por pessoas do interior dos Estados ou residentes de distritos semirrurais, que estão sob a influência urbana.

Além do contínuo de variedades rurais, rurbanas e urbanas, Bortoni-Ricardo propõe ainda dois outros: o de oralidade e letramento e o de monitoração estilística:

◄───────────────────────────────────►

Oralidade   Letramento

Na extremidade esquerda, temos os eventos linguísticos de pura oralidade; na direita, os que são mediados pela escrita.

Finalmente, o contínuo de mais ou menos monitoramento da linguagem, ou monitoração estilística:

◄───────────────────────────────────►

– Monitoramento   + Monitoramento

As fronteiras desse *continuum* são fluidas e há a possibilidade de sobreposições: um mesmo falante pode alternar, em seu uso linguístico, variedades que apontam para um uso desprestigiado e variedades que apontam para um uso mais prestigiado, dependendo do contexto de enunciação e de seus antecedentes culturais.

A variedade linguística prestigiada é aquela que é praticada por falantes que se encontram à direita dos três contínuos.

8 PRECONCEITO LINGUÍSTICO

Quem trabalha com língua portuguesa no Brasil sabe da existência do preconceito segundo o qual existe uma única maneira correta de falar a língua, que seria aquele que aparece nas gramáticas normativas, que estabelecem regras e preceitos rígidos no uso da língua. As gramáticas ocupam-se normalmente da língua escrita e apoiam-se para seus exemplos em um grupo de escritores selecionados, que são chamados literatos. Elas se preocupam em preservar determinados usos, estabelecendo um modelo de língua a ser seguido por todos os falantes do português brasileiro. Esse modelo é comumente chamado de *norma "culta"*.

Assim, norma-padrão é a que é prescrita pelas gramáticas normativas; norma "culta" é a que contém as formas efetivamente usadas pelos segmentos sociais plenamente escolarizados, falantes com curso superior completo. As expressões *norma-padrão* e *norma culta* são, frequentemente, usadas como sinônimos, o que já revela posição ideológica dos prescritivistas. Por que, então, depois de concluídos os estudos fundamental, médio e superior, depois de exaustivos ensinos, exercícios e correções relativos à norma prescrita nas gramáticas, as pessoas não refletem esse padrão no comportamento linguístico usual?

Em "A norma do imperativo e o imperativo da norma: uma reflexão sociolinguística", Scherre (In: BAGNO, 2004, p. 246) argumenta que

> reagimos negativamente quando ouvimos alguém falar em público com marcas dos dialetos não padrão, como o uso de **a gente falamos**, de o **povo foram** ou de **dois real**, de **para mim fazer** em vez de **para eu fazer**, de **craro** por **claro**, de **pobrema** por **problema**, de **corgo** por **córrego**, só para citar alguns casos mais evidentes. Profissionais que conhecem bem os fósseis linguísticos reagem também negativamente às velhas novas formas, antes em competição, hoje mudanças completadas, tais como: **a nível de** por **em nível de**, **através de** por **por meio de**, **dentre** por **entre**, **entre eu e ele** por **entre mim e ele**, muitas vezes denominadas de "pecados capitais" ou de "atentados à língua portuguesa" [destaque nosso]

E, em seguida, ressalta que "assumimos com naturalidade que, se uma pessoa não domina o padrão, ela não tem direito de falar em locais onde se diz que naturalmente tem de ser usado o padrão" (p. 246). E conclui à página seguinte que

> em matéria de linguagem, temos exercido maximamente o nosso mais sórdido poder animal – mediado brilhantemente pela razão: o domínio do mais fraco pelo mais forte por meio de formas linguísticas de prestígio. A exclusão pela linguagem é certamente um dos maiores fatores de exclusão social.

A discriminação de pessoas realizada segundo sua manifestação linguística ocorre em nosso meio segundo um processo de naturalização: consideramos natural que pessoas que não dominam a variedade de prestígio não têm o direito de falar em determinados lugares, não têm direito a determinados empregos, não têm direito a remunerações justas e dignas etc. Daí Scherre, depois de afirmar que "temos exercido *maximamente* o nosso mais sórdido poder animal", acrescentar: "A exclusão pela linguagem é *certamente* um dos maiores fatores de exclusão social" [destaque nosso].

Leite (2008, p. 13) afirma que a intolerância linguística "passa quase despercebida pela opinião pública". Talvez, por isso, ela tem recebido pouco interesse da opinião pública em rechaçá-la, mas ela é tão daninha quanto a intolerância religiosa, política ou sexual, "tão agressiva quanto outra qualquer, pois atinge o cerne das individualidades". É a linguagem o centro de sua intimidade e de sua subjetividade. Daí a autora de *Preconceito e intolerância na linguagem* entender que "uma crítica à linguagem do outro é uma arma que fere tanto quanto todas as armas".

Enganam-se os que pensam que uma atitude linguística diga respeito tão somente ao domínio da língua, pois que ela é social, "plena de valores, é axiológica e, por meio dela, consciente ou inconscientemente, o falante mostra sua ideologia" (LEITE, 2008, p. 14).

No estudo da intolerância e do preconceito linguísticos, é de considerar que são conceitos diferentes: o preconceito é uma atitude de quem não aceita a diferença do outro, mas, diferentemente da intolerância, não leva o sujeito a manifestar-se violentamente contra o outro; a intolerância é estrepitosa, enquanto o preconceito pode ser silencioso. Uma pessoa pode assumir-se preconceituosa, mas não atacar ninguém. Já a intolerância leva à agressão verbal e pode descambar em ações ainda físicas. Para Leite (2008, p. 22),

> o *preconceito*, portanto, não tem origem na crítica, mas na tradição, no costume ou na autoridade. Pode o *preconceito* redundar em uma discriminação, mas não se manifesta discursivamente sobre argumentos que visam a sustentar "verdades".

Enquanto o preconceito pode constituir-se numa rejeição ou um não gostar sem nenhuma razão e ser silencioso, a intolerância forma-se de julgamentos e se manifesta discursivamente:

> O preconceito é a discriminação silenciosa e sorrateira que o indivíduo pode ter em relação à linguagem do outro: é um não gostar, um achar-feio ou achar-errado um uso (ou uma língua), sem a discussão do contrário, daquilo que poderia configurar o que viesse a ser bonito ou correto. É um não gostar sem ação discursiva clara sobre o fato rejeitado. A intolerância, ao contrário, é ruidosa, explícita, porque, necessariamente, se manifesta por um *discurso metalinguístico*, calcado em dicotomias, em contrários, como, por exemplo, *tradição* x *modernidade*, *saber* x *não saber* e outras congêneres.

O preconceito linguístico pode ser encontrado a todo momento, nas mais variadas classes sociais. Quem nunca se sentiu mal diante de pessoas que preconceituosamente fazem referência ao *erre* (*r*) retroflexo do interior do Estado de São Paulo e algumas outras regiões do Brasil? Quem nunca ouviu referência negativa à pronúncia nordestina, como se ela fosse inferior à pronúncia do Sul e do Sudeste?

Do lado da intolerância, que falar de pessoas que discriminam terceiros simplesmente porque usam uma variedade linguística desprestigiada (*nóis vai, pobrema, a gente fomos, eu se desentendi com ele* etc.)? Não é incomum na sociedade ouvir pessoas ofendendo outras porque se expressam de modo diferente do que julgam ser o "certo", o "correto". Muitas vezes, classificam os usuários da variedade não prestigiada de ignorantes e que devem ser alijados do mercado de trabalho; em geral, são mesmo marginalizados, executando trabalhos pesadíssimos por remunerações impróprias.

Quantas pessoas, nas regiões Sul e Sudeste, já não perderam emprego apenas por ter um sotaque diferente, considerado "feio", de "pobretões"?

A intolerância linguística, porém, não é apenas contra pessoas de baixa renda; ela pode se manifestar também contra pessoas de classe social alta, sempre que o usuário da língua se manifeste de uma forma diferente daquela que o intolerante usa. Na imprensa, volta e meia o leitor de jornais encontra na seção de "cartas do leitor" manifestações de intolerância linguística: "Fulano de tal não pode ser político, não pode assumir um cargo de tamanha responsabilidade, não sabe falar..." Há cartas que fazem ameaças; seus redatores afirmam que deixarão de assinar o jornal, porque "está deixando a desejar com relação ao uso do português", "está caindo a qualidade". Em geral, são manifestações contrárias a alguma troca de letras, falta de uma crase, de um plural, de uma concordância etc. Pululam então adjetivos e outras formas de avaliação negativa, como: *texto horroroso, redação horrível, decadência da língua* etc. Além disso, os autores das intolerâncias veiculam opinião como se fossem donos da verdade; a variedade linguística que utilizam é a única "certa", a única "correta". Se o articulista não domina a mesma norma que o intolerante, é imediatamente desqualificado.

Às vezes, porém, na própria "carta do leitor" enfurecido se pode notar que seu domínio da norma-padrão é superficial, pois que acaba por infringir a gramática em algum ponto.

Na Internet, essas manifestações conhecem terreno propício para as invectivas mais agressivas:

> Ela poderia ficar caladinha ou diminuir o tempo de discurso. Minha nossa! Dá uma aflição saber que uma mulher que mal sabe falar [...]. Se essas bobagens a gente vê em rede nacional, imagina como são as coisas às portas fechadas? (Acesso em: 2 fev. 2016).
> Esta anta, calada, já envergonha o Brasil, e quando resolve despejar merda por esta cloaca que ela chama de boca, então... (Acesso em: 2 fev. 2016).

Não está em jogo a competência linguística da pessoa; os problemas linguísticos, no entanto, constituem argumento para desqualificá-las. Muitas vezes, a crítica linguística serve a outros interesses.

Qualquer que seja a língua, ela é heterogênea e sua característica fundamental é a mudança. Ela não se cristaliza, ainda que um ou outro se manifeste agressivamente para que ela se altere. É uma instituição tão complexa que "nenhuma descrição tradicional ou científica, daria conta de apresentar todas as regras de seu funcionamento em termos de léxico, gramática e discurso" (LEITE, 2008, p. 94).

EXERCÍCIOS

1. Comentar o seguinte texto de Faraco (In: BAGNO, 2004, p. 53):

> Sem muita exceção, esses conselheiros gramaticais deixam transparecer um espantoso desconhecimento da história da língua e da realidade linguística nacional; operam sem distinguir devidamente a fala culta do padrão; e, pior, tentam impor um absurdo modelo único, anacrônico e artificial de língua com base no padrão estipulado nos compêndios gramaticais excessivamente conservadores. Sustentam-se no danoso equívoco de que o padrão é uma camisa de força que não conhece variação, nem mudança no tempo. Mantém-se incólume, portanto, seu vício de origem, isto é, o velho substrato inquisitorial e dogmático.

2. Por que tem consistência o argumento de Possenti (In: BAGNO, 2004, p. 325) utilizado no seguinte texto?:

> os aspectos normativos de uma gramática (de uma língua) assemelham-se mais a regras de etiqueta do que a regras de "bem pensar", ou mesmo de respeito à natureza ou ao patrimônio de uma língua. Falar de maneira diferente é apenas falar de maneira diferente.

3. Com base no texto seguinte, em que se apoiam os colunistas "paragramaticais" (que se dedicam, em jornais e revistas, a comentários sobre o "certo" e o "errado" no uso da língua): na norma objetiva ou subjetiva?

> Lucchesi (In: BAGNO, 2004, p. 64-65), com base em Celso Cunha, que se apoiou em Eugênio Coseriu (estudioso da norma do ponto de vista de como se diz e não de como se deve dizer), distingue norma objetiva e norma subjetiva. A primeira seria relativa a padrões que se podem observar na atividade linguística de um grupo; a segunda refere-se a um sistema de valores "que norteia o julgamento subjetivo do desempenho linguístico dos falantes dentro de uma comunidade". Essa distinção foi retomada por Castilho (2010, p. 90-91).

4. Comente o seguinte texto:

> Uma língua só existe como um conjunto de variedades (que se entrecruzam continuamente) e a mudança é um processo inexorável (que alcança todas as variedades em múltiplas direções) (FARACO In: BAGNO, 2004, p. 44).

5. Com base no seguinte texto, comente a posição do autor com relação aos que prescrevem uma norma gramatical estreita, que identifica o estudo da língua com gramatiquice, com uma língua que ninguém usa:

> Ninguém fala e escreve de acordo com a norma curta. Ela é uma enorme fraude histórica, mas utilíssima para preservar a cara de quem nada tem a dizer (FARACO, 2009, p. 66).

6. Examine o texto seguinte e comente cada um dos três pontos nele destacados:

> Três princípios poderiam nos orientar a dar "um passo significativo para construir e consolidar uma cultura linguística realista, positiva, equilibrada" e dar "sustentação adequada ao ensino e à difusão das práticas da cultura escrita e da norma culta/comum/*standard*" (FARACO, 2009a, p. 105): (1) entender que o uso se sobrepõe à norma gramatical; (2) que, no caso de conflito entre gramáticos, dicionários (instrumentos normativos), isso já indica que os dois fatos pertencem à norma culta/comum/*standard* e ao falante cabe optar por uma ou outra forma; (3) que, em caso de conflito entre a norma curta e a norma gramatical, o que deve prevalecer é esta última.

7. Comentar o seguinte texto de Bagno (2014, p. 84):

> Uma forma nova surge na língua, não como resultado de transformações internas da forma antiga (ovo > girino > sapo), mas como uma inovação que aparece na fala de alguns indivíduos, de alguma região específica ou de alguma classe social. Se essa forma inovadora for assumida por cada vez mais falantes, atingindo todos os grupos sociais daquela comunidade, ela acaba expulsando do "ninho" da língua a forma antiga, como faz o filhote do cuco com os ovos da ave hospedeira.

8. Comente a postura conservadora daqueles que veem as formas inovadoras da língua como erro. Para subsidiar seus comentários, apoie-se no seguinte texto de Bagno (2014, p. 116):

> A **língua não existe**. O que existe, concretamente, são **falantes da língua**, seres humanos com história, cultura, crenças, desejo e poder de ação. Se a língua muda é porque os falantes, todos, são dotados de extraordinárias capacidades cognitivas, de um cérebro que o tempo todo, a cada instante, está processando e reprocessando a língua, que é o mais importante vínculo de cada indivíduo com o universo que o rodeia e o mais importante cimento de construção da identidade de um grupo humano. Assim, a língua não muda nem para melhor, nem para pior: simplesmente muda, ao sabor dos fenômenos sociocognitivos.

4
Produção de textos e leitura

A linguagem é uma atividade, uma forma de ação interindividual orientada para determinados fins; e é um lugar de interação, onde sujeitos, membros de uma sociedade, atuam uns sobre os outros, estabelecendo relações contratuais, causando efeitos, desencadeando reações (GUIMARÃES, 2013, p. 95).

Aprender a ler, muito, muito mais do que decodificar o código linguístico, é trazer a experiência de mundo para o texto lido, fazendo com que as palavras tenham um significado que vai além do que está sendo falado/escrito, por passarem a fazer parte, também, da experiência do leitor (SANTOS; RICHE; TEIXEIRA, 2013, p. 41).

1 CONCEPÇÕES DE ESCRITA: COMO PRODUTO, COMO PROCESSO, COMO PLANEJAMENTO

De modo geral, os autores que discutem produção textual entendem que a escrita deve ser vista como um **processo**, que exige planejamento. É preciso ter o que dizer, para quem dizer, com que objetivo, em que circunstâncias. Todavia, os que entendem a escrita como produto estabelecem algumas fases para sua consecução: planejamento, preparação, execução, revisão, reescrita.

Para Oliveira (2011, p. 119), três seriam as formas de ver a escrita: como produto, como processo e como processo que leva a um produto. Se se "vê a escrita apenas como produto", tende-se a dificultar o desenvolvimento da competência redacional, visto que a escrita pede planejamento.

Se se considera a escrita como produto, ocorrem preocupações como: desenvolvimento do parágrafo, correção, clareza das ideias, unidade do texto, estrutura do parágrafo.

No estudo do desenvolvimento do parágrafo, o **tópico frasal** torna-se um elemento-chave. Embora importante na estruturação dos parágrafos, deve-se salientar que nem todos os parágrafos contêm tópico frasal (apresentação de uma ideia principal). Assim, a introdução de um texto em geral é apenas preparatória, visto que tende a dispor o leitor para outros parágrafos. Também não teriam tópico frasal os parágrafos de transição. Estruturalmente, "o tópico frasal é uma sentença formada por um tópico e uma ideia-controle. O tópico é o tema do parágrafo; a ideia-controle, um aspecto do tema que é desenvolvido no parágrafo" (OLIVEIRA, 2011, p. 121). Para desenvolver o parágrafo, Oliveira sugere que se pode

> elaborar perguntas sobre a ideia-controle e respondê-las. As respostas servirão de conteúdo para as outras sentenças que formam o parágrafo, as quais podemos chamar de *sentenças suporte*, exatamente por darem sustentação ao tópico frasal (p. 122).

O **tópico frasal** dispõe de uma ideia principal, nuclear, e uma ideia que estabelece o controle do tópico. Para Garcia (1986, p. 206), "o tópico frasal encerra de modo geral e conciso a ideia-núcleo do parágrafo". Afirma ainda que é uma generalização, em que se expõe uma opinião pessoal, um juízo, ou se declara alguma coisa. Suponhamos:

> Os conflitos fundiários constituem um dos principais problemas sociais brasileiros (*Folha de S. Paulo*, São Paulo, 29 jul. 2015, p. A3).

O tópico frasal aqui é constituído pela expressão *conflitos fundiários*; a ideia-controle é *problemas sociais brasileiros*. É a ideia-controle que dá a direção do desenvolvimento do parágrafo: os conflitos fundiários serão vistos da perspectiva de um problema social.

O restante do parágrafo desenvolve essa ideia central, mantendo sua unidade de sentido:

> **Os conflitos fundiários constituem um dos principais problemas sociais brasileiros.** Produtos do processo desordenado de ocupação do território do país desde a colonização, fazem da cidade e do meio rural expressão de campos em disputa (*Folha de S. Paulo*, São Paulo, 29 jul. 2015, p. A3).

O tópico frasal admite diferentes feições, como: declaração inicial, definição, divisão (que compreende variadas etapas, fases, passos: *primeiro, primeiramente, segundo, em segundo lugar, antes, depois, inicialmente, posteriormente*), alusão histórica, interrogação. A forma mais comum, entretanto, de iniciar um parágrafo é fazer uma declaração inicial.

Ainda sob a perspectiva da escrita como processo, Oliveira (2011, p. 126) elenca um conjunto de etapas que, se observadas, contribuem para a realização de um texto: (a) escolha de um assunto ou tema; (b) estabelecimento de um objetivo a atingir; (c) definição do receptor do texto; (d) ativação de conhecimentos prévios sobre o assunto escolhido; (e) seleção das informações que constarão do texto; (f) organização sequencial das informações; (g) redação do primeiro rascunho; (h) redação de novas versões; (i) redação final do texto.

Oliveira (2011, p. 127) salienta ainda que "o ato de escrever não é um ato linear e não ocorre de imediato. Todo escritor reflete sobre o que vai escrevendo e altera seu texto constantemente".

O planejamento da redação de um texto implica conhecimento do gênero textual (sua finalidade, estrutura, a quem se dirige, conhecimentos necessários, preparação, organização). A redação de um bilhete requer pouca preparação, enquanto um relatório exige a posse de muitas informações.

Contribui para o processo de produção textual o conhecimento dos elementos de textualidade. Redigir texto que se possa reconhecer como coerente é resultado de competência discursiva de quem o escreve.

O processo criativo, que envolve inicialmente o que os especialistas chamam de *brainstorming*, é uma tempestade cerebral, ou tempestade de ideias: de posse de um tema (assunto), passa-se a registrar tudo o que surge à mente relativamente a esse tema. E faz-se o registro, sem nenhuma censura, das ideias que vão surgindo, na ordem em que aparecem. Suponhamos que você tenha de escrever uma **carta** a um amigo, convidando-o para estar presente na *Virada Cultural* que ocorrerá em São Paulo (Capital). Você poderia elencar os seguintes assuntos:

1. Diversidade de bandas.
2. Diversidade de cantores.

3. Diversidade de músicas.
4. Diversidade de locais.
5. Horários.
6. Segurança.
7. Locomoção.
8. Público.
9. Alimentação e bebidas.
10. Companhia.

Feita a lista de tópicos a considerar em seu texto, depois de refletir sobre a oportunidade de abordar cada um deles, você poderia estabelecer uma ordem de prioridade: qual seria o que encabeçaria seu texto, qual ou quais ocupariam nele os últimos lugares.

Há assuntos e tipos de texto que exigem menor planejamento e pesquisa; outros que exigem muito, como é o caso de um artigo científico, uma dissertação de mestrado, uma tese de doutorado. Todavia, mesmo uma simples carta pode requerer consulta a arquivos ou troca de informações com colegas.

Escolhido um assunto e relacionados os tópicos que queremos tratar, passamos a escrever.

2 PRODUÇÃO TEXTUAL NAS TEORIAS SOCIOINTERACIONISTAS

A produção textual, segundo as teorias sociointeracionistas, é vista como "atividade interacional de sujeitos sociais, tendo em vista a realização de determinados fins" (KOCH, 2003, p. 7). O sujeito organizador do texto, em interação com outro(s) sujeito(s), propõe construir um texto, que é resultado de uma complexa rede de fatores: especificidade da situação, crenças, convicções, conhecimentos partilhados, expectativas mútuas, normas e convenções socioculturais. Assim é que a realização de um texto implica um conjunto de atividades cognitivo-discursivas, que espalharão pelo texto propriedades responsáveis pela criação do sentido.

A concepção interacionista da linguagem, ou sociointeracionista, vê a língua como um meio de interação sociocultural:

> interação pressupõe a presença de alguns elementos: o sujeito que fala ou escreve, o sujeito que ouve ou lê, as especificidades culturais desses sujeitos, o contexto de produção e da recepção dos textos. Foram esses os elementos excluídos pela teoria estruturalista [o autor faz referência a Saussure e Chomsky] (OLIVEIRA, 2011, p. 35).

As regras gramaticais sozinhas não são suficientes para entender o funcionamento da língua, o qual reclama sempre regras de uso. Dispor apenas de conhecimentos de estrutura gramatical não é condição suficiente para apresentar-se como pessoa capaz, no uso da língua, de construir sentidos, sobretudo porque a construção de sentidos não depende apenas da enunciação; depende também do enunciatário. Daí Dell Hymes ter elaborado o conceito de *competência comunicativa*,

> segundo o qual o falante-ouvinte, para ser competente em sua língua, precisa não apenas ter conhecimento das regras gramaticais, mas também a habilidade de usar essas regras, adequando-as às situações sociais em que se encontra no momento em que usa a língua (OLIVEIRA, 2011, p. 35).

A expressão *competência comunicativa* refere-se não só ao conhecimento de que o falante/ouvinte dispõe em relação a sua língua, mas também à habilidade de que dispõe para utilizar esse conhecimento nas mais diversas situações do dia a dia.

Hymes, diferentemente de Chomsky, incorporou ao conceito de competência a dimensão social. Assim, uniu o conceito de competência ao de desempenho. Para ele, não seria suficiente o usuário de uma língua saber fonologia e sintaxe, bem como conhecer o léxico de uma língua para tornar-se competente em termos comunicativos. Seria necessário também usar as regras do discurso específico da comunidade em que se insere. Possuiria competência o indivíduo que soubesse **quando falar, quando não falar e a quem falar, onde falar e de que forma falar.**

Vera Lúcia Teixeira da Silva (2004, p. 7-17), em "Competência comunicativa em língua estrangeira (que conceito é esse?)", apoiada em Canale e Swain, entende que um usuário competente da língua dispõe de quatro competências:

1. **Gramatical**, que é constituída pelo *conhecimento das estruturas de uma língua*, implicando o domínio do código linguístico, a habilidade de reconhecer estruturas que são próprias de uma língua e utilizá-las para compor suas frases; compreende competência sintática, morfológica, fonológica, semântica; e conhecimento dos *elementos mórficos* de uma língua (sufixos e prefixos na formação de palavras), número, tempo, voz, gênero, aspecto verbal, conjugação verbal, formação de frases, concordância verbal e nominal.
2. **Sociolinguística**, que inclui o domínio de regras socioculturais de uso da língua de acordo com o contexto em que os interlocutores se encontram; é essa competência que permite ao indivíduo discernir sobre a adequação de uma comunicação; compreende a competência sociolinguística: formas de tratamento apropriadas (*você, senhora, senhor, V. S.ª, V. Ex.ª*), uso de variedade linguística adequada à situação, regras de polidez ("por favor", "muito obrigado", "desculpe-me"), manifestação de interesse pelo bem-estar do interlocutor, que inclui hospitalidade, afeto, simpatia, admiração; o locutor pode ainda, para evitar constrangimentos, eliminar de seu texto ordens, proibições, correções, ou valer de atenuações (modalizações): "eu penso que...", "acho que se poderia dizer..."; também pode utilizar expressões da sabedoria popular para tornar-se menos sabidão: "como diz o ditado, "mais vale um bom acordo do que uma boa demanda", "mais vale um pássaro na mão do que dois voando" etc.

3. **Discursiva**, que é resultado do uso da língua para formar textos coesos e coerentes, visando constituir um todo significativo, o que implica coesão no nível linguístico e coerência no nível semântico. Trata-se de um conhecimento que precisa ser compartilhado por locutor e interlocutor. Além da competência lexical e gramatical, há ainda a competência semântica, que subentende a capacidade do usuário de formar frases que tenham sentido; capacidade de reconhecer e organizar o sentido.
4. **Competência estratégica**, que diz respeito à capacidade de usar **estratégias** que supram eventuais deficiências que ocorram no momento da interação comunicativa. A competência estratégica compreende: uso de definições, paráfrases, uso de palavras de sentido equivalente ("sinônimos"), gestos, ilustrações, gráficos. Em determinadas circunstâncias, podemos nos valer de arquilexemas, como *coisa, negócio, trem, aspecto* etc.

Fonte: Saulo Schwartzmann.

Não é, portanto, a construção de um texto, escrito ou falado, uma atividade apenas linguística. Para sua realização, além dos conhecimentos linguísticos, precisamos de outros conhecimentos, como os enciclopédicos e os textuais. Para Koch e Elias (2016, p. 15),

> texto é um objeto complexo que envolve não apenas operações linguísticas como também cognitivas, sociais e interacionais. Isso quer dizer que na produção e compreensão de um texto não basta o conhecimento da língua, é preciso também considerar conhecimentos de mundo, da cultura em que vivemos, das formas de interagir em sociedade.

E adiante acrescenta ser necessário também conhecimento do contexto de produção e circulação do texto, sujeitos envolvidos e o que deles se espera.

Não podemos escrever sobre algo que desconhecemos. Como escrever sobre economia se não temos conhecimento dessa área? Da mesma forma, se vamos escrever sobre filosofia, além de outros conhecimentos, temos de ter informação suficiente sobre essa área do saber humano. Para escrever, precisamos ter o que dizer.

Os conhecimentos textuais oferecem-nos informações sobre gêneros. Se temos conhecimento sobre o que é uma *ata*, sobre qual sua finalidade, quem serão os leitores, podemos elaborar um texto com a estrutura de ata, elencando os assuntos tratados em uma reunião, apondo todos os elementos que dela fazem parte, como presidente, secretário, data, assinaturas etc., e utilizando uma variedade linguística adequada.

Um usuário competente da língua, além das quatro competências comunicativas vistas (**gramatical**, **sociolinguística**, **discursiva** e **estratégica**), tem presente que, ao manifestar-se linguisticamente, deve ser tão informativo quanto necessário, que precisa ser sincero e verdadeiro naquilo que afirma (não se diz o que se acredita ser falso), que precisa ser relevante no que afirma para seu interlocutor (daí preocupar-se com o que será interessante para o receptor de sua mensagem) e ainda ser claro, conciso, preciso, organizado.

Se desrespeitada intencionalmente uma máxima conversacional, temos o que Grice chama de **implicaturas conversacionais**: nesse caso, ocorre uma violação da máxima e o falante pode ser tido como não cooperativo por um dos participantes da interação. Imagine-se o caso de um sujeito que diga: "Você leu o texto que o professor pediu para hoje?" "Sim." "Era muito complexo, de vocabulário e sintaxe rebuscada?" "Não." A máxima conversacional não foi desrespeitada. O interlocutor respondeu ao que lhe perguntaram, de forma concisa e objetiva, mas as respostas permitem verificar que o diálogo não está fluindo; há alguma coisa que não está funcionando: um problema particular, um aborrecimento com o interlocutor. O que se pode inferir do diálogo é uma infinidade de posições. A pessoa que violou uma máxima conversacional qualquer supõe que seu interlocutor será capaz de compreender o que transmitiu com sua secura nas respostas.

Uma dedução de uma implicatura conversacional, no entanto, torna-se real apenas quando as informações do jogo conversacional estão ao alcance dos interlocutores. O **implícito** linguístico é resultado do desejo de fornecer ao ouvinte ou leitor mais do que está literalmente expresso, segundo uma intenção.

O centro de toda comunicação é o reconhecimento por parte do interlocutor da intenção que o locutor possui de induzir com sua locução. Os participantes de um ato comunicativo cooperam um com o outro. Se o que é dito (ou escrito) não é suficiente para que o interlocutor encontre um sentido, ele é levado a acreditar que há algo implicado na fala ou escrita e busca chegar a essa informação para poder compreender o que lhe está sendo dito. Há as **implicaturas convencionais**, as que pertencem ao significado das palavras, e as **implicaturas conversacionais**. Se digo que "o jogador X é aplicado no treinamento, mas nunca é escalado", está implícito (implicado) que a aplicação nos treinamentos deveria levá-lo a ser escalado. É o uso de *mas* que me fornece essa interpretação literal. Depreendem-se as implicaturas convencionais da decodificação do próprio código.

Na **implicatura conversacional**, ocorre uma ruptura entre os enunciados; o interlocutor é convidado a preencher esse vazio para que o sentido se forme. Suponhamos: "Você foi à livraria; espero que tenha trazido o livro *O português da* gente, de Rodolfo Ilari e Renato Basso, e o *Dicionário* de que estou precisando." Se o interlocutor responde: "Sim, trouxe o livro do Prof. Rodolfo Ilari." Aqui, não há quebra do princípio da cooperação, mas, como não mencionou o *Dicionário*, o interlocutor talvez deseje que seu locutor infira que "fez muito em trazer um dos livros", ou "sua mensagem não foi muito clara com relação ao *Dicionário*" (que poderia ser *o Houaiss* ou o *Aurélio*), ou "você é muito folgado".

Se telefono a um amigo e digo: "Estou precisando de um dicionário" e meu interlocutor afirma: "Vi ainda ontem os mais diversos dicionários na livraria do Shopping Center X; mesmo hoje, domingo, ela está aberta até 22 horas", não há quebra do princípio da cooperação; no máximo, posso interpretar (inferir) que meu interlocutor não está disposto a emprestar os dicionários que tem em sua prateleira.

3   TEXTUALIDADE

A produção de um texto exige um planejamento, o que significa que envolve um objetivo a atingir por meio do texto, que já não é visto como um "produto pronto, dado e acabado", visto que hoje é considerado

> um processo que, da mesma forma que a língua, se constitui na interação. O contexto, que inicialmente se limitava ao cotexto, segmentos textuais presentes em um mesmo texto, passa a abranger a situação comunicativa e se estende para todo o entorno sócio-histórico-cultural (ARRUDA-FERNANDES In: TRAVAGLIA; FINOTTI; MESQUITA, 2008, p. 72).

Contribui ainda para a realização bem-sucedida de um texto a observância dos fatores de textualidade, que, além de aspectos gramaticais e semânticos, envolve fatores pragmáticos, caracterizadores das propriedades de um texto. A textualidade é uma dessas propriedades; é ela que faz com que um texto seja visto como texto e não como um amontoado de frases desconexas.

Para Koch (2003, p. 30),

> um texto se constitui enquanto tal no momento em que os parceiros de uma atividade comunicativa global, diante de uma manifestação linguística, pela atuação conjunta de uma complexa rede de fatores de ordem situacional, cognitiva, sociocultural e interacional, são capazes de construir, para ela, determinado sentido.

Adiante a autora explicita que a essa concepção de texto subjaz o princípio de que "**o sentido não está no texto**, mas se **constrói a partir dele**, no curso de uma interação" (p. 30). Um texto seria como um *iceberg*, em que a maior parte do sentido encontra-se não na superfície do texto, mas na profundeza de seus implícitos; daí a necessidade de se recorrer a vários sistemas de conhecimento e à ativação de processos cognitivos e interacionais (cf. KOCH; ELIAS, 2016, p. 221).

Para a teoria que focaliza o contexto de produção textual, a significação depende de elementos que são externos à própria linguagem. Segundo Beaugrande e Dressler, o texto é uma unidade de significação que se apoia em sete fatores de textualidade: intencionalidade, aceitabilidade, informatividade, situacionalidade, intertextualidade, coerência e coesão.

3.1 Intencionalidade

A intencionalidade diz respeito aos objetivos dos produtores do texto de construir uma unidade de significação coerente e coesa, capaz de alcançar o objetivo que se tem em vista; diz respeito ao valor ilocutório, ao que o texto objetiva dizer. Sempre que produzimos um texto, temos um objetivo a atingir, uma intenção. Esse objetivo determina como será o texto. Queremos informar ou apresentar nossas emoções? Queremos levar uma pessoa a agir, manifestar uma opinião, ou queremos provocar uma resposta do interlocutor? Uma manifestação linguística, portanto, ganha característica de texto quando há a intenção do autor de apresentá-la como texto; o texto produzido deve ser compatível com as intenções comunicativas de seu produtor. Ela manifesta o empenho do autor em construir um texto coeso e coerente que possa atingir o objetivo que o produtor tem em vista.

Para Koch (2015, p. 51), "a intencionalidade refere-se aos diversos modos como os sujeitos usam textos para perseguir e realizar suas intenções comunicativas, mobilizando, para tanto, os recursos adequados à concretização dos objetivos visados". Representam a **intencionalidade** verbos como: *declarar, afirmar, informar, sugerir, pedir, ordenar, desabafar, argumentar*.

Vejamos um texto da Prefeitura de Guarulhos (SP), em que podemos observar o fator pragmático da intencionalidade:

> **CHEGOU O ÔNIBUS ARTICULADO.**
> **GUARULHOS SÓ ANDA PRA FRENTE**
>
> Já estão circulando na cidade 50 novos ônibus, sendo 20 articulados e 30 estendidos, que fazem as linhas 433 (Terminal São João/Terminal Vila Galvão – via Anel Viário) e 453 (Terminal São João/Centro – via Av. Tiradentes). Equipados com a tecnologia BRT (*Bus Rapid Transit*), esses novos veículos são muito mais rápidos, eficientes e seguros e garantem ainda mais conforto aos passageiros.
>
> É a Prefeitura de Guarulhos avançando cada vez mais no transporte público.
>
> **Prefeitura de Guarulhos**
>
> A gente vê a cidade crescendo (*Jornal Estação*, São Paulo, 8 jul. 2015, p. 8).

Aqui, é perceptível a intenção de informar os usuários das linhas 433 e 453 sobre a circulação de ônibus articulados: "CHEGOU O ÔNIBUS ARTICULADO" (título); "Já estão circulando na cidade 50 novos ônibus, sendo 20 articulados e 30 estendidos, que fazem as linhas 433 (Terminal São João/Terminal Vila Galvão – via Anel Viário) e 453 (Terminal São João/Centro – via Av. Tiradentes)."

A **intencionalidade** diz respeito, portanto, ao objetivo que se quer atingir com o texto. Não se escreve sem uma intenção, ou melhor, escrever sem nenhum objetivo é correr o risco de escrever para um vazio, o que vai implicar um texto chocho, sem direção.

Vejamos um texto com objetivo explícito:

> MOVIMENTO #PRASERFELIZ
> **23ª Maratona Pão de Açúcar de revezamento São Paulo 2015**
>
> Na companhia dos amigos dá para correr até uma maratona. Reúna sua equipe e inscreva-se.
>
> Dia 20 de setembro às 7 horas, na Av. Pedro Álvares Cabral, próximo ao Obelisco do Ibirapuera.
>
> Equipes de 2, 4 ou 8 corredores.
>
> Inscrições e informações: *www.maratonapaodeacucar.com.br*
>
> **Pão de Açúcar**
> O que você faz pra ser feliz?

No primeiro parágrafo do texto, o leitor já identifica seu objetivo: "Reúna sua equipe e inscreva-se" na "23ª Maratona Pão de Açúcar de revezamento São Paulo 2015". Trata-se, portanto, de um convite, e temos um texto persuasivo em que é notória a manipulação por sedução: quem não deseja ser feliz? A palavra *movimento*, porque relativa à saúde (necessidade de movimentar-se), tem objetivo claro de persuadir o leitor de que se trata de algo interessante, valioso e, portanto, estimula-o a participar. Em seguida, a palavra *amigos* é outra cuja semântica nos conquista pela carga afetiva. Fazer coisas na companhia de amigos é predispor-se a um momento de bem-estar. Não obstante o uso do imperativo, o que segue é um convite a inscrever-se para participar da 23ª Maratona Pão de Açúcar de revezamento. Sob a assinatura, vemos novamente o enunciador aproximar-se do enunciatário: *o que você faz para ser feliz?*, envolvendo-o para dar uma resposta que vá ao encontro da proposta do anúncio: participar de uma maratona. Finalmente, ao usar a palavra *feliz*, o leitor pode atualizar seu conhecimento de mundo registrado em sua memória, e encontrar o *slogan* que diz que o Pão de Açúcar é *lugar de gente feliz*, não é lugar em que se vai para fazer compras, para consumir; é lugar que nos proporciona felicidade. Esta última intenção do texto marca-o de forma enfática: convidando o leitor para uma atividade física, predispõe-no a associar à rede de supermercados como uma empresa interessada em seu bem-estar, como saúde e felicidade.

O emissor, com sua produção textual, objetiva apresentá-la ao interlocutor como uma manifestação linguística em que haja coesão e coerência de ideias, embora se reconheça que nem sempre os textos as realizem de forma total. Pode haver casos em que se produza incoerência de propósito justamente para se poder atingir um objetivo, como é o caso de um sujeito que finge não dizer coisa com coisa para passar a ideia de que está sonolento, bêbado, dopado e outros que tais (cf. KOCH, 2015, p. 51).

3.2 Aceitabilidade

A aceitabilidade relaciona-se com o receptor do texto. Seria a disposição de participar de um evento linguístico, de compartilhar um propósito. O texto produzido deve corresponder às expectativas do interlocutor que espera um texto coeso, coerente, útil, relevante.

Considerando o fato de **aceitabilidade,** esperamos que nosso interlocutor reaja ao que expressamos; a aceitabilidade por parte do leitor exerce influência sobre o que se pode dizer e como dizer.

As estratégias para alcançar aceitabilidade envolvem a preocupação do locutor em responder às necessidades do interlocutor (estratégia de cooperação); outras estratégias seriam a qualidade das informações e a quantidade de informações necessárias para a compreensão da mensagem. Se um texto não levar em conta a aceitabilidade do leitor, se vai além de suas condições de vocabulário e sintaxe, se aquilo de que fala não pertence ao universo das experiências do leitor, corre o risco de não ser entendido e não alcançar eficácia. A aceitabilidade anda paralelamente à informatividade.

Um texto dirigido a quem gosta de informações relativas ao mundo da televisão, em geral, vale-se de vocabulário acessível, uso de expressões cristalizadas e de gosto popular ("Ela é maravilhosa. Ela é linda, talentosa", "derreteu-se o ator", "curtiram abraçados o show") retirado do portal *MSN*:

> Após ser flagrado aos beijos com a ex-repórter do "CQC", o Romeu da novela "Êta Mundo Bom!" elogiou a namorada. "Ela é maravilhosa. Ela é linda, talentosa", derreteu-se o ator. No final de fevereiro circulou a notícia que o casal foi orientado a manter a discrição no romance. Já no mês passado, Klebber e Monica curtiram abraçados o show da banda Maroon 5, em São Paulo. Dias atrás, a atriz chamou a atenção dos internautas ao postar um desenho de casa. Os fãs apontaram que os dois retratados na imagem eram os artistas (Disponível em: MSN. Acesso em: 18 abr. 2016).

Os horóscopos constituem outro tipo de texto em que se observa a preocupação com o uso de vocabulário e a sintaxe do texto que não ofereçam dificuldades:

> Sucesso nos empreendimentos! Bom período para firmar um contrato de trabalho e decidir o plano de carreira. No amor, segurança, estabilidade e companheirismo (*Tititi*, São Paulo, ano 16, n. 856, p. 40, 6 fev. 2015).

As revistas dedicadas ao público jovem estão sempre preocupadas com a aceitabilidade de suas matérias. Além dos temas focalizados, há um cuidado com o vocabulário, com as pessoas entrevistadas, para que o leitor seja atraído para a leitura. É, pois, o leitor um critério que utilizam os redatores para que o texto não ultrapasse as condições de aceitabilidade, como podemos verificar a seguir:

> Acho que um dos períodos mais longos de ansiedade pelo qual passei foi a minha gravidez. Eu esperei minha vida toda por aquele momento e, de repente, eu estava esperando duas crianças, ao mesmo tempo. Se eu estava feliz? Claro. Mas eu também fiquei muito ansiosa: será que eu daria conta de dois bebês? Será que eu conseguiria amamentar, dar banho, ser paciente, generosa, amorosa? [...] No fim das contas, minha mãe sempre esteve certa: tudo, de alguma maneira, sempre fica bem. A gente só precisa dar um pouco mais de crédito para a vida e para a gente mesmo. E isso não significa que, vez por outra, eu não tenha meus dias de ansiedade atroz. E tudo bem. Faz parte de estar vivo (HOLANDA, Ana. Essa tal ansiedade. *Vida Simples,* São Paulo, edição 161, ago. 2015, p. 4).

A aceitabilidade é um fator de textualidade decisivo que nos orienta na construção de textos. Ela diz respeito, portanto, à recepção de um texto, em que se aceitam os enunciados como formando um texto coeso e coerente, que tenha alguma utilidade ou relevância. Aceitabilidade e intencionalidade participam do **princípio de cooperação**. Daí a necessidade de ajustar o texto à capacidade de compreensão do público ao qual ele se dirige. Nesse sentido, podemos variar a seleção lexical e a sintaxe, de acordo com a pessoa a quem nos dirigimos. Se nos dirigimos a uma pessoa sem escolaridade, usamos palavras que sejam do seu conhecimento e ajustamos o texto a uma sintaxe que não ofereça dificuldade de interpretação; se falamos com um público com maior grau de instrução, é possível que nossa escolha lexical seja mais elaborada, assim como a sintaxe. Se não levamos em conta as condições do interlocutor, correremos o risco de não atingir os objetivos de nossa comunicação. Se não considerarmos o público ao qual nos dirigimos, corremos o risco de escrever algo que ele não entende, ou que não lhe interessa. Daí a diferença de textos que encontramos nos mais diferentes jornais e revistas: o jornalista de *O Estado de S. Paulo* escreve para um leitor que se identifica com as ideias do jornal e é, em geral, um leitor com determinado nível de instrução e ideologia. Da mesma forma, a revista *Veja*: quem nela escreve procura atender aos interesses por determinado tipo de notícia. Leva em conta um leitor normalmente escolarizado, pertencente a uma camada específica da sociedade, que vive em certo tipo de cidade etc. O jornalista que escreve notícias econômicas atende a um público capaz de entender o *economês*; quem escreve no caderno Ilustrada da *Folha de S. Paulo* tem em vista um leitor interessado em notícias sobre eventos culturais, como teatro, cinema, exposições, espetáculos musicais etc. Não utiliza em seu texto o mesmo vocabulário dos artigos dedicados à política, por exemplo. Ajusta seu texto às condições do leitor que tem em vista.

Quando vou escrever um texto, devo me perguntar: posso usar sintaxe menos rígida? Posso utilizar gíria? Posso valer-me de expressões de gosto comum? Que variedade linguística utilizar: um português brasileiro da chamada "norma culta", ou uma variedade pouco monitorada em relação à gramática? Preciso ser preciso, objetivo, manter-me distante do leitor (uso da primeira pessoa ou da terceira)? Por isso, precisamos ter uma ideia de quem será nosso leitor, ainda que não a tenhamos com precisão, visto que é o leitor que nos orienta sobre o que podemos escrever ou como fazê-lo.

Como sabemos, o discurso é produto da interação de locutores e interlocutores, envolvendo componentes linguísticos e extralinguísticos. A interação de locutor e interlocutor se faz com base no **princípio da cooperação**. Para Grice, esse princípio rege a comunicação. O falante leva em consideração, em suas intervenções, o desenrolar da conversa, bem como a direção que ela toma. Quatro são as máximas que compõem o princípio da cooperação e favorecem a comunicação bem-sucedida:

1. Máxima da quantidade: só se deve dar informação em quantidade suficiente. Para Fiorin (In: FIORIN, 2004, p. 177), "que sua contribuição contenha o tanto de informação exigida. Que sua contribuição não contenha mais informação do que é exigido". Quando violada, as pessoas se sentem confusas, sem saber o que fazer; a redundância excessiva de informação perturba o andamento da conversação, o interesse do interlocutor.
2. Máxima da qualidade: diz respeito à verdade das informações. A contribuição deve ser verídica; daí não se afirmar o que se pensa que é falso nem afirmar algo de que não se tem prova. O falante deseja que o interlocutor acredite em suas palavras, ainda que não sejam verdadeiras.
3. Máxima da relação: diz respeito ao assunto tratado; fala-se apenas do que está sendo tratado. É conhecida também como máxima da relevância: o que se diz deve ser adequado ao contexto de interação; por essa máxima os interlocutores são levados a tratar da informação mais relevante para o momento da interação; se há um conjunto desconexo de temas (tópicos) tratados, sem dar destaque a um deles, corremos o risco de produzir um texto desconexo ou sem interesse. Fala-se, portanto, ao que é pertinente ao assunto tratado.
4. Máxima de maneira ou modo: segundo essa máxima, evita-se exprimir de maneira obscura, ambígua, e prolixa; se escrevo para pessoas sem escolarização utilizando uma sintaxe altamente elaborada, não alcanço eficácia comunicativa por violar a máxima do modo (cf. FIORIN, 2016, p. 41).

Os falantes tendem a contribuir cooperativamente para que a interação discursiva de que participam flua de acordo com um objetivo específico.

Essas máximas

> não são um corpo de princípios a ser seguido na comunicação, mas uma teoria de interpretação dos enunciados. Grice não ignora a existência de

conflitos na troca verbal. No entanto, mesmo quando a comunicação é conflituosa, ela opera sobre uma base de cooperação na interpretação dos enunciados, sem o que o conflito não se pode dar. Mesmo para divergir, os parceiros da comunicação precisam interpretar adequadamente os enunciados que cada um produz (FIORIN In: FIORIN, 2004, p. 178).

Relativamente a "uma teoria da interpretação", Fiorin apresenta os seguintes exemplos: (a) se pergunto a uma pessoa onde Fulana mora e tenho como resposta: "no Brasil", não tenho uma resposta suficientemente informativa (máxima da quantidade), mas, por implicatura, posso deduzir que a pessoa não sabe onde Fulana mora; (b) se digo que alguém tem um coração de pedra, pela máxima da qualidade não infiro que seu coração é de pedra, mas que tem qualidade de pedra, é insensível; (c) se digo que estou sem gasolina, pela máxima da relação infere-se tratar-se de um pedido de informação sobre um posto nas proximidades: "você pode me indicar onde eu encontro gasolina?"; (d) se alguém me diz que um restaurante é bom, infiro que sua afirmação baseia-se em sua experiência, já esteve nele e almoçou ou jantou. Por essa máxima, entende-se que a afirmação é fruto de um saber.

A aceitabilidade diz respeito à recepção de um texto, em que se aceitam os enunciados como formando um texto coeso e coerente, que tenha alguma utilidade ou relevância. Aceitabilidade e intencionalidade participam, pois, do **princípio de cooperação**. Daí a necessidade de ajustar o texto à capacidade de compreensão do público ao qual ele se dirige. Nesse sentido, podemos variar a seleção lexical e a sintaxe, de acordo com a pessoa a quem nos dirigimos. Se nos dirigimos a uma pessoa sem escolaridade, usamos palavras que sejam do seu conhecimento e ajustamos o texto a uma sintaxe que não ofereça dificuldade de interpretação; se falamos com um público com maior grau de instrução, é possível que nossa escolha lexical seja mais elaborada, assim como a sintaxe. Se não levamos em conta as condições do interlocutor, correremos o risco de não atingir os objetivos de nossa comunicação.

3.3 Informatividade

A **informatividade** relaciona-se com o assunto (tema). O texto deve apresentar novidades (quanto menos previsível, mais informativo), mas essas novidades estão relacionadas a dados conhecidos para que a comunicação se realize. O excesso tanto de informação (imprevisibilidade), quanto de previsibilidade prejudica a aceitabilidade de um texto. O exemplo seguinte requer conhecimento de conceitos literários para seu entendimento; um leitor pouco afeiçoado à área terá dificuldade com o vocabulário e os conceitos veiculados e detectar uma carga de informação superior às suas condições de compreensão:

> Sabe-se que o ritmo da língua portuguesa é grave, diferentemente do francês que é agudo. Essa distinção pode explicar por que, na

> tradição da língua francesa, o octossílabo seja, dos metros simples, o predominante e, no português, o verso simples mais praticado seja o heptassilábico. Essa distinção pode ser mais bem entendida com uma análise da relação entre esses dois versos nos primórdios da lírica portuguesa.
>
> Na poesia trovadoresca galego-portuguesa, há, de acordo com o sistema de contagem atual uma "heterometria" em vários cantares, nos quais alternam-se versos octossílabos agudos e versos heptassílabos graves, mas se forem contados os dois versos até a última sílaba pronunciada, de acordo com o sistema de contagem espanhol, esses versos são isossilábicos, isto é, trata-se de um verso todo escrito em octossílabos (FALEIROS, 2012, p. 89).

Já o texto seguinte apresenta uma carga de informação menos problemática, porque está equidistante dos extremos do excesso de informação, bem como do excesso de redundância, ou da previsibilidade:

> Um ato de amor e de celebração à vida, a doação de órgãos é um assunto debatido constantemente pela sociedade. Com trabalhos de conscientização realizados em diferentes áreas, hoje é possível ver o crescimento do número de pessoas dispostas a se tornar um doador.
>
> De acordo com dados levantados pela Associação Brasileira de Transplantes de Órgãos (ABTO), o Brasil registrou aumento nas doações e transplantes em 2014. Foram 3.898 órgãos doados no ano passado, 3% a mais que em 2013. A taxa de doadores também subiu de 13,5 por milhão de pessoas para 14,2 por milhão. Entretanto, há um caminho longo a ser percorrido para que esses números aumentem ainda mais e cheguem às metas estabelecidas. [...]
>
> O transplante é a única solução para milhares de pessoas com diversas insuficiências orgânicas terminais ou incapacitantes. Sendo assim, o consentimento pessoal ou familiar ou a melhor conscientização da população sobre a doação de órgãos e como se dá o processo doação-transplante ajudaria e facilitaria no restabelecimento e cura de pessoas com doenças crônicas (CONTRI, Ana Carolina. Doe vida. *Ponto de Encontro: a revista da Drogaria São Paulo*, n. 58, out./nov. 2015, p. 8-9).

A aceitabilidade de um texto está diretamente relacionada com a **informatividade**: precisamos apresentar mais ou menos novidades? Quem escreve sobre astronomia para leigos naturalmente ajusta seu texto a esse tipo de leitor; se escrever para seus colegas, o astrônomo se valerá de outro vocabulário e poderá apresentar maior carga informacional em seu texto. É a informatividade que me diz o que posso acrescentar ou omitir, quão denso ou quão menos denso deve ser o texto de novidades; posso ser excessivo nas informações ou econômico? Se aumento a previsibilidade de um texto, reduzo a informatividade; se a reduzo, aumento a informatividade. Se tudo for novidade, corro o risco de não ser compreendido. Se tudo for conhecido, o texto soará redundante, circular. Daí a necessidade de dosagem do novo e do conhecido.

Para Marcuschi (2011, p. 132),

> o certo é que ninguém produz textos para não dizer absolutamente nada. Contudo, não se pode confundir informação com conteúdo e sentido. A informação é um tipo de conteúdo apresentado ao leitor/ouvinte, mas não é algo óbvio. Perguntar pelos conteúdos de um texto não é o mesmo que perguntar pelas informações por ele trazidas.

Suponhamos o texto "Medições competitivas", de Bruno de Pierro, publicado na revista *Pesquisa FAPESP* (n. 232, jun. 2015, p. 36):

> **NANOMETROLOGIA**
>
> Um dos braços da rede, o Laboratório de Nanoespectroscopia (LabNS) da UFMG, colabora com um grupo do setor de mineração para resolver o problema da possível contaminação do ar durante o processo de extração mineral. O projeto, explica o físico Ado Jório, um dos coordenadores do laboratório, pretende desenvolver toda a metodologia para medir a quantidade de nanopartículas presentes no ar e identificar quais delas são decorrentes de poluição gerada pela mineração. "Queremos avançar na área de nanometrologia, que é a nanotecnologia orientada para medições. Junto com o Inmetro, podemos contribuir para o desenvolvimento industrial gerando novos processos", diz Jório. Uma das áreas de interesse do seu grupo é a aplicação de uma técnica conhecida como espectroscopia Raman na identificação de propriedades de nanotubos de carbono. A abordagem abriu caminho a novas aplicações para os nanotubos e rendeu a Jório colaborações com mais de uma centena de grupos no exterior.

Esse texto implica um leitor com conhecimento de *nanometrologia, nanoespectroscopia, contaminação do ar durante o processo de mineração, extração mineral, nanopartículas presentes no ar, poluição gerada pela mineração, nanotecnologia orientada para mineração, Inmetro, espectroscopia Raman, nanotubos de carbono*. Se o texto fosse escrito para um leitor que desconhecesse todas essas informações, poderia não cumprir seu objetivo de comunicação, a menos que substituísse ou explicasse cada um desses termos. Todavia, dentro da revista *Pesquisa FAPESP*, onde está publicado, ele tem como possíveis leitores pessoas que são da área, que entendem essa linguagem e, portanto, não soa estranho.

A informatividade de um texto diz respeito à informação nele veiculada: ela seria esperada ou não esperada? Previsível ou imprevisível? O grau de informação de um texto não pode desconsiderar o interlocutor, apresentando-lhe, por exemplo, um texto que supere sua capacidade de compreensão. É a informatividade que está na base das escolhas de vocabulário e de sintaxe de um texto, bem como no tratamento do tema: será mais profundo ou menos profundo? Mais elementar ou menos elementar?

3.4 Situacionalidade

A situacionalidade diz respeito ao contexto, tempo, local, condições de formalidade e informalidade etc. Enfim, quem escreve deve ter claro para que finalidade escreve, o que pode ou não ser escrito, para quem escreve, quando, onde, bem como as relações que o texto estabelece com outros textos. Não é, pois, a escrita uma atividade exclusivamente de usos da língua, visto que implica conhecimentos que ultrapassam a esfera linguística. Tendo em vista a situacionalidade, avaliamos a situação, nossa e de nosso interlocutor, bem como sua capacidade de conhecimento de mundo e partilhado, que inclui conhecimento linguístico, de tipos de texto, estabelecimentos dos tópicos a serem arrolados, bem como estratégias para sua progressão, balanceamento das informações novas e conhecidas, sempre com a preocupação de construir um sentido que seja comum a locutor e interlocutor.

Diz respeito, portanto, a situacionalidade aos fatores que tornam um texto apropriado a uma situação atual ou passada (situação sociocomunicativa); diz respeito à pertinência e à relevância do texto no contexto. Todo texto, portanto, depende do contexto; é produzido ou utilizado segundo um objetivo. Por isso, é determinante para entender um texto verificar em que condições foi produzido. Uma receita culinária produzida em um livro de gastronomia proporciona um entendimento, constrói um efeito de sentido diretamente relacionado com a elaboração de alimentos. Se uma receita aparece em forma de poema, mas tem o objetivo de instruir um cozinheiro, ela não produz efeito de poema; se, todavia, tem aparência de receita, mas é poema, será lida como poema e não como receita. O texto ganha sentidos específicos, conforme consideramos o contexto e o objetivo de sua produção.

O seguinte texto, se visto como um poema de Arnaldo Antunes (2006, p. 73), faz sentido; todavia, se considerado fora do contexto poético das vanguardas produtoras de poesia experimental (visual), pode ser visto como palavras incompletas e sem sentido. No texto original, é possível identificar um caminho entre as letras, que simula um caminho de formiga, bem como verificar na disposição dos versos um desenho de um morro, em que a base é larga e o cume estreito. A ausência da letra M simula o trabalho já realizado da formiga que teria desaparecido com as letras que faltam, o que produz o efeito de sentido metalinguístico do poeta como uma formiga incansável no seu trabalho de carregar algo que lhe será útil na alimentação do texto; assim como ela se alimenta de folhas (aqui representadas pela letra M), o poeta se alimenta de grafemas, metonímia do código verbal e do sentido. Vejamos o poema:

[Um formigueiro em cima do cume de uma montanha]

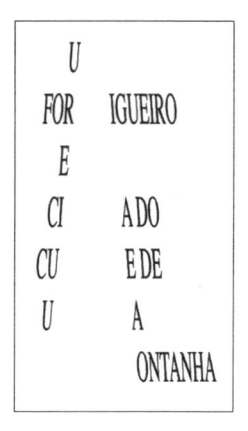

```
     U
   FOR    IGUEIRO
    E
    CI    ADO
    CU    E DE
    U      A
          ONTANHA
```

Da mesma forma, só leitor que lê como poema o seguinte texto de Arnaldo Antunes (2006, p. 67) poderá ser levado a abandonar uma leitura de algo produzido por um semiletrado. O tipo de letras desenhadas toscamente (verdadeiros garranchos), em que todas as palavras recebem um H no seu início (talvez, para indicar gênero humano), empresta ao poema uma característica muito estranha, configurando quase um borrão. O leitor de poemas visuais depara com um efeito de sentido negativo da raça humana: seríamos tão esquisitos quanto as letras que configuram ausência de habilidade; as letras escorrem, provocando um choque de repulsa no leitor diante do feio. Então, para mostrar quão feio somos, valeu-se de um significante que simula revelar nossos comportamentos, nossa maldade. Vejamos o poema:

Esse elemento pragmático diz respeito às circunstâncias de produção e recepção de um texto. Elas influenciam sobremaneira locutor e interlocutor. Em que local, momento e para quem o texto foi escrito ou falado? Dependendo da situação, podemos trocar expressões, silenciar outras, utilizar metáforas etc. Imagine-se, por exemplo, uma situação de censura em que não se possa dizer tudo o que se pensa. O teatro, o cinema, a literatura, o artigo de jornal têm sua expressão alterada se o regime político não é democrático. No Brasil do tempo da ditadura militar de 1964, que vigorou até 1985, os compositores, para driblar a censura, valiam-se de perífrases, metáforas e jogos de linguagem. "Cálice", de Chico Buarque e Gilberto Gil, é um exemplo. O ouvinte pode entender em sua letra um jogo paronomásico, em que se verifica tanto a taça de bebida, como o autoritário "cale-se". E que dizer da ironia utilizada por Chico em "Deus lhe pague", em que agradece ao presidente de então poder fazer coisas básicas do viver cotidiano?

> Por esse pão pra comer, por esse chão pra dormir
> A certidão pra nascer e a concessão pra sorrir
> Por me deixar respirar, por me deixar existir
> Deus lhe pague.

"Roda viva" ("A gente quer ter voz ativa / no nosso destino mandar / mas eis que chega a roda viva / e carrega o destino pra lá") e "Apesar de você" ("Hoje você é quem manda / falou, tá falado / não tem discussão") seriam outros exemplos de letras de música com referência camuflada à ditadura militar no Brasil. Depois do Ato Institucional n. 5, baixado em 13 de dezembro de 1968, no jornal *O Estado de S. Paulo*, artigos censurados à última hora eram substituídos por receita culinária, ou trecho de *Os lusíadas*, por exemplo (ver "Os difíceis anos da época da ditadura". Disponível em: <http://www.migalhas.com.br/Quentes/17,MI18920,21048-Os+dificeis+anos+da+epoca+da+ditadura>. Acesso em: 12 fev. 2016).

A situacionalidade nada mais é que o conjunto de fatores que faz um texto relevante a uma situação de comunicação. Imaginemos uma mensagem que circula entre os integrantes de uma equipe de Fórmula 1, ou um comunicado interno válido para uma situação dentro de uma empresa. Ambos os textos, fora de seus ambientes, podem soar estranhos, incompletos, elípticos, mas para seus usuários, que são capazes de preencher os vazios da comunicação, porque estão de posse de elementos situacionais, não serão estranhos nem incompletos.

Produzir um texto para um leitor determinado implica levar em conta a situacionalidade, ou seja, o contexto de sua produção, o espaço e o tempo, bem como a situação social. Marcuschi (2011, p. 129) entende que, "em sentido estrito, poderíamos dizer que a situacionalidade é uma forma particular de o texto se adequar tanto a seus contextos como a seus usuários".

Se escrevo um texto sobre menores abandonados e tenho em vista o contexto sociocultural do Brasil deste início do século XXI, posso argumentar com valores político-sociais de ausência de políticas públicas voltadas para esse segmento social, carência de escolas de boa qualidade que os ocupe durante todo o dia, baixa remuneração de seus pais, desestruturação familiar etc. Se o contexto for o cristão, é possível que os argumentos focalizem questões de solidariedade, de fraternidade e de acolhimento desses menores, bem como de caridade etc. Os objetivos do texto selecionarão a variedade linguística a ser utilizada, o vocabulário, a sintaxe, sempre levando em conta a situação em que se produz e se recepciona o texto.

3.5 Intertextualidade

Contribui ainda para a formação da coerência e sentido de um texto a intertextualidade, que pode ser de **conteúdo**, de **forma** e de **tipos textuais**. A de conteúdo ocorre sempre que tratamos de um assunto já abordado por terceiros. Suponhamos um editorial que trate de um assunto já amplamente discutido e que foi objeto de inúmeros artigos. O próprio tema *intertextualidade*, apenas para citar alguns autores, é tratado em: Bakhtin (*Problemas da poética de Dostoiévski*), Affonso Romano de Sant'Anna (*Paródia, paráfrase e Cia.*), Diana Luz Pessoa de Barros e José Luiz Fiorin (*Dialogismo, polifonia, intertextualidade*), Carlos Alberto Faraco (*Linguagem & diálogo: as ideias linguísticas do Círculo de Bakhtin*). Então, o que ocorre aqui é uma intertextualidade de conteúdo.

A **intertextualidade formal** compreende variadas maneiras: pode constituir-se de uma imitação de tipos gráficos, de uma divisão em versículos, como se fosse um texto bíblico; pode também ser uma imitação estilística, escrevendo-se à maneira de Machado, de Guimarães Rosa, de Mário de Andrade, de Manuel Bandeira... Um texto literário escrito como uma receita culinária, ou um manual de instrução também se encaixa nesse tipo de intertextualidade. Alexandre Schwartsman, ao comentar assuntos relacionados à economia brasileira, parece fazer alusão à epopeia de Camões, embora não observe rigor nem no metro nem manifeste preocupação com rima. O próprio título (*A levíada*) parece ter sido construído sob o olhar de *Os lusíadas*. O texto foi publicado em sequência linear de prosa, mas aqui, respeitando a divisão que o autor utiliza (uso de barras diagonais), apresentamo-lo em versos. "Severo ministro" tem como referente o ex-Ministro da Economia, Joaquim Levy; Dilma Rousseff é denominada Rainha, às vezes Rainha do Poste; Genovês parece referir-se a Guido Mantega, ex-Ministro do primeiro mandato de Dilma Rousseff.

> **A LEVÍADA**
>
> Canta, ó Musa, a luta inglória do severo Ministro
> Que da tesoura fez sua afiada arma na demanda
> Pela estabilidade da nativa economia e da dívida
> Do governo, condenadas pela tibieza do Genovês

> E pelo desmedido orgulho da Rainha do Poste,
> Persuadida pelos áulicos da Princesa d'Oeste.
>
> Dos mestres em Chicago sabia o feroz Tesoureiro
> Que imperioso era o primário superávit
> Na batalha contra a crescente dívida, sem o que
> Perder-se-ia o valioso grau de investimento
> Por tanto prezado (e tão poucos defendido!)
> 1/1% de PIB mirou e as tesouras em moção pôs.
>
> No entanto, a sorte aziaga, não percebe o herói
> Que a Rainha, pela fortuna e prudência abandonada
> Não mais sua horda comanda, nem mais as bênçãos recebe
> Daquele que a ungiu, cedendo-lhe cetro, coroa e trono
> Mas, titereiro astuto, às cordas lhe prende impiedoso,
> E à cabeça da ala esquerda marcha, sem rumo. [...]
>
> Entende, por fim, a futilidade:
> Sem o trono não há vitória possível.
> A Rainha omissa condena o reino e a bravura inútil.
> As lâminas, desprovidas de rumo, de nada servem.
> Pranteia, ó Musa, a derrota inglória do severo Ministro,
> Que, sob o disfarce de realismo, escancarou a debilidade da pátria
> E os destroços de tantos anos de descuido (SHWARTZMAN, Alexandre.
> A levíada. *Folha de S. Paulo,* São Paulo, 29 jul. 2015, p. A16).

O terceiro tipo de intertextualidade diz respeito à **tipologia de textos**. Todo texto é regido por uma **superestrutura**, que se define como uma **estrutura global**, um **esquema discursivo** que se aprende intuitivamente ou de forma sistemática. Ele obedece a uma sequência esquemática, apresenta certas características de linguagem, de recursos retóricos etc. Veja-se o caso de uma **carta**: ela apresenta um vocativo ("Caro amigo", por exemplo), uma mensagem reveladora do propósito da comunicação (um pedido, um convite, um conselho, uma resposta, uma afirmação), uma despedida ("abraços do amigo X", por exemplo) e uma assinatura (nome da pessoa que escreveu a carta). Se o enunciatário fizer uso de elementos que não são apropriados a esse tipo de comunicação, poderá criar problemas de entendimento, de realização do sentido, de coerência.

A **superestrutura** de um texto é fundamental para o estabelecimento de sua coerência. Ela é constituída por esquemas compostos por categorias formais que organizam o conteúdo de um texto. Assim, temos uma superestrutura narrativa, uma descritiva, uma argumentativa etc. Uma piada, por exemplo, tem um **esquema**; se não se obedece a sua estrutura, o interlocutor não lhe reconhece o sentido, ou aprende um sentido diverso do objetivo do enunciador. Ao contar uma piada, o locutor distrai-nos, leva-nos por um caminho interpretativo e nos surpreende ao final com uma possibilidade nova de entendimento. A introdução da piada nos leva por um caminho e, de repente, seleciona uma solução inesperada, um desfecho que se ilumina instantaneamente. Suponhamos:

> 1.
> – Não deixe sua cadela entrar na minha sala. Ela está cheia de pulgas.
> – Fulana: não entre nessa sala; ela está cheia de pulgas.
>
> 2.
> – Desculpe, querida, mas eu tenho a impressão de que você quer casar comigo só porque herdei uma fortuna do meu tio.
> – Imagine, meu bem! Eu me casaria com você mesmo que tivesse herdado a fortuna de outro parente qualquer!

Um artigo científico obedece a uma estrutura; se não a reconhecemos em um texto científico, seu sentido fica comprometido. Poderemos interpretá-lo como um comentário, um artigo de jornal ou revista não científica. Da mesma forma, um apólogo ou uma fábula contém elementos estruturais que lhe são próprios e contribuem para formar o sentido.

O enunciador de um texto pode valer-se de intertextualidade, quer explicitamente, convocando para seu texto o texto de outra pessoa (e nesse caso usará aspas e indicará a fonte), quer implicitamente, utilizando as ideias de outrem, sem deixar marcas de que se trata de contribuição de terceiros; supõe-se nesse caso que o leitor é competente para saber tratar-se de intertextualidade. Suponhamos que alguém escreva algo como: "sentia que viver é muito perigoso e que o viver mesmo era uma aprendizagem de toda a vida, enfim que o dificultoso era poder ir até o rabo da palavra". Nesse caso, o leitor de Guimarães Rosa identifica nessa frase uma paráfrase de um pequeno trecho de *Grande sertão: veredas*. Guimarães não foi citado, mas a intertextualidade está implícita e já se tornou lugar-comum repetir que "viver é muito perigoso" (ROSA, 2001, p. 32, 35, 41, 65, 101, 252, 285, 328, 518, 601).

Com relação à intertextualidade é de ter presente que no **plágio** um autor apossa-se de um texto que não é seu e o faz passar como próprio.

A **intertextualidade** é relativa a outros textos aos quais se faz referência implícita ou explicitamente; ela pode ser também temática (tema comum a dois ou mais textos), ou estilística (similaridade de procedimentos gramaticais e lexicais). Um texto é formado com relação ao que já foi dito.

Em sentido amplo, a intertextualidade é condição de existência do discurso. Por isso é que se diz que um discurso constrói-se por meio de um já dito, em relação ao qual toma uma posição. Em sentido restrito, intertextualidade é a relação de um texto com outros que já foram produzidos. Nesse caso, a intertextualidade pode ser de **conteúdo** (exemplo: variados textos da área de semiótica, ou de linguística, ou de economia, ou de contabilidade estão em relação de intertextualidade com relação ao conteúdo; um texto de geografia está em relação intertextual com outros da área de geografia). A intertextualidade pode também ser de **forma/conteúdo**, que é o caso de textos que imitam outros ou os parodiam ("Canção do exílio", de Gonçalves Dias, foi parodiada inúmeras vezes). Se desconhecemos o texto com o qual um texto se relaciona, podemos não entendê-lo, ou ter sua compreensão dificultada. Assim, para entender o poema "Canto de regresso à pátria", de Oswald de Andrade, precisamos ter presente a visão ufanista do poema de Gonçalves Dias: o primeiro diz: "minha terra tem palmeiras", numa visão de grandeza e beleza do espaço brasileiro, enquanto o segundo, numa alusão crítica à situação histórica do país, afirma: "minha terra tem palmares". O Quilombo dos Palmares, um quilombo do Brasil Colônia, localizado hoje no Estado de Alagoas; constitui-se em um símbolo de resistência dos escravos. O enunciado de Oswald faz lembrar, portanto, uma chaga nacional, um momento triste de nossa história. Portanto, troca o ufanismo por uma consideração política relevante que nos envergonha.

A intertextualidade pode ainda ser **explícita** ou **implícita**. Será explícita, se houver citação da fonte, que é o caso de uma citação direta, usada como argumento de autoridade. A **implícita** dá-se quando não há citação expressa da fonte, o que implica a memória do interlocutor para recuperá-la. Esse é o caso de alusões, paródias, ironia. Vejamos um caso de intertextualidade explícita:

> Sabe aquela despesa extra que aparece no orçamento? É bem nessa hora que muitas pessoas recorrem às opções de produtos que os bancos oferecem, em troca de juros a serem pagos a perder de vista. "O ideal seria que os brasileiros conseguissem arcar com as despesas necessárias para o seu sustento, utilizando seus próprios salários ou aposentadorias, mas, com a renda que eles recebem, isso se torna quase impossível para a maioria da população", lamenta W.L.S., economista e membro do Conselho Regional de Economia do Rio de Janeiro (MEDEIROS, Elaine. Crédito consignado: ajuda ou armadilha? *Ponto de Encontro: a revista da Drogaria São Paulo*, n. 58, out./nov. 2015, p. 12).

A citação direta do texto aparece entre aspas: "O ideal seria que os brasileiros conseguissem arcar com as despesas necessárias para o seu sustento, utilizando seus próprios salários ou aposentadorias, mas, com a renda que eles recebem, isso se torna quase impossível para a maioria da população", que é uma frase literal dita pelo economista citado.

Paralelamente ao conceito de intertextualidade, é de considerar os conceitos de **polifonia** e **dialogismo**.

Para o *Dicionário de análise do discurso* (CHARAUDEAU; MAINGUENEAU, 2004, p. 385), "a polifonia é associada ao nível do *enunciado*". O enunciado inclui marcas dos protagonistas de sua enunciação, por meio de pronomes pessoais, adjetivos subjetivos, modalizações. Vemos ainda no enunciado "outros pontos de vista além dos do emissor e do receptor".

Ducrot teria tido o mérito de sistematizar as observações sobre a polifonia. Para ele, o locutor, responsável pela enunciação, deixa marcas em seu enunciado, como, por exemplo, os pronomes da primeira pessoa (*eu, meu, minha*) e é igualmente responsável por colocar em cena enunciadores que apresentam pontos de vista diversos. O locutor pode tanto associar-se a esses enunciadores, como dissociar-se deles. Esses seres discursivos são abstratos e a Ducrot não interessa o falante real, de carne e osso. Para exemplificar seu conceito de polifonia, ele se serve de um enunciado negativo: "Essa parede não é branca", em que temos dois pontos de vista: um que afirma que a parede é branca e outro que nega que ela seja branca: "Se o locutor se utilizou da negação, é realmente porque alguém pensa (ou poderia pensar) que a parede é branca" (p. 386). Apenas não podemos deduzir quem seja o responsável por esse ponto de vista.

Charaudeau e Maingueneau (2004, p. 387) afirmam ainda que "a negação não é, entretanto, o único fenômeno linguístico que se presta a um tratamento polifônico". Afinal, podemos verificá-la em conectores (o uso de *mas* é um indicador clássico da presença de outro ponto de vista no enunciado), as modalizações (*realmente, precisamente, infelizmente, sem dúvida, com certeza* etc.), a pressuposição ("Fulano **ainda** não concluiu o doutorado"), a ironia ("Fulano deve ter passado muitas noites em claro para realizar trabalho tão consistente..." – frase proferida depois de examinar um trabalho ruim), o discurso citado ("Quando queria salientar realizações à custa da destruição do outro, o professor dizia entredentes *ao vencedor, as batatas!*" – caso em que há uma citação de uma frase de Rubião de *Quincas Borba*, romance de Machado de Assis). O discurso citado inclui tanto o discurso direto, como o indireto; a citação literal da fala do outro, como a parafraseada. Muitas vezes, temos a ilusão de que nosso texto é original, mas eles são constituídos de fato de variadas vozes.

Para Maingueneau (2000, p. 47), ainda, podemos distinguir três casos de representações explícitas do discurso do outro: (a) as formas explícitas, "linguisticamente unívocas: o discurso direto ou o discurso indireto, as fórmulas como: 'segundo X', 'para retomar sua palavra...'"; (b) "as formas marcadas linguisticamente, mas que, assim mesmo, demandam um *trabalho interpretativo* [...]: 'as mentalidades *retrógradas* são as mais numerosas', que não indicam a fonte do fragmento relatado. Cabe ao coenunciador determinar essa fonte e a razão pela qual o enunciador se pôs à distância"; (c) "as formas puramente interpretativas (o discurso indireto livre, as alusões, as citações ocultas...) que não são assinaladas como tais". Além do discurso direto, do discurso indireto e do discurso indireto livre, o fenômeno abrange: aspas, itálico, modalizações.

A polifonia pode manifestar-se em enunciados de contrajunção: "o governador não é explosivo, mas contrariou o povo". Para Koch (2003, p. 73),

> na intertextualidade, a alteridade é necessariamente atestada pela presença de um intertexto: ou a fonte é explicitamente mencionada no texto que o incorpora ou o seu produtor está presente, em situações de comunicação

oral; ou, ainda, trata-se de textos anteriormente produzidos, provérbios, frases feitas, expressões estereotipadas ou formulaicas, de autoria anônima, mas que fazem parte de um repertório partilhado por uma comunidade de fala. Em se tratando de polifonia, basta que a alteridade seja encenada, isto é, incorporam-se ao texto vozes de enunciadores reais ou virtuais, que representam perspectivas, pontos de vista diversos, ou põem em jogo "topoi" diferentes, com os quais o locutor se identifica ou não.

Bakhtin entende que o **dialogismo** é constitutivo da linguagem. Esse conceito refere-se "às relações que todo enunciado mantém com os enunciados produzidos anteriormente, bem como com os enunciados futuros que poderão os destinatários produzir" (CHARAUDEAU; MAINGUENEAU, 2004, p. 160). Nesse sentido, entende-se diálogo em sentido amplo, não apenas como comunicação que se realiza face a face, em voz alta, mas toda comunicação humana. Qualquer enunciação seria apenas um fragmento de uma cadeia de comunicação verbal; uma corrente de comunicação verbal ininterrupta de determinado grupo social. Para Bakhtin (2006, p. 297)

> Cada enunciado é pleno de ecos e ressonâncias de outros enunciados com os quais está ligado pela identidade de esfera de comunicação discursiva. Cada enunciado deve ser visto antes de tudo como uma *resposta* aos enunciados precedentes de um determinado campo (...): ela os rejeita, confirma, completa, baseia-se neles, subentende-os como conhecidos, de certo modo os leva em conta.

Maingueneau (2000, p. 42) afirma que o termo *dialogismo*

> é utilizado, após Bakhtin, para referir-se à dimensão *interativa* da linguagem, oral ou escrita: "O locutor não é um Adão" e, por isso, o objeto de seu discurso se torna, inevitavelmente, o ponto onde se encontram as opiniões de interlocutores imediatos (numa conversação ou numa discussão sobre qualquer acontecimento da vida corrente) ou ainda as visões do mundo, as tendências, as teorias etc. (na esfera da troca cultural) (BAKHTIN, 1984, p. 302). Mas Bakhtin emprega também *dialogismo* no sentido de intertextualidade (TODOROV, 1981, cap. 5). Podemos, por comodidade, seguir Moirand e distinguir entre *dialogismo intertextual* e *dialogismo interacional* (1990, p. 75). O primeiro remete às marcas de heterogeneidade enunciativa, à citação, no sentido amplo; o segundo às múltiplas manifestações da troca verbal. Mas, para Bakhtin, em um nível profundo, não podemos dissociar essas duas faces do *dialogismo*: "Toda enunciação, mesmo sob sua forma escrita cristalizada, é uma resposta a alguma coisa e é construída como tal. Ela é apenas um elo na cadeia dos atos de fala. Toda inscrição prolonga aquelas que a precederam, estabelece uma polêmica com elas, aguarda reações ativas de compreensão, antecipa-se sobre estas etc." (1977, p. 106).

Podemos em um discurso aderir ao discurso de outrem, por pressuposição, por argumento de autoridade, bem como não aderir ao ponto de vista de outrem; nesse caso, há no enunciado duas vozes: uma que afirma, outra que nega ("fulano não é grande estudioso, antes é um presunçoso" = algo como: "se para alguém fulano não é grande estudioso, para mim, antes, ele é presunçoso"). Às vezes, para nos mantermos distante do posicionamento de outra voz, usamos **aspas**: "ele não é 'um grande político', mas um político inescrupuloso". Nesse caso, *um grande político* é a voz de alguém, da qual se quis manter distância.

3.6 Coerência e coesão

A coerência é um princípio de interpretabilidade do texto; para esse processo contribuem emissor e receptor. Se faltar a interação de texto e usuário, a construção do sentido ficará prejudicada e não haverá compreensão, ainda que o texto seja bem organizado do ponto de vista linguístico.

Koch e Travaglia (2012, p. 109) reafirmam ao final de seu livro: "não existe o texto incoerente em si, mas apenas que o texto pode ser incoerente para alguém em determinada situação de comunicação".

Coerência e coesão, fatores constituintes da textualidade, não são, no entanto, suficientes para que um texto seja tido como texto. É de considerar que, por motivos diversos, podem-se construir textos que não sejam totalmente coerentes nem coesos. Por isso, é necessário incluir também entre os critérios de textualidade as atitudes dos usuários: uma manifestação linguística é considerada texto quando há intenção do produtor de apresentá-la em uma situação determinada, bem como se houver aceitação do parceiro de que de fato há ali uma comunicação.

A **coerência** é resultado do encontro do leitor com o texto; ela não está no texto propriamente nem no leitor. Todavia, para formar um sentido coerente não se pode fazer do texto um amontoado de frases desconectadas, nas quais não se perceba um objetivo, uma intencionalidade.

Relativamente à **coesão textual**, vários são os elementos que contribuem para manter a unidade, mantendo a progressão, a continuidade temática. São mecanismos de coesão: o uso de conectivos, a repetição, o paralelismo, a utilização de palavras de sentido equivalente, de hiperônimos e hipônimos.

Há conjunções que produzem o efeito de sentido de contraste, de oposição: *mas, porém, todavia, contudo, entretanto, no entanto*. Outras, o efeito de sentido de concessão: *embora, não obstante, ainda que*. Se nos valemos de *mas*, e seus equivalentes, colocamos em primeiro lugar o argumento que será contraditado; se nos valemos de *embora*, e seus equivalentes, antecipamos o argumento contrário. Trata-se de uma estratégia de produção textual.

Há ainda outros nexos conjuntivos, como os de causa: *porque, visto que, como, uma vez que*, de comparação (*como, tal como, assim como*), de condição (*se, salvo se*), de conformidade (*de acordo com, em conformidade com, conforme, segundo*), de consecutividade (*tanto que, tal que*), de finalidade (*a fim de que, para que*), de temporalidade (*quando*).

A **repetição** de itens lexicais serve tanto para enfatizar ideias, como para produzir o efeito de iconicidade:

FILHOS

Daqui escutei
quando eles
chegaram rindo
e correndo
entraram
na sala
e logo
invadiram também
o escritório
(onde eu trabalhava)
num alvoroço
e rindo e correndo
se foram
com sua alegria

se foram

Só então
me perguntei
por que
não lhes dera
maior
atenção
se há tantos
e tantos
anos
não os via
crianças
já que
agora
estão os três
com mais
de trinta anos (GULLAR, 2000, p. 436).

Enquanto as repetições *rindo e correndo* enfatizam a ideia de algazarra, de brincadeira de criança, num movimento espontâneo que contrasta com a seriedade do trabalho do pai, a repetição de *se foram*, em que uma das expressões aparece isoladamente em um verso, iconiza a solidão do poeta. A rapidez da passagem do tempo é marcada não só pelas repetições, mas também pela escolha de um metro breve e a disposição final dos versos que iconizam separação, afastamento.

Repetições são recursos utilizados para manter a coesão ou produzir sentidos específicos em um texto; não podem, portanto, ser vistas como desleixo e carência de vocabulário. Vejamos mais dois exemplos em que a repetição produz o efeito de sentido de ênfase:

> Podemos não saber dizer que diferença existe entre determinados sinônimos, mas que ela **existe, existe** (OLIVEIRA, 2011, p. 135). [destaque nosso]
>
> Todo **texto** é produzido com alguma intenção, que pode estar explícita na superfície do **texto** ou implícita em suas entrelinhas. Mas que ela **sempre** está lá. **Sempre** (OLIVEIRA, 2011, p. 138). [destaque nosso]
>
> Em geral, estes dois aspectos da linguagem [léxico e gramática] são tratados **separadamente**, como se ocorressem **separadamente**, e com base em modelos de língua idealizados (FREITAS In: TRAVAGLIA; FINOTTI; MESQUITA, 2008, p. 130). [destaque nosso]

A repetição nem sempre se faz pela totalidade da expressão; às vezes, ela se dá parcialmente, substituindo um de seus elementos, como no caso de sintagma com preposição e sintagma nominalizado (*produtos do Brasil = produtos brasileiros*), ou substituição de um sintagma verbal por um sintagma nominal (*o autor produziu dois textos, a produção de dois textos do autor*).

Outros mecanismos para manter a coesão seriam: (a) a **paráfrase**, comum na fala e na escrita: depois de dizer ou escrever qualquer coisa, diz-se: *em resumo, isto é, ou seja, recapitulando, em síntese, em suma*; (b) o uso de **palavras de sentido equivalente** ("sinônimos"), salientando sempre que não há propriamente sinônimos e que cada palavra produz um efeito de sentido específico (por exemplo, se usamos em um lugar a palavra *livro*, mais abaixo podemos nos referir a ele como *o texto, a obra* etc.); (c) o **paralelismo**, que é outro mecanismo propício à manutenção da coesão. Ele é constituído por repetições de estruturas sintáticas ou semânticas:

> Que frio! Que vento! Que calor! Que caro! Que absurdo! Que bacana! Que tristeza! Que tarde! Que amor! Que besteira! Que esperança! Que modos! Que noite! Que graça! Que horror! Que doçura! Que novidade! Que susto! Que pão! Que vexame! Que mentira! Que confusão! Que vida! Que coisa! Que talento! Que alívio! Que nada...
>
> Assim, em plena floresta de exclamações, vai-se tocando pra frente. Ou para o lado. Ou para trás. Ou não se toca. Parado. Encostado. Sentado. Deitado. De cócoras. Olhando. Sofrendo. Amando. Calculando. Dormindo. Roncando. Pesadelando. Fungando. Bocejando. Perrengando. Adiando. Morrendo (ANDRADE, C. D., 1983, p. 1379).

O paralelismo se dá inicialmente com o uso de uma diversidade de expressões exclamativas; depois, com referências espaciais; em seguida, com o uso de particípios e, finalmente, com gerúndios.

Ainda contribuem para manter a coesão os pronomes (pessoal, oblíquo, possessivo, demonstrativo):

> Os antigos serviços de espionagem recomendavam que, em meio a uma guerra, não se mandassem mensagens por escrito, principalmente nas linhas de frente e às vésperas de uma batalha. Se **isso** fosse inevitável, o destinatário da mensagem, depois de lê-**la**, deveria engoli-**la**. Se **ele** fosse capturado, revistado por fora e por dentro, e o papelucho, encontrado, o que restasse **dela** já estaria ilegível.
>
> Já um amigo **meu**, o falecido Ivan Lessa, quando **lhe** perguntavam por que não escrevia o grande romance de **sua** geração – **ele** que, potencialmente, era o maior escritor brasileiro –, respondia: "O importante não é escrever, e sim tomar notas". Mas só dizia **isso** para que **o** deixassem em paz. Na verdade, Ivan não escrevia, nem tomava notas. Temia que, se tomasse notas e alguém **as** descobrisse, a partir **delas** tentariam obrigá-**lo** a escrever (CASTRO, Ruy. Impressões digitais. *Folha de S. Paulo*, São Paulo, 29 jul. 2015, p. A2).

O uso de **hipônimos** e **hiperônimos**, igualmente, favorece a coesão: se digo *ônibus, metrô, trem, táxi* (hipônimos), posso adiante retomar dizendo *meios de transporte* (hiperônimo); se digo *ipê, peroba, jacarandá, pau-brasil*, adiante posso retomar essas referências afirmando *árvores* ou *flora brasileira*.

4 PROGRESSÃO TEXTUAL

Um texto se desenvolve com apresentação de temas e comentários, de informações novas (rema) e já conhecidas (tema). Nas seguidas retomadas dos temas ou tópicos tratados, valemo-nos de formas nominais referenciais, que têm por finalidade categorizar e recategorizar o referente, apresentar e reapresentar o referente conforme o progresso do texto, resumir ou encapsular determinadas porções de texto, rotulando-as. Vejamos como isso se dá em um texto:

> A SEXTA EXTINÇÃO
>
> Animal símbolo da Amazônia, o boto-cor-de-rosa, ou boto-vermelho, desde o ano 2000 tem sido caçado de forma implacável. Sua carne

serve de isca na pesca da piracatinga, peixe comercializado em larga escala nos supermercados sob o nome de douradinha.

Pesquisadores e ambientalistas assustaram-se com a queda acentuada da quantidade de botos. Embora não existam números globais precisos, ao menos na reserva Mamirauá (AM), no rio Solimões, dados sugerem uma tragédia de proporções bíblicas: diminuição de 10% ao ano da população local, segundo o Inpa (Instituto Nacional de Pesquisas da Amazônia).

Pressionado, o governo federal decretou moratória de cinco anos na captura da piracatinga, a fim de afastar o maior golfinho de água doce do planeta da crescente lista de animais extintos pelas mãos do homem. A medida entrou em vigor no dia 1º de janeiro.

Lamentavelmente, o boto-cor-de-rosa está longe de ser o único animal ameaçado. Um estudo publicado recentemente no periódico "Science" mostra que as espécies têm desaparecido do planeta a uma taxa mil vezes maior do que a natural. Eis a catástrofe: de um terço a metade delas corre o risco de não mais existir até 2100.

No Brasil, são 1.501 populações ameaçadas, incluindo a de botos-cor-de-rosa, de acordo com levantamento divulgado em maio pelo ICMBio (Instituto Chico Mendes de Conservação da Biodiversidade). Outros 11 animais já foram declarados extintos – caso da ararinha-azul, que hoje só vive em cativeiro.

O ritmo de aniquilação se acelerou tanto que alguns cientistas veem o planeta atravessando a sexta extinção, comparável ao desaparecimento dos dinossauros ou a outros cataclismos pré-históricos.

Dado inédito, o processo, desta vez, não se deve a causas naturais. Da destruição do habitat à introdução de exemplares não nativos num determinado ecossistema, passando pela caça e pelas mudanças climáticas, o homem é o maior responsável pelo perecimento recente de centenas de espécies.

Para vários animais, como o boto-cor-de-rosa, ainda há tempo. A moratória contra a pesca da piracatinga torna a fiscalização mais fácil, pois se concentrará principalmente nas poucas e grandes empresas que compram o peixe.

É fundamental, no entanto, que os órgãos responsáveis atuem de fato. Do contrário, a nova medida será tão inócua quanto a lei federal de 1987 que proíbe a caça de baleias e golfinhos no país (*Folha de S. Paulo*, São Paulo, 3 jan. 2015, p. A2).

Guimarães (2004, p. 21) enfatiza que, da mesma forma que uma sequência de palavras não constitui uma frase, o texto também não é uma simples sucessão de frases. Os elos transfrásicos, que proporcionam relações entre as frases no nível do sentido, fazem do texto um "conjunto de informações". Um texto bem organizado repele a liberdade total e teria como base o seguimento de algumas regras. Duas relações mantêm a interligação dos elementos constituidores do tema ou da significação de um texto: as relações lógicas e as relações de redundância. Enquanto as primeiras possibilitam a progressão do texto, as segundas ocupam-se da manutenção do tema, proporcionando, portanto, unidade ao texto.

O texto "A sexta extinção", como se pode verificar, trata de um único assunto do começo ao final: a extinção do boto-cor-de-rosa, se não forem tomadas providências por parte do governo. Essa é a referência do texto. É um acordo que seu autor estabelece com o leitor. E o faz utilizando uma forma nominal: "animal símbolo da Amazônia, **o** boto-cor-de-rosa", que logo em seguida é renomeado "boto-vermelho". Depois, é retomado por elipse: "desde o ano 2000 [ele] tem sido caçado de forma implacável". O pronome possessivo *sua* também contribui para manter a coesão: "sua carne serve de isca na pesca da piracatinga". Logo em seguida, esse peixe recebe novo nome, *douradinha*. O boto-cor-de-rosa é retomado ainda uma vez por outra elipse: "diminuição de 10% ao ano da população [de botos] local". "**Pesca** da piracatinga", para manter a coesão, é recategorizada em "**captura** da piracatinga" e o boto recebe novas designações: "maior golfinho de água doce do planeta" e "animal ameaçado"; "delas" estabelece relação com "espécies"; em "populações [de animais] ameaçadas" novamente verificamos a existência de uma elipse. A caça ao boto-cor-de-rosa recebe então outra categorização, "o ritmo de aniquilação [de animais]". Em seguida, a caça de animais recebe o nome de "perecimento recente de centenas de espécies" e piracatinga é denominada "o peixe". Finalmente, no último parágrafo, o texto retoma o terceiro parágrafo: "pressionado, o governo decretou moratória de cinco anos na captura da piracatinga"; a expressão "moratória" recebe nova forma nominal: "a nova medida".

O referente é construído no texto segundo os interesses e intenções do locutor, do interlocutor, a situação em que ambos se encontram, a visão de mundo que têm. O leitor já se viu muitas vezes com a dificuldade de encontrar a melhor referência para o que diz ou escreve. De repente, para, vai ao dicionário, reflete, escolhe uma palavra, depois a substitui, sempre numa procura incessante da melhor maneira de referir-se ao que tem em vista. Recentemente, na história política brasileira assistimos, de um lado a oposição governamental referindo-se ao processo contra a Presidente do Brasil como *impeachment*; de outro, a situação referindo-se ao mesmo processo como *golpe*, outros ainda como *golpe branco*.

Observemos, por exemplo, a expressão "a queda acentuada da quantidade de botos" que é seguidamente renomeada com outras formas nominais: "afastar o maior golfinho de água doce do planeta da crescente lista de animais extintos pelas mãos do homem"; "o ritmo de aniquilação"; "o processo, desta vez, não se deve a causas naturais".

A introdução e a retomada de referentes em um texto realizadas por meio de **formas nominais** orientam argumentativamente o leitor para o sentido pretendido pelo enunciador. Para Guimarães (2013, p. 51), uma das formas mais representativas da referenciação é a **nominalização** – mecanismo que possibilita a condensação de proposições em construções substantivas geralmente derivadas de verbos ou de adjetivos e desempenha o papel de recurso de coesão lexical a serviço do que Halliday (1976) chama de *função textual da linguagem*.

Exemplo:

> Entre os membros da comitiva que acompanhou a arquiduquesa na viagem nupcial ao Brasil, estavam o zoólogo Johann Baptist von Spix e **o botânico** Carl Friedrich von Martius, que iniciaram no Rio de Janeiro **uma longa jornada** pelo interior do país. **A viagem** deu origem à ***Flora brasiliensis,* obra** que revelou detalhes do Brasil ao Velho Mundo. **Essa história**, bem documentada, deu origem **a outra**, menos conhecida: **as literaturas de viagem** incluíram o Brasil no círculo de estudos e interesses do poeta alemão Johann Wolfgang Von Goethe (1749-1832), que não só correspondeu com Martius como também o encontrou várias vezes após seu retorno à Alemanha.
>
> No dia 13 de setembro de 1824, **Goethe** registrou em seu diário **a visita** de Martins a sua casa em Weimar, Alemanha. Entre outros detalhes **do encontro**, **o poeta** menciona **ter pendurado em seu escritório um grande mapa do Brasil** para saudar **o naturalista**, ao qual se referia como "**o brasileiro Martius**". "Podemos tomar **esse gesto** como símbolo do interesse que Goethe demonstrou pelo Brasil em vários momentos de sua vida", diz o pesquisador Marcus Mazzari, do Departamento de Teoria Literária e Literatura (ANDRADE, Rodrigo de Oliveira. Goethe à brasileira. *Pesquisa FAPESP*, n. 242, abr. 2016, p. 94).

Neste último exemplo, "o botânico Carl Friedrich von Martius" é retomado adiante como "o naturalista"; "uma longa jornada" é nominalizada "a viagem"; "*Flora brasiliensis*" recebe o nome de "a obra", bem como de "essa história"; "a outra" é designada "as literaturas de viagem"; "Goethe" aparece como "o poeta"; "a visita", como "o encontro"; "ter pendurado em seu escritório um grande mapa do Brasil" é nominalizado "esse gesto".

A progressão de um texto dá-se também por **repetição**, como no caso de "o governo federal decretou moratória de cinco anos na captura da piracatinga" que reaparece em: "a moratória contra a pesca da piracatinga torna a fiscalização mais fácil". O hiperônimo **governo** reaparece no hipônimo "órgãos responsáveis"; e "decreto do governo" reaparece com os nomes de *moratória* e *nova medida*.

As formas nominais servem, pois, tanto para recategorizar o referente, como para reapresentar o referente à medida que o texto progride. Essas estratégias permitem a manutenção da unidade do texto, bem como sua memorização e progressão do texto.

Outra forma nominal referencial que permite a progressão textual é constituída por expressões que **resumem** ou **encapsulam** outras expressões do texto. Em geral, os rótulos mais comuns são constituídos por: *isso, essa, tal* [seguidos ou não de um substantivo]. Por exemplo:

> Por mais que biólogos explorem o chão, as árvores e os corpos d'água, eles ainda parecem longe de estimar e explicar a diversidade biológica das florestas tropicais. Mais do que **isso**, falta explicar como e quando surgiram montanhas, rios e tudo o que está por baixo da mata. Projetos centrados na Amazônia e na Mata Atlântica agora buscam respostas: biólogos e geólogos vêm trabalhando juntos em busca de decifrar **essa história** numa disciplina batizada em 2014 como geogenômica pelo geólogo Paul Baker, da Universidade Duke, nos Estados Unidos (GUIMARÃES, Maria. Para entender a origem da floresta. *Pesquisa FAPESP*, São Paulo, n. 242, abr. 2016, p. 16).

Koch e Elias (2016, p. 90-91, 94) entendem que "o emprego das expressões nominais serve para denominar ou categorizar as coisas do mundo de acordo com o nosso modo de compreendê-las". Nossas escolhas de formas nominais não são aleatórias nem neutras, mas relacionam-se com nossos objetivos na interação comunicativa. Também em relação aos rótulos, as autoras frisam que eles "contêm algum grau de subjetividade", visto que, "ao rotular segmentos textuais, cria um novo objeto de discurso". Esse é o caso do rótulo "tragédia de proporções bíblicas" que antecipa "diminuição de 10% ao ano da população local para a redução de botos-cor-de-rosa". Os **rótulos** servem ora para resumir uma porção do texto, ora para criar um novo referente textual, ora para orientar argumentativamente.

Os processos de retomada do referente, além das expressões nominais, incluem: pronomes (pronominalização) (*eu, você, ele, ela, o, a, meu, minha, teu, tua, seu, sua*), anáfora indireta, numerais (organizadores do discurso: *o primeiro, o segundo*), elipses.

A progressão de um texto, ou sequenciação, designa os procedimentos por meio dos quais estabelecemos relações semânticas e pragmáticas que ocorrem enquanto o texto progride. São as seguintes as estratégias de progressão textual: por repetição, por paralelismo sintático, por paráfrases.

Diferentemente da visão tradicional que vê a repetição como uma falha, como uma marca de redundância, nos estudos de texto atuais ela é considerada uma estratégia de sequenciação, um mecanismo de estabelecimento de coesão textual. Vejamos um exemplo:

> **Quilombos** existem desde pelo menos 1575, quando se deu o primeiro registro da existência de um "mocambo" na Bahia. Gomes explica essa precocidade pela ideia de que não havia forma de protesto mais eficaz contra o escravismo do que a **fuga**. "Muitas escapadas coletivas foram antecedidas de **levantes** ou motins", diz o historiador. Os **quilombos**

> nunca eram totalmente fixos e contavam com os locais de difícil acesso, como montanhas, cavernas, florestas e manguezais, como refúgio. Diante dos grandes prejuízos com a perda da mão de obra, fazendeiros mandavam capitães do mato e tropas irem ao encalço dos fugitivos, o que não impedia as comunidades de se multiplicarem. "O surgimento de um **quilombo** atraía a repressão, assim como mais **fugas** para ele", conta Gomes. Além disso, **quilombolas**, portando armas artesanais ou pistolas e espingardas roubadas ou cedidas por parceiros comerciais, faziam expedições que induziam os cativos das senzalas a escapar e realizavam sequestros para aumentar a população da comunidade fugitiva. A articulação entre **quilombolas** e escravos das senzalas de grandes engenhos provocou uma rebelião no engenho de Santana, na Bahia, em 1789. Ocorreram sucessivos **levantes** até 1828, período em que se formou, de acordo com Gomes, uma economia de negros fugidos (FERRARI, Márcio. A economia dos quilombos. *Pesquisa FAPESP*, São Paulo, n. 242, abr. 2016, p. 82-83).

Pode também valer-se o enunciador da estratégia do paralelismo sintático para fazer seu texto progredir:

> A CABRA
>
> Cabra de Picasso, lição de metamorfose:
> de como um cesto vira barriga
> duas cabaças viram úberes
> cepos de parreira viram chifres
> argila e ferro viram pernas e pés
> folhas de palmeira viram pelos
> lata dobrada vira sexo
> um pedaço de cano vira ânus
>   de cabra
> de como lixo vira bicho
>
> Cabra de Picasso: arremedo de cabra
> que nos mostra a cabra
> cabra mais que cabra
> cabeçuda apojada prenha

> mais cabra que todas
> 	as cabras
> arcaica arquetípica
> terrestre terrena
> artefato sem artifício:
> — de esqueleto à mostra
>
> (GULLAR, 2003, p. 98)

No texto de Gullar, podemos verificar paralelismo no primeiro verso da primeira estrofe do poema e no primeiro verso da segunda estrofe: "Cabra de Picasso, lição de metamorfose:" / "Cabra de Picasso: arremedo de cabra". Voltando à estrofe inicial, identificamos em todos os versos paralelismo que se forma em torno do verbo *virar*; em "arcaica arquetípica" / "terrestre terrena" o paralelismo se dá com adjetivos.

As paráfrases, por sua vez, também servem como estratégias de progressão textual. Elas repetem o conteúdo semântico já exposto, mas com outras palavras. Em geral, aparecem marcadas nos textos com as seguintes expressões: *isto é, ou seja, ou melhor, quer dizer, em síntese, em resumo, resumindo, em outras palavras*. Vejamos alguns exemplos:

> O funcionamento do sistema sintático impõe padrões organizadores à superfície textual, isto é, modela a organização patente das palavras (GUIMARÃES, 2013, p. 12).
>
> Na análise do desenvolvimento de um discurso dá-se ênfase à *função*, isto é, àquilo que se faz quando se produz um enunciado ou vários em um texto (GUIMARÃES, 2013, p. 27).
>
> A **microestrutura** é responsável pela estruturação linguística do texto, isto é, representa todo um sistema de instruções textualizadoras de superfície que auxilia na construção linear do texto por intermédio de palavras e de frases, organizadas como elementos e mecanismos de coesão (GUIMARÃES, 2013, p. 35).
>
> Antes, pois, de estabelecer o quadro típico do texto, é preciso controlar os fatos do discurso, isto é, *saber quem fez o que para quem* e verificar *que relação uma ação descrita pelo discurso tem com as outras ações em seu contexto* (GUIMARÃES, 2013, p. 129).
>
> Segundo a proposta de Halliday e Hasan (1976), a noção de **coesão** precisa ser completada pela noção de **registro**, ou seja, adequação a um determinado contexto de situação (GUIMARÃES, 2013, p. 16).

> Quando alguém produz um texto, tem por objetivo despertar o interesse daquele que o lê ou ouve, ou seja, guia-se por uma dada intencionalidade (GUIMARÃES, 2013, p. 24).
>
> **Definição** – o étimo latino *definitio* possibilita a relação do termo definição com fim – *fine*, ou seja, com alguma coisa fechada, delimitada (GUIMARÃES, 2013, p. 28).
>
> Por **base do texto**, entende-se a estrutura do discurso subjacente ao texto enunciado, ou seja, o eixo de natureza semântica, o mecanismo em que se baseia sua coerência interna como estrutura discursiva específica (GUIMARÃES, 2013, p. 34).
>
> Adam (2005, p. 47) classifica e descreve os diversos tipos de progressão temática, ou seja, as diferentes estratégias de retomada e avanço do texto, com base nas noções de **tema** e **rema**, ou seja, a informação apresentada como conhecida (**tema**) ou como nova (**rema**) (GUIMARÃES, 2013, p. 67).
>
> *Não há discurso sem sujeito e não há sujeito sem ideologia*, ou seja, o sujeito manifesta, através do discurso, suas ideologias constituídas no tempo histórico e no espaço social onde se insere (GUIMARÃES, 2013, p. 97-98).
>
> O **discurso** não é outra coisa senão esse mesmo texto, que, no entanto, se discursiviza na medida em que o seu analista busca as intenções não explicitadas, ou seja, a ideologia que move o autor na elaboração do texto (GUIMARÃES, 2013, p. 127).
>
> Resumindo o que foi dito, as normas de textualidade mais óbvias são a **coesão**, que se manifesta na superfície textual, e a **coerência** que subjaz no interior do texto (GUIMARÃES, 2013, p. 24).

Vejamos agora as **estratégias de progressão temática**, mas não sem antes definir o que se entende por **tema**: é "o núcleo informativo fundamental ou elemento em torno do qual se estrutura a mensagem; sua identificação permite ao receptor considerar 'entendido' o texto" (GUIMARÃES, 2013, p. 35).

Três seriam as possibilidades de progressão temática: progressão com tema constante, progressão por tematização linear e progressão de temas derivados. É exemplo de **progressão com tema constante**:

NARRATIVAS

No tempo em que os críticos falavam, o estudo da narrativa ocupava boa parte do currículo das faculdades de letras. Criou-se até um termo, narratologia, para investigar as relações entre uma história e os modos de narrá-la. Era a década de 1970, tempo de glória do estruturalismo e da ditadura.

Como muitos signos acadêmicos entraram e saíram de moda desde então, hoje pouca gente lê "Discurso da Narrativa", de Gérard Genette. E "narrativa" virou um recurso infantilizador que marqueteiros volta e meia sacam do seu balaio de empulhações.

Bastam dois minutos de conversa e lá vêm eles com a ladainha: é preciso criar uma narrativa. Referem-se ao encadeamento de ações no passado, de modo a justificar o que um político profissional faz ou deixa de fazer no presente.

Narrativa, para eles, é uma história que legitima o percurso de um político, por mais oportunista e cheia de reviravoltas que tenha sido a sua trajetória.

Os profissionais do embuste criam narrativas para quem está no poder ou o almeja. Numa reunião do PDT na semana passada, por exemplo, a presidente comparou a situação atual com os idos de agosto de 1954. [...]

Em termos de marketing, as incongruências são irrelevantes. O que vale é a narrativa: os maus e seus paus-mandados conduziram o Pai dos Pobres, tão bonzinho, ao suicídio. Acautelai-vos, pois, porque agora o ataque é à mãe do PAC.

É uma narrativa tosca, mas poderosa. [...]

Outro teórico literário, Walter Benjamin (felizmente ainda lido), classificaria Dilma Rousseff de narradora arcaica, ligada ao mundo agrário de antes da Primeira Guerra Mundial. Porque a presidente lança mão da sabedoria oriunda dos ritmos da natureza – as estações do ano, plantar e colher, nascer, morrer, recomeçar.

Na narrativa dela também não há história propriamente dita, superação. [...]

Lula é narrador de outro quilate. Para continuar com figuras imaginadas por Benjamin, o ex-presidente é o Marinheiro, o navegante que esteve em outras terras, aprendeu coisas novas e voltou para narrar o que viu na viagem. [...]

> Não mais, Musa, não mais. Acossado, o ex-presidente virou um narrador sem ponto de vista. Ora fala como um líder de truz dos trabalhadores. E ora se gaba de ter feito palestras milionárias a executivos amestrados.
>
> Tornou-se um narrador inconfiável, meio machadiano. Talvez por isso junte cada vez menos gente que queira ouvir a sua narrativa (CONTI, Mario Sergio. Narrativas. *Folha de S. Paulo*, São Paulo, 26 jan. 2015, p. A5).

Como podemos verificar, na progressão por tematização constante, o mesmo tema (narrativa) é retomado e associado a outros temas. Nesse tipo de progressão, o tema pode ser retomado com variadas nominalizações.

> Com as mortes de David Bowie e Prince, a música pop perdeu dois de seus artistas mais talentosos e transgressores. É simbólico que esse dois gênios tenham nos deixado em um intervalo tão curto: apesar das diferenças de geração e origem, havia semelhanças entre suas obras musicalmente ecléticas, sexualmente explícitas e ambíguas e na obsessão que demonstraram em construir suas carreiras de forma livre e independente (BARCINSKI, André. Se os anos 70 foram de David Bowie, os 80 foram de Prince. *Folha de S. Paulo*, São Paulo, 22 abr. 2016, p. C5).

David Bowie e Prince são apresentados como *artistas talentosos e transgressores*; *dois gênios*; donos de *obras musicalmente ecléticas, sexualmente explícitas e ambíguas*; obsessivos na construção de suas carreiras. As retomadas com diversidade de nominalização e novas predicações possibilitam a progressão e a unidade do tema.

Na **progressão por tematização linear**, no entanto, a estrutura é outra: o **rema**, a informação nova, serve de tema para o desenvolvimento de uma nova frase, que se constitui no tema da seguinte: tema → rema → tema → rema, e assim sucessivamente. Vejamos um exemplo:

> ### UM CÃO DE LATA AO RABO
>
> Era uma vez um mestre-escola, residente em Chapéu d'Uvas, que se lembrou de abrir entre os alunos um torneio de composição e de estilo; ideia útil, que não somente afiou e desafiou as mais diversas ambições literárias, como produziu páginas de verdadeiro e raro merecimento.

– Meus rapazes, disse ele. Chegou a ocasião de brilhar e mostrar que podem fazer alguma coisa. Abro o concurso, e dou quinze dias aos concorrentes. No fim dos quinze dias, quero ter em minha mão os trabalhos de todos; escolherei um júri para os examinar, comparar e premiar.

– Mas o assunto? perguntaram os rapazes batendo palmas de alegria.

– Podia dar-lhes um assunto histórico; mas seria fácil, e eu quero experimentar a aptidão de cada um. Dou-lhes um assunto simples, aparentemente vulgar, mas profundamente filosófico.

– Diga, diga.

– O assunto é este: – UM CÃO DE LATA AO RABO. Quero vê-los brilhar com opulências de linguagem e atrevimentos de ideia. Rapazes, à obra! Claro é que cada um pode apreciá-lo conforme o entender.

O mestre-escola nomeou um júri, de que eu fiz parte. Sete escritos foram submetidos ao nosso exame. Eram geralmente bons; mas três, sobretudo, mereceram a palma e encheram de pasmo o júri e o mestre, tais eram – neste o arrojo do pensamento e a novidade do estilo, – naquele a pureza da linguagem e a solenidade acadêmica – naquele outro a erudição rebuscada e técnica, – tudo novidade, ao menos em Chapéu d'Uvas. Nós os classificamos pela ordem do mérito e do estilo. Assim, temos:

1º Estilo antitético e asmático.

2º Estilo *ab ovo*.

3º Estilo largo e clássico.

Para que o leitor fluminense julgue por si mesmo de tais méritos, vou dar adiante os referidos trabalhos, até agora inéditos, mas já agora sujeitos ao apreço público.

ESTILO ANTITÉTICO E ASMÁTICO

O cão atirou-se com ímpeto. Fisicamente, o cão tem pés, quatro; moralmente, tem asas, duas. Pés: ligeireza na linha reta. Asas: ligeireza na linha ascensional. Duas forças, duas funções. Espádua de anjo no dorso de uma locomotiva.

Um menino atara a lata ao rabo do cão. Que é rabo? Um prolongamento e um deslumbramento. Esse apêndice, que é carne, é também um clarão. Di-lo a filosofia? Não; di-lo a etimologia. Rabo, rabino: duas ideias e uma só raiz.

> A etimologia é a chave do passado, como a filosofia é a chave do futuro.
>
> O cão ia pela rua fora, a dar com a lata nas pedras. A pedra faiscava, a lata retinia, o cão voava. Ia como o raio, como o vento, como a ideia. Era a revolução, que transtorna, o temporal que derruba, o incêndio que devora. O cão devorava. Que devorava o cão? O espaço. O espaço é comida. O céu pôs esse transparente manjar ao alcance dos impetuosos. Quando uns jantam e outros jejuam; quando, em oposição às toalhas da casa nobre, há os andrajos da casa do pobre; quando em cima as garrafas choram *lacrimachristi*, e embaixo os olhos choram lágrimas de sangue, Deus inventou um banquete para a alma. Chamou-lhe espaço. Esse imenso azul, que está entre a criatura e o criador, é o caldeirão dos grandes famintos. Caldeirão azul: antinomia, unidade.
>
> O cão ia. A lata saltava como os guizos do arlequim. De caminho envolveu-se nas pernas de um homem. O homem parou; o cão parou: pararam diante um do outro. Contemplação única! *Homo, canis*. Um parecia dizer: – Liberta-me! O outro parecia dizer: – Afasta-te! Após alguns instantes, recuaram ambos; o quadrúpede deslaçou-se do bípede. *Canis* levou a sua lata; *homo* levou a sua vergonha. Divisão equitativa. A vergonha é a lata ao rabo do caráter.
>
> Então, ao longe, muito longe, troou alguma coisa funesta e misteriosa. Era o vento, era o furacão que sacudia as algemas do infinito e rugia como uma imensa pantera. Após o rugido, o movimento, o ímpeto, a vertigem. O furacão vibrou, uivou, grunhiu. O mar calou o seu tumulto, a terra calou a sua orquestra. O furacão vinha retorcendo as árvores, essas torres da natureza, vinha abatendo as torres, essas árvores da arte; e rolava tudo, e aturdia tudo, e ensurdecia tudo. A natureza parecia atônita de si mesma. O condor, que é o colibri dos Andes, tremia de terror, como o colibri, que é o condor das rosas. O furacão igualava o píncaro e a base. Diante dele o máximo e o mínimo eram uma só coisa: nada. Alçou o dedo e apagou o sol. A poeira cercava-o todo; trazia poeira adiante, atrás, à esquerda, à direita; poeira em cima, poeira embaixo. Era o redemoinho, a convulsão, o arrasamento. [...] (ASSIS, 1997, v. 3, p. 984-986).

No texto de Machado, ao tratar do estilo antitético e asmático, verificamos que cão leva a pés e asas; em seguida, um menino "atara a lata ao rabo do cão" que leva a considerações sobre *rabo*, que leva à etimologia, que leva à filosofia; em seguida, a lata amarrada ao cão bate nas pedras e passa, então, a tratar da pedra. O cão devorava o espaço dá entrada a espaço e comida, que leva a falar dos que comem e dos que jejuam, e assim sucessivamente até o final do conto.

Guimarães (2013, p. 68) identifica a tematização linear com a figura de retórica denominada *anadiplose*, que é uma figura de linguagem, que consiste na repetição da última palavra de uma frase, ou um segmento sintático, no início do seguinte.

O terceiro tipo de progressão temática é o de temas derivados: um tema que se subdivide em vários. Suponhamos:

> Uma em cada três instituições de ensino privadas no Brasil oferece cursos de pós-graduação na modalidade *lato sensu*, segundo um estudo da consultoria Hoper.
>
> O segmento movimenta de R$ 4 a R$ 5 bilhões ao ano e está concentrado nos Estados de São Paulo, Rio, Minas Gerais e Paraná, que representam 56% da oferta.
>
> Nas instituições particulares, o *lato sensu* é dominado por cursos nas áreas de gestão e negócios, que representam um terço do total da oferta e canalizam 34% dos alunos. [...]
>
> Cursos de direito ficam em segundo lugar na quantidade de matrículas do *lato sensu*, com outras 30% delas. [...]
>
> O aumento mais expressivo na oferta de cursos, segundo Davel, deve ser na área de exatas e tecnologia, que, contudo, absorvem fatia pequena de alunos, cerca de 9%.
>
> Em segundo lugar, ele prevê incremento na área da saúde. [...]
>
> Instituições de São Paulo dizem estar investindo em cursos de extensão, mais focados e com duração mais curta, de até um ano. [...]
>
> Para 2015, a universidade aposta nessa modalidade na área de tecnologia, com cursos como crítica de videogame e técnicas de 3D (Pós-Graduação. *Folha de S. Paulo*, São Paulo, 25 jan. 2015, p. 32-33).

Nesse texto, o tema dos cursos de pós-graduação *lato sensu* é subdividido em áreas: área de gestão de negócios, direito, exatas, tecnologia, saúde.

A progressão de um tema também pode se dar, segundo Koch e Elias (2016, p. 110), por meio de **recursos retóricos**, como é o caso da repetição de uma palavra ou sintagma. Além disso, afirma às páginas 113-114 que são as seguintes as estratégias de que o produtor de um texto dispõe: progressão referencial, que é garantida pela formação das cadeias referenciais, por progressão temática, que é resultado do emprego de termos de um mesmo campo lexical, e progressão por continuidade tópica, em que se empregam recursos estratégicos para manter um tópico em andamento.

5 ARTICULADORES TEXTUAIS DISCURSIVO-ARGUMENTATIVOS

A realização bem-sucedida de um texto conta com articuladores entre orações, períodos, parágrafos, chamados articuladores textuais e operadores discursivo-argumentativos. Eles são responsáveis pela estruturação do texto, bem como pela orientação argumentativa.

Entre os articuladores textuais discursivo-argumentativos, salientam-se os que estabelecem (cf. KOCH; ELIAS, 2016, p. 124-150; cf. também PARREIRA In: TRAVAGLIA; FINOTTI; MESQUISTA, 2008, p. 278-282):

1. **Relações lógico-semânticas:** têm por função apontar o tipo de relação que o enunciador estabelece em relação ao conteúdo das proposições. São articuladores de tipo os que apresentam:

    (a) **Relação de condicionalidade:** *se, salvo se, contanto que, a menos que* etc.

    (b) **Relação de causalidade:** *porque, visto que, dado que, uma vez que, já que* etc.

    (c) **Relação de finalidade:** *para que, a fim de que.*

    (d) **Relação de disjunção:** *ou* [com valor inclusivo: ou um ou outro, ou ambos; os elementos podem ser somados; com valor exclusivo: nesse caso, um ou outro, mas não ambos, isto é, os elementos excluem-se]

    (e) **Relação de temporalidade:** *quando, assim que, logo que, antes que, enquanto, à medida que* etc.

    (f) **Relação de conformidade:** *conforme, segundo, consoante* etc.

2. **Relações discursivo-argumentativas:** estruturam os enunciados por meio de encadeamentos sucessivos. Eles podem ser:

    (a) **De soma, adição:** *e, também, não só... mas também, além disso, ainda, nem*; entre esses operadores, salientam-se os que assinalam o argumento mais forte ou mais fraco: *mesmo, até, e até, até mesmo, inclusive, pelo menos, ao menos, até porque.*

    (b) **Disjunção, oposição:** *mas, porém, contudo, todavia, embora, apesar de que, ainda que.*

    (c) **Explicação:** *pois, porque.*

    (d) **Conclusão:** *portanto, logo, por isso, por conseguinte, consequentemente.*

    (e) **Comparação:** *mais do que, menos do que.*

    (f) **Especificação:** *por exemplo, como.*

    (g) **Correção ou redefinição:** *isto é, ou seja, ou melhor.*

3. **Organização textual:** *por um lado, por outro, de um lado, de outro, primeiro, segundo, primeiramente, em segundo lugar, depois, em seguida, enfim, às vezes, outras vezes, por último.*

4. **Metadiscursivos:**

    (a) **Modalizadores**, que estabelecem uma avaliação sobre o que foi dito: *absolutamente, certamente, curiosamente, efetivamente, especialmente, evidentemente,* *exatamente, excessivamente, exclusivamente, finalmente, forçosamente, frequentemente, habitualmente, igualmente, incontestavelmente, indiscutivelmente, infelizmente, inegavelmente, justamente, lamentavelmente, logicamente, naturalmente, novamente, obviamente, principalmente, realmente, recentemente, seguramente, simplesmente, suficientemente, verdadeiramente, na verdade*. Exemplo:

> As primeiras medidas do presidente em exercício, Michel Temer, beiram o descalabro e fazem pensar que a melhor solução para o País, realmente, seria a convocação de novas eleições (*Metrô News*, São Paulo, 3 jun. 2016, p. 2).

(b) **Delimitadores de domínio:** *geograficamente, biologicamente, regionalmente, em termos esportivos, do ponto de vista econômico, sintaticamente.* Exemplo:

> Distingue-se sintaticamente do restante da frase o tópico sobre o qual se vai discorrer, magnificando, assim, sua função (FIORIN, 2016, p. 28).

(c) **Orientados para a formulação textual**: *em primeiro lugar, em segundo lugar, em suma, em resumo, concluindo, com relação a, no que diz respeito a, relativamente a, a respeito de, no que tange a, com referência a, fazendo um parêntese, retomando o assunto, voltando ao problema.* Exemplo:

> Sob essa perspectiva, este capítulo enfoca as práticas discursivas [...] no contexto universitário norte-americano, nas áreas de linguística, química e economia, sob uma perspectiva que se situa entre duas visões confluentes da linguagem [...].
> A **primeira**, socioconstrutivista, poderia ser definida por sua ênfase na construção do sujeito como resultado de forças e relações que se estabelecem na comunidade em que se insere. Nesse sentido, o texto acadêmico é construído como reflexo de normas e convenções, valores e práticas sócio-historicamente produzidos por um grupo de pessoas que se definem, entre outras coisas, por suas práticas discursivas. [...]
> Na **segunda**, sociointeracionista, a ênfase está nas trocas simbólicas da comunicação em tempo real num dado evento discursivo (MOTTA-ROTH In: MEURER; MOTTA-ROTH, 2002, p. 78-79). [destaque nosso]

(d) **Evidenciadores da propriedade autorreflexiva da linguagem:** *em outros termos, em outras palavras, podemos dizer assim, por assim dizer, digamos assim*. Exemplo:

> O valor remissivo emerge como consequência de uma espécie de "lei rítmica que subordina o progresso narrativo à alternância, não necessariamente simétrica, dos períodos de distensão e contenção ou, em outros termos, de prevalência, ora dos valores emissivos, ora dos remissivos" (TOMASI, 2012, p. 139).

6 LEITURA

Oliveira (2011, p. 60), ao analisar os tipos de conhecimentos necessários para a leitura, entende que ela não é uma atividade exclusivamente linguística: é uma atividade interacional, que exige "dos usuários da língua conhecimentos prévios de tipos diferentes: conhecimentos linguísticos, conhecimentos enciclopédicos ou de mundo, e conhecimentos textuais".

Os **conhecimentos linguísticos** compreendem os conhecimentos sintáticos, morfológicos e semânticos. Identificamos uma propaganda por determinadas características: frases curtas, uso de adjetivos, objetivo de persuadir o leitor a comprar algum produto ou serviço. Não a confundimos com um editorial, que tem em vista apresentar um ponto de vista sobre algum fato ou acontecimento. Não encontramos neste último tipo de texto imperativos, ordens, preocupação em nos levar a agir.

Os **conhecimentos enciclopédicos** dizem respeito ao conhecimento do mundo, conhecimentos gerais e específicos, técnicos, sociais, históricos, culturais. Conhecimentos que adquirimos ao longo da vida e armazenamos em nossa memória. Quando lemos ou ouvimos um texto, imediatamente acionamos conhecimentos prévios que tenham relação com ele. Se lemos um artigo sobre crise econômica, acionamos conhecimentos anteriores, que podem incluir queda do PIB, inflação, redução do nível de atividade econômica, queda nas vendas no comércio, programas de demissão voluntária, desemprego em massa etc. É essa capacidade de passear pelos mais variados assuntos relacionados que nos permite antecipar, prever, formular hipóteses sobre o texto, fazer inferências, construir um sentido para o texto, e não simplesmente decodificá-lo literalmente. Às vezes, no entanto, não é por falta de conhecimento linguístico que não entendemos um texto, mas por falta de conhecimento enciclopédico, como pode ocorrer com: "Neste domingo, teremos um Come-Fogo". Se a pessoa que ler essa frase não conhecer nada de futebol paulista do interior, por falta de conhecimento enciclopédico, de conhecimento sobre como é denominada a disputa entre dois times de Ribeirão Preto (Comercial e Botafogo), não entenderá o que significa a frase. Poderá até pensar tratar-se de espetáculo circense.

Os **conhecimentos textuais** são relativos aos gêneros textuais e tipos textuais. Assim é que podemos ter grandes dificuldades para entender um texto de uma área que não dominamos, como é o caso de um livro de medicina, engenharia eletrônica, ou até mesmo de direito ou de economia, se não temos formação em medicina, engenharia eletrônica, direito ou economia. Uma pessoa pode ainda ter dificuldade quanto ao uso de determinados tipos de texto; revelar completa inabilidade para consultar, por exemplo, um dicionário, porque não sabe ordem alfabética, ou não é capaz de interpretar as inúmeras abreviaturas que compõem o verbete de uma palavra. Não somos, pois, igualmente competentes para ler os mais variados gêneros textuais. Esse tipo de conhecimento também envolve o conhecimento intertextual, oral ou escrito. Se tenho conhecimento do poema de Rudyard Kipling:

SE

Se és capaz de manter tua calma quando
Todo o mundo ao teu redor já a perdeu e te culpa;
De crer em ti quando estão todos duvidando,
E para esses no entanto achar uma desculpa;
Se és capaz de esperar sem te desesperares,
Ou, enganado, não mentir ao mentiroso,
Ou, sendo odiado, sempre ao ódio te esquivares,
E não parecer bom demais, nem pretensioso;

Se és capaz de pensar – sem que a isso só te atires,
De sonhar – sem fazer dos sonhos teus senhores.
Se encontrando a desgraça e o triunfo conseguires
Tratar da mesma forma a esses dois impostores;
Se és capaz de sofrer a dor de ver mudadas
Em armadilhas as verdades que disseste,
E as coisas, por que deste a vida, estraçalhadas,
E refazê-las com o bem pouco que te reste;

Se és capaz de arriscar numa única parada
Tudo quanto ganhaste em toda a tua vida,
E perder e, ao perder, sem nunca dizer nada,
Resignado, tornar ao ponto de partida;
De forçar coração, nervos, músculos, tudo
A dar seja o que for que neles ainda existe,
E a persistir assim quando, exaustos, contudo
Resta a vontade em ti que ainda te ordena: "Persiste!";

> Se és capaz de, entre a plebe, não te corromperes
> E, entre reis, não perder a naturalidade,
> E de amigos, quer bons, quer maus, te defenderes,
> Se a todos podes ser de alguma utilidade,
> E se és capaz de dar, segundo por segundo,
> Ao minuto fatal todo valor e brilho,
> Tua é a terra com tudo o que existe no mundo
> E o que mais – tu serás um homem, ó meu filho!
>
> (Leia o poema "If", de Rudyard Kipling; tradução de Guilherme de Almeida. *Folha de S. Paulo*. Disponível em: <http://www1.folha.uol.com.br/folha/brasil/ult96u92310.shtml>. Acesso em: 4 out. 2016.)

quando leio o poema de Paes (2008, p. 168), posso compreender a sucessão de *se e etc* [sem ponto] como a manifestação de um posicionamento contrário ao de que agir com racionalidade, calma e tranquilidade nos momentos mais difíceis seria próprio do Homem maduro; o enunciador de "Kipling revisitado" propõe outra orientação de comportamento, reconhecendo que agir com frieza e racionalidade seria próprio de abstrações matemáticas e, portanto, desumano:

> **KIPLING REVISITADO**
>
> se etc
> se etc
> se etc
> se etc
> se etc
> se etc
> se etc
>
> serás um teorema
> meu filho

Além desses tipos de conhecimentos, acrescenta-se o **conhecimento contextual**, que diz respeito à relação do texto com o contexto de produção e leitura. Sem o contexto, posso não perceber intencionalidades. Suponhamos: "Você não vale nada" é uma frase que pode ter significados diferentes, dependendo do contexto, do tom; se pronunciada em uma discussão acalorada entre adversários, é uma ofensa; se pronunciada em um ambiente afetivo, pode significar habilidade da pessoa em realizar proezas, ou espertezas, e será um elogio. A intencionalidade de um texto pode ser detectada pela escolha lexical, ou manifestação de um ponto de vista. Se dissermos que "fulano é radical" e não "fulano tem argumentos consistentes", orientamos a interpretação para a característica de inflexibilidade de personalidade. Quando dizemos que "fulano é íntegro" valorizo sua honestidade; se, em vez disso, prefiro: "fulano é ingênuo" para caracterizar as mesmas ações, desvalorizo suas ações, sua ética. Marcas ideológicas podem ser verificadas na simples escolha lexical. Daí se poder afirmar a inexistência de neutralidade nas palavras, nos discursos. Sempre nos posicionamos em nossos textos, a favor ou contra algo.

Há variados tipos de leitura: uma em que estamos interessados apenas em localizar algo em um livro, por exemplo, e não ler o livro na totalidade. Em geral, não se lê uma enciclopédia, mas busca-se nela uma informação específica tão somente. Feita a consulta, fecha-se a enciclopédia.

Em inglês, **skimming** é um processo de leitura pelo qual localizamos rapidamente a ideia principal de um texto. O processo de leitura denominado **scanning**, por sua vez, é o que utilizamos para localizar um nome em uma lista telefônica, ou um verbete em um dicionário, ou a resposta de uma pergunta.

Varia o tipo de leitura, conforme nossos objetivos com relação à leitura. Portanto, para qualquer tipo de leitura que vamos realizar, precisamos ter em vista o objetivo que nos move.

Além de ter um objetivo, uma leitura se faz realizando atividades de pré-leitura, que compreendem construir esquemas mentais relacionados com o tema do texto que temos em mão, bem como antever problemas que possam advir da leitura, como os enciclopédicos, por exemplo, ou linguísticos, ou textuais (se não dominamos determinado gênero, podemos ter dificuldade na sua leitura). Ler é muito mais que decodificar sinais; é uma atividade que exige ultrapassar as fronteiras do dito (ou escrito).

Para Santos, Riche e Teixeira (2013, p. 42), "ao ler, acionamos conhecimentos prévios que colaboram para a construção de sentidos do texto". O que podemos inferir com base no título? Que podemos esperar do tema que será desenvolvido? Que podemos esperar do autor do texto? É uma autoridade no assunto? Nossos conhecimentos prévios de um assunto foram construídos durante nossa existência; eles podem nos fornecer de interpretação.

Os esquemas mentais são constituídos por **frames**. Se uma pessoa me diz *Copa do Mundo*, mentalizo uma porção de eventos; ativo um esquema em minha mente que me leva a pensar em competição futebolística de seleções nacionais, estádios, torcidas variadas, programas televisivos recapitulativos de edições anteriores, lances memoráveis, defesas incríveis de goleiros, gols extraordinários, dribles inimagináveis, escorregões, insucessos, vitórias, derrotas, penalidades máximas etc. É minha experiência de vida que me fornece essas informações, que foram armazenadas na minha memória.

Na leitura, os conhecimentos linguísticos, enciclopédicos, textual e contextual contribuem para a compreensão de um texto, ou para tornar o leitor eficiente. Ele poderá valer-se de dois processos de leitura: o **ascendente** (também denominado **bottom-up**) e o descendente (conhecido como **top-down**). Pelo primeiro processo, o leitor vale-se de seus conhecimentos linguísticos para processar as informações; pelo segundo, vale-se de conhecimentos enciclopédicos e textuais para entender o texto (cf. OLIVEIRA, 2011, p. 69). Suponhamos os dizeres da propaganda da revista *Pesquisa FAPESP*:

O QUE A CIÊNCIA BRASILEIRA PRODUZ VOCÊ ENCONTRA AQUI

Pelo conhecimento linguístico (processo ascendente de leitura), entendo que "tudo o que a ciência brasileira produz eu posso encontrar impresso em uma revista científica como a *Pesquisa FAPESP* que tenho em mão"; pelo processo descendente (que compreende o conhecimento de mundo), reconheço que a Fundação de Amparo à Pesquisa do Estado de São Paulo (FAPESP) é uma entidade fomentadora de pesquisa científica e que sua revista *Pesquisa FAPESP* publica artigos que me informam sobre descobertas científicas atuais, produzidas por cientistas brasileiros. Não encontro ciência brasileira apenas em um exemplar, mas nas mais diversas edições da revista. Leitor eficiente não é o que é capaz de valer-se de um processo tão somente, mas de ambos: o ascendente e o descendente.

Koch e Elias (2006, p. 9 s), ao tratarem de concepções de leitura, afirmam que as questões *o que ler? Para que ler?* e *Como ler?* podem ser respondidas de diferentes maneiras, revelando a concepção de sujeito, língua, texto e sentido adotada.

Se vemos a **língua como representação do pensamento**, a essa concepção corresponde a de um sujeito que constrói uma representação mental e deseja que seu texto seja compreendido pelo interlocutor como a representação foi mentalizada. Nesse caso, temos um texto como produto do pensamento de seu autor; cabe ao leitor apenas captar o que foi representado.

Se, todavia, vemos a **língua como código, como estrutura**, como mero instrumento de comunicação, o texto será um produto da codificação e ao leitor cabe tão somente decodificá-lo. Se conhecemos o código, podemos chegar ao entendimento do texto. Diferentemente da concepção anterior em que tínhamos de reconhecer as intenções do autor, agora é suficiente reconhecer o sentido das palavras e das estruturas do texto. Em ambas as concepções vistas, ao leitor cabe apenas a atividade de reconhecimento (KOCH; ELIAS, 2006, p. 10).

Outra concepção de leitura apoia-se na interação autor-texto-leitor, que é uma **concepção dialógica da língua**. Aqui, locutor e interlocutor são vistos como sujeitos, como construtores do sentido de um texto, que é tido como lugar de interação dos interlocutores. Nesse caso, o texto envolve um conjunto dos mais variados tipos de implícitos, que podem ser detectados quando consideramos o contexto sociocognitivo de todos os participantes. A habilidade de leitura não é resultado apenas do conhecimento linguístico; envolve também capacidade de inferência, de perceber o não dito, os pressupostos, os subentendidos.

Oliveira (2011, p. 90) entende que maiores são as possibilidades de construção de significados "quanto mais conhecimentos linguísticos, enciclopédicos e textuais o leitor traz para o processo de leitura". Daí não se poder afirmar categoricamente a existência de textos fáceis ou difíceis; eles serão fáceis ou difíceis conforme o tipo de leitor que encontrar pela frente.

Toda leitura leva em conta em primeiro lugar o gênero a que pertence o texto. Diferentes gêneros demandam diferentes leituras. Lemos uma tirinha de jornal diferentemente de um artigo científico.

Outra focalização básica em qualquer leitura diz respeito à enunciação: ela é uma instância mediadora entre o sujeito da enunciação e a manifestação discursiva, o enunciado. Ela caracteriza um eu, um aqui e um agora. Por meio da enunciação, podemos verificar maior ou menor proximidade com os fatos apresentados, envolvimento ou distanciamento do que é expresso:

> Toda enunciação efetiva, seja qual for a sua forma, contém sempre, com maior ou menor nitidez, a indicação de um acordo ou de um desacordo com alguma coisa. Os contextos não estão simplesmente justapostos, como se fossem indiferentes uns aos outros; encontram-se numa situação de interação e de conflito tenso e ininterrupto (BAKHTIN/VOLOCHINOV, 1997, p. 107).

Vejamos como se comportam as enunciações de dois textos:

> De minha parte, tenho a convicção de que o parlamentarismo é em quase tudo superior ao presidencialismo e de que a adoção de um sistema de votação majoritária por distritos, em que pese uma série de problemas, tenderia a produzir mais estabilidade política, além de outras vantagens, como o barateamento das campanhas para o Legislativo (SCHWARTSMAN, Hélio. O tamanho da reforma. *Folha de S. Paulo*, São Paulo, 22 abr. 2016, p. A2).

Nesse caso a enunciação se apresenta, manifesta-se, não se esconde, envolve-se com o que diz. Não é incomum, mesmo em editoriais, a presença de juízos avaliativos por parte da enunciação:

> Max Planck, um dos mais importantes físicos do século 20, certa vez disse que a ciência avança de funeral em funeral (*Folha de S. Paulo*, São Paulo, 22 abr. 2016, p. A2).

A enunciação, no entanto, pode afastar-se do enunciado, não se envolver com o que afirma:

> Com o mercado doméstico parado, as montadoras instaladas no Brasil veem no exterior a chance de manter ativas suas linhas de produção (*Folha de S. Paulo*, São Paulo, 22 abr. 2016, p. A14).

Hoje, quando se fala em leitura, não se pode deixar de fazer referência à Análise do Discurso e à Análise Crítica do Discurso. A primeira ocupa-se do quadro das instituições em que o discurso é produzido, preocupando-se sobretudo com o que se pode dizer e o que se deve dizer dentro de determinada formação discursiva; ocupa-se também dos embates históricos e sociais cristalizados no discurso, bem como do espaço de cada indivíduo no interior de cada interdiscurso. Ela analisa a estrutura de um texto, procurando salientar a ideologia nele presente. A análise crítica do discurso, por sua vez, ocupa-se fundamentalmente de descrever quem escreve os textos, por que os escreve, para quem os escreve, em que circunstâncias de poder e ideologia. Ela busca conscientizar o indivíduo de que os discursos estão interligados com práticas sociais:

> Um aspecto central dos estudos críticos do discurso está representado pela noção de que aquilo que é considerado senso comum, em certa cultura, em determinado momento histórico, reflete e constrói os valores de grupos sociais dominantes naquela cultura (BALOCCO In: MEURER; BONINI; MOTTA-ROTH, 2010, p. 68).

Meurer (In: MEURER; BONINI; MOTTA-ROTH, 2010, p. 81), com base em Fairclough, afirma que a análise crítica do discurso é "uma teoria e um método de análise do discurso". Ela tem grande preocupação social e é derivada de abordagens multidisciplinares sobre o estudo da linguagem. Afirma ainda que os teóricos dessa corrente "estão convencidos de que questões sociais e políticas chave têm um caráter parcialmente linguístico discursivo" e que o estudo de questões linguístico-discursivas realizado com base na análise crítica do discurso "pode revelar aspectos importantes da vida social". Esse tipo de análise não está interessado apenas no que dizem os textos, mas também em questões sociais que incluem formas de representação da realidade, manifestação de identidades e relações de poder. E à página 83 insiste que a preocupação maior desse tipo de análise não é o estudo dos gêneros textuais, mas "a investigação do papel da linguagem em geral na produção, manutenção e mudança de relações sociais de poder".

O texto não é só uma forma de representação da realidade, mas também de ação. A leitura tradicionalmente era considerada como uma atividade de decodificação; pouco adiante, como atividade interativa de autor e leitor. Hoje, considera-se uma atividade cognitiva e social: os sujeitos (locutor e interlocutor) esforçam-se para construir o sentido, que depende de conhecimentos prévios, objetivos do gênero, modo de circulação do texto e das tecnologias disponíveis.

O discurso produz, mantém, confronta formas de conhecimento ou crenças, relações sociais e identidades, ou posições sociais. É possível identificar na linguagem práticas sociais que foram **naturalizadas**, que, por serem opacas, não são percebidas pelos indivíduos, ou seja, o sentido muitas vezes é **naturalizado** (tornado natural) e, por isso, não é percebido pelos indivíduos. Além disso, os textos são atravessados por relações de poder; a linguagem serve, pois, muitas vezes para manter ou desafiar tais relações de poder. Daí caber à **análise crítica do discurso** investigar como a linguagem é utilizada para manter ou desafiar essas relações no mundo contemporâneo. Precisamos investigar o papel da linguagem na produção, manutenção e mudança de relações sociais de poder.

A análise crítica do discurso ocupa-se não só da ideologia a serviço do poder, mas também da intertextualidade, pois compreende os textos como uma continuidade, em que um responde a outros, ou provoca resposta de outros; busca conscientizar os indivíduos sobre mudanças sociais que são possíveis, focalizando sobretudo o poder ideológico do discurso.

Dissemos que o discurso é uma prática social: as pessoas realizam ações por meio da linguagem. Somos influenciados em nossa prática linguística pelas estruturas sociais, mas também, pela linguagem, influenciamos as estruturas sociais. Daí a necessidade de análise de estruturas econômicas, políticas, hábitos, costumes, crenças religiosas. Pela análise, podemos saber como diferentes discursos determinam o que pode e deve ser dito, bem como os textos devem ser interpretados e o que pode ser feito. É com base nisso que se pode afirmar que os textos significam o que se lhes permite que signifiquem, bem como a realidade representada nos discursos são criações sociais, ou seja, criamos pela linguagem realidades sociais que não são verdades absolutas. Muitas vezes, as **realidades criadas passam a ser vistas como naturais** e precisamos desconstruí-las para verificar que ideologia dá sustentação para o favorecimento de determinados interesses. As relações entre linguagem e estruturas sociais são opacas, não são transparentes.

Com relação ao poder da linguagem de constituir formas de conhecimento, crenças, relações e identidades, diante de um texto podemos nos perguntar: "(1) como esse texto representa, em termos de conhecimentos e crenças, a 'realidade específica' a que está relacionado? (2) Que tipo de relações sociais esse texto reflete ou estabelece? (3) Quais as identidades ou os papéis sociais envolvidos nesse texto?" (MEURER In: MEURER; BONINI; MOTTA-ROTH, 2010, p. 106).

Em "Uma dimensão crítica do estudo de gêneros textuais", Meurer (2002, p. 18) afirma que "o discurso tem um poder construtivo tríplice: (1) produz e reproduz conhecimento e crenças por meio de diferentes modos de representar a realidade; (2) estabelece relações sociais; e (3) cria, reforça ou reconstitui identidades".

Temos, portanto, três ângulos ou dimensões em cada evento discursivo: como texto; como prática discursiva; como prática social, sempre procurando sua descrição, interpretação e explicação.

Considerado o evento discursivo **como texto,** a análise ocupa-se da descrição dos elementos linguísticos, como léxico, opções gramaticais, coesão e estrutura do texto. Esse estágio é considerado o mais próximo do significado literal do texto, embora não dispense interpretação, visto estarmos trabalhando com material simbólico.

Enquanto **prática discursiva**, ocupamo-nos de interpretar o texto em termos de produção, distribuição e consumo, ou seja, a recepção e a interpretação por parte dos leitores, procurando discutir a coerência que os leitores atribuem ao texto, bem como a intenção do autor, ou força ilocucionária, sua intertextualidade e interdiscursividade. Isso significa identificar a presença de outros textos e discursos no texto sob análise. O que se nota nesse estágio da análise é um afastamento do texto, diferentemente da análise descritiva dos elementos linguísticos. Nesse caso, temos o texto situado dentro de um gênero.

Visto o evento discursivo como **prática social**, a análise ocupa-se de explicar como o texto é investido de aspectos sociais relacionados a formações ideológicas e formas de hegemonia.

Vejamos a análise de um texto, considerando os elementos apresentados:

Fonte: Agência Binder para Sesc. Disponível em: <http://inspirad.com.br/nao-abandone-seu-corpo/>. Acesso em: 15 set. 2016.

O conteúdo do texto é formado por uma frase categórica: uma afirmação que pertence ao senso comum: é preciso praticar esporte, não abandonar o corpo, porque, caso contrário, como um carro abandonado, enferruja, cresce mato, deteriora. Em seguida, temos um imperativo, a função conativa da linguagem, uma ordem para o leitor mexer-se, participar de eventos físicos, praticando esporte. Que implicações ideológicas há nas palavras escolhidas para o texto?

O leitor pode perceber o uso de *você* logo na primeira linha do texto, o que indica uma aproximação que tem em vista envolvê-lo. Não se trata de um texto sem destinatário; não, o leitor é surpreendido imediatamente, porque o verbo que vem em seguida, *abandona*, manifesta uma força, uma ênfase tal que é possível que o leitor nem se pergunte se tem ou não abandonado seu corpo. O verbo seguinte, *estraga*, é outro que possui uma carga semântica de valores emocionais intensos. Quem gostaria de ver seu corpo estragado? O texto sugere então que, para não deixar o corpo *estragar*, é preciso praticar esporte. Segue o primeiro imperativo: "*pratique* esporte". O leitor não tem saída, porque foi construído um raciocínio fechado: "tudo o que se abandona estraga; logo, para não estragar, seu corpo precisa da prática esportiva". Aqui, é necessário que se diga: a linguagem representa a realidade de determinada maneira, cria determinados conhecimentos e crenças, estabelece relações sociais e organiza o texto de determinada forma (cf. MEURER In: MEURER; BONINI; MOTTA-ROTH, 2010, p. 97). Ou seja, a linguagem realiza três tipos de significados simultaneamente: o significado ideacional, o significado interpessoal e o significado textual: representa a realidade de determinada forma, criando conhecimento e crenças, estabelecendo relações sociais (significados interpessoais) e organizando o texto segundo as restrições do canal, oral ou escrito.

Sob o carro abandonado, temos os dizeres: "Uma campanha pra deixar o Brasil mais ativo" e a assinatura dos promotores da propaganda: "Move Brasil" e "Sesc". Segundo informações colhidas em *site*, a

> Move Brasil é uma campanha que nasceu para reforçar aos brasileiros a importância da prática de esporte e atividades físicas em todas as idades.
>
> A proposta é que as pessoas percebam que o esporte, além de melhorar a qualidade de vida, promove o desenvolvimento social.
>
> Durante os próximos anos, os parceiros da campanha realizarão ações conjuntas relacionadas ao esporte e atividades físicas sempre estimulando o desenvolvimento social e respeitando os direitos e diversidade cultural dos brasileiros.
>
> São eles: Serviço Social do Comércio (Sesc), Ministério do Esporte, Ministério da Saúde, Associação Cristã de Moços (ACM/YMCA), os Atletas pela Cidadania, a Autoridade Pública Olímpica (APO) e a Associação Internacional de Esportes e Cultura (ISCA) (Disponível em: <http://www.sesc.com.br/portal/lazer/move_brasil/>. Acesso em: 28 out. 2015).

Considerando o evento discursivo como texto, podemos realizar, como já dissemos, a descrição dos elementos linguísticos do texto: léxico, opções gramaticais, coesão, estrutura do texto. O léxico, no entanto, não deve ser visto como registrado nos dicionários, pois o que interessa são as implicações ideológicas. Por exemplo: o texto utiliza o verbo *abandonar*, que é uma ação produzida pela vontade de uma pessoa. Se você não pratica esporte, é por opção sua; você abandonou a prática esportiva, desinteressou-se dela; marginalizou-a.

Na escolha do vocabulário, às vezes deparamos com eufemismos (por exemplo, dependendo da situação, verificamos o uso dos termos *corrupção* e *roubo*; uma autoridade não rouba; pratica corrupção; em lugar de "Fulano não foi ético", podemos encontrar: "Fulano foi esperto", ou a inversão de responsabilidade: "não foi o empresário que fez falcatrua, foi o político que o pressionou a lhe dar propina". Na leitura de um texto escrito ou na compreensão de um texto oral, não podemos reduzir o significado das palavras ao que é registrado nos dicionários, mas precisamos enfatizar as implicações ideológicas. Em vez de *crime bárbaro*, podemos ouvir *crime hediondo*; o aluno que *não aprendeu* tem *déficit de aprendizagem*; o sujeito não está *desempregado*, mas *à procura de um emprego*. Esses eufemismos têm função muitas vezes ideológica, como é o caso de *ocupação de terras improdutivas* que alguns jornais preferem chamar de *invasão de propriedade*; conforme o objetivo de quem diz, eventos de rua podem ser chamados de *manifestações democráticas* ou de *manifestações de desocupados*.

Em relação à gramática, é de considerar as **orações passivas** (que não apresentam o sujeito autor da informação, da frase, do enunciado) e as orações ativas (que manifestam o sujeito da oração). Esse ponto é fundamental em uma análise dos elementos gramaticais. Suponhamos: "Verifica-se a necessidade de redução dos gastos do governo." Quem *verificou*? Por que se escondeu o sujeito? Às vezes, em vez da *passiva*, encontramos um sujeito genérico, que também não indica quem de fato é o sujeito: "o *governo* entende que..." Quem está por trás de *governo*? Qual é o nome da pessoa ou das pessoas que *entende(m)*? Esses expedientes contribuem para que o leitor não tenha acesso a toda a informação, não saiba quem são os responsáveis pela ação detectada no texto. Vejamos outros exemplos:

> A primeira reação dos *porta-vozes do "mercado"* à reviravolta do Banco Central na semana passada foi, como previsível, chutar para cima as previsões de inflação para este e para os próximos anos. *Chutaram* bem (FREIRE, Vinicius Torres. Os debutantes de Dilma. *Folha de S. Paulo*, São Paulo, 26 jan. 2016, p. A14). [destaque nosso]
>
> *Planalto* fala em retaliar deputados do PMDB (*Folha de S. Paulo*, São Paulo, 12 dez. 2015, p. A5). [destaque nosso]
>
> Após Levy ameaçar deixar cargo, *governo* tenta suavizar crise (*Folha de S. Paulo*, São Paulo, 12 dez. 2015, p. A21). [destaque nosso]
>
> Com a inflação disparada, o *Banco Central tem sido forçado* a elevar os juros básicos da economia (KUNTZ, Rolf. O arrocho mal começou e o brasileiro já sofre. *Folha de S. Paulo*, São Paulo, 10 maio 2015, p. A2). [destaque nosso]

Neste último exemplo, não sabemos quem do Banco Central foi forçado nem quem é o agente que estaria levando o Banco Central a tomar determinadas providências.

Meurer (In: MEURER; BONINI; MOTTA-ROTH, 2010, p. 97), com base na linguística sistêmico-funcional de Halliday, focaliza a análise de estruturas linguísticas, em que sobressaem a multifuncionalidade da linguagem e sua transitividade. A linguagem seria multifuncional porque realiza significados **ideacionais, interpessoais** e **textuais**. Considerando os significados ideacionais, temos que a linguagem nos permite representar a realidade de determinada forma, refletindo ou criando conhecimentos e crenças. Se considerarmos os significados interpessoais, temos que a linguagem nos permite também estabelecer relações sociais. Já os significados textuais são resultado da organização do texto e dependem em parte do canal utilizado, oral ou escrito.

A linguagem oferece um potencial semântico para a produção de significados. Enquanto os significados ideacionais são realizados pelo sistema de transitividade, os significados interpessoais o são pelo sistema de modo verbal e os textuais por **tema** e **rema**, ou tópico e comentário.

Considerando o **significado ideacional**, focalizamos o léxico e a gramática: como as pessoas representam a realidade. Elas o fazem por meio de orações, que são compostas por processos (verbos), participantes (pessoas ou grupos nominais), circunstâncias (advérbios). No caso do texto sob análise, temos uma voz, a do senso comum, que funciona como uma autoridade científica, médica, que se dirige diretamente a *você*, que é cada um de nós que lê o texto. Também é de observar que a ausência de um localizador circunstancial indica uma generalização; não se trata de um *abandono* de alguma coisa em um lugar, mas de um *abandono de você mesmo* no tempo, a qualquer momento, em qualquer lugar, que se configura pela ausência de prática esportiva.

Por esse **processo de transitividade**, podemos verificar quem faz o que, quem pensa, quem é quem, quem diz: "Esse tipo de análise se propõe indicar os significados *ideacionais* do texto: que tipo de conhecimentos ou crenças são produzidos e, portanto, que representação da realidade o texto oferece" (MEURER In: MEURER; BONINI; MOTTA-ROTH, 2010, p. 98).

A voz superior do texto sob análise apresenta uma **transitividade**: parte de um ente superior que sabe o que faz, sabe o que diz, afirma um conhecimento que o homem do início do século XXI aceita como verdade, como constituidor de uma realidade a que não se pode fugir, sob pena de ter o corpo "estragado". Esse é o significado ideacional do texto: manifestar a crença de que só a prática esportiva é capaz de permitir que não estraguemos nosso corpo.

Ao lado desses significados, há os **significados interpessoais**, que criam identidades e relações interpessoais. O texto da propaganda que estamos analisando estabelece então com o leitor uma **relação direta**: é constituído de uma afirmação que não admite questionamento. É peremptória, decisiva. A voz que a profere nem aparece no texto, que é para não admitir retruque, contestação. A afirmação é categórica; não há **modalização** (atenuação), sinal de afabilidade, de concessão, de amenização da afirmação. Ou você pratica esporte, ou estará condenado ao estrago; será considerado um desleixado que abandonou seu corpo à ferrugem, ao mato, à destruição. É uma forma de manifestar certeza sobre os acontecimentos e os objetos e seres. Cria-se então a identidade dos que não praticam esporte: são pessoas que se abandonam, como se abandona um automóvel imprestável... No texto, não temos duas vozes, mas apenas uma que indica o que se deve fazer. É uma voz absoluta. Só ela diz, sem espaço para a polêmica. É aqui que podemos falar de **naturalização** das práticas sociais: praticar esporte para não se marginalizar, para não se colocar à margem, como um objeto estragado. A afirmação tornou-se natural, como o é dizer que a "Terra gira em torno do Sol".

A questão da identidade e relações está relacionada a questões de **assimetria** e **poder** no uso da linguagem. É preciso estar sempre atento à fonte da linguagem, para identificar que tipo de relação ela estabelece com o interlocutor. Entre um professor em sala de aula e um aluno há uma relação assimétrica: um detém o controle das ações, do que deve ser discutido, do que deve ser aprendido; ao outro cabe ouvir, realizar o que se lhe pede; um estabelece as tarefas que devem ser executadas; ao aluno cabe executá-las sob orientação do professor. Quando nos dirigimos ao diretor de uma faculdade, temos também uma relação assimétrica. É ele quem decide e toma providências. Se escrevemos uma **carta de reclamação** a um gerente de uma empresa, ocorre também uma relação assimétrica: dependemos dele em relação ao que estamos reclamando; ele é que vai tomar as providências, embora, com o Código do Consumidor, essa relação tenda a equilibrar-se.

A análise de identidade e relações interpessoais evidencia questões de assimetria e poder no uso da linguagem. No caso de uma propaganda, ao leitor não lhe é dada a possibilidade de expor seus pontos de vista; numa **entrevista de emprego**, o profissional que faz as perguntas ao candidato conduz o diálogo segundo seus interesses e cede a voz quando bem lhe apetece.

Analisando o **significado textual**, verificamos que o tema, aquilo de que trata o texto, é o elemento textual central que dá sustentação à progressão do texto. No caso do texto que estamos analisando, temos a prática esportiva como tema, que transmite também a necessidade de "estar em forma", não se deixar enferrujar, não se deixar abandonar. Para o autor do texto, a prática esportiva tornou-se uma **verdade natural**; todos sabem que é assim mesmo; não se discute sobre isso. Essa **naturalização** da prática social é construída no texto de forma incisiva, sem permitir que o leitor pense um minuto sequer em um possível questionamento.

Observe, por exemplo, que para causar maior impacto foi utilizada a metáfora da máquina. O homem seria uma máquina passível de estragar se não praticar esporte. E, dentro da concepção de homem-máquina, escolheu-se uma máquina que lhe é muito querida: um automóvel. Em nossa sociedade, há uma valorização do carro de tal forma que metonimicamente se diz: "bateram em mim" para significar "bateram em meu carro", "arrebentaram meu carro".

Depois de analisar o evento comunicativo como texto (significados ideacionais, significados interpessoais e significados textuais), podemos passar à análise do texto como **prática discursiva** e, então, considerar a produção, a distribuição e o consumo dos textos, focalizando sobretudo a força ilocucionária (intenção), a intertextualidade e a interdiscursividade. É a dimensão que investiga os recursos sociocognitivos de quem produz, distribui e interpreta textos. Quem escreveu o texto? Em que circunstâncias o escreveu? Por que o escreveu? Foram explorados que aspectos da intertextualidade e da interdiscursividade? Estamos, pois, aqui no centro de uma atividade interpretativa.

A força ilocucionária do texto sob análise é mover o leitor, persuadi-lo para a prática esportiva, que lhe proporcionará benefícios de saúde e bem-estar orgânico. Sua coerência e persuasão advêm de elementos sociocognitivos compartilhados pelo autor do texto e pelo leitor: os significados ideacionais, interpessoais e textuais, que envolvem a prática esportiva como promotora de boa saúde para o corpo. O texto é atravessado por discursos diversos: da medicina, dos profissionais da área de fisioterapia, dos donos de academias, do governo, uma vez que a prática esportiva evitaria muitas doenças e muitas internações e, portanto, também da economia.

Para o texto sob análise, o discurso veiculado é necessário e verdadeiro, e seria uma exceção o discurso dos que não se entusiasmam com a necessidade de fazer esforço físico. De modo geral, é sempre necessário verificar a tensão que há entre um discurso e os outros que estão implicados. Além disso, como texto do **gênero propaganda**, segue as convenções do gênero: um texto breve, uma imagem forte, um "suposto" diálogo entre locutor e interlocutor, como se fossem familiares. E, assim, os leitores leem o texto com certa predisposição sociocognitiva. Outras seriam as reações do leitor se estivesse diante de outro gênero, como, por exemplo, "uma conversa entre amigos", ou "uma conversa com um médico".

Finalmente, a dimensão do **texto como prática social**, terceiro nível de análise, implica ver o texto como fazendo parte de um todo, o texto em relação com práticas sociais mais amplas. E aqui temos de focalizar a **ideologia** e a **hegemonia**. Nessa dimensão, a análise afasta-se do texto "para explicar por que ele tem o formato que tem, que formações ideológicas e hegemônicas o moldam e são por ele moldadas" (MEURER In: MEURER; BONINI; MOTTA-ROTH, 2010, p. 102-103). Esse nível de análise implica o conhecimento de outras teorias além da linguística, pois a realidade criada discursivamente é carregada de ideologia e reflete lutas pelo poder.

A **ideologia** é vista aqui como forma de representar a realidade para beneficiar determinados grupos. Já a **hegemonia** define-se como o exercício do poder de uns sobre outros. O texto contribui para a manutenção ou mudança de práticas sociais? O texto contribui para a manutenção de uma realidade social? O texto veicula o significado de que não praticar esporte é abandonar o corpo como se fosse um objeto que colocamos à margem. Mantém o preconceito de que não estar em forma (ou ser um pouquinho mais pesado) é excluir-se da sociedade, do emprego. Não estar em forma é ser doente que deve ser posto à margem. Não há saída: ou praticamos esporte, ou abandonamos nosso corpo, permitindo que ele se estrague. O que sobressai do texto é a ideologia da boa saúde como *aparência*; é preciso parecer que não estamos abandonados ao tempo, à destruição; corpo atlético, corpo bonito; enfim, a cultura do corpo, da necessidade da beleza física. Praticando esporte, vamos ter um corpo de atleta, um corpo bonito, boas relações sociais. E desse significado sobressai a obsessão em nosso tempo por corpos bem postos, bem definidos, atléticos. Só os belos corpos têm vez na sociedade. E esse é o discurso do senso comum. Cria o texto a identidade do corpo atlético, que provocará os olhares do outro, que desfrutará das melhores oportunidades, bem como a identidade do desleixado, daquele que não pratica esporte, e não pratica porque não quer. E, assim, o texto silencia outras vozes, a daqueles que não têm nenhuma possibilidade de praticar sequer uma boa caminhada.

Há uma **naturalização** da percepção de que todos podemos ter corpos "sarados", com "barriga de tanquinho"; todos estão aptos à prática esportiva; há ambientes adequados à prática esportiva e só falta querer praticar esporte; há quadras, ginásios, pistas, áreas de lazer à vontade e tempo livre para praticar esporte. Há médicos proporcionando assistência adequada, exames médicos, tudo à disposição do possível praticante.

O leitor revive aqui a pressão social para apresentar-se bem; não pode estar fora de forma, sobretudo porque o mercado de trabalho exige pessoas com excelente saúde corporal. Não é só o discurso da saúde, pois, que está em jogo; é também o discurso econômico (da possibilidade de emprego e maior disposição para uma produção adequada), da redução com gastos do governo com a saúde do trabalhador. Esses discursos provocam tensões e criam significações e levam a ações diversas.

A hegemonia, fruto do controle social, faz da prática esportiva um consenso. O controle social, ou formas de hegemonia, são hoje implementadas não por meio da força, da coerção, mas da produção de consenso. Para Meurer (In: MEURER; BONINI; MOTTA-ROTH, 2010, p. 102), "nos processos de produção de consenso, de **naturalização**, a ideologia tem um papel contundente, podendo levar as pessoas a agir de determinadas formas, tanto a seu favor como contra si próprias". E conclui:

> realizar uma análise crítica de um texto significa não somente descrevê-la apenas em termos de sua estruturação linguística, mas também interpretá-lo e explicá-lo em relação ao "caráter parcialmente linguístico dos processos e estruturas socioculturais".

As realidades criadas pelo discurso são vistas como se fossem **naturais e imutáveis**. A análise, nesse caso, objetiva **desconstruir os significados ocultos**, mostrando como os discursos e as estruturas sociais privilegiam certos indivíduos e não outros. Também é preocupação da análise crítica do discurso investigar como o poder hegemônico no mundo contemporâneo apoia-se em práticas discursivas. Assim é que ele vai examinar a ideologia presente nos textos, para explicitar como o discurso manifesta uma forma de ver o mundo, que contribui para manter ou mudar formas de poder.

Roxane Rojo, em "Gêneros do discurso e gêneros textuais: questões teóricas e aplicadas" (In: MEURER; BONINI; MOTTA-ROTH, 2010, p. 200-201), analisando uma conversa familiar, sugere um tipo de leitura em que se indaga sobre as condições sociais concretas em que se realiza a interação dos elementos que estão presentes no texto; em seguida, focaliza o lugar social dos interlocutores da conversa, fazendo sobressair as relações hierárquicas (simetria e assimetria) entre os participantes [no caso concreto de sua análise, a assimetria é revelada pela presença de pronome de tratamento – *o senhor* – que marca uma relação de subordinação de patrão/empregado que se contrapõe ao uso de *você* e *cê* utilizados pelos interlocutores marido e mulher, o que indica a não reciprocidade de lugares sociais]. Finalmente, acrescenta as relações interpessoais e de poder estabelecidas na interação e a ideologia que circula no texto.

EXERCÍCIOS

1. Selecionar três artigos de opinião ou editorial de um jornal e comentar os articuladores textuais que neles aparecem.

2. Selecionar três textos (de jornal, revista, romances) e comentar o uso de articuladores discursivo-argumentativos de contrajunção (oposição) que apresentam.

3. Localize textos em que apareçam articuladores de organização textual.

4. Comente o uso de articuladores modalizadores em três editoriais, aqueles que avaliam o que foi dito como verdadeiro, obrigatório ou duvidoso.

5. Escreva um texto, fazendo uso de articuladores de formulação textual.

6. Comentar o seguinte texto de Marcuschi (2011, p. 77):

7. Usando de uma imagem diria que, do ponto de vista sociointerativo, *produzir um texto assemelha-se a jogar um jogo*. Antes de um jogo, temos um conjunto de regras (que podem ser elásticas como no futebol ou rígidas como no xadrez), um espaço de manobra (a quadra, o campo, o tabuleiro, a mesa) e uma série de atores (os jogadores), cada qual com seus papéis e funções (que podem ser bastante variáveis, se for um futebol, um basquete, um xadrez etc.). Mas *o jogo só se dá no decorrer do jogo*. Para que o jogo ocorra, todos devem colaborar. [...] Os falantes/escritores da língua, ao produzirem textos, estão enunciando conteúdos e sugerindo sentidos que devem ser construídos, inferidos, determinados mutuamente. *A produção textual, assim como um jogo coletivo, não é uma atividade unilateral*. Envolve decisões conjuntas. Isso caracteriza de maneira bastante essencial a produção textual como uma atividade sociointerativa.

5
Coesão e coerência textual

Reconhecer, então, que um texto está coeso é reconhecer que suas partes [...] não estão soltas, fragmentadas, mas estão ligadas, unidas entre si.

Daí que a função da coesão é exatamente a de promover a continuidade do texto, a sequência interligada de suas partes, para que não se perca o fio de unidade que garante a sua interpretabilidade (ANTUNES, 2005, p. 47-48).

A coerência está diretamente ligada à possibilidade de se estabelecer um sentido para o texto, ou seja, ela é o que faz com que o texto faça sentido para os usuários, devendo, portanto, ser entendida como um princípio de interpretabilidade, ligada à inteligibilidade do texto numa situação de comunicação e à capacidade que o receptor tem para calcular o sentido deste texto (KOCH; TRAVAGLIA, 1990, p. 21).

1 COESÃO

A **coesão** é um "fenômeno que diz respeito ao modo como os elementos linguísticos presentes na superfície textual se encontram interligados entre si, por meio de recursos também linguísticos, formando sequências veiculadoras de sentidos" (KOCH, 2003, p. 45). A coesão, diferentemente da coerência, é revelada de forma explícita por meio de marcas linguísticas na superfície do texto; é de caráter linear, pois se apresenta na organização sequencial do texto. Vejamos um exemplo:

> Eu leio bastante em PDF, por exemplo, quando se trata de revistas com artigos acadêmicos ou até mesmo livros que são necessários para minha formação e estão caros demais para serem adquiridos fisicamente. Mas, ainda assim, acho que nada supera a sensação de leitura de um livro físico: o cheiro de papel novinho, o passar das páginas, a comodidade em ficar deitada, sentada, escorada e ter o livro sempre ali, em mãos, sem reflexos para atrapalhar. Tenho um carinho especial com meus livros físicos, por outro lado, as versões digitais são práticas, eu posso carregar centenas delas em um *pen drive* (FIORENTINO, Daniela In: MENDONÇA, Fernanda. Acesso à leitura. *Ponto de Encontro: a revista da Drogaria São Paulo*, n. 58, out./nov. 2015, p. 28).

São expressões coesivas do texto anterior, entre outras: *quando se, ou até mesmo, minha, e, mas, ainda assim, ali, por outro lado, delas*; e ainda as concordâncias verbais e nominais.

A coesão pode ser identificada pelas marcas linguísticas espalhadas pelo texto. É, pois, diferentemente da coerência, de caráter linear, revelando-se na organização sequencial do texto. Ela é sintática e gramatical, embora seja também semântica. É a ligação que se estabelece entre os elementos de superfície de um texto, o modo como se relacionam, possibilitando o desenvolvimento do texto.

Constituem elementos coesivos mais comuns: a repetição lexical, a paráfrase, o paralelismo, as proformas, a elipse, as palavras de sentido equivalente, os antônimos, os hiperônimos, os hipônimos, os tempos e aspectos verbais, os conectivos, os pronomes.

A divisão que normalmente se faz de coesão e coerência é meramente didática, pois elas "estão intimamente relacionadas no processo de produção e compreensão do texto" (KOCH; TRAVAGLIA, 2012, p. 24), mas, embora se reconheça que a coesão contribua para o estabelecimento da coerência, ela não garante sua obtenção, porque os elementos linguísticos de coesão não são suficientes nem necessários para se estabelecer coerência em um texto. Assim, haverá textos que não apresentam elementos coesivos (como no poema "A pesca", a seguir transcrito), mas que em sua textualidade se revelam coerentes; contrariamente, haverá sequências que são coesivas, mas não apresentam coerência; nesse caso, o leitor não encontra nenhum sentido no texto. É de considerar, porém, que há leitores que, por desconhecimento do assunto ou por não se inserirem na situação, revelam-se incapazes para reconhecer a coerência de determinado texto. A coerência depende, pois, do conhecimento de mundo do usuário e da situação.

O poema "A pesca", de Affonso Romano de Sant'Anna (2007, v. 1, p. 83-84), exemplifica um texto sem elementos coesivos, mas que é coerente e cuja constituição do sentido se faz com a colaboração do conhecimento de mundo do leitor (no caso, o conhecimento de como se dá uma pesca):

A PESCA

o anil
o anzol
o azul

o silêncio
o tempo
o peixe

a agulha
vertical
mergulha

a água
a linha
a espuma

o tempo
o peixe
o silêncio

a garganta
a âncora
o peixe

a boca
o arranco
o rasgão

aberta a água
aberta a chaga
aberto o anzol

aquelíneo
ágil-claro
estabanado

o peixe
a areia
o sol

O texto "Circuito fechado", de Ricardo Ramos (Disponível em: <http://bailedeliteratura.blogspot.com.br/2014/03/analise-circuito-fechado-ricardo-ramos.html>), é outro exemplo de texto em que a ausência de elementos coesivos não impede a coerência e a constituição do sentido.

Em *O texto e a construção dos sentidos*, Koch (2003, p. 45), depois de afirmar que coerência e coesão são fenômenos distintos e de considerar que "existem zonas mais ou menos amplas de imbricação entre eles, nas quais se torna extremamente difícil ou mesmo impossível estabelecer uma separação nítida entre um e outro fenômeno", conceitua coesão como

> o fenômeno que diz respeito ao modo como os elementos linguísticos presentes na superfície textual se encontram interligados entre si, por meio de recursos também linguísticos, formando sequências veiculadoras de sentidos.

Todavia, adiante, na página 57, conclui que "a presença de recursos coesivos em um texto não é condição nem suficiente nem necessária da coerência". Há textos em que ela não só é dispensável, como também até mesmo estranha, como é o caso de textos poéticos modernos, em prosa, ou em verso. Em outros, como textos didáticos, jornalísticos, jurídicos, científicos, a presença de recursos linguísticos coesivos (conjunções sobretudo) se torna necessária, porque "permite aumentar a legibilidade e garantir uma interpretação mais uniforme".

Se a coesão é por inferência (anáfora indireta), valemo-nos de *frames* e *scripts*: "entrei em casa: a sala exibia uma reprodução Kandinsky; no corredor, viam-se reproduções de artistas brasileiros; na cozinha, uma mesa quadricular grande mostrava um desenho bonito das fibras de jacarandá". Ao deparar com o vocábulo *casa*, o leitor sabe, por seu conhecimento de mundo, que ela compreende *sala, corredor, cozinha*. É o *frame* **casa** que permite inferir que se está falando dos cômodos de uma casa. Se dissermos: "fulano entrou num restaurante; quando veio a conta, levou um susto", temos um *script*, porque essas informações estão relacionadas nessa ordem; no primeiro caso, poderíamos falar de cozinha, sala e corredor (alterando a ordem dos elementos); no exemplo do restaurante, no entanto, a ordem é fundamental: não pagamos a conta se não entramos em um restaurante e não consumimos algum produto.

Marcuschi (2011, p. 99 s), ao examinar os critérios tidos como constitutivos da textualidade, divide os fatores coesivos em fatores que estabelecem a conexão referencial, que se realiza particularmente por aspectos sobretudo semânticos, e a conexão sequencial, que é realizada por elementos conectivos.

As formas de coesão referencial compreendem: (1) **formas remissivas não referenciais**: artigos definidos (*o, a*), artigos indefinidos (*um, uns, alguns, outros*) pronomes adjetivos (*meu, teu, seu, nosso*), numerais ordinais (*primeiro, segundo, terceiro*), numerais cardinais (*um, dois, três*), pronomes pessoais (*eu, tu, ele, nós*), pronomes oblíquos (*me, te, lhe, o, a*), pronomes substantivos, advérbios pronominais, proformas verbais ("Ele lê toda noite e *faz isso* no silêncio do seu quarto") e (2) **formas remissivas referenciais**, que compreendem: sinônimos, hipônimos, hiperônimos, nomes genéricos, grupos nominais definidos, nominalizações, elementos metalinguísticos, elipses.

Os sinônimos, ou expressões ou palavras de sentido equivalente, constituem recurso consistente de coesão, como podemos ver no exemplo seguinte:

> A análise do discurso do autor mostra sua ideologia. Primeiro, a escolha do adjetivo "humilde" somente para as pessoas de classe social inferior, leia-se "pobres". Depois, a argumentação por exceção (*"mesmo de pessoas menos humildes"*) esconde o pressuposto de que as pessoas "não humildes", ou seja, as ricas, as de classe superior, não se enganam. Ainda mais, pela sequência dos exemplos, mostra a preferência pelos enganos cometidos por gente desse segmento social (LEITE, 2008, p. 46).

"Pessoas de classe social inferior" é, para o autor, equivalente a "pobres"; a expressão "pessoas 'não humildes'" equivale a "ricas"; "gente desse segmento social" é igual a "pessoas de classe social inferior".

Os grupos nominais definidos são introduzidos por um artigo definido ou por um demonstrativo e exercem uma função remissiva. Também chamados de descrição nominal definida, eles contribuem para a construção do sentido. Diante de uma delas, o interlocutor entra em contato com a opinião, crença e atitudes do produtor do texto. Uma descrição nominal definida ativa as propriedades ou características do elemento referenciado, precedido no texto. Vejamos um exemplo:

> Malcon fez um ótimo primeiro tempo. O novo atacante do Corinthians quer permanecer no Brasil.

Nesse caso, parece que a informação principal é de que Malcon (= atacante corintiano) não quer ser vendido nem quer sair do país.

Define Marcuschi (2011, p. 99 s) **formas remissivas não referenciais** como "formas que não têm autonomia referencial (só referem concretamente), tais como os artigos e os pronomes" e define **formas remissivas referenciais** como "todos os elementos linguísticos que estabelecem referências a partir de suas possibilidades referidoras".

A referência pronominal compreende a **anáfora** ("João estuda Química. **Ele** é um profissional exigente") e a **catáfora** ("Ela queria fazer **isto:** tocar violino"), mas pode também referir-se a um elemento externo ao texto, a um elemento do contexto (e, nesse caso, temos uma **exófora**), como em: "**Você** não é um joão-ninguém!"; "**a gente** corre contra o tempo"; "**nós** nos orientamos por regras de convivência comuns".

A coesão sequencial envolve a **sequenciação parafrástica** (repetição lexical, paralelismos, paráfrases, recorrência de tempo verbal) e a **sequenciação frástica**, que compreende:

progressão temática, encadeamento por justaposição (marcadores espaciais e conversacionais), encadeamento por conexões (relações lógico-semânticas e relações argumentativas).

A repetição lexical não pode ser vista como um defeito de estilo; muitas vezes, ela é constituidora do estilo, ou tem função coesiva, como no seguinte texto:

> A natureza e a pintura. Em Paul Cézanne esse é um conflito fundamental. Ele só concebe a pintura como expressão da natureza mas sabe que a natureza não é a pintura. Pintar é transformar a natureza em pintura. É negar a natureza mas não eliminá-la. A exclusão da natureza seria, para ele, o fim da pintura (GULLAR, 2003, p. 61).

Constitui exemplo de coesão parafrástica:

> Para contrabalançar a situação, isto é, para o texto não ficar com um tom de "politicamente incorreto", o autor cita exemplos de personagens da televisão (Magda, Pônzio), participantes de *reality shows* e estrelas de TV e, finalmente, citações de enganos de crianças (LEITE, 2008, p. 46).

Para esclarecer o que entende por *situação* no texto, o enunciador parafraseia a expressão "contrabalançar a situação". No caso seguinte, o enunciador, entendendo que a expressão "substituindo a perplexidade pelo entendimento" possa não estar clara, faz dela uma paráfrase: "isto é, pelo *insight* ainda vago, mas certeiro de um determinado estado de coisas, no caso, o percurso da navegação". O final do enunciado também é uma paráfrase: "determinado estado de coisas" foi parafraseado em "o percurso da navegação". Finalmente, a definição que apresenta de "navegar de maneira errante" constitui uma paráfrase: "é ficar à deriva devido à ausência de um rumo predeterminado":

> Assim, o navegador errante enfrenta sua tarefa como quem brinca, explorando aleatoriamente o campo de possibilidades aberto pela trama hipermidiática com o desprendimento típico daqueles que não temem o risco de errar. Vão, assim, em um processo gradativo, substituindo a perplexidade pelo entendimento, isto é, pelo *insight* ainda vago, mas certeiro de um determinado estado de coisas, no caso, o percurso da navegação. Navegar de maneira errante é ficar à deriva devido à ausência de um rumo predeterminado (SANTAELLA In: SIGNORINI, 2010, p. 68).

Retomando e resumindo o que já vimos no Capítulo 4 deste livro, os processos de coesão conectiva envolvem:

1. **Operadores argumentativos:**
   a) oposição: *mas, porém, todavia*;
   b) causa: *porque, já que, uma vez que*;
   c) finalidade: *para que, a fim de que*;
   d) condição: *a menos que, desde que, salvo se*;
   e) conclusão: *logo, portanto, assim, em síntese*;
   f) adição: *e, assim como, bem como, além disso, igualmente, de igual modo*.
   g) disjunção: *ou*;
   h) exclusão: *nem*;
   i) comparação: *mais do que, menos do que*;
   j) conformidade: *segundo, conforme, consoante, de acordo com*.

2. **Operadores organizacionais:**
   a) tempo e espaço: *em primeiro lugar, em segundo lugar, como veremos, como vimos, nesse ponto, na primeira fase, na segunda fase, por um lado, por outro lado, à esquerda, à direita*;
   b) os de reafirmação/confirmação: *em suma, em resumo, resumidamente, ou seja, por outras palavras, com efeito, efetivamente, na verdade, de fato*;
   c) os de reformulação: *ou melhor, de outro modo, noutros termos, por outras palavras, quer dizer, mais corretamente, mais precisamente, em outras palavras*;
   d) explicitação: *em outras palavras, por exemplo, ou seja, em particular, a saber, especificamente*;
   e) os de certeza e incerteza: *obviamente, certamente, com certeza, sem dúvida, naturalmente, evidentemente, verdadeiramente, realmente, exatamente*.

Os operadores organizacionais de certeza constituem as modalizações e indicam o envolvimento do enunciador com seu enunciado.

2 COERÊNCIA

A coerência, para Antunes (2005, p. 176), não é "uma propriedade estritamente linguística" nem se circunscreve "às determinações meramente gramaticais da língua", visto que, embora suponha tais determinações linguísticas, ela as ultrapassa. O limite seria "a funcionalidade do que é dito, os efeitos pretendidos, em função dos quais escolhemos esse ou aquele jeito de dizer as coisas".

A **coerência** é entendida por Koch (2003, p. 52) como "modo como os elementos subjacentes à superfície textual vêm a constituir, na mente dos interlocutores, uma configuração veiculadora de sentidos". E acrescenta que a coerência não é mera qualidade do texto, mas resultado de uma construção realizada pelos interlocutores, em uma situação de interação determinada, em que atua conjuntamente uma série de fatores de ordem cognitiva, situacional, sociocultural e interacional. É a coerência que é responsável pela unidade semântica do texto; ela envolve aspectos lógicos, semânticos, cognitivos.

Koch (2003, p. 21) lembra que "a coerência não constitui uma propriedade ou qualidade do texto em si: um texto é coerente para alguém, em dada situação de comunicação específica". Para construir a coerência, levam-se

> em conta não só os elementos linguísticos que compõem o texto, mas também seu conhecimento enciclopédico, conhecimento e imagens mútuas, crenças, convicções, atitudes, pressuposições, intenções explícitas ou veladas, situação comunicativa imediata, contexto sociocultural.

Para Oliveira (2011, p. 89), diferentemente do que algumas pessoas acreditam, a coerência "não é um fenômeno que está no texto à espera do leitor": ela é resultado da interação do leitor com o texto. Se ele é capaz de identificar o tema do texto, "isso significa que sua leitura atribui coerência ao texto".

Coesão e coerência seriam fatores linguístico-semânticos, enquanto os demais seriam fatores pragmáticos. Wachowicz (2010, p. 39) entende que a esses fatores se pode acrescentar o peso ideológico-social de todos os textos. Por todas essas razões, a produção e a compreensão de um texto é uma atividade tanto linguística quanto sociocognitiva.

O processamento textual é realizado levando-se em consideração o **sistema linguístico** (que compreende o conhecimento lexical e gramatical), o **conhecimento enciclopédico** (também chamado de conhecimento de mundo, que está armazenado na memória de todas as pessoas; é esse conhecimento que permite criar expectativas, que produz inferências supridoras de lacunas do texto) e o **sistema interacional** (reconhecimento dos objetivos do locutor, em uma situação; reconhecimento de **atos de fala** específicos, como: *é uma ordem, é um pedido, é uma pergunta, é uma informação, é um convite, é uma promessa, é um aviso, é um conselho, é uma advertência, é uma simples asserção, é uma ameaça, é uma solicitação, é uma autorização, é uma convocação, é uma instrução, é um protesto*).

O conhecimento interacional implica um conhecimento comunicacional que se define como aquele que diz respeito à quantidade de informação necessária a um texto para que se estabeleça uma comunicação, bem como à escolha da variedade linguística mais adequada à situação e ao gênero de texto. Uma interação comunicativa social sofre determinadas pressões que influenciam o discurso.

As **estratégias interacionais** no processamento de um texto implicam **estratégias de preservação das faces**, também conhecidas como de representação positiva do *eu*. A autoimagem que construímos socialmente possui duas faces: uma negativa e outra positiva. A **negativa** diz respeito à nossa intimidade, nossa personalidade; queremos desfrutar de certa liberdade e, por isso, rejeitamos imposições, coerções. A **face positiva** é relativa à nossa imagem social; diz respeito à imagem que tentamos apresentar socialmente; daí os enunciados polidos e a preocupação com a aprovação e o reconhecimento do outro. A manutenção da face é uma condição para a interação comunicativa.

Se objetivamos manter a **face negativa**, buscamos preservar a liberdade diante de uma imposição. Em geral, pessoas que agem assim dizem: "eu sou autêntica", não se importando se o que dizem provoque sensibilizações no outro.

Se objetivamos manter a **face positiva**, valemo-nos de estratégias de polidez que funcionam como estímulo à manutenção da cooperação no processo comunicativo. Entre essas estratégias, incluem-se uso de pronomes adequados à comunicação, formas de tratamento (*o senhor, a senhora, vossa senhoria* [V. S.ª], *vossa excelência* [V. Ex.ª]), e outras formas polidas e educadas de relacionamento com o outro [*por favor, muito obrigado*], admitindo-se, por exemplo, que o outro tem razão em determinados pontos de vista, que se gostou de determinado trecho da fala do outro etc. E ainda: eufemismos, rodeios, mudança de assunto, uso de marcadores de atenuação (*talvez, parece, seria oportuno, pode-se dizer* etc.). Tudo isso objetiva resguardar a própria face ou a do interlocutor. Enfim, as estratégias interacionais visam alcançar os resultados pretendidos no momento da comunicação, ou, como diz Koch (2003, p. 37), "levar a bom termo um 'jogo de linguagem'".

As **estratégias textuais** implicam: organização da informação, formulação, referenciação, equilíbrio entre elementos explícitos e implícitos. A organização da informação diz respeito à informação nova e à informação conhecida.

As **estratégias de formulação** envolvem explicações, justificativas, ilustrações, exemplificações, tudo para tornar a comunicação mais eficaz. Seu objetivo é organizar o texto. Esse conjunto de elementos que compõem a interação visa despertar ou manter o interesse do interlocutor ou parceiros da comunicação.

Compõem as estratégias de reformulação certos **procedimentos retóricos** de repetição e paráfrases, que têm em vista dar ênfase à argumentação. Também constituem estratégias de reformulação as correções ou reparos que introduzimos em um texto, sempre tendo em vista superar dificuldades que o texto possa oferecer.

As **estratégias de referenciação** são realizadas por meio de anáforas, que podem ser feitas por recursos gramaticais (pronomes), sinônimos, hiperônimos (se falamos inicialmente em ipê, podemos adiante referirmo-nos a *árvore*; se usamos inicialmente *empregados*, adiante podemos retomar esse sentido utilizando a expressão *mercado de trabalho* etc.), nomes genéricos, expressões definidas ("Machado de Assis escreveu inúmeros contos que são tidos como obras-primas; mas foi com os romances *Dom Casmurro, Memórias póstumas de Brás Cubas* e *Quincas Borba* que *o bruxo do Cosme Velho* alcançou..."). A expressão *bruxo do Cosme Velho* é uma expressão definida; refere-se a Machado de Assis; é um apelido, formado do local onde ele viveu (Cosme Velho, no Rio de Janeiro) + *bruxo*, para indicar *mago, feiticeiro* literário. Uma estratégia de referenciação pode até mesmo se dar por meio de **anáforas indiretas**. Inferimos determinados elementos de um texto com base em *frames* ou *scripts* ("cheguei ao supermercado: as frutas estavam passadas; as hortaliças queimadas; os legumes murchos..."). (Ver conceito de *anáfora indireta, frames* e *scripts* mais adiante.)

Com relação às expressões definidas, como já dissemos, elas são veiculadoras de importantes informações sobre o ponto de vista do enunciador: se usamos, por exemplo, *professor sociólogo* para retomar Fernando Henrique Cardoso, valorizamos sua competência acadêmica, seus conhecimentos de cientista social; se, ao retomarmos Castro Alves, dissermos "o poeta dos escravos", estaremos valorizando sua luta em prol da abolição da escravidão no Brasil; se nos referirmos a ele como "autor de *Espumas flutuantes*", estaremos valorizando o poeta romântico. Na imprensa, é comum vermos os integrantes do MST ora serem definidos como *ocupadores de terra*, ora como *invasores*; a quebra democrática que ocorreu no Brasil em 1964 foi durante muito tempo (1964-1985) referida como *Revolução de 1964*; hoje se diz *golpe de 1964*.

Já vimos que a anáfora e a catáfora são elementos coesivos. São também elementos que estabelecem coerência, como é o caso da seguinte remissão por *anáfora*: "José é bom aluno. *Ele* é muito estudioso", em que o pronome *ele* retoma *José*. A remissão também pode dar-se por **catáfora**: nesse caso, fazemos remissão a elementos que estão à frente: "Isso foi o que aconteceu: foram para as ruas para aplaudir os campeões mundiais".

Finalmente, as estratégias de equilibrar o explícito e o implícito incluem considerar o que deve ser expresso, o que pertence ao conhecimento partilhado entre os interlocutores, o que pode ser inferido do texto e, nesse caso, pode permanecer implícito no texto. Exemplo:

POLARIZAÇÃO IMPEDE RACIONALIDADE

Para o ex-reitor da USP Jacques Marcovitch, "a polarização das posições é preocupante". Segundo ele, "essa polarização impede a racionalidade e inibe a serenidade tão necessárias para uma resolução que eleve o patamar da qualidade da governança no Brasil". [...]

Na avaliação do professor Osvaldo Coggiola, chefe do Departamento de História da Faculdade de Filosofia, Letras e Ciências Humanas (FFLCH) da USP, "a questão do *impeachment* polariza o País e o divide em campos políticos opostos". Observa que, em manifestações de rua recentes em favor da queda de Dilma Rousseff, houve a presença de grupos que reivindicam uma nova intervenção militar. No entanto, ele descarta essa possibilidade. "Isso não vai acontecer, em primeiro lugar por não ser a política atual dos Estados Unidos, principal articulador do golpe de 1964, para o continente. A possibilidade de um golpe branco, como o que derrubou os governos de Lugo e Zelaya no Paraguai e em Honduras, porém, está posta na agenda política" (*Jornal da USP*, São Paulo, 11 a 17 abr. 2016, p. 11).

A expressão *polarização das posições* leva em conta que faça parte da experiência de mundo do leitor o momento atual da política brasileira, em que dois grupos antagônicos politicamente se defrontam nas ruas, quando ocorrem manifestações em prol e contra o governo federal. Também quando fala em "nova intervenção militar", espera que o leitor tenha conhecimento do golpe militar que ocorreu no Brasil na década de 60 do século passado. Que tenha conhecimento de que os Estados Unidos participaram da intervenção militar no Brasil, bem como de quem sejam Lugo e Selaya.

Para Koch e Travaglia (2012, p. 13-14),

> a coerência é algo que se estabelece na interação, na interlocução, numa situação comunicativa entre os usuários. Ela é o que faz com que o texto faça sentido para os usuários, devendo ser vista, pois, como um princípio de interpretabilidade do texto.

Ela está relacionada também com a inteligibilidade do texto em uma situação de comunicação e a capacidade do receptor do texto para calcular o seu sentido. A coerência possibilita estabelecer no texto alguma forma de unidade, que é a unidade de sentido do texto, e isto caracteriza a coerência como global, ou seja, relativa a todo o texto.

A coerência diz respeito, pois, à boa formação do texto. Esse conceito, no entanto, não tem nenhuma relação com a noção de gramaticalidade da frase. A boa formação é vista em função da recuperação do sentido de um texto promovida pelos interlocutores. A coerência tem uma dimensão pragmática: a conexão entre os elementos do texto não é apenas lógica, pois depende de fatores socioculturais. Ela é semântica e pragmática; ela subjaz à superfície do texto; é global e hierarquizadora dos elementos do texto, ou seja, o sentido de um elemento subordina-se ao sentido global do texto. Daí Koch e Travaglia (2012, p. 15) afirmarem que "a coerência é, basicamente, um princípio de interpretabilidade e compreensão do texto caracterizado por tudo de que o processo aí implicado possa depender".

Para Marcuschi (2011, p. 121), "a coerência é uma atividade interpretativa e não uma propriedade imanente ao texto. Liga-se, pois, a atividades cognitivas e não ao código apenas".

A coerência está diretamente relacionada com a produção do texto, porque quem elabora um texto o faz para ser entendido pelo interlocutor, segundo o princípio da cooperação. Não é, portanto, uma mera qualidade ou propriedade do texto, como já salienta Koch (2003, p. 52): "é resultado de uma construção feita pelos interlocutores, numa situação de interação dada, pela atuação conjunta de uma série de fatores de ordem cognitiva, situacional, sociocultural e interacional". Afirma também que, embora a coerência não esteja no texto, ela "deve ser construída **a partir dele**, levando-se, pois, em conta os recursos coesivos presentes na superfície textual, que funcionam como pistas ou chaves para orientar o interlocutor na construção do sentido" (p. 53).

Para Beaugrande e Dressler, citados por Koch e Travaglia (2012, p. 17), o fundamento da coerência é "a continuidade de sentidos"; ela "coloca em funcionamento processos cognitivos que deflagram a conexão conceitual". Texto coerente é "o que faz sentido para seus usuários". Seria incoerente o texto "em que o receptor (leitor ou ouvinte) não consegue descobrir qualquer continuidade de sentido" (p. 33).

Enrique Bernárdez, também citado por Koch e Travaglia, entende que a coerência não é apenas uma propriedade do texto, é "também um processo em que não é possível estabelecer diferença marcante entre os níveis pragmático, semântico e sintático". E, referindo-se a van Dijk, afirmam Koch e Travaglia que ele considerava a coerência "uma propriedade lógica do texto", mas que alterou seu pensamento, entendendo atualmente que ela não seria apenas uma propriedade do texto, mas também se estabeleceria "numa situação comunicativa entre usuários que têm modelos cognitivos comuns ou semelhantes, adquiridos em dada cultura". Van Dijk distingue **coerência semântica** (relação entre os significados dos elementos das frases de um texto), **coerência sintática** (relativa aos meios sintáticos para expressar coerência semântica), **coerência estilística** (que significa que um usuário faz uso do mesmo estilo ou registro, seleção lexical etc.) e **coerência pragmática** (caracterizadora de uma sequência de atos de fala em consonância; nesse caso, seria pragmaticamente incoerente um pedido seguido por uma ordem brusca em um mesmo enunciado).

Koch e Travaglia (2012, p. 23) citam ainda Charoles, para quem a coerência seria "um princípio de interpretabilidade do texto, ligado à capacidade de cálculo do interpretador e a processos de cálculo de significação". Não haveria, propriamente, texto incoerente, visto que o interlocutor age sempre como se o texto fosse coerente e faz tudo para calcular-lhe o sentido. Haveria sempre um contexto, uma situação em que um conjunto de frases tidas como incoerentes soaria coerente e, nesse caso, constituiria um texto. Daí concluírem que *"não existe o texto incoerente em si, mas que o texto pode ser incoerente em/para determinada situação comunicativa"*. Contudo, é de ressaltar que "o mau uso dos elementos linguísticos e estruturais pode criar incoerência, normalmente em nível local" (p. 38).

Respondendo à questão sobre se a coerência seria característica do texto, Koch e Travaglia (2012, p. 38) entendem que ela "não é apenas uma característica do texto, mas depende fundamentalmente da interação entre o texto, aquele que o produz e aquele que busca compreendê-lo". As pistas distribuídas no texto permitem o cálculo do sentido e o estabelecimento da coerência, embora se possa reconhecer que muito depende do receptor do texto, de seu conhecimento de mundo, da situação de produção e do grau de conhecimento linguístico de que dispõe. Além disso, os autores citados salientam que "diferentes tipos de textos apresentariam diferentes graus de coesão e diferentes elementos coesivos" (p. 41). Dessa forma, textos literários tendem a apresentar menos elementos coesivos, enquanto textos administrativos, científicos, burocráticos tendem a ser mais coesivos.

A coerência seria resultado de múltiplos fatores, entre os quais se salientam: elementos linguísticos, conhecimento de mundo, fatores pragmáticos e interacionais, como o contexto situacional. Em relação à pragmática, é de lembrar os princípios de Grice (In: DASCAL, 1982): o **princípio da cooperação** que compreende quatro máximas: (1) máxima da quantidade (seja tão informativo quanto seja necessário à situação e para o propósito que tem em vista; não apresente mais informação do que o necessário); (2) máxima da qualidade (diga sempre a verdade; não diga o que acredita ser falso); (3) máxima da relação (seja relevante e pertinente); (4) máxima do modo (seja claro) (cf. KOCH; TRAVAGLIA, 2012, p. 51).

Os fatores de natureza linguística que contribuem para a construção da coerência e do sentido do texto compreendem:

- Anáfora pronominal: *ele, ela.*
- Retomadas por meio de pronomes possessivos: *meu, minha, teu, tua, seu, sua, dele, dela.*

- Retomadas por meio de pronomes demonstrativos: *esse, essa, este, esta, aquele, aquela.*
- Descrições definidas: *Itamar Franco, o verdadeiro criador do Plano Real, governou o Brasil de 2 de outubro de 1992 a 1º janeiro de 1995.*
- Uso de artigos definidos: *o, a.*
- Conjunções: *e, mas, contudo, portanto, porque* etc.
- Marcas de temporalidade.
- Tempos *verbais*.
- Repetições.
- Substituições sinonímicas.
- Marcadores conversacionais.

O conhecimento linguístico, no entanto, é apenas parte do que utilizamos para interpretar um texto e estabelecer sua coerência. O **sentido de um texto** depende sobretudo do **conhecimento de mundo** de locutor e interlocutor. É necessário que haja correspondência, ainda que parcial, entre os conhecimentos ativados pelo texto e o conhecimento de mundo de seu usuário, armazenado em sua memória. O conhecimento de mundo é uma espécie de dicionário enciclopédico do mundo e da cultura que está arquivado em nossa memória. E isso implica conhecimento de modelos cognitivos globais, como os *frames*, os esquemas, os *scripts*, os planos.

Os *frames* são compostos de conhecimento do senso comum: quando falamos, por exemplo, em festa comemorativa de aniversário de uma criança, ativamos na memória um conjunto de elementos, como *bolo, balões, mesa com doces e salgados, convidados, canto de "Parabéns a você"* e de outras brincadeiras etc. Se se tratar de festa de aniversário de adulto, ativamos outra série de lembranças: bebida alcoólica, brindes, cumprimentos, bagunça, conversas, piadas etc. Não há entre esses elementos que nos vêm à memória uma ordem estabelecida, uma sequência lógica ou temporal.

Já no caso dos **esquemas**, temos elementos ordenados segundo uma progressão, uma sequência temporal: cozinhar um alimento implica escolher o alimento, prepará-lo, pô-lo para cozinhar, prestar atenção no cozimento, finalizá-lo, servi-lo.

Os **planos**, por sua vez, requisitam a existência de uma meta a ser atingida, uma finalidade. Exemplo: estudar para passar em um concurso.

Os *scripts* caracterizam-se pela rotina preestabelecida; compreendem uma sequência estereotipada. Esse é o caso de um ritual religioso, em que as várias partes que o compõem apresentam textos que se repetem em todas as ocasiões.

Paralelamente ao conhecimento de mundo, temos o **conhecimento partilhado**. Há necessidade de o conhecimento de mundo de emissor e receptor serem mais ou menos semelhantes, ou de certo grau de similaridade. Daí a necessidade de não exagerar nas novidades do texto nem na repetição do que é conhecido (ver a seção 3.3 do Capítulo 4).

O sentido de um texto ainda se constrói observando-se, para sua coerência, as **inferências** possíveis. Inferência é um procedimento que utilizamos para estabelecer uma relação, não explícita no texto, entre dois elementos desse texto. As inferências, no entanto, devem respeitar o contexto linguístico e o contexto de situação (sociocultural), embora se reconheça haver áreas em que o interesse do enunciador é justamente expandir as possibilidades de inferência, restringir suas limitações, como é o caso da literatura.

3 FATORES PRAGMÁTICOS

Os princípios de construção textual do sentido compreendem, além de coesão e coerência, que estão centradas no texto, aqueles que são centrados no usuário: situacionalidade, informatividade, intertextualidade, intencionalidade e aceitabilidade, que são **fatores pragmáticos** (já vistos anteriormente) que contribuem para a constituição de um texto. Esse fatores dependem dos **atos de fala** (é uma ordem?, é um conselho?, é uma censura?, é um convite? etc.), do **contexto de situação**, da interação dos participantes, das crenças de produtor e receptor do texto. Citando van Dijk, Koch e Travaglia (2012, p. 75) afirmam que "a coerência do texto não se estabelece sem levar em conta a interação e as crenças, desejos, quereres, preferências, normas e valores dos interlocutores".

EXERCÍCIOS

1. Identifique no seguinte texto os fatores pragmáticos de intencionalidade, aceitabilidade, informatividade, situacionalidade e focalização:

> Proponho aqui análise sob outro prisma do chamado PLP 257/16. Trata-se de um projeto de lei complementar que propõe a renegociação das dívidas dos Estados com a União e o BNDES, estendendo por mais 20 a 30 anos o pagamento dos débitos, com redução de até 40% das parcelas mensais de amortização. [...]
> Para início de conversa, o PLP 257/16 deveria ser tratado como questão de Estado, que independe de transitoriedade dos governos, por atingir frontalmente a administração pública, afetando diretamente a quantidade e qualidade dos serviços públicos prestados.
> A matéria, todavia, tem sido debatida majoritariamente pelo viés da dívida pública. Embora não esteja equivocada, essa visão passa ao largo de muitos outros aspectos.
> Conforme parâmetros recomendados pela OMS (Organização Mundial da Saúde), o Brasil deveria ter quatro enfermeiros a cada mil habitantes. Temos hoje apenas 0,99. Há carência generalizada de médicos em várias regiões do país. No Judiciário, o problema é o mesmo. Faltam pessoas até mesmo para digitalizar os processos.
> Essa situação de penúria tende a piorar com a aprovação do PLP 257/16. Extinção de vagas, proibição de concursos e congelamento salarial, além de fe-

charem a possibilidade de resgatar esse déficit social, deixarão o serviço público menos atrativo para profissionais qualificados, destruindo o interesse pela vocação de servir e trabalhar no Estado. Irá sinalizar aos jovens que não compensa dedicar-se à sociedade.

O custo social será elevadíssimo. Um projeto assim não pode ser decidido num momento de crise econômica, cujo um dos efeitos deletérios é, justamente, o decréscimo da arrecadação tributária. [...]

A votação do PLP 257/16, de forma abrupta e sem diálogo, como propõe o governo federal, contraria o que mais a sociedade pede: saúde, educação, transporte e segurança pública com qualidade e quantidades suficientes ao bem-estar social (PAIXÃO, Nilton. Bem-estar social em risco. *Folha de S. Paulo*, 22 abr. 2016, p. A3).

2. Identificar os tipos de discurso relatado do seguinte enunciado:

A revista científica *PLoS One* admitiu que seu processo de revisão falhou na avaliação de um artigo publicado em janeiro, segundo o qual a arquitetura da mão humana foi "desenhada pelo Criador". E anunciou a retratação do *paper*, assinado pelo pesquisador Cai-Hua Xiong e colegas da Universidade Huazhong de Ciências e Tecnologia, da China. O artigo foi duramente criticado por lastrear o resultado científico com uma crença religiosa, mas seu autor explicou à revista *Nature* que houve um problema de tradução: "O inglês não é nossa língua nativa e não compreendemos a conotação de muitas palavras como 'Criador'. Lamento o que aconteceu", afirmou (*Pesquisa PAPESP*, São Paulo, n. 242, abr. 2016, p. 9).

3. Destaque os elementos coesivos do seguinte texto:

O segundo equívoco é que a reforma é tímida, dever-se-ia fazer uma mudança radical para simplificar a ortografia e aproximá-la da maneira como falamos. Na verdade, aqui há dois erros. Primeiramente, não se está fazendo propriamente uma reforma ortográfica e sim um acordo de unificação ortográfica e, portanto, atinge basicamente os pontos de divergência das duas ortografias e não faz reforma ortográfica profunda na maneira de grafar as palavras. Depois, enganam-se os que pensam que se pode escrever como se fala, pois a pronúncia varia, por exemplo, de região para região em cada país e, por isso, não se pode grafar tal como se fala. Além disso, cabe perguntar por que países em que se falam línguas como o francês ou o inglês, cuja ortografia reflete um estado linguístico muito mais antigo ou a origem da palavra, não fazem uma reforma ortográfica drástica. Porque não é possível, uma vez que mudar completamente a ortografia significa condenar à obsolescência todo o material impresso. Em duas gerações ninguém mais será capaz, sem preparo específico, de ler tudo o que foi impresso até o momento. Ora, isso é impossível. Podia-se fazer reforma ortográfica radical até o início do século passado. Depois, com o crescimento das bibliotecas, dos acervos etc. não se pode mais pensar em alterar totalmente a ortografia (FIORIN, José Luiz. Fiorin fala sobre o Acordo Ortográfico do Português. Disponível em: <http://www.stellabortoni.com.br/index.php/artigos/1041-fioaio-fala-sobai-o-aioaio-oatogaafiio-io-poatugues>. Acesso em: 13 out. 2016).

4. Do ponto de vista das modalidades, analise a expressão "infelizmente" que aparece no texto anterior.

5. Analise o uso de aspas do seguinte enunciado:

Para evitar que "o mundo escute a versão errada do que está acontecendo no Brasil", a Câmara dos Deputados custeou a viagem de dois deputados para Nova York (BALLOUSSIER, Anna Virginia. Pagos pela Câmara, deputados vão aos EUA rebater presidente. *Folha de S. Paulo,* São Paulo, 22 abr. 2016, p. A5).

6
Estudo do vocabulário

A vida social contemporânea exige que cada um de nós desenvolva habilidades comunicativas que possibilitem a interação participativa e crítica no mundo de forma a interferir positivamente na dinâmica social. Essas habilidades são exercitadas, por exemplo, quando fazemos uma "solicitação formal", oral ou escrita, ao banco, ou ao síndico, para que revejam os altos preços cobrados pela prestação do apartamento ou do condomínio; ou quando elaboramos um "anúncio pessoal" escrito ou gravado para publicar em serviços telefônicos, jornais ou sites da Internet para buscarmos um/a parceiro/a amoroso/a; ou ainda quando escrevemos uma "carta do leitor" ao jornal que lemos para reclamar à administração pública sobre os buracos ou a falta de iluminação na nossa rua (MEURER; MOTTA-ROTH, 2002, p. 10-11).

1 ANTONÍMIA

Para Cançado (2013, p. 52), a definição de antonímia como uma oposição de sentidos entre as palavras não é suficiente, visto que os sentidos das palavras podem opor-se de várias maneiras, bem como há palavras que não têm um "oposto verdadeiro". Como exemplo, cita *frio* que não se opõe a *quente* da mesma forma que *comprar* se opõe a *vender*. Daí afirmar a existência de uma antonímia binária ou complementar (nesse caso, se uma das palavras é aplicada, a outra do par não pode ser aplicada, ou seja, "a negação de uma implica a afirmação da outra"): *morto/vivo, móvel/imóvel, igual/diferente*. O segundo tipo de antônimo seria constituído pelo inverso: *pai/filho, menor que/maior que*. Um terceiro tipo é o antônimo gradativo.

A oposição entre dois antônimos, para Ilari (2008, p. 25), pode ter na origem:

- diferentes posições numa mesma escala: *quente/frio, alto/baixo*;
- início e fim de um mesmo processo: *florescer/murchar*;
- diferentes papéis numa mesma ação: *bater/apanhar*.

Entre *quente* e *frio*, temos *morno* e outras possibilidades de temperatura; uma coisa pode não estar quente, sem, no entanto, estar fria; entre *alto* e *baixo*, podemos ter *médio* e outras possibilidades; uma pessoa pode não ser alta, mas estar longe de ser *baixa*.

Ilari (2008, p. 26) alerta para o fato de que, embora comumente se pense na antonímia como uma "oposição que diz respeito às palavras, no sistema da língua, os textos podem construir oposições entre palavras e expressões que, normalmente, não consideraríamos como antônimas", como ocorre em: *constitucionalistas* x *legalistas, maragatos* x *ximangos, nacionalistas* x *entreguistas, parlamentaristas* x *presidencialistas*, que podem aparecer em textos com relações antonímicas.

Observe, por exemplo, o terceiro parágrafo do seguinte texto, que se contrapõe à posição catastrófica do primeiro e segundo parágrafos:

> O Brasil produz anualmente entre mil e 2.000 toneladas de lixo eletrônico. Sucata formada pelo descarte de CPUs, monitores, teclados, celulares, televisores, laptops, o chamado e-lixo cresce exponencialmente, já que a indústria substitui em ritmo frenético modelos vigentes por outros, mais avançados.
>
> Trata-se de problema ambiental grave, já que esse lixo contém quantidades não desprezíveis de substâncias tóxicas, como chumbo, mercúrio, cádmio, arsênico, cobalto e tantas outras, que podem provocar males neurológicos, perda do olfato, audição e visão, até o enfraquecimento ósseo. Jogar esse tipo de lixo nos aterros é contaminação certa dos lençóis freáticos e, por essa via, dos seres humanos e animais.

> Presidente da Coopernova, cooperativa que reúne 32 catadores de material reciclável em Cotia (Grande São Paulo), a baiana Marli Monteiro Andrade dos Santos, 52, é uma pioneira na solução do problema. O que começou como uma simples cooperativa de reciclagem de latinhas de alumínio agora inclui atividade que atende pelo nome pomposo de "logística reversa" (CAPRIGLIONE, Laura. Caça ao tesouro. *Folha de S. Paulo*, São Paulo, 5 jun. 2015, Especial ambiente, p. 4).

Na **antonímia**, podemos reconhecer **oposições graduais** (*curto/comprido; estreito/largo, quente/frio*), ou **oposições contraditórias** (*luz/treva, vivo/morto, natureza/cultura*). Existe ainda um terceiro tipo de antonímia, a de **oposição conversa**, que é aquela em que um fato pode ser visto de duas formas diversas (*pai/filho, médico/paciente, juiz/réu*). Na oposição gradual, temos uma relação de mais ou menos; não há uma relação de exclusão, como na oposição contraditória, em que ou é isto ou aquilo, não há meio-termo. Na oposição conversa, posso adotar o ponto de vista de um ou de outro: por exemplo, posso focalizar a relação de um advogado com um cliente, ou a de um cliente com seu advogado. Os significados, portanto, podem opor-se de formas diversas.

Como afirma Oliveira (2011, p. 202), o conhecimento das variadas relações de oposição semântica "contribui para o desenvolvimento da competência lexical dos estudantes, pois os equipa conscientemente com recursos estilísticos válidos e produtivos".

O estudo das oposições nos permite produzir enunciados antitéticos, ou antíteses, que se caracterizam por enfatizar determinadas ideias justamente por colocar lado a lado seus contrários: em "Soneto de separação", de Vinicius de Moraes (1998, p. 337), encontramos: "de repente do riso fez-se o pranto / [...] fez-se do amigo próximo o distante"; Fernando Pessoa (2003, p. 72) diz: "o mito é o nada que é tudo"; Caetano Veloso: "onde queres bandido sou herói"; e Renato Russo: "já estou cheio de me sentir vazio".

A retórica relaciona ainda duas outras figuras que opõem sentido: o **paradoxo** e o **oxímoro**. Pela primeira figura, temos uma aparente contradição, ou falta de lógica. Massaud Moisés (1976, p. 327) cita de "Versos íntimos": "o beijo, amigo, é a véspera do escarro / a mão que afaga é a mesma que apedreja". Enquanto na **antítese** o sentido se constrói com base no confronto de ideias opostas, no **paradoxo** temos o emprego de palavras opostas quanto ao sentido, mas fundidas em um mesmo enunciado.

Já o **oxímoro** combina palavras de sentido oposto, mas que servem para reforçar uma expressão; há apenas uma aparente exclusão: "silêncio ensurdecedor", "ilustre desconhecido", "doce veneno"; em Camões (2003, p. 270), há um soneto exemplar nesse sentido: "Amor é um fogo que arde sem se ver / É ferida que dói e não se sente; / É um contentamento descontente; / É dor que desatina sem doer."

Ainda dentro desse quadro do estudo semântico, acrescente-se o do uso da estratégia de **lítotes**, que é uma figura de linguagem que consiste em afirmar o positivo por meio do negativo. Assim é que posso dizer que "fulano não está no melhor dos seus dias" para afirmar que "fulano está num dia ruim", ou "fulano não é nada amistoso" para dizer "fulano é encrenqueiro, ou hostil"; "fulano não cozinha mal" para dizer "fulano cozinha bem"; "fulana não é nada boba" para dizer "fulana é esperta"; "fulano não está em seu juízo perfeito" para afirmar que fulano que "está maluco". A **lítotes**, como o **eufemismo**, serve para atenuar uma forma de dizer em determinadas situações, o que constitui uma **competência comunicativa**.

O **eufemismo**, que etimologicamente significa *usar expressões de bom augúrio*, atenua formas que consideramos rudes, inconvenientes, desagradáveis: "fulano partiu para o andar de cima"; a palavra *diabo* é substituída por um sem-número de expressões, como *coisa-ruim, diacho, tinhoso, belzebu*.

2 PARONÍMIA

Os **parônimos** dizem respeito "a cada um dos dois ou mais vocábulos que são quase homônimos, diferenciando-se ligeiramente na grafia e na pronúncia" (HOUAISS; VILLAR, 2001, p. 2137). A figura retórica da paronomásia "consiste no emprego de vocábulos semelhantes na forma ou na prosódia, mas opostos ou aparentados no sentido" (MOISÉS, 2011, p. 342), como ocorre em: *quem não teme não treme*. A paronomásia pode ser empregada com objetivos cômicos ou a fim de ridicularizar; recebe então o nome de *trocadilho*, como em: "Ah Pregadores! Os de cá achar-vos-eis com mais Paço; os de lá, com mais passos" (VIEIRA, 2000, p. 29).

Seriam exemplos de parônimos: *diferir, deferir, descrição, discrição, emigrar, imigrar, absorver, absolver, cavaleiro, cavalheiro, comprimento, cumprimento, dilatar, delatar, eminência, iminência, fragrante, flagrante, imergir, emergir, infração, inflação, infligir, infringir, precedente, procedente, retificar, ratificar, tráfego, tráfico*.

3 HOMONÍMIA

Entende-se por homônimas as palavras que são pronunciadas da mesma forma, mas que "têm significados distintos e são percebidas como diferentes pelos falantes da língua" (ILARI, 2008, p. 103), como, por exemplo: *banco* (casa de crédito) e *banco* (móvel para sentar); *paço* (habitação suntuosa de monarcas ou bispos, palácio), *passo* (deslocamento do corpo de um pé a outro e 1ª pessoa do verbo *passar*; marcha de um animal; cada uma das 14 estações da via-sacra etc.).

Os homônimos podem ser da mesma classe gramatical ou de classes gramaticais distintas: *manga* de uma camisa (substantivo) e *manga* fruta (substantivo); *corte* (dispensa de empregado) e *corte* (1ª pessoa do presente do subjuntivo: *que eu corte* e imperativo com você: "*corte* esta tábua, por favor"). Podem ainda ser escritos de forma diferente: *cinto, sinto, seção, sessão, cerrado, serrado, assento, acento, acender, ascender, acessório, assessório, apreçar, apressar, arrochar, arroxar, ás, az, cassar, caçar, calda, cauda, cela, sela, senso, censo, cesto, sexto, cocho, coxo, concerto, conserto, coser, cozer, espiar, expiar, incerto, inserto, russo, ruço, sesta, sexta, tacha, taxa*.

4 POLISSEMIA

Entende-se por *polissemia* a multiplicidade de sentidos de uma mesma palavra. Para Ilari (2008, p. 151), "a polissemia se opõe à homonímia; para que haja polissemia, é preciso que haja uma só palavra; para que haja homonímia, é preciso que haja mais de uma palavra". No caso da polissemia, temos continuidade entre os vários sentidos assumidos por uma palavra, mas no caso da homonímia temos descontinuidade. Por exemplo: podemos dizer *livrão* para indicar volume grande e também para indicar qualidade positiva de uma obra.

Há distinção entre homonímia e polissemia. Enquanto as palavras polissêmicas têm "uma mesma entrada lexical, com algumas características diferentes, as palavras homônimas terão duas (ou mais) entradas lexicais" (CANÇADO, 2013, p. 72), embora haja palavras que podem ser consideradas polissêmicas e homônimas. Por exemplo: *pasta* (pasta de dente, ou massa para comer); *pasta* (pasta de couro, pasta ministerial). No primeiro caso, temos polissemia (dois sentidos para o termo *pasta*); no segundo, são palavras diferentes, sentidos distintos e, portanto, homonímia.

5 DENOTAÇÃO E CONOTAÇÃO

É o sentido literal de uma palavra, ou sentido registrado no dicionário. Remete ao sentido que é comum a todos os falantes de uma língua. Seriam exemplos de sentido denotativo aquele que damos quando nos valemos de palavras como: *tecnologia, computador, eletricidade, interruptor, livro, caderno,* sempre usadas no sentido literal, que remetem a apenas um significado.

Já a *conotação* designa os vários sentidos que uma mesma palavra adquire no interior de um texto. Quando lemos em "Autopsicografia", de Fernando Pessoa (2003, p. 164), que "o poeta é um fingidor", a palavra *fingidor* adquire múltiplos sentidos: de *pessoa que finge, que engana, que oculta sentimento, que dissimula, que faz parecer real o que é falso ou inexiste, que simula,* que *ficcionaliza ações humanas*.

6 SINONÍMIA

Define-se sinônimo como palavra de sentido próximo, equivalente, que se utiliza quer para evitar uma repetição, quer para dar novos coloridos ou significados ao que se está afirmando. Não há sinônimos que possam ser considerados perfeitos. Por exemplo, se digo *face* e não *rosto*, não posso dizer que ambas as palavras têm o mesmo significado. Também não tem o mesmo significado *cara*, como não têm *lábio* e *beiço*. De nossa habilidade em escrever e do sentido que queiramos imprimir a um texto dependerá o uso de uma ou outra palavra. Segundo Ilari (2008, p. 169), a escolha entre dois ou mais sinônimos depende de vários fatores: (a) *fidelidade às características regionais da fala* (*mandioca* em São Paulo, *macaxeira* no Nordeste), embora também para alguns haja diferença de cultivo entre uma e outra espécie; (b) *formalismo da fala* (às vezes, para manter a face positiva): não dizemos em uma arguição que "*rejeitamos* determinado ponto de vista", mas que "*seguimos* outra orientação de pesquisa". Em determinados ambientes, dizemos que "fulano é *impertinente*"; em outros, que é "*inoportuno*". No exemplo seguinte, o autor faz seu texto progredir com a substituição da palavra *desperdício* por outras de sentido equivalente:

> Em 2011, quando houve um *ensaio*, ou *encenação*, de faxina ministerial, foi descoberto um enorme *desperdício de recursos. Perdia-se muito dinheiro* em projetos mal concebidos e mal executados. *Gastava-se em programas de utilidade duvidosa. Queimavam-se grandes verbas* em convênios com ONGs muitas vezes despreparadas para a prestação dos serviços contratados (KUNTZ, Rolf. Um governo em liquidação. *O Estado de S. Paulo*, São Paulo, 27 set. 2015, p. A2). [destaque nosso]

7 HIPONÍMIA E HIPERONÍMIA

Outra preocupação no estudo do vocabulário diz respeito aos **hiperônimos** e aos **hipônimos**. No primeiro caso, temos palavras que encampam outras: *texto* é um hiperônimo de *artigo, ensaio, livro, crônica, poema*. Podemos dizer "li um texto no jornal" ou "li um artigo num jornal", ou "comi uma fruta saborosa na feira": nesses casos, temos palavras mais abrangentes (*texto, fruta*), que compreendem: *artigo, editorial, entrevista; melão, melancia, manga, banana*. Podemos dizer, usando, ao contrário, uma palavra específica e, nesse caso, temos hipônimos: "comi um pêssego saboroso na feira", "chupei laranja na feira" em que, em vez do hiperônimo *fruta*, preferimos uma palavra específica.

Cançado (2013, p. 32) define *hiponímia* como "uma relação linguística que estrutura o léxico das línguas em classes, ou seja, pastor-alemão pertence à classe dos cachorros, que, por sua vez, pertencem à classe dos animais; rosas são flores, que, por sua vez, são vegetais etc." O item lexical mais específico que contém as propriedades de todas as palavras da cadeia é denominado de *hipônimo*. O termo mais geral é identificado como *hiperônimo*. Assim, *vegetal* é hiperônimo de *rosa*, que é hipônimo de *vegetal*. Essa relação é assimétrica, pois toda *rosa* é um vegetal (hiperônimo), mas nem todo *vegetal* é uma rosa (hipônimo).

8 CAMPO LEXICAL E CAMPO ASSOCIATIVO

O estudo do vocabulário pode ainda contar com dois conceitos que lhe são básicos: campo lexical e campo associativo.

Campo lexical (ou família da palavra, ou família etimológica, como distingue Garcia [1986, p. 179]) caracteriza-se por constituir um conjunto de palavras que derivam de um mesmo radical, ou palavras da mesma área de conhecimento: *café, cafeteira, cafeína, cafezal; figura, figuração, figurado, figural, figurante, figurão, figurar, figurativo, figurino; internet, internauta, blog, site, e-mail, Facebook.*

Ilari (2008, p. 39), por sua vez, entende que

> constituem um campo lexical as palavras que nomeiam um conjunto de experiências em algum sentido análogas. Os nomes das cores, por exemplo, que se referem a um tipo particular de experiência visual ou os nomes dos animais, que organizam parte de nossa experiência dos seres vivos, constituem campos lexicais.

A organização de um campo lexical faz-se por meio da análise componencial (ou sêmica) e por meio da análise por protótipos. No primeiro caso, verifica-se que as palavras são compostas por unidades menores, os componentes ou traços semânticos. Esses traços podem aparecer em outras palavras, como é o caso de *cadeira, poltrona, banqueta, sofá*; a palavra *cadeira* contém os seguintes semas: mobiliário para sentar, para uma pessoa, com encosto, com pés; a palavra *poltrona* contém: mobiliário para sentar, para uma pessoa, com encosto, com braços, com pés; a palavra *banqueta* dispõe dos semas: mobiliário para sentar, para uma pessoa, com pés; finalmente, *sofá* é mobiliário para sentar, com encosto; sofás não são móveis exclusivamente para uma pessoa, já que há sofás para mais de uma pessoa, bem como há sofás que não têm braços. Teríamos então:

UNIDADE	MOBILIÁRIO PARA SENTAR	PARA UMA PESSOA	COM ENCOSTO	COM BRAÇOS	COM PÉS
Cadeira	+	+	+	-	+
Poltrona	+	+	+	+	+
Sofá	+	+	+	+	+
Banqueta	+	+	-	-	+
Puff	+	+	+	-	-

Quais dessas propriedades são constitutivas de um *pufe*?

A análise por protótipos identifica o indivíduo que representa uma categoria. Tomando a categoria dos mamíferos, por exemplo, podemos tomar como protótipo um *gato*, por possuir um conjunto de propriedades que nos possibilitam enquadrá-lo nessa classe; já *baleia* estaria na periferia do protótipo dos mamíferos.

Campo associativo (ou família ideológica) caracteriza-se por reunir palavras dentro de uma mesma identidade de sentido, ou de equivalência de sentido: *chorar, prantear, carpir, vagir; estragar, danificar, deteriorar, arruinar; quarto, aposento, câmara, alcova*. Cada uma dessas palavras encaixa-se em um contexto específico. Diz-se *curral eleitoral* para indicar a região onde um político exerce grande influência, mas não se diz *aprisco* eleitoral; também não se diz *cercado eleitoral*, nem *redil eleitoral*.

As palavras se associam, ainda segundo Garcia (1986, p. 181), também por uma espécie de imantação semântica; muito frequentemente, uma palavra pode sugerir uma série de outras que, embora não sinônimas, com elas se relacionam, em determinada situação ou contexto, pelo simples e universal processo de associação de ideias, pelo processo de palavra-puxa-palavra ou de ideia-puxa-ideia.

Nesse caso, temos: *professor, aluno, biblioteca, livro, gramática, enciclopédia, dicionário, prova, exame, avaliação, nota, recuperação, aprovação, classe, quadro de giz, retroprojetor, congresso, mesa-redonda, seminário*. É como se, diante da palavra *professor*, imediatamente nos acorressem uma dezena delas que lhe estão relacionadas.

Para Oliveira (2011, p. 204), o **campo associativo** pode ajudar a ativar esquemas mentais (*frames*) tanto em atividades de leitura, quanto de escrita, enquanto os **campos lexicais** possibilitam a progressão temática nos textos que produzimos, quer em termos de sinônimos, quer de hiperônimos. Conhecer palavras que fazem parte de determinado campo lexical é uma competência necessária tanto a quem escreve quanto para quem lê.

9 FORMAÇÃO DAS PALAVRAS

São processos que permitem a criação de novas palavras: a sufixação, a prefixação e a composição. Outro processo é a atribuição de novos sentidos a palavras já existentes.

Com sufixos *-ismo, -ista, -ando, -ável, -ento, -udo, -aço, -ite, -eco, -ase, -íssimo, -ês, -esco, -arada, -ar, -ir*, podemos criar: *lulismo, lulista, lulando, lulento, lulável, dilmento, dilmudo, dilmaço, empatite, timeco, empatíssimo, titês, farsesco, frigideirada, lular, collorir.*

Hoje, já são comuns palavras como: *fumódromo, sambódromo, kartódromo*. O ex-ministro do Trabalho de Collor, Antônio Rogério Magri, criou *imexível*; à sua semelhança, criou-se *imorrível, imbebível, incorrível*.

O prefixo *des* também é bastante produtivo: *desgovernável, descupinização, desbarriquizar*. Outros igualmente produtivos são: *anti, hiper, macro, mega, micro, mini, multi, super*.

10 ENRIQUECIMENTO DO VOCABULÁRIO

Garcia (1986, p. 155), depois de apresentar dados de uma pesquisa realizada com 100 alunos de um curso de formação de dirigentes, em que se verificou que "os 10% que haviam revelado maior conhecimento [de vocabulário] ocupavam cargos de direção, ao passo que dos 25% mais 'fracos' nenhum alcançara igual posição", afirma:

> Isso não prova, entretanto, que, para *vencer na vida*, basta ter um bom vocabulário; outras qualidades se fazem, evidentemente, necessárias. Mas parece não restar dúvida de que, dispondo de palavras suficientes e adequadas à expressão do pensamento de maneira clara, fiel e precisa, estamos em melhores condições de assimilar conceitos, de refletir, de

escolher, de julgar, do que outros cujo acervo léxico seja insuficiente ou medíocre para a tarefa vital da comunicação.

Segundo o autor, a clareza das ideias estaria relacionada com a clareza e precisão das palavras que as traduzem. Um vocabulário escasso, impróprio e impreciso pode tolher a argumentação, a imaginação, as observações a serem postas em discussão. Todavia, Garcia (p. 157) adverte que

> apenas um grande domínio do vocabulário não implica necessariamente igual domínio da língua. [...] o comando da língua falada ou escrita pressupõe o assenhoreamento de suas estruturas frasais combinado com a capacidade de discernir, discriminar e estabelecer relações lógicas, de forma que as palavras não apenas veiculem ideias ou sentimentos, mas reflitam também a própria atitude mental.

E conclui, adiante, o autor de *Comunicação em prosa moderna* que, se o conhecimento de palavras não é suficiente para expressar os pensamentos, seria desinteligente "presumir que basta estudar gramática para saber falar e escrever satisfatoriamente".

A ampliação de nosso conhecimento de palavras pode nos ajudar a entender os textos que lemos e facilitar a produção de textos escritos e falados. E é do conhecimento denotativo das palavras que partimos para a compreensão do sentido conotativo. Daí não podermos ignorar o sentido literal das palavras, pois quando usadas conotativamente, algum traço do sentido denotativo permanece na expressão.

Além do sentido de uma palavra, o usuário competente de uma língua sabe como usá-la, com quais outras palavras ele pode combiná-las, em que situação ela é mais apropriada do que outra. Para Ferreira (In: TRAVAGLIA; FINOTTI; MESQUISTA, 2008, p. 349),

> usuário competente de língua é aquele capaz de produzir os mais diversos tipos de textos, exigidos nas mais variadas situações comunicativas, e utilizando a "estrutura" própria de cada categoria de textos.

Suponhamos *namorar/namoro*: "Maria namora um rapaz capixaba"; "João está namorando uma camisa faz dois meses"; "não há namoro possível entre o Partido X e o Partido Y". Mas talvez o enunciador recuse: "O governo está namorando as próximas eleições"; "o dramaturgo namora um desfecho para sua novela". Dizemos que "uma lei não pegou", mas não dizemos que "uma teoria não pegou". Dizemos que "a plantinha feneceu", mas não dizemos que "o carro feneceu". As palavras combinam com determinadas situações, combinam umas com as outras ou não.

A ampliação do vocabulário do usuário de uma língua passa pela leitura constante, pela curiosidade de procurar no dicionário palavras desconhecidas e verificar em que situações elas podem ser utilizadas. A consulta que se faz a um dicionário inicia-se com a aprendizagem da ordem das letras: *a, b, c, d, e, f, g, h, i, j, k, l, m, n, o, p, q, r, s, t, u, v, x, w, y, z*. Embora seja uma aprendizagem simples, há muito leitor que se diz competente que não consegue procurar palavras em um dicionário. É possível que o leitor já tenha observado como algumas pessoas têm dificuldade para localizar nomes em um fichário, mesários localizarem nomes nas listagens eleitorais etc.

Também é de dizer que não se deve ingenuamente pensar em sinônimos. Há palavras que têm sentido equivalente, mas jamais igual. Cada palavra serve para uma situação específica. Valemo-nos, porém, de palavras de sentido aproximado, semelhante, às vezes para não repetir uma palavra no texto, às vezes por uma questão estilística.

Para enriquecer o vocabulário, que permitiria traduzir em palavras percepções, emoções, experiências as mais variadas, pode-se sugerir, como faz Garcia (1986, p. 184 s), a **paráfrase**, que, além da substituição de palavras de um texto, pode ocupar-se da reestruturação de frases, da explicitação de ideias, do comentário. Outro exercício adequado para o enriquecimento do vocabulário é a prática do **resumo**, bem como da **amplificação**. Esta última consiste em alongar uma ideia ou tema por meio de definições, metáforas. Para amplificar suas ideias, enfatizando-as, o enunciador pode incrementar a frase com designações num crescendo; apresentando comparações, bem como raciocínios que levam a conclusões e, finalmente, por *congérie* (acúmulo de sinônimos, enumeração). Vejamos um trecho de "Cena do ódio", de Almada Negreiros, em que o processo enumerativo vai acrescentando novas ideias, novas imagens, num processo de troca de verbos que permite novas percepções: *inventaste, aperfeiçoas, descobriste, levaste, trouxeste, cantaste, inventaste, chateaste, chateares, foste chatear, foste inventar, chateares, tens, descobriste, inventaste, consegues, chamas*:

> Tu qu'inventaste as Ciências e as Filosofias,
>
> As Políticas, as Artes e as Leis,
>
> E outros quebra-cabeças de sala
>
> E outros dramas de grande espetáculo
>
> Tu, que aperfeiçoas sabiamente a arte de matar.
>
> Tu, que descobriste o cabo da Boa-Esperança
>
> E o Caminho Marítimo da Índia
>
> E as duas Grandes Américas,
>
> e que levaste a chatice a estas Terras
>
> e que trouxeste de lá mais gente p'raqui
>
> e qu'inda por cima cantaste estes Feitos...
>
> Tu, qu'inventaste a chatice e o balão,
>
> E que farto de te chateares no chão
>
> Te foste chatear no ar,
>
> E qu'inda foste inventar submarinos
>
> P'ra te chateares também por debaixo d'água,

> Tu, que tens a mania das Invenções e das Descobertas
>
> E que nunca descobriste que eras bruto,
>
> E que nunca inventaste a maneira de o não seres
>
> Tu consegues ser cada vez mais besta
>
> E a este progresso chamas Civilização!

Carlos Drummond de Andrade (2001, v. 1, p. 117-118), em "Procura da poesia", vale-se também da amplificação para compor seu poema:

> Não faças versos sobre acontecimentos.
>
> Não há criação nem morte perante a poesia.
>
> Diante dela, a vida é um sol estático,
>
> não aquece nem ilumina.
>
> As afinidades, os aniversários, os incidentes pessoais não contam.
>
> Não faças poesia com o corpo,
>
> esse excelente, completo e confortável corpo, tão infenso à efusão lírica.
>
> Tua gota de bile, tua careta de gozo ou de dor no escuro
>
> são indiferentes.
>
> Nem me reveles teus sentimentos,
>
> que se prevalecem do equívoco e tenta a longa viagem.
>
> O que pensas e sentes, isso ainda não é poesia.
>
> Não cantes tua cidade, deixa-a em paz.
>
> O canto não é o movimento das máquinas nem o segredo das casas.
>
> Não é música ouvida de passagem; rumor do mar nas ruas junto à linha de espuma.
>
> [...]
>
> Penetra surdamente no reino das palavras.
>
> Lá estão os poemas que esperam ser escritos.

EXERCÍCIOS

1. Com base no seguinte texto, responda às questões apresentadas:

> José Saramago, porém, é um entrevistado hábil. Ele mesmo encadeia as respostas, ata uma às outras com perícia de violinista, faz digressões surpreendentes, abre caminhos pelos quais minha curiosidade escoa e sugere indiretamente, a cada resposta, novas questões. Eu o interrogo, eu o instigo a falar, mas fica claro que, embora eu faça as perguntas, é ele quem dá as cartas. Sua segurança, na verdade, me alivia (CASTELO, José. Um fax para Danuza Leão. *Folha de S. Paulo*, São Paulo, 1º out. 1996, p. D9).

a) Que palavras você usaria para substituir, sem alterar muito o sentido, as palavras: *hábil, encadeia, ata, perícia, digressões, escoa, instigo, alivia*?

b) Que entende por "perícia de violinista" e por "é ele quem dá as cartas"?

c) Em *ata* do verbo *atar*, temos uma polissemia ou homonímia com *ata* (gênero textual administrativo)?

2. Explique as oposições de sentido expressas no texto a seguir:

> Já fiquei doze anos sem publicar um livro. Meu último saiu há onze anos. Poesia não nasce pela vontade da gente, ela nasce do espanto, alguma coisa da vida que eu vejo e que não sabia. Só escrevo assim. Estou na praia, lembro do meu filho que morreu. Ele via aquele mar, aquela paisagem. Hoje estou vendo por ele. Aí começo um poema... Os mortos veem o mundo pelos olhos dos vivos. Não dá para escrever um poema sobre qualquer coisa. O mundo aparentemente está explicado, mas não está. Viver em um mundo sem explicação alguma ia deixar todo mundo louco. Mas nenhuma explicação explica tudo, nem poderia. Então de vez em quando o não explicado se revela, e é isso que faz nascer a poesia. Só aquilo que não se sabe pode ser poesia (GULLAR, Ferreira. Entrevista à *Veja*, São Paulo: Abril, n. 2.288, ano 45, n. 39, 26 set. 2012, p. 21).

3. Há algum tempo, foi frequente na imprensa paulista a palavra *frangogate* relativamente a um episódio da política da cidade. Que palavra você criaria, à semelhança de *frangogate*, para os acontecimentos mal explicados sobre corrupção na merenda escolar e no Metrô (cartel de trens)?

4. Criar palavras com o sufixo *-dromo*.

5. Criar palavras com o prefixos *des-, hiper-, maxi-* e *in-*.

6. Explique os sentidos de *concreta, resgate, digital, citação, colagem, apropriação, paradigmas, abraçados* em:

O capítulo dedicado à poesia concreta é importante por seu resgate no contexto da poesia digital, mas parece algo deslocado da tese central do livro, já que citação, colagem e apropriação não foram os paradigmas centrais abraçados pelo grupo Noisgandres (LOPES, Rodrigo Garcia. Pesquisadora defende extinção da invenção na poesia do século 21. *Folha de S. Paulo,* São Paulo, 8 mar. 2014, p. E9).

7. Explicar a polissemia de várias palavras que aparecem no seguinte texto:

> Cortou as asinhas. A zebra de 2002 não teve chance de dar as caras novamente. Ao contrário daquela ocasião, o Palmeiras não deu sopa para o azar e eliminou o ASA-AL, em Londrina (DELL'ISOLA, Wilson. Cortou as asinhas. *Metro,* São Paulo, 16 jul. 2015, p. 32).

8. Comente o texto de Cantanhêde, focalizando as escolhas lexicais: *encrenca, jogo, borrou, embaçadas, elite, massa, protestos-protestos, rala, olho nu, burras, ganhou a sorte grande, agonia, pacote de bondade, guerra.* De que tipo é a antonímia *esquerda/direita, velhos/novos*? A expressão *protestos-protestos* se opõe a quê? Explique o sentido de *heterodoxamente.*

> Nesta encrenca política tão grande e tão desafiadora, inverteu-se o jogo. [...]
> Se o PT borrou ainda mais as já embaçadas noções de direita e esquerda, consegue agora também fazer uma baita confusão entre o que é "elite" e o que é "massa". [...]
> Até a novidade do "protesto a favor", na quinta-feira, não deixa de ser um movimento de cúpula, patrocinado pela elite dos velhos (CUT, MST e UNE) e novos (como o MTST) braços do PT. [...]
> De outro lado, os "protestos-protestos" mobilizaram dez vezes mais pessoas, na grande maioria de classe média [...]. Pareciam cidadãos e cidadãs comuns, dessa gente que trabalha, estuda, é aposentada ou rala em micro e pequenas empresas – e paga impostos e conta de luz nas alturas.
> A olho nu, não se identificaram ali banqueiros, grandes empresários, altos burocratas, diretores de estatais, nem grandes coisa nenhuma, até porque os bancos lucraram mais de 50% em meio à crise, dirigentes partidários aliados estão numa boa e a elite incrustada nas estatais já encheu as burras, digamos, heterodoxamente. [...]
> Depois de se capitalizar no Supremo, no TCU, no TSE e no Senado [...] ainda ganhou a sorte grande com a denúncia do Procurador-geral da República, Rodrigo Janot, contra seu arqui-inimigo Eduardo Cunha, presidente da Câmara. Cada dia, sua agonia. [...]
> Na semana passada, foi a vez do pacote de bondades para o empresariado. [...]
> O primeirão da fila foi, ora, ora, o setor automobilístico.

A guerra continua, mas com sinais invertidos (CANTANHÊDE, Eliane. A incrível inversão. *O Estado de S. Paulo*, São Paulo, 23 ago. 2015, p. A8).

9. Explique o uso do aumentativo em:

O primeirão da fila foi, ora, ora, o setor automobilístico.

10. Que considerações faz sobre a oposição *por cima* e *por baixo*, e *elite branca* e *massa oprimida*? Nesta última expressão, você vê que tipo de oposição?

Dilma, assim, se fortalece "por cima", recolhendo as boas notícias que vêm do Senado, de tribunais, da Procuradoria-Geral da República, do empresariado e dos movimentos petistas, enquanto a oposição articula "por baixo", com os partidos e líderes irados com o governo [...].

A guerra continua, mas com sinais invertidos e com o PMDB, o deputado Eduardo Cunha, o ministro Gilmar Mendes (STF/TSE) e os velhos e novos delatores da Lava Jato, bem no meio dela. Uma guerra que pode ser tudo, menos da "elite branca" contra "a massa oprimida" (CANTANHÊDE, Eliane. A incrível inversão. *O Estado de S. Paulo*, São Paulo, 23 ago. 2015, p. A8).

PARTE II

Gêneros administrativos empresariais e oficiais

7

Comunicação empresarial e oficial

> *O texto técnico, como se sabe, caracteriza-se pela presença de dissertação, objetividade, estrutura expositiva/argumentativa. Esse texto possui uma característica peculiar que o distingue dos demais tipos: a ausência de afetividade linguística, uma vez que o objetivo maior é informar, convencer o leitor/ouvinte, de maneira clara, objetiva e precisa* (MESQUITA In: TRAVAGLIA; FINOTTI; MESQUITA, 2008, p. 138).

1   GÊNERO COMO FORMA DE AÇÃO SOCIAL

Carolyn Miller (1984, 2011, 2012; cf. BAZERMAN, 2016) entende gêneros como **ação retórica tipificada**. Sua abordagem orienta-se por critérios pragmáticos, como características demarcadoras dos gêneros. Como a pesquisadora focaliza o gênero como ação social, sua teoria apresenta pontos de contato com a teoria de Charles Bazerman e John Swales. Esses pesquisadores são membros do grupo de estudos de gêneros norte-americano, que se interessam pela natureza social do discurso.

Teria sido a recuperação da retórica a responsável por trazer ao palco das discussões noções de *propósito* e *contexto*, que são fundamentais no estudo de gênero textual. Nas décadas de 60 e 70 do século XX, a retórica clássica passou por uma revitalização e foi associada ao ensino de estratégias de persuasão. Anteriormente, tinha passado por um tempo em que era vista como processo de ornamentação do discurso, verborragia, discurso vazio, diferentemente, pois, da visão de Aristóteles que a considerava faculdade de verificar o que, em cada caso, pode gerar a persuasão do interlocutor. Com Perelman e Olbrechts-Tyteca (1996), há um retorno à *Retórica* de Aristóteles e constitui-se a Nova Retórica.

Será preciso então perceber na situação retórica (que inclui os objetivos dos usuários) as características do contexto ou das demandas situacionais que a identificam e com as quais opera, bem como a motivação daqueles que participam do discurso e os efeitos que têm em vista. Tais situações, por serem recorrentes, possibilitam reconhecer situações análogas e semelhantes, bem como tipificar as situações retóricas. Assim, criamos um tipo de resposta retórica para determinadas situações, que passa a fazer parte de nosso conhecimento, para que seja aplicado a novas situações.

O sucesso da comunicação depende do compartilhamento, por parte dos interlocutores, de tipos comuns. Assim, o gênero caracteriza-se por referir-se a categorias do discurso convencionadas e por derivar-se de **ação retórica tipificada**. Ele teria como característica o fato de ser interpretável segundo regras que o regulam, além de ser mediador entre o público e o privado.

Se uma forma textual não for reconhecida como fazendo parte de um tipo, não terá *status* nem valor social como gênero (cf. CARVALHO In: MEURER; BONINI; MOTTA-ROTH, 2010, p. 135). A existência de um gênero estaria, pois, condicionada ao seu reconhecimento e à distinção dele por parte dos usuários.

Para Carolyn Miller (In: DIONISIO et al., 2012, p. 16),

> gênero é uma ação retórica tipificada baseada numa situação retórica recorrente. [...] **Essa definição tende a se concentrar mais na produção, na pessoa que desenvolve a ação do que na recepção, mas creio que é possível direcioná-la para pensar sobre o modo como alguém realiza uma ação e responde a ela. Acho que tanto a produção como a recepção são importantes para se pensar no gênero como ação** [destaque nosso].

Considerando o gênero **retoricamente**, focalizamos os traços textuais, mas agora como parte de uma situação sociorretórica, que compreende: intenção do autor, objetivos socialmente elaborados, exigências do contexto, recursos intertextuais, que são visíveis no texto. Essa abordagem focaliza quem escreveu e o *éthos* do autor que o texto manifesta, como o texto trata o interlocutor, como utiliza os recursos intertextuais e interdiscursivos, como manifesta a ideologia do momento, como o texto estrutura a experiência do leitor.

Segundo Bazerman (2011b, p. 40), "a maioria dos gêneros tem características de fácil reconhecimento que sinalizam a espécie de texto que são. E, frequentemente, essas características estão intimamente relacionadas com as funções principais ou atividades realizadas pelo gênero". Em seguida, afirma que somos tentados a ver os gêneros apenas como uma coleção de elementos característicos "porque os gêneros são reconhecidos por suas características distintivas que parecem nos dizer muito sobre sua função" (p. 40). Todavia, há limitações em identificar os gêneros com elementos de fácil observação. Isso nos leva a compreender apenas os aspectos do gênero de que já temos conhecimento. Além disso, esse posicionamento ignora que as pessoas recebem um texto de diferentes maneiras, particularmente por causa de seus diferentes conhecimentos sobre gêneros. Um médico lê uma descoberta científica de forma diferente da de um leigo, por exemplo. Entender um gênero como uma coleção de características pode levar a entender que tais elementos do texto são fins em si mesmos. É preciso ter consciência de que os elementos de um gênero podem mudar e mudam; eles são flexíveis. Comparem-se artigos científicos de 50 anos atrás com os que são produzidos hoje; comparem-se os artigos jornalísticos de 50 anos atrás com os de hoje. Comparem-se cartas comerciais de 50 anos atrás com os brevíssimos *e-mails* de hoje.

Para Bazerman (2011a, p. 27), "o conceito retórico de gênero associa a forma e o estilo do enunciado com a ocasião ou situação e a ação social realizada no enunciado". Os falantes, ao perceberem que um tipo de enunciado é eficaz em determinadas situações, tendem, em situações semelhantes, a utilizar enunciado similar. Essa percepção seria a chave para o reconhecimento de circunstâncias que se repetem e de ações tipificadas. Gênero é **ação tipificada** com a qual tornamos nossas intenções e sentidos inteligíveis para nosso interlocutor. O gênero, que é dinâmico e não cristalizado, dá forma a nossas ações e intenções. Ele é um meio de agência e precisa ser visto dentro das situações em que as ações são significativas e motivadoras. O caráter dinâmico, interativo e agentivo dos gêneros significa que no centro da teoria *devem estar pessoas que querem realizar coisas através da escrita em um mundo em mudança*" (p. 10).

As exigências formais de qualquer gênero nos dão apenas um domínio insuficiente sobre o que estamos fazendo e não nos permite controlar ou transformar o momento.

Quando compartilhamos nossos pensamentos em uma carta, ou fazemos um pedido em um *e-mail*, ou expressamos um ponto de vista em uma carta a um editor de jornal, somos agentes que realizam ações por meio de textos. Não são os gêneros apenas formas textuais. Eles são formas de vida, modo de ser. Para Bazerman (2011a, p. 23), "são os lugares onde o sentido é construído. [...] são os lugares familiares para onde nos dirigimos para criar ações comunicativas inteligíveis uns com os outros".

Percebemos a relação entre um texto e as suas consequências, quando o consideramos como um **ato de fala**. Um **ato de fala** é constituído por palavras que, faladas ou escritas em condições apropriadas e de acordo com convenções estabelecidas, constituem o desempenho de uma ação. Seu sucesso depende das **condições de felicidade** de sua execução e não de seu valor de verdade (por exemplo: se não tenho autoridade para prometer um desconto a um cliente, se lhe ofereço desconto, isso nada adiantará; se não tenho autoridade para contratar pessoas em uma organização, nada valerá um *e-mail* meu para um candidato a um emprego).

Para Bazerman (2011b, p. 30), coordenamos melhor nossos atos de fala, quando agimos de modo típico, facilmente reconhecido como realizador de determinados atos em determinadas circunstâncias. Quando percebemos que um tipo de enunciado ou texto funciona bem em uma situação e pode ser compreendido de certa maneira, em uma situação similar tenderemos a falar ou a escrever alguma coisa também similar. Padrões comunicativos com os quais as pessoas estão familiarizadas possibilitam reconhecimento daquilo que pretendemos realizar. Dessa forma, podemos antecipar qual será a reação das pessoas se fizermos uso dessas formas padronizadas e reconhecíveis, "formas de comunicação reconhecíveis e autorreforçadoras emergem como gêneros". Se cartas de reclamação, por exemplo, são reconhecidas como um tipo de resposta adequada a determinadas circunstâncias, passamos a identificar certas situações como ocasião apropriada para a elaboração de uma carta de reclamação. Carta de reclamação passa a constituir-se então um gênero que **tipifica** certas ações e intenções sociais; toma-se a carta de reclamação como uma resposta a algum problema ocorrido em uma relação comercial. Reconhecer um gênero ajuda, pois, a **tipificar** ações e intenções sociais (cf. BAZERMAN, 2011a, p. 28).

Em *Gênero, agência e escrita*, Bazerman (2011a, p. 60) volta a afirmar:

> Gênero, então, não é simplesmente uma categoria linguística definida pelo arranjo estruturado de traços textuais. Gênero é uma categoria sociopsicológica que usamos para reconhecer e construir ações tipificadas dentro de situações tipificadas. É uma maneira de criar ordem num mundo simbólico sempre fluido.

É relevante para Bazerman o conceito de **tipificação**: há não apenas tipos de gêneros, mas também tipos de situação: é a tipificação que dá "forma e significado às circunstâncias e direciona os tipos de ação que acontecerão". E acrescenta que "o processo de mover-se em direção a formas de enunciados padronizados que reconhecidamente realizam certas ações em determinadas circunstâncias, e de uma compreensão padronizada de determinadas situações, é chamado de tipificação" (BAZERMAN, 2011a, p. 60). Por exemplo, para conquistar um emprego, normalmente preparamos um *curriculum vitae*, ressaltando nossas qualidades, formação escolar, experiência profissional. A padronização do formato nos dá uma direção sobre qual informação apresentar, ordem, extensão, estilo. Se seguirmos um formato padrão, o profissional que seleciona candidatos poderá encontrar com facilidade as informações de que precisa. Isto, no entanto, não impede certa dose de criatividade, que dará ao currículo características individuais e poderá distinguir um candidato de outro.

É por meio dos gêneros textuais que damos forma a nossas **ações** e **intenções**; é por meio deles que "**agimos no mundo**, interagimos e influenciamos as pessoas para a mudança de pensamento e a **ação na comunidade em que vivemos**" (ALVES In: APARÍCIO; SILVA, 2014, p. 107) [destaque nosso].

Em sua teoria sobre gêneros, Bazerman (2011b, p. 19 s) considera como os textos organizam atividades e pessoas. Parte do exemplo de um conselho acadêmico de uma universidade. Realizada uma série de discussões, o conselho aprova um regulamento em que exige que os alunos sejam aprovados em seis disciplinas para obterem o que no Brasil chamamos de bacharelado. O regulamento define um conjunto de critérios que devem ser observados.

Três conceitos nos estudos dos gêneros são relevantes: conjunto de gêneros, sistema de gêneros e sistema de atividades.

Conjunto de gêneros é uma coleção de tipos de textos que uma pessoa produz em determinado papel. Imaginemos um contador: ele produz inúmeros gêneros, desde balancetes e balanços até relatórios administrativos, comunicados para seus colegas de departamento, *e-mail* para seu diretor etc. Um professor produz um conjunto de gêneros específicos: programa de curso, controle de presença, controle de avaliação, provas, apostilas, esquemas de aula, *e-mail* para alunos e coordenador de curso etc.

Já um **sistema de gêneros** é composto de diversos conjuntos de gêneros utilizados por pessoas que trabalham juntas de forma organizada. Retomando o exemplo do professor, temos: (a) o professor que escreve programa de disciplina, exercícios, anotações de leitura, plano de aula, comentários em provas (orais e escritos); (b) seus alunos que seriam autores de outro conjunto de gêneros: anotações de aula, anotações de leitura, resenhas, anotações de pesquisa bibliográfica etc. Nesse caso, os conjuntos de gêneros apresentam relações íntimas e circulam em sequências e padrões temporais previsíveis. De um professor espera-se que distribua o programa do curso na primeira aula e esclareça sobre trabalhos futuros. Dos alunos esperam-se questionamentos e comentários sobre expectativas do curso. Quando recebe os trabalhos ao final do curso, os alunos aguardam comentários do professor e uma avaliação.

Finalmente, considerando o **sistema de atividades**, Bazerman (2011b, p. 35) afirma que ele, junto com o sistema de gêneros, "focaliza o que as pessoas fazem e como os textos ajudam as pessoas a fazê-lo, em vez de focalizar os textos como fins em si mesmos".

2   AS PALAVRAS FAZEM COISAS

No texto "Atos de fala, gêneros textuais e sistemas de atividades: como os textos organizam atividades e pessoas", Bazerman (2011b, p. 26) retoma os atos de fala de Austin, que afirmava que as "palavras não apenas significam, mas fazem coisas". Dois exemplos: uma pessoa que faz uma promessa e um religioso que declara casadas duas pessoas, que seriam atos realizados tão somente pelas palavras proferidas. Palavras ditas em momentos apropriados, nas situações apropriadas e por pessoas apropriadas levam outra pessoa a fazer determinadas coisas. Bazerman acrescenta:

> Considerando documentos escritos, pode-se dizer, da mesma forma, que a solicitação de um empréstimo bancário é levada a cabo puramente pelas palavras e números usados para preencher os formulários e submetê-los ao banco. Da mesma forma, a aprovação do banco é simplesmente realizada através de uma carta emitida na qual se afirma que a solicitação foi aprovada.

Com base nesses exemplos, Austin entende que "toda declaração realiza alguma coisa" e que todo enunciado incorpora atos de fala. No entanto, para que nossas palavras realizem atos, precisam ser ditas no momento certo, na situação certa e desde que tenhamos autoridade para o que afirmamos. A fala de um presidente de uma empresa produz uma ação, dentro de sua organização, porque ele tem autoridade para tal, mas precisa ser dita, respeitando a ocasião e as circunstâncias próprias para a realização de ações. Já um empregado do nível mais baixo hierarquicamente dessa mesma organização, se proferisse as mesmas palavras, não alcançaria a realização de determinados atos, justamente porque lhe falta autoridade. Por exemplo, de nada adiantaria que dissesse: "no próximo mês, vamos contratar um novo contador e demitir o atual".

Portanto, para nossas palavras realizarem atos, é necessário que tenhamos autoridade para dizê-las e que as digamos à pessoa certa, na situação certa, com o conjunto certo de compreensões. Esses elementos constituem as **condições de felicidade** que devem ser observadas para que o ato de fala seja bem-sucedido.

Os atos de fala operam em três níveis:

1. **Ato locucionário:** compreende o que é dito. Esse ato inclui um *ato proposicional*: se digo que a sala está um pouco quente, estou fazendo uma proposição sobre a temperatura da sala. Estaria talvez tentando realizar um pedido para que o termostato do ar-condicionado seja alterado. Essa fala indireta pretende dar a minhas palavras uma força ilocucionária, que poderia desejar ser reconhecida pelo colega da sala, em função das circunstâncias imediatas e de como a sentença foi expressa.
2. **Ato ilocucionário:** é o ato que pretendo que seja reconhecido pelo meu colega.
3. **Ato perlocucionário:** compreende o *efeito*: meu colega pode entender minha proposição como uma reclamação, ou uma tentativa de mudar o rumo de uma conversa. A forma como as pessoas entendem os atos e determinam suas consequências é chamada de *efeito perlocucionário*. Além disso, meu colega pode não cooperar comigo; ele compreende que eu estaria sugerindo um ajuste do termostato, mas por razões econômicas (baixo nível das represas, o que leva à substituição da energia hidrelétrica por energia termoelétrica) afirma a necessidade de não gastar energia e manter o termostato como está.

Dentro de todas as organizações, há pessoas que podem escrever memorandos; outras que podem, por meio de um aviso, convidar para uma festa da empresa; outras para escrever um regulamento interno de pessoal etc.

3 GÊNERO ADMINISTRATIVO EM FACE DA COMUNICAÇÃO

A classificação dos gêneros, como, por exemplo, jornalísticos, forenses, administrativos, proporciona o conhecimento de que cada um deles impõe restrições e convenções. Cada um deles determina como se começa e acaba um texto, bem como se associa a determinadas situações de uso (cf. MESQUITA In: TRAVAGLIA; FINOTTI; MESQUITA, 2008, p. 135).

Segundo, ainda, Mesquita, quando se consideram em geral tipologia textual e gêneros discursivos, os autores que tratam do assunto ficam pouco à vontade, visto que os gêneros frequentemente não apresentam características exclusivas, que só a eles pertencem. Há características de um que são encontradas em outro. E, transcrevendo texto de "Forma e função nos gêneros de discurso", de V. L. Paredes Silva, afirma a necessidade de uma teoria do discurso que interprete os aspectos formais e funcionais para avançar na análise dos gêneros.

Tal como nos usos linguísticos, em que há preconceito em relação a determinadas variedades, bem como em relação a seus usuários, também na língua escrita deparamos com textos que são valorizados e outros que não gozam de prestígio. Quais seriam então as características que fazem de um texto mais ou menos valorizado?

O texto técnico caracteriza-se notadamente pela predominância de objetividade, argumentação, exposição, ordem direta, precisão vocabular, clareza, coerência, ênfase, ordenação lógica, ausência de afetividade linguística, visto que seu objetivo é informar, convencer, persuadir o leitor. Enfim: linguagem monossêmica, vocabulário específico, frequência de emprego da voz passiva, preferência pelo presente do indicativo. Ora, tais características não são exclusivas dos textos técnicos. Além disso, não podemos deixar de considerar que o texto técnico, embora parceiro da objetividade e da neutralidade, não está isento de subjetividade. O uso da 3ª pessoa não é suficiente para neutralizar os enunciados; podemos detectar marcas do eu nas opções de nominalizações referenciais, uso de adjetivos e modalizadores. Às vezes, o uso da 1ª pessoa do plural revela-se uma estratégia de aproximação do leitor, para conquistar-lhe a atenção e persuadi-lo. O sujeito, pode-se dizer, está sempre presente no texto, inexistindo a possibilidade de texto neutro e imparcial.

São exemplos de textos técnicos, além de dissertações, teses, relatórios, a correspondência bancária e comercial, os manuais de instrução, as bulas de remédio, os textos administrativos privados e oficiais. De modo geral, os textos técnicos podem ser definidos como uma espécie de linguagem escrita que trata de assuntos técnicos ou científicos, cujo estilo não chega a ser diferente do utilizado em outros tipos de textos (cf. MESQUITA In: TRAVAGLIA; FINOTTI; MESQUITA, 2008, p. 140).

Em "Categorias de texto: significantes para quais significados?", Travaglia (In: TRAVAGLIA; FINOTTI; MESQUITA, 2008, p. 179 s) afirma serem as **categorias de texto** que "permitem identificar classes de textos" e que elas dispõem de uma dimensão significante e uma dimensão significado. A primeira dimensão implica aspectos formais linguísticos, de estrutura e superestrutura; a segunda inclui propriedades diversas, como perspectiva do produtor, função social do gênero, forma na espécie.

Propõe então o autor o conceito de **tipelemento** para designar classes de categorias de texto de natureza distinta. Três seriam as naturezas básicas de categorias de texto: tipos, gêneros, espécies. O tipo instaura um modo de interação, segundo as perspectivas do produtor do texto em relação ao objeto do dizer quanto ao conhecer/saber ou fazer/ acontecer e sua inserção no tempo e no espaço.

Da perspectiva do enunciador em relação ao objeto do dizer, temos: *descrição, dissertação* (Travaglia não utiliza a distinção *textos argumentativos* e *expositivos*), *injunção e narração*.

Uma descrição da perspectiva do enunciador, ao focalizar o espaço em seu conhecer, visa caracterizar, dizer como é e instaura um enunciatário *voyeur*. Em relação ao tempo referencial, há simultaneidade das situações. Em relação ao tempo da enunciação, pode haver ou não coincidência entre o tempo da enunciação e o referencial, ou seja, pode ser anterior, posterior ou simultâneo ao referencial.

Da perspectiva do conhecer do enunciador, uma dissertação pode abstrair-se do tempo e do espaço. Nesse caso, ela objetiva refletir, explicar, avaliar, conceituar, expor ideias para dar a conhecer, para fazer saber. Esse tipo de texto instaura um enunciatário pensante, que raciocina. Em relação ao tempo referencial, temos simultaneidade de situações; em relação ao tempo da enunciação, é possível tanto a coincidência entre o tempo de enunciação e o referencial, quanto a anterioridade e posterioridade.

Em relação ao tipo injuntivo, temos um enunciador da perspectiva do fazer/acontecer, que é posterior ao tempo da enunciação. O objetivo do enunciador é levar o enunciatário a agir, a praticar a ação desejada; diz como ela deve ser feita e incita a sua realização. Instaura um enunciatário capaz de realizar as ações requeridas. Em relação ao tempo referencial, há indiferença em relação à simultaneidade ou não das situações. Em relação ao tempo da enunciação, o tempo referencial é posterior ao da enunciação.

A narração, considerando o fazer/acontecer da perspectiva do enunciador, está inserida no tempo. Seu objetivo é contar o que aconteceu. Instaura-se um enunciatário assistente, espectador não participante, que somente toma conhecimento do ocorrido. Em relação ao tempo referencial, observa-se na narração não simultaneidade das situações. Em relação ao tempo da enunciação, pode ocorrer ou não coincidência entre ela e o tempo referencial: pode ser anterior, simultâneo, posterior.

Descrições, narrações, dissertações podem ser presentes, passadas e futuras, mas comumente o que se tem é: descrições passadas e presentes; dissertações presentes e narrações de fatos já ocorridos e, portanto, passados. As narrações presentes são menos frequentes.

Considerando o tipo da **perspectiva do enunciador dada pela imagem que faz do enunciatário**, temos duas possibilidades: alguém que concorda com o que ele diz e alguém que não concorda com o que ele diz. Temos então: textos argumentativos ***stricto sensu***, em que utilizamos argumentos e recursos linguísticos para persuadir o enunciatário; e textos argumentativos ***não stricto sensu***, que se caracterizam pela cumplicidade, em que o enunciador vê o enunciatário como alguém que concorda com o que ele afirma.

Da **perspectiva em que o enunciador faz uma antecipação da situação no dizer**, temos textos preditivos ou não preditivos.

Em relação à **perspectiva dada pela atitude comunicativa de comprometimento ou não com o que se afirma**, temos textos do mundo comentado e textos do mundo narrado (neste último caso, há um suposto não comprometimento com o que se afirma).

Ainda dentro da categoria do tipo, Travaglia apresenta as classificações de textos lírico, épico, dramático.

Da **perspectiva da comunicação não confiável**, haveria a possibilidade de cruzamento de dois mundos: o humorístico e não humorístico (da comunicação confiável).

Considerando o **gênero**, afirma Travaglia caracterizar-se por exercer uma função sociocomunicativa, que nem sempre é de fácil explicitação. Para citar alguns exemplos de gêneros administrativos, temos: correspondência oficial e empresarial, atas, relatórios; certidão, atestado etc. A certidão distingue-se do atestado por ser dada por uma autoridade e representa uma transcrição de registros oficiais, enquanto o atestado é dado por quem tem competência institucional ou técnica. Apresenta então o seguinte quadro:

Quadro 7.1 Funções sociocomunicativas de gêneros caracterizados por atos de fala

GRUPO DE GÊNEROS	FUNÇÃO BÁSICA COMUM
Aviso, comunicado, edital, informação, informe, participação, citação	Dar conhecimento de algo a alguém.
Acórdão, acordo, convênio, contrato, convenção	Estabelecer concordância.
Petição, memorial, requerimento, abaixo-assinado, requisição, solicitação	Pedir, solicitar.
Alvará, autorização, liberação	Permitir.
Atestado, certidão, certificado, declaração	Dar fé da verdade de algo.
Ordem de serviço, decisão, resolução	Decidir, resolver.
Convite, convocação, notificação, intimação	Solicitar a presença.
Nota promissória, termo de compromisso, voto	Prometer.
Decreto, decreto-lei	Decretar ou estabelecer normas.
Mandado, interpelação	Determinar a realização de algo.
Averbação, apostila	Acrescentar elementos a um documento, declarando, corrigindo, ratificando.

Fonte: Travaglia (In: TRAVAGLIA; FINOTTI; MESQUITA, 2008, p. 184).

Finalmente, considerando o terceiro tipelemento, Travaglia trata da **espécie**: os textos caracterizam-se por seu tipo de conteúdo: **história** (episódios apresentados encaminham-se para a solução de uma complicação) e **não história** (os episódios apresentados não se encadeiam dirigindo-se a um resultado). Neste último caso, temos textos como: ata, notícia não histórica, narração esportiva. Seriam da espécie história: novela, conto, crônica, fábula, apólogo, paródia, lenda, mito, fofoca, caso, biografia, epopeia etc.

4 REDAÇÃO PROFISSIONAL

Os redatores profissionais que se ocupam do gênero administrativo consideram obstáculos que impedem que uma comunicação se realize: o uso de termos técnicos desconhecidos do receptor; a imprecisão vocabular; o uso de expressões empoladas; o excesso de informação, de adjetivos e advérbios que não cumprem um objetivo no enunciado; a falta de competência comunicativa; a exposição de juízos de valor quando somente argumentos seriam adequados. Têm eles conhecimento, sobretudo, de que o problema central está na adequação. Para Marcuschi (2011, p. 98), produzimos textos inadequados quando não oferecemos condições de acesso a algum sentido, quer por ausência de informações necessárias, quer por ausência de contextualização de dados, quer por violação de relações lógicas ou incompatibilidades informativas. Não se deve, porém, "confundir um texto de difícil compreensão com um texto impossível de ser compreendido. Às vezes, o que não entendo hoje entendo amanhã".

A comunicação empresarial é um meio para alcançar os objetivos da empresa. Informações exatas e rápidas favorecem a tomada de decisões eficazes. Daí se considerar a estrutura da rede de informação que existe dentro de uma organização: as informações partem de quem? Quando as informações estão disponíveis: de manhã, de tarde, no início da semana, no início do mês? Que informações podem ser transmitidas? Onde é possível obter informações dentro da empresa? Como as informações podem ser obtidas? Que canais a empresa utiliza para transmitir informações?

Uma carta entre familiares, amigos, colegas ocupa-se normalmente de assuntos corriqueiros de interesse dos interlocutores. Em geral, são escritas, mantendo-se certa espontaneidade, numa linguagem sem grandes preocupações de monitoramento gramatical. Pode ser escrita segundo a variedade urbana de prestígio, ou variedade rural, dependendo exclusivamente da vontade do enunciador, que deve levar em conta a capacidade de entendimento do enunciatário. Não usamos, por exemplo, um vocabulário raro e uma sintaxe elaborada com quem sabemos de antemão não dispor de tal competência. Muito pelo contrário, ajustamo-nos à audiência quase automaticamente: se escrevemos para um irmão, um amigo, pai, mãe, utilizamos uma variedade linguística que sabemos não gerar maiores problemas, porque o que nos interessa é a comunicação e não apresentar a impressão de pessoa altamente letrada. Às vezes, valemo-nos até de gíria e expressões chulas, porque queremos manter a ênfase na informalidade, na espontaneidade.

5 CARTA

Para Houaiss e Villar (2001, p. 636), carta é "mensagem, manuscrita ou impressa, a uma pessoa ou a uma organização, para comunicar-lhe algo". Essa mensagem é fechada em um envelope, em geral endereçado e selado.

O termo *carta* aparece em variadas expressões, como: carta barimétrica (mapa do fundo do mar, representado por curvas contínuas de profundidade), carta citatória (mandado de citação), carta credencial (carta de um governo, apresentando um diplomata a outro governo), carta de adjudicação (documento que assegura judicialmente a transferência dos bens adjudicados ao adjudicatário), carta de aforamento (escritura pela qual se constitui a enfiteuse), carta de emancipação (título de aquisição de capacidade civil plena antes de completar 18 anos), carta de fiança (documento pelo qual se obriga solidariamente pelo pagamento de dívidas de outrem), carta magna (Constituição Federal), carta de crédito (a que autoriza determinada importância), carta-manifesto, ou simplesmente manifesto (declaração levada ao conhecimento público com objetivos diversos), carta-patente (documento que encerra obrigações ou privilégios).

Como se sabe, a oralidade é a base de muitos gêneros, mas há outros que são descendentes diretos da carta: artigos científicos, patentes, relatórios de acionistas, letras de câmbio, cédulas de dinheiro, cartas de crédito, encíclicas papais, faturas, cheques, atas, reportagens etc. (cf. BAZERMAN, 2011b, p. 89-107). Assim, se pode afirmar que os gêneros não surgem em grau zero; eles têm remanescentes históricos dentro das instituições e atividades humanas. E precisamos compreender como eles funcionam em determinada cultura e suas instituições, se quisermos agir com competência comunicativa.

Além dos usos formais e oficiais, as cartas passaram a incluir preocupação pessoal e, posteriormente, mensagens particulares. Segundo Bazerman (2011b, p. 93), cartas pessoais familiares se tornaram comuns no mundo helênico e romano. Os teóricos da retórica clássica davam pouca atenção às cartas devido a ampliarem laços pessoais entre amigos e serem escritas em estilo falado.

5.1 *Ars dictaminis*

Para Bazerman (2011b, p. 95), "para treinar os clérigos naquilo que estava então se tornando o principal meio de doutrina e administração, desenvolveu-se um ramo especializado da Retórica conhecido como *ars dictaminis*". Essa arte de escrever cartas tinha como relevante a saudação; era ela que identificava as posições de emissor e receptor, "colocando ambos dentro de relações sociais institucionalizadas". Ainda segundo Bazerman, a *ars dictaminis* proporcionou a base para o desenvolvimento da correspondência comercial e governamental durante o início da Renascença.

A correspondência jesuítica apropria-se do modelo das epístolas de São Paulo e das cartas de Cícero. A carta seria particular e se referiria a uma circunstância específica para um destinatário específico. A epístola era dirigida a uma coletividade e tratava de questões gerais, teóricas ou doutrinárias.

As *artes dictaminis* medievais fazem distinção entre correspondência *familiaris* e *negotialis*. A primeira trata de assuntos particulares segundo um artifício de informalidade programaticamente clara, visto que o destinatário, familiar por convenção, não está presente no ato da escrita para interagir; a segunda ocupa-se de assuntos de interesse geral; daí admitir a erudição, a dissertação, a elocução ornada e a polêmica, uma vez que não tem um destinatário específico. Afirma Hansen (1995, p. 92):

> As cartas de Nóbrega abrem-se todas com uma *salutatio*, ou saudação breve, que imita a das cartas e epístolas paulinas. Hierarquicamente decorosa, é adequada à pessoa do destinatário: "A graça e o amor de N. Senhor Jesu Christo seja sempre em nosso favor e ajuda. Amen."

Como um diálogo, a carta formaliza o destinador e o destinatário, observando-se nela a permanência de três decoros das antigas *artes dictaminis*: dirigida a superior, não pode ser jocosa; se dirigida a igual, não pode ser descortês; se dirigida a inferior, não pode ser orgulhosa (cf. HANSEN, 1995, p. 93).

No Renascimento, a preocupação passou a ser com a diferença entre a carta formal (*contentio*) e a familiar (*sermo*). Erasmo, por volta de 1498, em *Brevissima formula*, afirma que a carta é um *colloquium* (*sermo*) entre amigos ausentes. Sua escrita deve ser espontânea e pouco elaborada; o estilo adequado deve ser obtido por meio de exercícios de escrita e estudo de autores como Cícero, Plínio, Poliziano, Sêneca. Considera que a divisão das cartas em cinco partes (*salutatio, benevolentiae captatio, narratio, petitio e conclusio*) nem sempre seria apropriada. Seria fundamental apenas o labor, o método e a disciplina. Três seriam as espécies de carta: a demonstrativa, a deliberativa e a judicial.

Contestando posições de estudiosos da carta anteriores, Erasmo refuta a exigência do estilo humilde, afirmando que matérias graves exigem estilo grave; em vez do estilo fluente, ensina que o que deve prevalecer é a adequação do gênero epistolar. Daí a necessidade de o estilo ser flexível. De acordo com Quintiliano, Erasmo propõe ser o melhor estilo aquele que se adapta à matéria, ao tempo, ao lugar e ao público.

5.2 A carta e sua história

Para Bazerman (2011b, p. 94), no mundo clássico, a carta servia para mediar a distância entre dois indivíduos e constituía um espaço transacional aberto, que podia ser especificado, definido e regularizado de muitas maneiras diferentes.

As relações entre enunciador e enunciatário podem ser vistas diretamente por meio das saudações, assinatura e conteúdo da carta.

A carta conferiu a esse gênero uma força comunicativa extraordinária dentro da Igreja cristã. Muitos livros do *Novo Testamento* apresentam-se sob a forma de cartas, originalmente escritas por pessoas específicas e para pessoas particulares, não obstante tenham se tornado depois objeto de leitura de toda uma comunidade (Cartas de São Paulo: aos Romanos, aos Gálatas, aos Filipenses, a Filêmon, a Timóteo, aos Tessalonicenses, aos Coríntios etc.; Cartas de São Pedro; Cartas de São João).

Essas cartas transformaram-se em cartas apostólicas, bulas papais, súmulas, encíclicas, resoluções.

A carta-patente seria também um documento que contém fórmulas epistolares. Segundo Bazerman (p. 97),"mesmo quando as patentes não mais faziam parte de todas as concessões de privilégio real, estando restritas a uma proteção limitada para as invenções, o processo ainda foi feito por cartas e documentos parecidos com cartas". Acrescenta que, "até meados do século XX nos Estados Unidos, os principais documentos de patentes mantiveram o formato de uma carta" (p. 98).

Outra espécie de carta que nos veio do mundo clássico é a **carta de petição**. É um tipo de instrumento adequado para a expressão de descontentamento e protesto que existia na Idade Média; nela o indivíduo expunha interesses pessoais a uma autoridade. Para Bazerman, as cartas são anteriores a documentos públicos, como cartazes, manifestos e panfletos sediciosos, que teriam nela sua origem. Elas não apenas forneceram o meio para o desenvolvimento de gêneros relevantes que circulam no direito, como também aos vários instrumentos de dinheiro e crédito que medeiam os modernos sistemas financeiros e bancários.

Em relação à **carta de crédito**, Bazerman afirma que o próprio nome já sugere relação com correspondência. Até mesmo as **cédulas**, ou **notas**, guardariam marcas de carta. A forma típica delas, emitida em Massachusetts em 1690, apresenta elementos da carta: "as primeiras notas emitidas pela colônia de Nova York em 1709 têm uma data na parte superior e são assinadas na parte inferior por um ou vários oficiais do governo" (BAZERMAN, 2011b, p. 100).

Também na literatura muitos romances se apoiaram em cartas para se constituírem: apenas para citar alguns dos mais famosos: *Pamela* [1740], de Samuel Richardson; *Os sofrimentos do jovem Werther* [1774], de Goethe; *As ligações perigosas* [1782], de Choderlos de Laclos. Para Bazerman, "o romance epistolar desenvolveu-se diretamente de várias tradições de escrever cartas e de manuais de escrever cartas. A tradição de cartas literárias data dos exemplares romanos de Plínio e Cícero".

Em relação aos **manuais de escrita de cartas**, Bazerman (2011b, p. 104) afirma que "começaram a ser publicados no século XVI, frequentemente apresentando modelos de cartas fictícios, indo do engraçado ao didático".

O estudo dos gêneros discursivos entende que gêneros secundários, complexos, têm origem em gêneros primários. Pode parecer estranho, mas o gênero **artigo científico** teria sido originado de intercâmbios epistolares entre filósofos naturais do século XVII combinado com outro gênero, a comunicação científica. Um secretário da Sociedade Real de Londres lia correspondências durante as reuniões. Os primeiros números de uma revista que a Sociedade publicava eram compostos de trechos de correspondências. Em pouco tempo, os artigos deixaram de ter as marcas de cartas e se tornaram comunicações autônomas. Uma carta de Newton a Oldenburg e à Sociedade Real, em que descrevia sua teoria sobre luz e cores, foi lida no encontro de 8 de fevereiro de 1672 e publicada em *Philosophical Transactions*. A carta gerou 20 artigos em que Newton respondia a inúmeras objeções. Os artigos só perderiam os vestígios do formato de carta mais de um século depois. Ganharam então o tom argumentativo abstrato dos artigos científicos. Paulatinamente, os leitores passaram a procurar nas revistas o avanço das pesquisas e do conhecimento (cf. BAZERMAN, 2007, p. 31).

5.3 Carta comercial

A **redação técnica**, da qual a redação de **gêneros administrativos** é uma vertente, define-se como linguagem que trata de fatos ou assuntos técnicos, científicos, comerciais.

Um diretor de uma empresa contrata uma secretária, ou um assessor que tenha competência comunicativa, capaz de escrever os mais variados tipos de textos: cartas, relatórios, atas, memorandos, avisos etc.

No dia a dia dos escritórios, não basta escrever com alto grau de monitoramento gramatical, observando com rigor ortografia, acentuação, concordância verbal e nominal, regência verbal e nominal, pontuação etc. As exigências vão um pouco além: em geral, buscam-se profissionais que sejam capazes de, escrevendo, provocar a resposta desejada. Comunicar é, desse ponto de vista, provocar uma resposta, uma reação do receptor, do cliente da empresa. É tornar comum os nossos desejos e necessidades. Se um texto é muito bem escrito, mas não é compreendido pelo receptor, ele não estabelece uma comunicação.

Uma empresa não expede textos para exibir conhecimentos linguísticos, retóricos, mas para alcançar um objetivo, que pode ser a realização de um negócio, a resolução de um problema, a informação sobre uma reunião etc. Portanto, o gênero administrativo eficaz é o que gera uma resposta que satisfaça às necessidades do emissor (da empresa, propriamente, em que trabalha). Redator experiente rejeita fórmulas literárias, "bonitas", retóricas, que não estabelecem vínculo com o leitor. Sua preocupação principal é com a capacidade de recepção do destinatário. Por isso, vale-se da palavra mais simples, da sintaxe menos rebuscada possível.

Em seu trabalho, um profissional experiente em redação de textos administrativos procura responder às seguintes questões, sempre que tem de escrever algo: Com quem vou me comunicar? Conheço seu nível de escolarização? Que variedade linguística utilizar? Que devo focalizar no meu texto? Qual o assunto de que devo tratar? Qual é meu objetivo? Por que devo escrever? Como devo tratar meu leitor? Mais formalmente ou menos formalmente? De quanta informação ele precisa? O que devo dizer ou deixar de dizer? Que vocabulário posso utilizar? O que vou dizer está claro para mim? A abordagem que escolhi é a mais adequada? Planejei a ordem que devo dar às informações? Que canal (suporte) devo utilizar para transmitir informações, pedido, convite, orientações etc.?

O redator de um texto administrativo sabe que a situação requer o domínio de um gênero específico: sabe qual é o tipo de texto apropriado (sequência textual adequada) e quais serão as estratégias necessárias. Por exemplo, quando pedimos ressarcimento de valor pago por um produto defeituoso, depois de localizar nota fiscal, certificado de garantia e endereço da empresa (telefone, *e-mail*), passamos a redigir o texto com mais segurança, mas não sem esquecer certas fórmulas usuais nesse tipo de texto. Também não se dispensam fórmulas adequadas de tratamento respeitoso, formas de gentileza etc. Os gêneros em geral manifestam possibilidades de escolhas sobre a organização e as partes do texto, a organização do texto, o estilo apropriado e até frases padrões que podem ocorrer em certos momentos.

A necessidade de objetividade e clareza do gênero administrativo exige do enunciador que utilize um **código fechado**, preciso: em vez de expressões vagas e genéricas, vale-se de quantificadores, de definições, evitando sempre que possível a ambiguidade. Do aviso de uma futura reunião não constará termos como: "a reunião será semana que vem, na parte da tarde", mas: "a reunião será realizada no dia X-X-2015, às tantas horas, no local X, para tratar dos seguintes assuntos..." Realiza então o tipo textual denominado *descrição*.

O **código aberto** é o que permite mais de uma interpretação; é conotativo; o **fechado** é o que restringe a interpretação a um só entendimento; é denotativo. Imagine-se um diretor procurando para comprar *um livro de capa verde de um autor que se tornou bestseller*. Se souber o título da obra e o nome do autor, talvez se possa encontrá-lo com mais facilidade. Experimente ir a uma livraria e dizer ao atendente que você procura um livro de capa cor cinza... Assim é que não fazem parte do gênero textual administrativo expressões vagas, como: "no próximo mês, faremos uma liquidação", "o diretor está resolvendo uns problemas da empresa", "aguardamos uma resposta para breve", "gostaríamos que nos dissessem qualquer coisa sobre nossos produtos", "o diretor não gostou da atitude da secretária"; "a produção do produto X fica pronta para comercialização nos próximos meses".

Há sempre uma expressão que encerra maior precisão. E o redator profissional objetiva encontrá-la.

Vejamos o texto de uma carta:

São Paulo, 8 de junho de 2015.

O Itaú tem o compromisso de manter você sempre informado sobre os assuntos relacionados aos seus investimentos. Por isso, convida você a participar da Assembleia Geral Ordinária e Extraordinária deste Fundo [Itau Personnalité Renda Fixa Excellence FICFI, CNPJ 10.474.810/0001-33], a ser realizada em 25/06/2015, às 16h35, na Praça Alfredo Egydio de Souza Aranha, 100, Torre Eudoro Villela Metrô Conceição – São Paulo – SP, para deliberar sobre as Demonstrações Financeiras, Notas Explicativas e Parecer dos Auditores Independentes, relativos aos exercícios sociais encerrados em 28/02/2014 e 28/02/2015. Os respectivos documentos encontram-se disponíveis para consulta, no local de realização da Assembleia.

Caso deseje obter mais informações, seu gerente estará à sua disposição para mais esclarecimentos.

> Informações e esclarecimentos adicionais poderão ser obtidos por meio do Investfone Personnalité – Central de Atendimento aos Investidores, das 9 às 20 horas nos dias úteis pelos telefones: 3003 7377 – localidades que possuem agências Itaú Personnalité; 0800 724 7377 – demais localidades. Caso queira receber as cartas de fundos por e-mail altere a opção de recebimento pelo site Itaú Personnalité: Investimentos/Serviços/Alterar recebimento de cartas de fundos.
>
> Atenciosamente,
> Fulano de Tal
> Diretor Responsável pela Administração de Recursos de Terceiros
> ITAÚ UNIBANCO S.A.

O tratamento escolhido, *você*, produz o efeito de sentido de maior proximidade entre enunciador e enunciatário. Substitua-o por *senhor* e verificará como ocorrerá um distanciamento, um grau maior de formalidade. Em seguida, apresenta o propósito (intencionalidade) do texto: "**convida** você a participar da Assembleia Geral Ordinária e Extraordinária deste Fundo", bem como a **descrição precisa** do lugar onde se dará a reunião, cujo **objetivo** é "**deliberar** sobre as Demonstrações Financeiras, Notas Explicativas e Parecer dos Auditores Independentes, relativos aos exercícios sociais encerrados em 28/02/2014 e 28/02/2015". Há ainda uma **despedida burocrática**: "atenciosamente" e o nome da pessoa que assina a correspondência. No início da carta, há informação sobre o local e data de expedição da carta. Hoje, já é comum os bancos endereçarem suas cartas a pessoa certa. E, nesse caso, teríamos um vocativo, como: "João", "Wanderlei". Em geral, não utilizam nada como "caro Sr. João", ou "Prezado Sr. João" etc.

Quem escreve textos administrativos ocupa-se também da escolha apropriada do **canal** (suporte) em que veiculará sua mensagem: carta, *e-mail*, *Facebook*, mural, memorando, relatório escrito. Ou, em vez de escrever, será conveniente um telefonema, ou um bate-papo face a face? Além disso, outra preocupação é com o excesso de informação, que provoca o **esquentamento da mensagem**. Se a **mensagem** é excessivamente **quente**, complexa, pode não realizar a comunicação desejada. **Mensagens frias** requerem menor esforço do interlocutor para a compreensão e, consequentemente, cumprem sua finalidade, seu objetivo, que é comunicar-se. **Mensagens quentes** são muito formais, rígidas, tensas, excessivamente longas e, por isso, exigem esforço maior da parte de quem a recebe para entendê-las em seus mínimos pormenores. Daí a regra que os profissionais de gêneros administrativos admitem: economia de ideias, de assuntos tratados, utilizando somente as palavras necessárias, evitando-se as explicações supérfluas, inúteis, vocabulário requintado. Aborda-se um assunto de cada vez, focalizando o objetivo previamente traçado. Se se tratar de texto escrito, uma preocupação a mais será com a disposição do texto, com o uso do espaço branco, a despoluição do texto. Foi utilizada fonte tipológica muito pequena? Há excesso de imagens ou ilustrações (gráficos incompreensíveis, tabelas desnecessárias), de destaques (**bold**, *itálico*, MAIÚSCULAS, "aspas" etc.)?

Em relação ao parágrafo, escreve-se de modo que sua ideia central seja imediatamente identificada. Não é, portanto, o número de linhas escritas a medida de um parágrafo. Para cada ideia, um parágrafo novo.

Entre as preocupações do redator de textos administrativos poderá estar a **repetição** de ideias ou palavras. No último caso, às vezes basta a substituição de uma palavra por outra de sentido equivalente; no primeiro, se o desejo não é enfatizar um tópico, pode-se simplesmente eliminar a repetição. É preciso, no entanto, cuidado, pois nem sempre as repetições são desnecessárias; há casos em que elas são apropriadas, justamente porque contribuem para dar realce a algum ponto do que se está tratando.

Entre as repetições que se podem evitar, estão as que se constituem com o uso de verbos auxiliares: "estar interessado em estudar" (= interessou-se por estudar); "*tenho realizado reuniões*" (= realizo reuniões); "havia feito um relatório de dez páginas" (= escreveu um relatório de dez páginas). Às vezes, o simples verbo *estar* pode ser evitado: "a secretária estava com receio de que o diretor não aprovasse sua ação" (= a secretária receava que o diretor não aprovasse sua ação). Esses exemplos são de preocupação estilística, não de falhas com relação à normatividade gramatical.

Há ainda uma série de expressões vagas que podem ser evitadas no gênero administrativo, como: *a dizer a verdade, aspecto, coisa, fatores, na verdade*. Em geral, é um tipo de redação que repele o excesso de advérbios, sobretudo os terminados em *mente*: *efetivamente, definitivamente, certamente, eventualmente, oportunamente, devidamente, decididamente, infelizmente*. O uso de **modalizadores**, no entanto, por si não se constitui em obstáculo à consecução do objetivo redacional; pode compor uma estratégia de argumentação: o redator querer manifestar seu ponto de vista sobre o que está dizendo, exteriorizar afetividade, segurança, subjetividade. Justifica-se, portanto, o uso se necessário:

> Ele discursou **seguramente** com os olhos na plateia.
> Ele discursou com os olhos na plateia.
> ***Infelizmente***, a crise econômica atual não nos permite delongar o prazo de quitação de sua promissória.

Os gêneros administrativos são um pouco secos, econômicos, frios. Por isso, evita a **prolixidade**, passa ao largo de expressões como: *já tratamos desse assunto muito apressadamente; nossos notáveis produtos são belos, bonitos e bons; em geral, o diretor escreve zelosamente e-mails excessivamente longos, acima citado, acusamos o recebimento, agradecemos antecipadamente, anexamos ao presente e-mail; anexo segue; antecipadamente somos gratos; aproveitando o ensejo, anexamos; até o presente momento; como dissemos acima; conforme acordado; conforme segue abaixo relacionado; devido ao fato de que; durante o ano de 2016; encaminhamos em anexo; estamos anexando; estamos remetendo-lhe;*

estou escrevendo-lhe para; levamos ao seu conhecimento; no futuro próximo; no Estado de São Paulo; ocorrido no corrente mês; referência supracitada; somos de opinião de que; seguem em anexo; temos a informar que; vimos solicitar; referência supracitada, fundamentos básicos; reiterar outra vez; vimos através deste e-mail. Em todos esses casos, é possível eliminar, sem perda de informação, uma ou outra palavra que adiciona redundância ao texto. Todas essas expressões podem ser melhoradas ou eliminadas durante o processo de revisão, podem ser substituídas por outras mais simples, menos palavrosas. Todavia, não se trata de violação de norma gramatical. A revisão de um texto serve para aprimorar o estilo e verificar o que pode constituir-se em **ruído** à comunicação, visto que **pleonasmos**, dependendo de quem vai recebe-los, podem constituir-se em embaraço, obstáculo indesejável. No entanto, dependendo do contexto e do efeito de sentido que se queira produzir, essas expressões podem vir a ser utilizadas.

Redatores profissionais do gênero administrativo também evitam as **afetações**: *a seu inteiro dispor; com os protestos de elevada estima e consideração; firmamos mui respeitosamente; firmamos mui cordialmente; temos a subida honra de; temos especial prazer em renovar; temos o prazer de*. Em geral, essas expressões são tidas como falsas, hipócritas.

Enfim, o gênero não se dá bem com a **empolação**, com expressões que contribuem para a prolixidade: *através desta; apraz-nos dirigir a; aproveitamos a oportunidade para; com o presente e-mail; conforme tópico ventilado; limitados ao exposto; passo às suas mãos; por oportuno julgamos; outrossim; assunto em tela; sem mais para o momento; sem outro particular; sendo o que se nos oferece para o momento; tem o presente e-mail a finalidade; tomamos a liberdade de*.

Igualmente, os gêneros administrativos evitam **gírias**, que funcionam bem quando os interlocutores são íntimos e estão em situação de descontração, em um bate-papo mesmo que escrito (*WhatsApp*); todavia, em situação formal, de ambientes empresariais, evita-se seu uso, assim como de exageradas interjeições: *uh, ui, hem, hum, hein*.

Em relação aos **estrangeirismos**, utilizam-se os que são necessários, os que não podem ser substituídos por outros da língua portuguesa justamente porque não há termo correspondente. A preocupação, porém, é sempre com a clareza da mensagem.

Estrangeirismo diz respeito às palavras emprestadas de outra língua, que são usadas mantendo-se a ortografia da língua original: *mouse, check-in, e-mail*. Quando aportuguesamos uma palavra, temos então o **empréstimo**, que é o estágio final de incorporação de um termo a uma língua: *deletar, hambúrguer, futebol*.

Toda língua é enriquecida com empréstimos; nem sempre nos damos conta de que estamos usando uma palavra que no início de sua incorporação era considerada um estrangeirismo; estão nesse caso: *líder, abajur, garçom, restaurante, hotel, piquenique, constatar, agir, detalhe*.

O desenvolvimento tecnológico em geral contribui para o enriquecimento do vocabulário nacional, importando termos para os quais não há equivalente: *drive, backup, hardware*.

Não há nada a temer com relação ao uso de estrangeirismos; eles constituem uma contribuição importante para o enriquecimento do vocabulário, bem como são em número muito pequeno. Nada, portanto, de atitudes puristas.

5.3.1 Estrutura

Estruturalmente (lembre-se, no entanto: o mais importante não são esses traços formais!), uma **carta comercial** é composta de:

Cabeçalho: é composto das iniciais do departamento que expediu a carta (uma espécie de índice), local, data (após o ano, usa-se ponto final por se tratar de uma frase nominal = carta escrita em São Paulo, no dia 10 de agosto de 2016), referência (ou ementa), saudação (invocação). Há empresas que utilizam papel de carta com timbre, com nome da empresa e endereço. Suponhamos:

> DV-45 = Departamento de Vendas, número de cartas expedidas pelo departamento.

A **abreviatura do departamento** que expede a carta e o número sequencial, no ano (Departamento de Vendas, carta n. 45, no ano de 2016; no ano seguinte, inicia-se nova numeração sequencial). Esse tipo de informação é importante para a localização imediata de uma carta que se esteja procurando.

Data: escreve-se o local por extenso. Se o papel é timbrado e já contém o local, pode-se deixar de apor o local. Usa-se vírgula após o local. Escreve-se o nome do mês com letra minúscula. Anos não se separam com ponto: 2016 e não 2.016. Ref. = referência, o assunto da carta (hoje, com os brevíssimos *e-mails*, a indicação da referência tornou-se desnecessária, mas o texto da correspondência deve deixar claro qual é o assunto tratado).

Saudação (vocativo): "Paulo Freire:", "Sr. Fulano de Tal:", ou, simplesmente, "Fulano de Tal:" A abreviatura de *senhor* é *Sr.*, utilizada sempre que a ela vier um nome próprio. Ao final do vocativo, aparecem dois-pontos; há também o uso de vírgula. Os que usam dois-pontos entendem que a continuação (o início da mensagem) se iniciará com maiúscula e não com minúscula; os que se valem de vírgula podem iniciar o texto com letra minúscula.

Introduções mais comuns:

> *Participamos-lhe que...*
> *Cientificamos-lhe que...*
> *Com relação aos termos de sua carta de...*
> *Atendendo às solicitações constantes de sua carta...*
> *Solicitamos a V. S.ª a fineza de...*
> *Com referência à carta de V. S.ª de...*
> *Em vista do anúncio publicado no...*
> *Informamos V. S.ª que...*

Fecho de cortesia: "atenciosamente", "saudações atenciosas". Em geral, usa-se despedida breve, sem grandes afetações.

Os fechos de cortesia, também chamados de antefirma, mais comuns são:

> *Atenciosamente.*
> *Respeitosamente.*
> *Com elevada consideração, abraço-o seu amigo.*
> *Saudações.*
> *Saudações atenciosas.*
> *Com distinta consideração.*
> *Apreciaremos sua pronta resposta.*
> *Antecipadamente, somos gratos.*
> *Cordialmente. (Essa expressão quer dizer afetuosamente.)*
> *Cordiais saudações (cordial é relativo a coração; a expressão "cordiais saudações" quer dizer afetuosas saudações.)*
> *Um grande abraço.*
> *Abraços.*

O uso de algumas dessas expressões depende do grau de intimidade das pessoas envolvidas. Por exemplo: *cordiais saudações* subentende proximidade dos interlocutores, de pessoas que se estimam. *Cordial* quer dizer *que demonstra afabilidade.*

Assinatura: depois das expressões de fechamento, de despedida, coloca-se a assinatura de quem escreveu a carta, com indicação do cargo ou função:

> Atenciosamente,
>
> Fulano de Tal,
> Diretor.

Se a carta for escrita por um diretor, por exemplo, e digitada por uma secretária, é comum aparecer indicações de ambos:

> Atenciosamente,
>
> José Pereira,
> Diretor.
>
> JP/MB

JP/MB = José Pereira (redator), Maria Batista (secretária digitadora da carta). Essas iniciais podem aparecer em letras minúsculas:

Vejamos uma carta comercial:

São Paulo, 10 de agosto de 2016.

Paulo:

Se não lhe for causar problemas à sua criatividade nem causar-lhe nenhum desprazer, gostaríamos, por gentileza, que passasse de agora em diante a observar alguns preceitos sobre cartas comerciais expedidas por nossa empresa.

Como você sabe, toda carta comercial, particular, oficial, ou bancária deve observar algumas diretrizes para agradar o leitor e alcançar o objetivo que tem em vista: necessidade de observância de margens direita e esquerda, paragrafação, local e data, vocativo, despedida, assinatura. Não se escreverá nenhuma palavra a mais nem a menos, mas apenas o essencial, evitando-se adjetivação que não cumpra uma função no texto. Além desses aspectos, recomendo cuidado com a subjetividade, com os pontos de vista que expede, com preconceitos e, sobretudo, com os argumentos. Um cuidado elementar diz respeito à argumentação e uso de conectivos que estabeleçam relações de oposição, de causa, de condição, de finalidade etc.

Espero que você já venha atendendo a essas observações, porque sei que é pessoa dedicada à observação rigorosa de nossos arquivos, para verificação do estilo administrativo que imprimimos aos nossos textos.

Atenciosamente,

Marcos de Oliveira
Gerente de Marketing

  Os traços formais não são suficientes para a redação de uma carta que ofereça produtos. As cartas são um instrumento de ação; com elas agimos à distância.
  O **texto da carta** é constituído de um relato organizado de acontecimentos reais, que compreende resposta às seguintes questões: Quem autorizou na empresa alguma orientação, decisão, convite, por exemplo? Que fato devo relatar? Quando ocorreram os acontecimentos? Onde ocorreram os fatos? Como? Modo como se desenvolveram os acontecimentos. Por quê? A causa dos acontecimentos. Que variedade de linguagem devo utilizar? Meu enunciatário receberia bem a falta de monitoração linguística, a despreocupação gramatical? O que estou escrevendo está de acordo com o papel que exerço na empresa? Tenho autoridade para o que estou escrevendo? As informações arroladas são suficientes? Qual é meu objetivo?

Vejamos como se distribuem os elementos de uma carta comercial:

Timbre	
Índice e número	DPV/36
Local e Data	São Paulo, 12 de agosto de 2016.
Referência:	Ref.: Informação sobre o lançamento do livro *Redação de artigos científicos*.
Introdução	Marcela:
Texto	Depois de um longo tempo de ausência de novas publicações, acabo de lançar, juntamente com Carolina Tomasi, *Redação de artigos científicos* pelo Grupo GEN. Nas edições anteriores de nossos livros, você sempre foi muito gentil, publicando uma resenha sobre os livros. Espero que você goste da edição do novo livro e indique para seus leitores o interesse da obra, particularmente para pesquisadores e acadêmicos.
	O livro contempla os mais variados assuntos relativos ao tema, orientando principalmente os que são menos experientes a redigir artigos científicos segundo os parâmetros da ciência e possam alcançar publicação. Contempla o livro os passos da pesquisa e da redação, da revisão e das relações com o futuro editor do artigo.
Cumprimento Final	Abraça-o seu amigo, na expectativa de revê-la brevemente.
	Atenciosamente,
Assinatura	João Bosco Medeiros
Anexos	Anexos: *Press-release* e livro *Redação de artigos científicos*.
Iniciais	JBM/SO (João Bosco Medeiros [redator] e Simone Oliveira [secretária])
Cópia	c/c Carolina Tomasi

Com relação ao **anexo**, um redator experiente, utilizando a variedade linguística prestigiada, atentará para a concordância nominal: *anexo: um livro; anexa: uma cópia xerox; anexos: livro e resenha; anexas: resenha e outras informações.*

5.3.2 Manutenção da face positiva

Em geral, a carta comercial apresenta como uma de suas características a **cortesia**. Mesmo nos casos mais complexos, de alta tensão entre os interlocutores, mantém-se a serenidade, usando expressões indicativas de educação.

Na imprensa escrita, notadamente em jornais e revistas, são inúmeros os casos em que o consumidor perde a paciência e expede carta com termos agressivos. Todavia, como profissional de uma empresa, em geral mantém-se a cortesia, porque se sabe que, sem serenidade, o bom êxito de uma comunicação irá por terra e pode-se perder um cliente.

Blikstein (2004, p. 22), comentando várias falhas ocorridas em um bilhete (que é uma carta breve) deixado por um gerente para sua secretária, afirma:

> Com vinagre não se apanham moscas! Este provérbio popular contém uma bela lição para quem quer escrever bem: não é com maus modos, com secura ou aspereza que vamos atrair a simpatia dos outros. Mas o gerente não parece preocupado em atrair a simpatia de ninguém; o seu recado é meio azedo e cheira a vinagre, tanto assim é que a secretária reclama:

> *"Da próxima vez, se o senhor quiser me deixar bem contente, o senhor poderia colocar um por favor ou um muito obrigado, sabe, alguma palavrazinha assim, só pra me agradar. A gente faz o serviço com mais boa vontade."*

5.3.3 Expressividade, distribuição do texto, preconceitos e estereótipos

A **expressividade** consiste no vigor, na energia que se dá ao que se afirma, o que em geral demanda esforço para procurar uma expressão adequada; o substantivo próprio, o adjetivo próprio, o verbo próprio.

O redator administrativo ainda se ocupa da boa distribuição do texto na página, assim como das palavras na frase, para alcançar certa **harmonia**, evitando, por exemplo, encontros que produzam **ecos** ou cacofonia ("a flor tem odor", "não sei o que ela tinha"; "assuntos de fé católica"). A harmonia consiste no ajustamento de palavras e frases quanto à **eufonia**. É resultado do encadeamento de sons que provêm de uma escolha rigorosa de palavras, permitindo fluência, cadência à frase. Nesse sentido, evita-se também o **hiato** ("a crise chegou ao auge").

Além dessas questões linguísticas, o gênero administrativo exige alguns cuidados, sobretudo com relação a **preconceitos e estereótipos**. Estereótipos são ideias cristalizadas, que se utilizam para reconhecer fatos ou pessoas de forma imediata, sem participação da reflexão. Assim, em vez de individualizar as pessoas, quem assim age identifica-as por meio de carimbos:

> Motorista de chapéu é um perigo no volante.
>
> Torcedor do time X é isso e aquilo.
>
> Políticos são corruptos.
>
> Pessoas que utilizam variedades linguísticas não prestigiadas são ignorantes, limitadas intelectualmente.
>
> Pessoas de determinada religião são assim ou assado.
>
> Pessoas de determinada região são assim ou assado.

Essas generalizações não constituem argumentos; são apenas manifestações de preconceito.

5.3.4 Clareza, concisão, precisão

A redação administrativa repele os textos que desconhecem as regras da clareza (corresponde à máxima de Grice: "evite exprimir-se de maneira obscura; evite ser ambíguo; seja breve [evite a prolixidade inútil]; fale de maneira ordenada" [FIORIN, 2016, p. 41]) e da precisão linguística, cuja intenção parece ser a de mostrar capacidade literária, abusando de metáforas e conotações. Não anda bem ela com a **ambiguidade,** os **circunlóquios**, a **empolação**. Em geral, os manuais que tratam de correspondência comercial afirmam ser qualidade do texto comercial a clareza, a objetividade (que se traduz em ir direto ao assunto), a concisão, a adequação à variedade linguística urbana de prestígio, a expressividade, a harmonia. Mensagens coerentes, que tratem de um assunto, sem perdê-lo de vista.

Recomendam ainda os manuais da área que a redação administrativa é produto de esforço intelectual que exige às vezes variadas versões até se chegar a um resultado que se considere adequado ao destinatário. Barros (1983, p. 9) explicita que uma "carta arrastada, de linguagem sibilina, de estilo retorcido", excessivamente empolada, de difícil compreensão, repleta de lugares-comuns, com descuidos ortográficos ou sintáticos, sem precisão, produz "enfado" no destinatário, ou uma imagem negativa e até desistência de concretização do negócio em vista.

Com relação à **clareza** (que é difícil de saber o que é realmente), afirmam os manuais que ela consiste na expressão precisa de um pensamento e uso da ordem direta: sujeito + verbo + complemento. Recomendam o período curto, aquele em que não se perde de vista o sujeito da oração e não se introduz um desfile de orações subordinadas.

Fala-se então em **concisão**, que consiste em dizer muito com poucas palavras, evitando digressões inúteis, palavras supérfluas, adjetivação desmedida e períodos extensos e confusos. Economia verbal, pois a concisão contribui para a clareza das ideias, o que não significa cair no laconismo, que pode gerar obscuridade e imprecisão. Todavia, se se procura uma forma mais simples de dizer, podem-se descobrir variadas possibilidades.

Texto conciso, em geral, é resultado de muita reflexão. Seu redator não se põe a escrever sem uma preparação sobre o assunto que deve abordar. Estuda-o, analisa os pontos a serem destacados; procura avaliar os fatos de mais de uma perspectiva, mais de um ângulo, para poder optar pelo que lhe parece mais consistente, capaz de persuadir seu leitor. Em muitas situações, não escreverá uma vez apenas; fará rascunho, reescreverá seu texto até encontrar a melhor solução para o momento. Estudará o vocabulário apropriado, os argumentos necessários, o grau de informação necessário, evitando a prolixidade, os excessos. Sabe, por experiência, que, para convencer, não é preciso escrever muito, mas apenas o suficiente, com bons argumentos, e que, escrevendo muito, correrá o risco de errar mais. Daí refletir sobre o que quer transmitir, sobre como transmitir, que variedade linguística utilizar, que aproximação ou distanciamento do leitor ele pretende.

Em textos do gênero administrativo, é comum a preocupação com o uso de **termo exato**, bem como a fuga ao que é sem relevo, sem ênfase. Não se recorre, porém, ao dicionário para selecionar palavras desconhecidas do leitor. A eficácia delas não está na quantidade, mas na intensidade. Em relação à **precisão** no uso do vocabulário, Garcia (1986, p. 155) argumenta que, quando dispomos de palavras precisas (exatas), suficientes e adequadas à expressão daquilo que queremos comunicar, estamos em melhores condições para escolher, julgar, do que quando nosso acervo lexical é insuficiente ou medíocre para comunicação.

Não se caia, contudo, na falácia de considerar que o uso de um vocabulário variado é sinônimo de redator mais inteligente do que aquele de pouca variação vocabular. Nem se caia também no extremismo de ajuntar palavras raras para impressionar o destinatário. Vocabulário preciso não significa vocabulário inacessível, linguagem artificial. A competência comunicativa exige muito mais que o conhecimento de palavras; além do conhecimento do receptor da mensagem, da adequação do texto à situação, ao lugar em que se dá a comunicação, é preciso saber o que falar, com quem falar ou calar-se, onde falar e de que forma, saber ajustar sua linguagem à ocasião. A precisão de uma comunicação não diz respeito ao uso do vocabulário rico, mas ao uso de termos necessários ao que se deseja transmitir. Vocabulário preciso abrevia a expressão e facilita a recepção da mensagem.

Ainda em relação ao estudo das palavras, é de salientar dois conceitos: o de denotação e o de conotação, já vistos na seção 5 do Capítulo 6. Vamos aqui explicitá-los mais detidamente. **Denotação** é, segundo Houaiss e Villar (2001, p. 938), "vínculo direto de significação (sem sentidos derivativos ou figurados) que um nome estabelece com um objeto da realidade". Para Massaud Moisés (2011, p. 114),

> a denotação é, à semelhança da conotação, que lhe serve de oposição, vocábulo corrente nos atuais estudos linguísticos e críticos. Designa o sentido literal das palavras, como se encontra nos dicionários, "a propriedade que o signo linguístico tem de remeter a um objeto exterior à língua". É, pois, aproximadamente, o equivalente da *função referencial* da linguagem.

Garcia (1986, p. 161) entende que a denotação é, para a semântica estrutural, "aquela parte do significado de uma palavra que corresponde aos *semas específicos e genéricos, i.e.,* aos traços semânticos mais constantes e estáveis".

A denotação remete ao sentido estável, não subjetivo, comum a todos os falantes de uma língua. Como elemento não subjetivo de um significado que é, pode ser analisável fora do discurso. A linguagem denotativa é referencial, informativa, despreocupada de produzir emoção no leitor. É própria de textos informativos, como o dos jornais, manuais de instrução, bulas de remédio, relatórios técnicos, textos científicos, gêneros administrativos, enfim. A denotação visa informar o receptor de uma mensagem de forma precisa, objetiva, o que lhe empresta um caráter prático, utilitário.

Conotação, por sua vez, define-se como "propriedade por meio da qual um nome designa uma série de atributos implícitos em seu significado para além do vínculo direto e imediato que mantém com os objetos da realidade" (HOUAISS; VILLAR, 2001, p. 805). Para Massaud Moisés (2011, p. 84),

> a ideia de conotação somente se deixa esclarecer quando posta em confronto com a denotação. [...] A conotação designa, de modo geral, os vários sentidos que os signos linguísticos, isoladamente ou em frases, adquirem no contato com outros signos ou frases no interior de um texto. Por contiguidade, o sentido primitivo ou literal (denotativo) sofre alteração e amplia-se, tornando-se plural ou multívoco.

É, pois, a conotação uma associação subjetiva, emocional, cultural que ultrapassa o significado estrito ou literal de uma palavra.

Garcia (1986, p. 161), com base na semântica estrutural, afirma ser a conotação a "parte do significado constituída pelos semas *virtuais, i.e.,* só atualizados em determinados contextos".

Como elemento subjetivo que é do significado de uma palavra, tal significado só pode ser analisável segundo o contexto em que aparece.

Se uma palavra é tomada em sentido próprio, não metafórico, empregada de modo que signifique a mesma coisa para destinador e destinatário, então ela é denotativa, é referencial. Está isenta de interpretações subjetivas. Vejamos:

> O trem saiu fora dos trilhos.
>
> A economia brasileira parece ter saído fora dos trilhos nos últimos tempos.

No primeiro caso, temos um caso de denotação; remete a descarrilar, sair fora dos carris; no segundo, temos o sentido conotativo, de que a economia rompeu as expectativas, descontrolou-se, desencaminhou-se, saiu fora do controle.

Outro cuidado elementar que a redação de gêneros administrativos exige é com relação ao repertório lexical do receptor. Será que ele conhece a palavra que você está usando? O significado de determinada palavra é o mesmo para você e para ele? Imagine o caso da palavra *inverno* que se usa no Sul e no Sudeste com o significado de estação do ano que apresenta temperatura mais baixa; no Nordeste a palavra significa estação de chuvas. **Repertório** é a bagagem cultural de um indivíduo.

5.3.5 Correção gramatical

A **correção** normalmente diz respeito à norma gramatical, mas sem exageros, porque sabemos que essa variedade linguística é idealizada, não corresponde a nenhum uso. Na redação de gêneros administrativos, é suficiente o conhecimento da variedade urbana de prestígio, aquela que utilizamos no dia a dia. Por exemplo: já não se estranham os seguintes usos: *ter* no lugar de *haver* ("tem gente na sala", "não tem problema"), pronomes oblíquos antes dos verbos, próclise ("quero lhe dizer", "hoje me vi consultando"), pronomes oblíquos no início de frases ("me faça o favor"; "me diga uma coisa"), regências verbais de uso cotidiano, como as dos verbos *assistir* como transitivo direto ("assisti o jogo na televisão"), de *responder* também como transitivo direto ("respondi sua carta"), de *visar* como transitivo direto ("Fulano visa realizar vendas", "Fulana visa um retorno imediato de seu investimento"), de *namorar* ("fulana namora com beltrano"), de *obedecer* como transitivo direto ("Mário obedeceu a ordem do patrão"), de *preferir* seguido de *do que* ("Fulano prefere legumes do que carne"). Quem no Brasil utiliza o verbo *proceder como* transitivo indireto ("ele procedeu à verificação do balanço")? Muito pouca gente, e como transitivo direto não provoca nenhum arrepio nos falantes urbanos ("Fulano procedeu o inventário").

O redator de textos administrativos manifesta competência gramatical quando está atento à ortografia, acentuação, plurais, concordância verbal e nominal, mas também atento às formas de dizer usuais em seu meio, sem se escravizar pela norma-padrão, que é uma norma idealizada.

Marcuschi (2011, p. 57) afirma:

> A gramática tem uma função sociocognitiva relevante, desde que entendida como uma ferramenta que permite uma melhor atuação comunicativa. [...] O falante deve saber flexionar os verbos e usar os tempos e os modos verbais para obter os efeitos desejados; deve saber usar os artigos e os pronomes para não confundir seu ouvinte; deve seguir a concordância verbo-nominal naquilo que for necessário à boa comunicação e assim por diante. Mas ele não precisa justificar com algum argumento porque faz isso ou aquilo nessas escolhas. O falante de uma língua deve fazer-se entender e não explicar o que está fazendo com a língua.

O redator experiente sabe da existência de variedades linguísticas que não gozam de prestígio e, portanto, não as utiliza: *nóis vai, os livro*, por exemplo. Por outro lado, sabe que há variedades que, embora não conformes com a gramática, não são vistas preconceituosamente, não são malvistas, como são os casos de "coisas para mim observar" ("coisas para eu observar"); "falta duas semanas para começar o campeonato" ("faltam duas semanas para começar o campeonato"), "pode-se observar adiante as tabelas que apresentamos" ("podem-se observar adiante as tabelas que apresentamos"). Sabe que a implicância com relação a frases do tipo "vende-se casas", "aluga-se quartos" convive muito bem com "vendem-se casas", "alugam-se quartos". Os gramáticos não têm explicações convincentes para o uso do plural e o povo usa o singular nesses casos sem problema nenhum para a comunicação. Sabe que os comandos paragramaticais estão atentos a alguns pleonasmos, como *subir para cima, entrar para dentro*, mas pouco se incomodam com *voltar para trás, inter-relação entre*.

5.3.6 Articuladores argumentativos

Como já dissemos na seção 5 do Capítulo 4, um texto é bem realizado quando conta com articuladores discursivo-argumentativos entre orações, períodos, parágrafos. Eles responsabilizam-se pela estruturação do texto, bem como pela orientação argumentativa.

Os **articuladores argumentativos** contribuem para o estabelecimento de uma argumentação consistente: de relações de oposição (*mas*), de relações de causalidade (*porque*), de condicionalidade (*se*), de finalidade (*para que, a fim de que*), de conformidade (*conforme*), de conclusão (*portanto*) etc. As relações e os nexos conjuntivos claros permitem melhor compreensão das ideias do emissor.

Relativamente à modalização, temos três tipos: a epistêmica, a deôntica, a afetiva.

A **epistêmica** relaciona-se com a crença que o enunciador exterioriza sobre o conteúdo enunciado; revela a atitude do enunciador diante do que vai ser dito: *eu acho que, eu tenho certeza de que, estou certo de que*. Os articuladores argumentativos podem ser asseverativos (*realmente, evidentemente, naturalmente*), quase asseverativos (*eu acho que, eu suponho que, é provável que*) e delimitadores (*uma espécie de, do ponto de vista X, biologicamente, politicamente, geograficamente, quase*).

A modalização **deôntica** traduz obrigatoriedade: *necessariamente, obrigatoriamente*.

A modalização **afetiva** caracteriza-se como aquela em que o enunciador verbaliza reações emotivas sobre o conteúdo exposto (*infelizmente, felizmente*), ou diz algo sobre sua própria atitude diante do enunciatário (*francamente*).

5.3.7 Uso de adjetivos

Considerando a semântica do adjetivo, Castilho (2010, p. 523 s) verifica a existência de três classes de adjetivos quanto à ordem de colocação em relação ao substantivo: os predicativos de ordem livre, os não predicativos de ordem mais fixa e os adjetivos dêiticos.

1. **Os predicativos subdividem-se em:**
   a) Modalizadores: verbalizam um juízo sobre o substantivo com o qual se relacionam. Eles podem ser: (i) epistêmicos (*verdadeiro, real, evidente,*

natural, óbvio, certo, provável, plausível, possível, indescritível); exemplos: "pareceu-me um homem razoável"; "sua provável manifestação se deu no dia seguinte"; (ii) deônticos (*obrigatório, necessário*); exemplos: "trata-se de uma passagem obrigatória"; "uma leitura obrigatória"; (iii) discursivos (*simpático, atrativo, infeliz, lamentável, curioso, surpreendente*); exemplos: "sua elocução simpática deu-se apenas na parte da tarde"; "pratica uma gastronomia surpreendente". Com o uso de adjetivos modalizadores discursivos, predica-se um substantivo expresso no enunciado, bem como sobre um dos participantes do discurso, em geral o próprio falante.

b) Qualificadores: são aqueles que afetam as propriedades intensivas do substantivo. São assim denominados os que dizem respeito à extensão do substantivo. Nesse caso, temos: (i) qualificadores polares (*limpo/sujo, bonito/feio, igual/diferente, fácil/difícil*); exemplos: "era uma bonita menina"; "gostava de ambientes limpos"; (ii) os qualificadores dimensionadores (*largo, longo, comprido, alto, baixo, curto, fundo, raso*); exemplos: "almoçava sempre em uma cozinha de pé-direito alto"; "ele tinha cabelos longos"; "vinha de uma cidade grande"; (iii) qualificadores graduadores (*absoluto, grande, tremendo, incrível, homérico, vertiginoso*); exemplos: "suas festas homéricas davam-se às vésperas de seu aniversário"; "ao volante, detestava acelerações vertiginosas"; (iv) qualificadores aspectualizadores (*lento, momentâneo, pontual*); exemplos: "caminhava a passos lentos para a sala"; "suas manifestações pontuais já não eram esperadas"; (v) delimitadores aproximadores (*gramatical, teórico, biológico*); exemplos: "fez uma análise gramatical do texto"; "fez considerações biológicas".

c) Quantificadores: são assim chamados os que afetam a extensão do substantivo (i) aspectualizadores iterativos (*normal, habitual, semanal, anual*); exemplos: "seu comportamento habitual revela..."; "seu interesse semanal é por revistas educativas"; (ii) quantificadores delimitadores (*essencial, básico, fundamental, autêntico, particular, específico, pessoal, genérico, aproximado, relativo, econômico, literário, ideológico, psicológico*); exemplos: "esta é uma abordagem fundamental"; "seu problema específico dizia respeito a..."

2. **Os adjetivos não predicativos** compreendem os de **verificação**, que desempenham sobretudo um papel descritivo. São adjetivos relativos. Eles podem ser: (i) classificadores (*universitário, solar, brasileiro, civil, religioso*); são em geral adjetivos que se pospõem ao substantivo: "curso universitário"; "casamento civil"; (ii) pátrios (*brasileiro, paulista, baiano*); exemplos: "o território brasileiro compreende..."; "a moqueca baiana caracteriza-se pelo uso de..."; (iii) gentílicos (*indígena, amarelo, branco, negro*); são utilizados para referência a povos; exemplo: "esteve visitando os povos indígenas do Mato Grosso"; (iv) de cor (*branco, amarelo, azul, vermelho*); eles podem ser simples ou compostos (*cor-de-rosa, verde-garrafa*); exemplos: "usa camisa branca no verão e verde-garrafa no outono".

3. **Os dêiticos: que se subdividem em locativos** (*próximo, remoto, fronteiriço*) e **temporais** (*próximo, seguinte*); exemplos: "visitou a cidade próxima"; "gostava de referir-se apenas a acontecimentos próximos, jamais aos remotos".

O uso do adjetivo orienta-se por sua oportunidade.

5.4 Carta entre amigos

A **carta entre amigos** foge a qualquer intencionalidade retórica, gozando de uma espontaneidade, mesmo quando trata de assuntos sérios. Vejamos uma carta de Manuel Bandeira a Mário de Andrade:

> Rio de Janeiro, 31 [*sic*] de junho de 1941.
>
> *Mário*
>
> Recebi o opúsculo da *Música do Brasil* e o primeiro número da revista *Clima*. Engraçado é que no mesmo dia me encontrei com o Otávio Tarquínio na cidade, que me chamou a atenção para o seu artigo, que ele achou excelente. Voltando pra casa, li-o e fui da mesma opinião, salvo uns pronomes que achei incríveis (para ser inteiramente amigo e franco, devo dizer que os considero laudelinescamente puristas – purismos brasileiristas...). Anteontem jantei em casa do Tarquínio e conheci dois rapazes da revista – o Antonio Candido e o Paulo Emílio que me pareceram muito simpáticos e inteligentes. A revista é boa. São Paulo anda na ponta agora. Parabéns, seu paulista.
>
> Está um frio danado aqui. Estou constipado. Estou cheio de trabalho. Estou aporrinhado porque as férias acabam hoje. Estou sem graça. Estou burro. Total: estou acadêmico!
>
> Um abraço do
>
> *Manu*
>
> (MORAES, 2001, p. 656.)

5.5 Carta-manifesto

Outro tipo de carta é a **carta-manifesto**, ou simplesmente manifesto. Eis um exemplo, em que se podem observar suas características: título, local, data, introdução, desenvolvimento, conclusão, assinatura. É um tipo de texto altamente argumentativo. Exemplo:

> CARTA-MANIFESTO DOS MOVIMENTOS DE MULHERES EM DEFESA DA LEI MARIA DA PENHA (8-4-2011)
>
> Movimentos de mulheres soltam manifesto em defesa da Lei Maria da Penha
>
> Senhores(as) ministros(as) do Supremo Tribunal Federal e Superior de Justiça, de desembargadores(as), juízes(zas) do Estado de Mato Grosso do Sul:
>
> Os movimentos de mulheres, os movimentos feministas, sindicatos, centrais sindicais, entidades de classe, conselhos e federações, vêm a público posicionar-se contrários a mudanças na Lei Maria da Penha, tendo em vista as diferentes decisões e controvérsias envolvendo a necessidade ou não de representação da vítima nos casos de lesão corporal originários de violência doméstica. Por entendermos a importância da lei no combate à violência, defendemos de forma incondicional a Lei 11.340/06 popularmente conhecida como a Lei Maria da Penha de acordo com o exposto abaixo:
>
> A violência contra a mulher é uma questão social recorrente das mais antigas da humanidade, sendo a violência doméstica um grave problema a ser enfrentado pela sociedade contemporânea. Ocorre no cotidiano das relações sociais entre homens, mulheres e familiares, apesar de existirem inúmeros mecanismos constitucionais de proteção aos direitos humanos. A violência doméstica não deve ser considerada algo natural. Ao contrário, é algo destrutivo no processo da dinâmica familiar, podendo alcançar crianças, mulheres e adolescentes de diferentes níveis socioculturais.
>
> Segundo os dados da Fundação Perseu Abramo (2010), uma em cada cinco mulheres afirmam já ter sofrido algum tipo de violência por parte de um homem. Ainda segundo a pesquisa, a violência física é praticada em sua grande maioria, cerca de 80%, pelos parceiros, namorados ou maridos. O estudo ainda revela que cerca de cinco mulheres são espancadas a cada dois minutos no Brasil. Essa realidade é uma afronta à dignidade das mulheres, é uma violação ao direito humano das mulheres.

Mato Grosso do Sul, de acordo com o IBGE (2005), é o segundo Estado do Brasil em mortes violentas de mulheres jovens, na faixa de 15 a 24 anos, e ainda não temos dados atuais que garantam ter mudado essa terrível realidade. Ao contrário, as mulheres foram barbaramente assassinadas nos últimos seis meses: queimadas ainda vivas, assassinadas com dezenas de facadas ou decapitadas. Em Campo Grande, nossa Capital, segundo dados da Delegacia da Mulher (2009), foram registradas (15) quinze denúncias por dia de violência contra a mulher.

De acordo com o *Jornal Correio do Estado*, publicado em 02 de fevereiro de 2011, a violência contra as mulheres cresceu em 50% nos finais de semana. No final de semana que antecedeu a publicação, foram 79 registros de violência contra a mulher em todo o Estado, nos dias de semana foram 20 registros. Em três anos, de 2007 a 2010, o número de ocorrência registrado pela Delegacia de Atendimento à Mulher aumentou de 3.943 (2007) para 6.239 (2010).

Inúmeros estudos mostram que a violência doméstica é complexa e precisa urgentemente ser enfrentada por meio de um conjunto de estratégias e ações públicas. Por essa razão, a Lei Maria da Penha é uma importante regulação na direção da construção dos direitos humanos e sociais. Na sua organização apresenta três eixos fundamentais: prevenção, assistência e repressão. A prevenção por meio de campanhas, treinamentos e capacitações objetivando evitar novas violências. A assistência propõe acolher e prestar atendimento às mulheres em situação de violência. A repressão se destina a demonstrar que não se pode mais tolerar a violência devendo ser exemplarmente punida pelo Estado.

Diante da realidade que se apresenta e da barbárie vivida em relação ao direito das mulheres, e, considerando os riscos que a Lei Maria da Penha, em especial em Mato Grosso do Sul, quando a Vara de Violência Doméstica e Familiar, do Tribunal de Justiça, deu nova interpretação ao artigo 16 da Lei 11.340, obrigando a realização de audiência para que a vítima confirme em juízo a intenção de processar o agressor, essa decisão do judiciário sul-mato-grossense representa um retrocesso na luta contra a violência doméstica, uma vez que o procedimento tem gerado desgaste psicológico, emocional e de acordo com os dados já fez 90% das mulheres agredidas desistirem das ações penais.

Nos manifestamos contra a exigência de representação nos casos de violência física contra as mulheres (lesão corporal qualificada pela violência doméstica), que nega a eficácia e desvirtua os propósitos da nova Lei. Perguntar a uma mulher que convive com anos de violência e consegue, enfim, se encorajar e registrar uma ocorrência policial se "deseja" representar contra seu marido ou companheiro é desconhecer as relações hierárquicas de gênero, o ciclo da violência e os motivos pelos quais as mulheres são obrigadas a "retirar" a denúncia: medo, dependência financeira, ameaça de morte dos filhos e familiares ou de si própria, descrédito na justiça, entre outras.

A Lei Maria da Penha representa o alcance da proteção social a todas as mulheres em situação de risco e cabe ao Estado, como responsável em garantir direitos, sua efetivação. Portanto, deve-se entendê-la como a afirmação de uma nova civilidade, de um novo padrão de democracia e cidadania, e não uma decisão individual, personalizada, de algumas cidadãs. Trata-se de uma Lei e, portanto, uma decisão coletiva, aprovada pelos poderes constituídos, e nesse contexto se inscreve como fundamental na construção de uma sociedade que se pretende humanizada e justa.

Defender a Lei Maria da Penha não significa tutelar as mulheres, pelo contrário, é dar às mulheres a oportunidade de ter de volta sua dignidade, sua autonomia. E defender a vontade de mais de 80% da população (Fundação Perseu Abramo, 2010), que deseja ver eliminado esse grave problema social e, acima de tudo, defender a vida das mulheres.

Dessa maneira, solicitamos que o Supremo Tribunal Federal, o Superior Tribunal de Justiça e o Tribunal de Justiça de Mato Grosso do Sul, ao julgar os processos em epígrafe, manifeste-se pela afirmação da natureza incondicionada da ação penal dos crimes de lesão corporal qualificada pela violência doméstica afirmando o direito das mulheres de viverem livres da violência.

Assinamos certas(os) que o Estado Brasileiro e esta Unidade da Federação (MS) não permitirão nenhum retrocesso na luta pelos Direitos Humanos e pela vida das mulheres.

Fonte: http//www.sepm.gov.br/noticias/ultimas_noticias/2011/04/movimentos-de-mulheres.

(Disponível em: <http://www.organizacaonosmulheres.com.br/noticia.php?id=123713>. Acesso em: 15 out. 2015.)

Uma carta-manifesto apresenta um ponto de vista, uma reivindicação de uma pessoa ou grupo sobre um assunto de interesse geral. O objetivo é manifestar a existência de um problema, tendo em vista que se dê uma solução para o caso. São seus elementos:

1. Título: como em um artigo de jornal, sintetiza o conteúdo da carta-manifesto.

2. **Local e data:** no exemplo apresentado, temos até mesmo o vocativo epistolar, as autoridades que se têm em vista.

3. **Introdução,** que compreende a identificação dos autores e o objetivo da carta-manifesto:

   Os movimentos de mulheres, os movimentos feministas, sindicatos, centrais sindicais, entidades de classe, conselhos e federações, vêm a público posicionar-se contrários a mudanças na Lei Maria da Penha, tendo em vista as diferentes decisões e controvérsias envolvendo a necessidade ou não de representação da vítima nos casos de lesão corporal originários de violência doméstica. Por entendermos a importância da lei no combate à violência, defendemos de forma incondicional a Lei 11.340/06 popularmente conhecida como a Lei Maria da Penha de acordo com o exposto abaixo.

4. **Desenvolvimento:** consiste em expor os principais pontos de vista dos manifestantes, sempre apoiados em argumentos que justifiquem as reivindicações (no exemplo vai de *"A violência contra a mulher é uma questão social recorrente das mais antigas da humanidade, sendo a violência doméstica um grave problema a ser enfrentado pela sociedade contemporânea. Ocorre no cotidiano das relações sociais entre homens, mulheres e familiares, apesar de existirem inúmeros mecanismos constitucionais de proteção aos direitos humanos. A violência doméstica não deve ser considerada algo natural. Ao contrário, é algo destrutivo no processo da dinâmica familiar, podendo alcançar crianças, mulheres e adolescentes de diferentes níveis socioculturais"* até *"Defender a Lei Maria da Penha não significa tutelar as mulheres, pelo contrário, é dar às mulheres a oportunidade de ter de volta sua dignidade, sua autonomia. E defender a vontade de mais de 80% da população (Fundação Perseu Abramo, 2010), que deseja ver eliminado esse grave problema social e, acima de tudo, defender a vida das mulheres").*

   A argumentação do texto é constituída pelo uso de estatística (apresentação de números, percentagens), argumento de autoridade (*"de acordo com o IBGE"*, *"De acordo com o* Jornal Correio do Estado, *publicado em 02 de fevereiro de 2011"*, *"segundo dados da Delegacia da Mulher"*, *"artigo 16 da Lei 11.340"*, *"Fundação Perseu Abramo"*) e, ainda, uso de expressões como: *portanto, dessa forma, uma vez que.*

5. **Conclusão:** começa com o conector de conclusão *dessa maneira*:

   Dessa maneira, solicitamos que o Supremo Tribunal Federal, o Superior Tribunal de Justiça e o Tribunal de Justiça de Mato Grosso do Sul, ao julgar os processos em epígrafe, manifeste-se pela afirmação da natureza incondicionada da ação penal dos crimes de lesão corporal qualificada pela violência doméstica afirmando o direito das mulheres de viverem livres da violência.

6. **Despedida:**

   Assinamos certas(os) que o Estado Brasileiro e esta Unidade da Federação (MS) não permitirão nenhum retrocesso na luta pelos Direitos Humanos e pela vida das mulheres.

7. **Assinatura** dos manifestantes.

Se entendemos os gêneros como meio de realizar coisas no mundo, tornamo-nos, no momento da escrita, agentes. Não se aprende a escrever gêneros se não temos um objetivo definido, um leitor ou leitores específicos. É preciso considerar sempre situações autênticas (cf. CRUZ; OLIVEIRA In: APARÍCIO; SILVA, 2014, p. 127).

5.6 Carta aberta

A carta aberta é um texto "que se dirige publicamente a alguém através dos órgãos de imprensa" (HOUAISS; VILLAR, 2001, p. 636). Ela é um subgênero de carta, com a diferença de que seu conteúdo, embora endereçado a uma autoridade, é veiculada na imprensa escrita (impressa ou *on-line*) e pode ser lida por qualquer pessoa. Predomina nela o caráter argumentativo, possibilitando ao enunciador (que pode ser mais de um) expor em público suas opiniões e reivindicações. Diferentemente da carta pessoal, em que se comunica com uma pessoa sobre assuntos de interesses limitados ao âmbito dos interlocutores, a carta aberta trata de assuntos de interesse coletivo.

A argumentação exposta no texto visa persuadir o leitor sobre o que está sendo objeto da carta aberta. Estruturalmente, compõe-se de:

1. **Título:** do qual faz parte a indicação do destinatário.
2. **Introdução:** evidencia o problema a ser resolvido.
3. **Desenvolvimento:** em que se analisam os problemas que motivaram a elaboração da carta.
4. **Conclusão:** em que se salienta a resolução do problema tratado.

Vejamos um exemplo:

> CARTA ABERTA DOS CIENTISTAS BRASILEIROS À EXMA. SRA. PRESIDENTE DA REPÚBLICA DILMA ROUSSEFF SOBRE O ATRASO NA PESQUISA CLÍNICA NO BRASIL
>
> **Exma. Sra. Presidente da República**
>
> **Dilma Rousseff,**
>
> **Em poucas semanas, será tomada uma decisão crucial para o futuro da saúde e da inovação no Brasil.**
>
> Está em debate a proposta elaborada pela Comissão Nacional de Ética em Pesquisa (CONEP) para a revisão das normas sobre Pesquisa

Clínica no Brasil e que, posteriormente, irá à votação no Conselho Nacional de Saúde (CNS).

Esse debate chega com atraso. Os pacientes e a ciência brasileira perderam oportunidades e espaço no cenário global de pesquisa de novos medicamentos e novas terapias. A posição do Brasil no *ranking* mundial de Pesquisa Clínica é modesta, longe do que poderiam nossos cientistas e muito distante do que necessitam nossos pacientes.

A causa é uma só: a burocracia que penaliza a Pesquisa Clínica submete cientistas e pacientes a prazos e preconceitos há muito tempo superados em outros países. Como consequência desse atraso, estamos nos distanciando da pesquisa e desenvolvimento do que há de mais novo em termos de tecnologia e conhecimento na área de saúde.

E, assim, vamos aprofundando nossa dependência tecnológica e comercial. Ela não será rompida sem que mudemos a postura em relação à inovação e passemos a praticá-la em um ambiente regulatório que não puna quem acredita em ciência e inovação no Brasil.

Infelizmente, a proposta apresentada pela CONEP para debate não muda o cenário brasileiro de investigação clínica. Deixa a pesquisa refém da burocracia sob o pretexto de proteger a ética. A ciência brasileira não quer nem defende qualquer regra que não seja a mais exigente em matéria ética. Mas também não aceita que a ética sirva como desculpa para a burocracia e o atraso.

Nós, pesquisadores, consideramos um desrespeito à ciência brasileira que o pleito por processos e regras mais eficientes seja intencionalmente usado como instrumento para confundir questões éticas como se o CNS e a CONEP tivessem sido escolhidos, por eles próprios, como únicos guardiões da proteção do sujeito de pesquisa e do interesse coletivo. Recentemente, a Agência Nacional de Vigilância Sanitária (Anvisa) mudou as regras, melhorou os processos e promete reduzir prazos sem que ninguém tenha se aventurado a dizer que a Agência abriu mão de cuidados éticos.

Sob pena de perdermos em definitivo o espaço para a pesquisa e a inovação, apelamos à sensibilidade da Senhora Presidente da República por uma solução que estabeleça regras eficientes e modernas, sem qualquer concessão de ordem ética. E por uma nova definição de atribuições sobre Pesquisa Clínica, na qual a ciência, a tecnologia e o próprio Ministério da Saúde tenham um papel central, ao contrário do que acontece hoje, onde, sem ouvir cientistas, pesquisadores e médicos, o Conselho Nacional de Saúde e a Comissão Nacional de

> Ética em Pesquisa resistem à mudança e à inovação apenas para não perderem poder.
>
> **Senhora Presidente da República Dilma Rousseff, esse debate está em suas mãos e definirá o futuro da Pesquisa Clínica e da inovação em saúde no Brasil.**
>
> [Seguem 44 assinaturas: uma delas a da presidente da Sociedade Brasileira para o Progresso da Ciência (SBPC), Helena Nader.] (*Folha de S. Paulo*, São Paulo, 6 ago. 2015, p. A7.)

Logo no título da carta aberta verificamos a quem a carta se dirige, o seu enunciatário, a Presidente da República. O uso da forma de tratamento *Exma. Sra. Presidente* é o que prescrevem as regras de relacionamento com autoridades. Para as mais diversas situações formais, há formas apropriadas ao gênero (quem se dispõe a escrever esse tipo de texto não pode ignorá-las, sob pena de cometer uma falha situacional). Vejamos algumas delas:

1. Para presidente e vice-presidente da República, autoridades do governo e das Forças Armadas, embaixadores, procuradores-gerais, governadores, presidente de assembleias legislativas, prefeito municipal: o tratamento é *V. Ex.ª* (Vossa Excelência).
2. Para cardeais: *V. Em.ª* (Vossa Eminência).
3. Para reitores de universidade: *V. Mag.ª* (Vossa Magnificência).
4. Para bispos e arcebispos: *V. Ex.ª Revm.ª* (Vossa Excelência Reverendíssima).
5. Para sacerdotes em geral: *V. Revm.ª* (Vossa Reverendíssima).
6. Para Papa: *V. S.* (Vossa Santidade).
7. Para funcionários públicos, pessoa de cerimônia: *V. S.ª* (Vossa Senhoria).
8. Para juízes de direito, do trabalho, eleitorais: *V. Ex.ª* (Vossa Excelência).

No endereçamento do envelope, não se usam formas abreviadas:

> Ao Excelentíssimo Senhor Presidente da República Federativa do Brasil.
>
> A Sua Excelência o Senhor João de Oliveira Ministro de...
>
> As palavras *senhor* e *doutor* podem vir abreviadas: Ao Excelentíssimo Sr. Dr. João de Oliveira.
>
> A Sua Excelência o Senhor Deputado Fulano de Tal.

Pode-se acrescentar a palavra *digníssimo* (DD.) às formas de tratamento: Ao Excelentíssimo Senhor João de Oliveira DD. Governador.

Juízes de direito recebem o tratamento de *meretíssimo*: Ao Meretíssimo Senhor Dr. Fulano de Tal, Juiz do...

Usa-se o tratamento cerimonioso *Vossa Senhoria* e *Vós* de acordo com o grau hierárquico do signatário (a pessoa que assina ou subscreve um documento) e do destinatário. *Vossa Senhoria* corresponde a um destinatário de hierarquia equivalente ou superior à do signatário. Para destinatário de hierarquia inferior à do signatário, usa-se *Vós*.

A concordância das formas de tratamento se faz com o verbo na terceira pessoa do singular:

> Vossa Senhoria não observou que... (ou V. S.ª não observou que...).
>
> Vossa Excelência não tem realizado as ações que... (ou V. Ex.ª não tem realizado as ações que...).

Como o leitor já pode ter percebido, não é mais usual no cotidiano brasileiro o uso da segunda pessoa do plural entre nós. Muito raramente encontramos o uso de *vós*, com verbo nessa pessoa. Em textos religiosos e em certas ocasiões ainda é usual, como é o caso do tratamento que deputados e senadores utilizam quando estão no parlamento sobretudo.

Na conjugação verbal dos brasileiros, algumas formas vão paulatinamente deixando de ser usadas, como é o caso de *tu* (em muitas regiões do Brasil) e de *vós* (este já fora de uso no cotidiano). O uso de *nós* é muitas vezes substituído por *a gente*. A conjugação reduziu-se, pois, a: *eu amo, você ama, a gente ama, eles amam*.

5.7 Carta do(a) editor(a)

É um tipo específico de carta, constituído de uma apresentação do conteúdo de um periódico. Vejamos um exemplo:

> CARTA DA EDITORA
>
> Universidades e empresas
>
> Alexandra Ozorio de Almeida / Diretora de Redação
>
> A interação entre universidades e institutos de pesquisa é um tema presente em várias reportagens desta edição. A ideia de que essa interação é inexistente ou insuficiente permeia há tempos o debate no Brasil, e reportagens sobre dois livros recentemente publicados, que comparam

o país com outras nações em desenvolvimento, indica que as relações formais entre as instituições de pesquisa e o setor privado crescem e se consolidam (*página 38*). O Brasil ainda está longe do patamar de Coreia do Sul ou China, mas a análise dos resultados apresentados contradiz o senso comum de que a pesquisa científica tem pouco impacto no desenvolvimento econômico do país. Considerando-se ainda que as pesquisas retratadas não contemplam interações como consultorias e contratos individuais de prestação de serviços por pesquisadores, muitos dos quais realizados por meio das fundações universitárias, o cenário é bem diferente do que tem sido propagado.

Duas reportagens exemplificam interações bem-sucedidas entre o setor privado e a academia. A que está na capa aponta que uma das origens das empresas que compõem a significativa indústria nacional de pequenos aviões são as universidades e instituições de pesquisa e mostra como muitas trabalham em conjunto com esses organismos no desenvolvimento de inovações para seus produtos (*página 16*). Outra reportagem registra o primeiro grande sucesso de uma empresa brasileira de biotecnologia, a Recepta, que licenciou para uma empresa norte-americana a propriedade intelectual para o desenvolvimento de um medicamento contra câncer (*página 42*). A Recepta desenvolve seus produtos, os anticorpos monoclonais, em parceria com instituições como o Instituto Ludwig de Pesquisas contra o Câncer, de Nova York, a Faculdade de Medicina da Universidade de São Paulo e o Instituto Butantan, com o apoio de agências como a FAPESP, a Financiadora de Estudos e Projetos (Finep) e o Banco Nacional de Desenvolvimento Econômico e Social (BNDES). Um exemplo de interação em sentido inverso, na qual a instituição pública solicita a contribuição da iniciativa privada para executar um projeto, é retratado na reportagem sobre o anel de luz sincrotron Sirius (*página 62*). O Laboratório Nacional de Luz Sincrotron (LNLS) selecionou, em parceria com a FAPESP e a FINEP, oito empresas para enfrentar 13 desafios científicos e tecnológicos relacionados à empreitada.

A superação de obstáculos científicos técnicos e também políticos é contada em reportagem sobre o feito da sonda New Horizons, que chegou a Plutão após nove anos de viagem (*página 44*). A repercussão pela mídia internacional do sucesso da missão não exime *Pesquisa FAPESP* de registrar o feito e discutir o que se pode esperar em termos de avanço do conhecimento sobre os recantos do nosso Sistema Solar com os dados sendo transmitidos pelo equipamento.

O ofício da comunicação da ciência ou o jornalismo científico, que se propõe a discutir e divulgar os resultados das pesquisas científicas

> e tecnológicas e seus processos de criação, é objeto de uma série que marca os 20 anos do primeiro boletim *Notícias FAPESP*, publicação que, após 46 edições, deu origem a esta revista. A primeira reportagem apresenta o perfil de dois pioneiros nessa área, Júlio Abramczyk e José Hamilton Ribeiro (*página 76*). Aos pesquisadores, cuja produção é o alicerce do nosso trabalho, e aos leitores da *Pesquisa FAPESP*, nosso muito obrigado (*Pesquisa FAPESP*, n. 234, ago. 2015, p. 7).

5.8 Carta do(a) leitor(a)

Esse tipo de carta é uma correspondência que os leitores de jornais e revistas enviam à redação dos periódicos para manifestar descontentamento ou contentamento com relação a algum texto apresentado no jornal ou revista. Na *Folha de S. Paulo*, é publicada no "Painel do leitor"; em *O Estado de S. Paulo* aparece em "Fórum dos leitores". Não apresentam vocativo epistolar nem data, mas o nome do missivista e o local de onde escreveu, sob o texto. Um exercício seria observar o tipo de seleção de cartas em um e outro jornal, ou entre dois jornais da própria cidade do leitor deste livro, bem como variedades linguísticas e ideologia dos textos. Vejamos uma carta enviada à *Folha de S. Paulo* (22 abr. 2016, p. A3):

> A queda da ciclovia no Rio mostra os problemas básicos do país. Há falta de informação, de planejamento e de gestão pública. A estrutura da ciclovia foi projetada sem levar em consideração a força das ondas do mar (L. R. Campinas, SP).

5.9 Carta de venda de produtos ou serviços – mala-direta

Orlando van Jr. e Rodrigo E. de Lima-Lopes (In: MEURER; BONINI; MOTTA-ROTH, 2010, p. 29) adotam a perspectiva teleológica sobre gênero, definido como

> sistema estruturado em partes, com meios específicos para fins específicos. Tendo em vista que a teleologia "considera o mundo como um sistema de relações entre meios e fins", os estágios nos quais um texto se estrutura levam o usuário a um ponto de conclusão, podendo ser considerado como incompleto pelo falante/ouvinte caso essa conclusão não seja atingida.

Os autores citados apresentam o exemplo de um usuário da língua ao telefone. Seu interlocutor não sinaliza o final da conversa e desliga o telefone subitamente. Nesse caso, houve uma quebra do gênero: o ouvinte tem conhecimento do gênero, sabe que o encerramento de um diálogo telefônico se dá mediante algumas fórmulas preestabelecidas socialmente. Temos, então, um gênero incompleto, por faltar expressões como: "muito obrigado pelas providências"; "ok; entendi sua mensagem; um abraço"; "que bom ter falado com você e pelas providências que vai tomar. Muito obrigado".

O que temos nesses estudos é uma perspectiva funcional, que tem como foco a organização da linguagem e sua relação com o uso e o modo como a linguagem e o contexto social se inter-relacionam, de forma que um realize o outro. E, adiante, na página 31, explicitam:

> O estudo do contexto de cultura envolve a observação de como a língua é estruturada para o uso. Para tanto, é necessário estudar interações autênticas e completas, de forma a observar como as pessoas "usam a língua para alcançar objetivos culturalmente motivados", o que ocorre por meio da análise dos diferentes gêneros.

E à página 37 voltam a esclarecer que, quando se analisa o gênero com base no contexto de cultura, pode-se fazer "a analogia de o gênero funcionar como uma 'ferramenta' cultural, utilizada em dado contexto como forma de alcançar objetivos específicos". Utilizamos um martelo para trabalhos manuais; utilizamos os gêneros em determinado contexto cultural com base em escolhas para atingir um propósito comunicativo. Isso, no entanto, não impede que um texto varie em relação ao contexto imediato de produção, requisitando diferentes escolhas léxico-gramaticais; varia também em termos de sua organização. Objetivos diferentes levam a diferentes configurações textuais.

O marketing direto com seus folhetos, volantes, malas-diretas (cartas de venda de produtos e serviços) tem nesses textos um meio pelo qual anuncia um produto ou serviço, objetivando vendê-lo a um consumidor. Esse tipo de carta é enviado a consumidores potenciais, selecionados segundo algum perfil pela empresa: gênero, idade, classe econômica, nível de renda, nível de escolarização etc. Como são veículos portadores de mensagem para muitas pessoas, seu caráter impessoal pode constituir-se em um obstáculo para a interação. Um dos problemas desse tipo de texto é, pois, constituído pelo fato de ocorrerem em série. São textos que não visam a um consumidor específico, mas a um consumidor qualquer; falta-lhes o caráter pessoal, o que pode constituir-se em uma dificuldade para um relacionamento menos frio. Algumas empresas, como os bancos, por exemplo, como dispõem de um cadastro de clientes, especificam ao menos o vocativo, em que o nome do cliente aparece como se o texto tivesse sido escrito para ele. O texto, todavia, é igual ao que é enviado a todos os clientes. Esse artifício, em geral, é detectável pela diferença de caracteres entre o vocativo e o restante do texto. Em geral, essas cartas têm caráter argumentativo, pois objetivam apresentar ao destinatário uma razão para a aquisição do produto ou serviço.

Van Jr. e Lima-Lopes (In: MEURER; BONINI; MOTTA-ROTH, 2010, p. 40-41), analisando cartas de mala-direta, reconheceram nelas os seguintes elementos estruturais: início da interação, descrição da empresa, descrição da oferta, demanda de compra/contrato, encerramento.

O elemento *início da interação* tem por função o contrato interpessoal entre o remetente e o destinatário: "Amigo cliente"; "prezado senhor"; "caro amigo", "Caro Sr. Fulano de Tal", ou, simplesmente, "Fulano de Tal", seguido de dois-pontos. Conforme a escolha do destinatário, essas expressões denotam maior ou menor distanciamento. Se chamamos uma pessoa de *senhor*, distanciamo-nos dela; evitamos a intimidade; se a chamamos de *amigo*, aproximamo-nos dela. Todavia, ao colocarmos um *caro* antes de *Sr.* e adicionarmos o nome da pessoa, não obstante a formalidade de *Sr.*, acrescentamos um tom pessoal.

A *descrição da empresa* objetiva apresentar a organização que está emitindo a carta de mala-direta. Nesse caso, seu objetivo é qualificar-se, mostrando sua potencialidade, experiência, competência. Van Jr. e Lima-Lopes entendem que nas cartas de venda de produtos ou serviços o redator está em situação nada confortável; os destinatários não solicitaram o produto ou serviço e, por isso, é necessário criar uma atmosfera que possa superar essa dificuldade. Daí a descrição da empresa e da oferta.

A *descrição da oferta* introduz o produto ou serviço anunciado. Em geral, esse elemento estrutural tem um objetivo claro: manipular o consumidor a adquirir o produto ou serviço. É possível então identificar uma aproximação do emissor: é frequente, por exemplo, o uso de *você*.

Outro elemento estrutural, a *demanda de compra/contato*, ocupa-se da função apelativa ou conativa: a linguagem é organizada para influenciar o comportamento do destinatário. Daí o uso de imperativos: "faça você sua escolha"; "veja como o produto pode mudar sua vida"; "entre em contato conosco para obter outras informações". Essas expressões podem ser expostas de forma modalizada (atenuada, amenizada): "colocamo-nos à sua inteira disposição"; "você poderia escolher".

O *encerramento* é composto pela assinatura do remetente, um empregado da empresa. Em geral, usa-se um *atenciosamente* antes da identificação da pessoa que assina a carta. Em seguida, coloca-se a qualificação da pessoa, a função que ocupa na empresa:

> Atenciosamente,
>
> Fulano de Tal,
>
> Gerente de Vendas

As cartas de mala-direta nem sempre servem apenas para vender, como podemos ver no exemplo seguinte:

> FOLHA
> **Nosso relacionamento tem um sabor que se renova todos os dias**
>
> Você é muito importante para a Folha. Contar com sua companhia é como sentar à mesa com quem a gente gosta e experimentar o que há de melhor com muita intensidade e descontração.

> Por isso a Folha está presenteando você com "Segredos de Chefs", um livro que revela dicas e técnicas fundamentais para quem quer cozinhar bem.
>
> É o jeito que a Folha encontrou de agradecer a você por estar sempre ao nosso lado, seja no café da manhã, no almoço, seja no jantar.
>
> **Bom apetite e um grande abraço.**
>
> xxxxxxxxxx
>
> **Diretor de Circulação e Marketing**

5.10 Ofício

É um meio de comunicação por escrito de órgãos do setor público. É um instrumento de comunicação do serviço público. É texto proveniente de uma autoridade, que consiste em comunicação de qualquer assunto de ordem administrativa, ou estabelecimento de uma ordem. Distingue-se de uma carta por apresentar caráter público e só poder ser expedido por órgão da administração pública, como uma secretaria, um ministério, uma prefeitura etc. O destinatário pode ser um órgão público ou um cidadão particular.

Trata-se de uma participação escrita em forma de carta que autoridades endereçam a seus subordinados. O que distingue um ofício de uma carta é o caráter oficial de seu conteúdo. Para Beltrão (1981, p. 273), "o ofício não é elo nas relações entre autoridades unicamente; é instrumento de comunicação do serviço público; portanto, de autoridade a autoridade ou desta para outrem. Por outro lado, o ofício não é meio de comunicação interna ou interdepartamental".

Estruturalmente, o ofício é composto de:

1. **Timbre ou cabeçalho:** dizeres impressos na folha, símbolo (escudo, armas).
2. **Índice e número:** iniciais do órgão que expede o ofício, seguidas do número de ordem do documento. Separa-se o índice do número por uma diagonal. O número do ofício e o ano são separados por hífen:
   Of. n. 601/DRH-16 = Ofício número 601, do ano de 2016, expedido pelo Departamento de Recursos Humanos.
3. **Local e data:** na mesma altura do índice e do número. Coloca-se ponto após o ano:
   Brasília, 15 de maio de 2017.
4. **Assunto ou ementa:** só justificável quando o documento é extenso.
   Assunto: exoneração de cargo.

5. **Vocativo ou invocação:** tratamento ou cargo do destinatário. Na correspondência oficial, não se usa *Prezado Senhor:*
   Senhor Presidente, Senhor Diretor
6. **Texto:** exposição do assunto. Se o texto for longo, podem-se numerar os parágrafos a partir do segundo, que deverá receber o número 2, 3, 4, por exemplo. Se o texto do ofício ocupar mais de uma folha, escrevem-se dez linhas na primeira folha e o restante nas demais. Nesse caso, colocam-se endereço e iniciais na primeira folha. Repetem-se o índice e o número nas demais folhas, acrescentando-se o número da folha. Exemplo:
   Ofício n. 52/16 – fls. 3
7. **Fecho ou cumprimento final:** não será numerado.
8. **Assinatura:** nome do destinatário, cargo e função. O designativo do cargo ou função deve ser separado por vírgula do nome do signatário. Trata-se de um aposto:

   Maria Aparecida,   *Narcisa da Silva,*
   Supervisora.   *Presidente.*

   Não é comum na redação oficial o uso de vírgula após o nome.
9. **Anexos:** se o ofício contém anexos, coloca-se:
   /4 (o ofício contém quatro anexos)
   /2 (o ofício contém dois anexos)
   Se se tratar de um anexo somente, procede-se do seguinte modo:
   Anexo: diploma de ensino superior.
   Anexa: nota fiscal.
   Observe-se que a palavra *anexo* deve concordar em gênero e número com o substantivo a que se refere.
10. **Endereço:** fórmula de tratamento, nome civil do receptor e cargo ou função do signatário, seguidos da localidade e do destino.
11. **Iniciais:** primeiras letras dos nomes e sobrenomes do redator e digitador. Usar letras maiúsculas. Se o redator e o digitador forem os mesmos, basta colocar iniciais após a barra diagonal:

/JBM

Introduções comuns, antiquadas e não antiquadas:
Vimos, por intermédio do presente, levar ao conhecimento, levar ao conhecimento de V. S.ª que... [antiquada].
Este tem por finalidade levar ao conhecimento de V. S.ª que... [antiquada].
Comunicamos a V. S.ª que... [não antiquada].
Informamos V. S.ª que... [não antiquada].

Fechos mais comuns – antiquados e não antiquados:
Com os protestos de estima e espaço... [antiquado].
Com os protestos de elevada estima e distinta consideração [antiquado].
Aproveitamos o ensejo para reafirmar a V. S.ª nossos protestos de estima e apreço [antiquado].
Aproveitamos o ensejo para apresentar a V. S.ª votos de estima e apreço [antiquado].
Atenciosas saudações [não antiquado].
Respeitosas saudações [não antiquado].
Atenciosamente [não antiquado].
Respeitosamente [não antiquado].

A Instrução Normativa n. 4, de 6-3-1992, estabelece:

> Há três tipos de expedientes que se diferenciam antes pela finalidade do que pela forma: a *exposição de motivos, o aviso* e o *ofício*. Com o fito de uniformizá-los, pode-se adotar uma diagramação única, que se siga o que chamamos de "padrão ofício".
>
> Todos os três devem conter as seguintes partes:
>
> a) **tipo e número** do expediente, seguido da sigla do órgão que o expede;
>
> EM n. 123/MEFP
> Aviso n. 123/SG
> Ofício n. 123/DP
>
> b) **local e data** em que foi assinado, datilografado por extenso, com alinhamento à direita:
>
>   Brasília, 15 de março de 1991.
> ou
>   Brasília, *em* 15 de março de 1991.
>
> c) **vocativo**, que invoca o destinatário, seguido de vírgula:
>
> Excelentíssimo Senhor Presidente da República,
> Senhora Ministra,
> Senhor Chefe de Gabinete,
>
> d) **texto**. Nos casos em que não for de mero encaminhamento de documentos, o expediente deve apresentar em sua estrutura:
>
> - *introdução*, que se confunde com o parágrafo de abertura, na qual é apresentado o assunto que motiva a comunicação. Deve ser evitado o uso de frases feitas para iniciar o texto. No lugar de: "Tenho a honra de", "Tenho o prazer de", "Cumpre-me informar

que", empregue a forma direta: "Informo Vossa Excelência de que", "Submeto à apreciação de Vossa Excelência", "Encaminho a Vossa Senhoria";
- *desenvolvimento*, no qual o assunto é detalhado. Se o texto contiver mais de uma ideia sobre o assunto, elas devem ser tratadas em parágrafos distintos, o que confere maior clareza à exposição; e
- *conclusão*: em que é reafirmada ou simplesmente reapresentada a posição recomendada sobre o assunto.

No texto, à exceção do primeiro parágrafo e do fecho, todos os demais parágrafos devem ser numerados, como maneira de facilitar-se a remissão.

e) **Fecho:**

[O fecho das comunicações oficiais possui, além da finalidade óbvia de marcar o fim do texto, a de saudar o destinatário. Os modelos para fecho que vinham sendo utilizados foram regulados pela Portaria n. 1 do Ministério da Justiça, de julho de 1937, que estabelecia cerca de quinze padrões diferentes. Com o fito de simplificá-los e uniformizá-los, esta IN estabelece o emprego de somente dois fechos diferentes para todas as modalidades de comunicação oficial:
- para autoridades superiores, inclusive o Presidente da República: Respeitosamente,
- para autoridades de mesma hierarquia ou de hierarquia inferior: Atenciosamente,

Ficam excluídas dessa fórmula as comunicações dirigidas a autoridades estrangeiras, que atendem a rito e tradição próprios.]
[O texto entre colchetes não aparece na sequência da IN 4/92.]

f) **assinatura** do autor da comunicação; e

g) **identificação do signatário:**

[Excluídas as comunicações assinadas pelo Presidente da República, todas as demais comunicações oficiais devem trazer datilografado [hoje se diria digitado] o nome e o cargo da autoridade que as expede, abaixo do local de sua assinatura. Esse procedimento facilita sobremaneira a identificação da origem das comunicações. A forma da identificação deve ser a seguinte:

(espaço para assinatura)
JARBAS PASSARINHO
Ministro da Justiça

(espaço para assinatura)
FLÁVIO ANTUNES GONÇALVES
Diretor do Departamento de Serviços Gerais]
[O texto entre colchetes não aparece na sequência da IN 4/92.]

Exposição de motivos, aviso e ofício têm ainda em comum sua diagramação, que deve ser a seguinte:
a) **margem esquerda:** a 2,5 cm ou 10 toques da borda esquerda do papel;
b) **margem direita:** a 1,5 cm ou seis toques da borda direita do papel;
c) **tipo e número** do expediente: horizontalmente, no início da margem esquerda (a 2,5 cm ou 10 toques da borda do papel), e verticalmente a 5,5 cm ou seis espaços duplos ("espaço dois") da borda superior do papel;
d) **local e data:** horizontalmente, o término da data deve coincidir com a margem direita, e verticalmente deve estar a 6,5 cm ou sete espaços duplos ("espaço dois") da borda superior do papel;
e) **vocativo:** a 10 cm ou 10 espaços duplos da borda superior do papel; horizontalmente, com avanço de parágrafo (2,5 cm ou 10 toques);
f) **avanço de parágrafos do texto:** equivalente a 2,5 cm ou 10 toques; o texto inicia a 1,5 cm ou a três espaços simples do vocativo;
g) **espaço entre os parágrafos do texto:** 1 cm ou um espaço duplo ("espaço dois");
h) **fecho:** centralizado, a 1 cm ou um espaço duplo ("espaço dois") do final do texto;
i) **identificação do signatário:** 2,5 cm ou três espaços duplos ("espaço dois") do fecho.

Exemplo de ofício

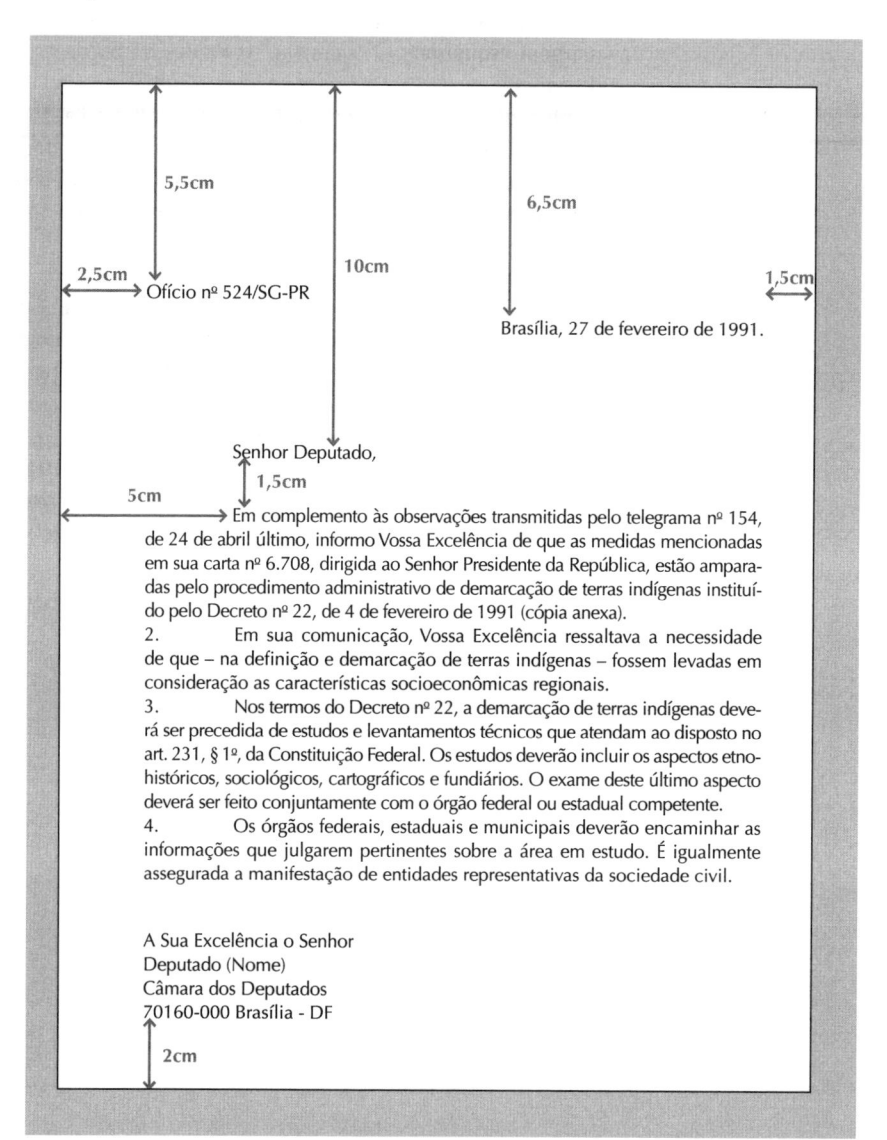

Ofício nº 524/SG-PR

Brasília, 27 de fevereiro de 1991.

Senhor Deputado,

Em complemento às observações transmitidas pelo telegrama nº 154, de 24 de abril último, informo Vossa Excelência de que as medidas mencionadas em sua carta nº 6.708, dirigida ao Senhor Presidente da República, estão amparadas pelo procedimento administrativo de demarcação de terras indígenas instituído pelo Decreto nº 22, de 4 de fevereiro de 1991 (cópia anexa).

2. Em sua comunicação, Vossa Excelência ressaltava a necessidade de que – na definição e demarcação de terras indígenas – fossem levadas em consideração as características socioeconômicas regionais.

3. Nos termos do Decreto nº 22, a demarcação de terras indígenas deverá ser precedida de estudos e levantamentos técnicos que atendam ao disposto no art. 231, § 1º, da Constituição Federal. Os estudos deverão incluir os aspectos etno-históricos, sociológicos, cartográficos e fundiários. O exame deste último aspecto deverá ser feito conjuntamente com o órgão federal ou estadual competente.

4. Os órgãos federais, estaduais e municipais deverão encaminhar as informações que julgarem pertinentes sobre a área em estudo. É igualmente assegurada a manifestação de entidades representativas da sociedade civil.

A Sua Excelência o Senhor
Deputado (Nome)
Câmara dos Deputados
70160-000 Brasília - DF

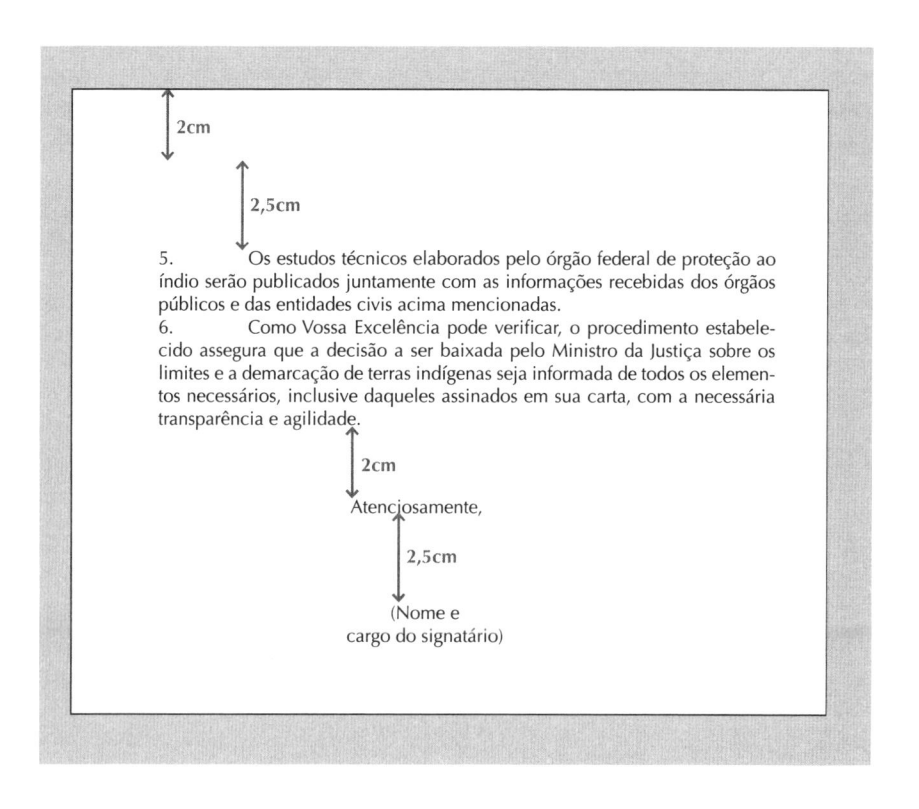

> 2cm
>
> 2,5cm
>
> 5.   Os estudos técnicos elaborados pelo órgão federal de proteção ao índio serão publicados juntamente com as informações recebidas dos órgãos públicos e das entidades civis acima mencionadas.
> 6.   Como Vossa Excelência pode verificar, o procedimento estabelecido assegura que a decisão a ser baixada pelo Ministro da Justiça sobre os limites e a demarcação de terras indígenas seja informada de todos os elementos necessários, inclusive daqueles assinados em sua carta, com a necessária transparência e agilidade.
>
> 2cm
>
> Atenciosamente,
>
> 2,5cm
>
> (Nome e
> cargo do signatário)

EXERCÍCIOS

1. Selecionar três cartas de leitor de um periódico qualquer e analise os argumentos apresentados.

2. Quais as diferenças entre uma carta de leitor, uma do editor e uma carta que se envia a um amigo ou a uma empresa?

3. Que comentários você faz sobre a seguinte frase: "A reunião será amanhã cedo"?

4. Selecionar textos em que apareçam adjetivos com função modalizadora.

5. Selecionar textos em que apareçam advérbios com função modalizadora epistêmica e deôntica.

8
Função sociocomunicativa dos textos

1 FUNÇÃO DE DAR CONHECIMENTO DE ALGO A ALGUÉM, PRESTAR CONTAS, RELATAR

1.1 Memorando

O memorando, também conhecido como **Comunicado Interno (CI)**, é um recurso mais ou menos informal de comunicação que circula no meio empresarial. É uma comunicação eminentemente interna, que estabelece relações entre várias unidades de uma empresa, ou de um mesmo órgão, de mesmo nível hierárquico ou distinto. Enfim, é uma comunicação endereçada a funcionários de uma mesma empresa ou órgão e, por isso, dispensa formalidades, como seria o caso de uma carta ou um ofício. Tem como função sociocomunicativa dar conhecimento de algo a alguém, mas não só: pode também servir para repreender, pedir aceleração ou moderação de produção de um bem, reclamar sobre um atraso de produção, pedir informação etc.

Às vezes, o despacho é aposto no próprio documento.

Pela simplicidade e rapidez das informações que o caracterizam, nele não se usa saudação de abertura. É um tipo de texto impessoal que exige objetivo claro, frases curtas e de fácil entendimento e linguagem regida pela variedade linguística de prestígio (a que usamos no dia a dia das cidades), com tendência a seguir a norma gramatical (que é, em geral, muito idealizada e, por isso, não é seguida na totalidade de suas prescrições).

Outra de suas características é o formato padrão. Esse tipo de texto é visualmente identificado pelo tamanho do papel (muitas vezes, no formato 21 cm de largura por 15 de altura, ou 148 mm × 210 mm). Estruturalmente, temos:

1. Timbre da empresa ou órgão (os memorandos são escritos em papel com informações da empresa, ou logo).
2. Numeração do memorando: Memorando n. X.
3. Remetente:
   De: Beltrano de Oliveira
   Gerente de Marketing
4. Destinatário:
   Para: Fulano de Tal
   Gerente de Venda Direta
5. Assunto.
6. Local e data.
7. Mensagem: o texto do memorando.
8. Assinatura.

```
                    [Timbre da Empresa]

                      MEMORANDO N.

De: Beltrano da Silva
Gerente de Marketing

Para: Fulano de Tal
Gerente de Venda Direta

Assunto:

Local: ...                                      Data: 6-8-2016

Mensagem:  xxxxxxxxxxxxxxxxxxxxxxxxxxxxxxxxxxxxxxxxxxxxxxxxx
           xxxxxxxxxxxxxxxxxxxxxxxxxxxxxxxxxxxxxxxxxxxxxxxxx
           xxxxxxxxxxxxxxxxxxxxx.


    (a) Assinatura
```

Na Administração Pública, memorando é uma forma de correspondência entre autoridades de um mesmo órgão ou entre diretores e chefes, ou vice-versa. Serve para comunicações internas sobre assuntos rotineiros. Caracteriza-se pela simplicidade, concisão e clareza do que se tem em vista. Pode ser considerado um ofício em miniatura.

A Instrução Normativa n. 4, de 6-3-1992, estabelece:

> O *memorando* é uma modalidade de comunicação entre unidades administrativas de um mesmo órgão, que podem estar hierarquicamente em mesmo nível ou em nível diferente. Trata-se, portanto, de uma forma de comunicação eminentemente interna a determinado órgão do Governo.
>
> Pode ter caráter meramente administrativo, ou ser empregado para a exposição de projetos, ideias, diretrizes etc. a serem adotados por determinado setor do serviço público.
>
> Sua característica principal é a *agilidade*. A tramitação do memorando em qualquer órgão deve pautar-se pela rapidez e pela simplicidade de procedimentos burocráticos. Para evitar desnecessário aumento do número de comunicações, os despachos ao memorando devem ser dados no próprio documento e, no caso de falta de espaço, em folha de continuação. Esse procedimento permite formar uma espécie de processo simplificado, assegurando maior transparência à tomada de decisões e permitindo que se historie o andamento da matéria tratada no memorando.
>
> Do memorando devem constar:
>
> a) número do documento e sigla de identificação de sua origem (ambas as informações devem figurar na margem esquerda superior do expediente):
>
> Memorando n. 19/DJ (*n. do documento: 19; órgão de origem: Departamento Jurídico*)
>
> b) data (deve figurar na mesma linha do número e identificação do memorando):
> Memorando n. 19/DJ   Em 12 de abril de 1991.
>
> c) destinatário do memorando: no alto da comunicação, depois dos itens *a* e *b* acima indicados; o destinatário é mencionado pelo cargo que ocupa:
>
> Ao Sr. Chefe do Departamento de Administração

d) assunto: resumo do teor da comunicação, datilografado [hoje, digitado] em espaço *um*:

Assunto: Administração. Instalação de microcomputadores.

e) texto: desenvolvimento do teor da comunicação. O corpo do texto deve ser iniciado 4 cm *ou* quatro espaços duplos ("espaço dois") verticais, abaixo do item *assunto*, e datilografado [hoje, digitado] em espaço duplo ("espaço dois"). Todos os parágrafos devem ser numerados, na margem esquerda do corpo do texto, excetuados o primeiro e o fecho (este procedimento facilita eventuais remissões a passagens específicas, em despachos ou em respostas à comunicação original);

f) fecho:

Atenciosamente, ou *Respeitosamente,* conforme o caso.

g) nome e cargo do signatário da comunicação: 4 cm *ou* quatro espaços duplos ("espaço dois") verbais após o fecho.

Exemplo (retirado da própria Instrução Normativa n. 4):

Memorando n. 19/DJ   Em 12 de abril de 1991.

Ao Sr. Chefe do Departamento de Administração
Assunto: Administração, Instalação de microcomputadores

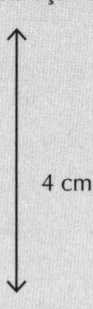

↕ 4 cm

    Nos termos do "Plano Geral de Informatização", solicito a V. S.ª verificar a possibilidade de que sejam instalados três microcomputadores neste Departamento.
    2. Sem descer a maiores detalhes técnicos, acrescento, apenas, que o ideal seria que o equipamento fosse dotado de "disco rígido" e de monitor padrão "EGA". Quanto a programas, haveria necessidade de dois tipos: um "processador de texto", e outro "gerenciador de banco de dados".
    3. O treinamento de pessoal para operação dos micros poderia ficar a cargo da Seção de Treinamento do Departamento de Modernização, cuja chefia já manifestou seu acordo a respeito.
    4. Devo mencionar, por fim, que a informatização dos trabalhos deste Departamento ensejará uma mais racional distribuição de tarefas entre os servidores e, sobretudo, uma melhoria na qualidade dos serviços prestados.

Atenciosamente,

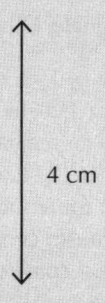

↕ 4 cm

(nome e cargo do signatário)

1.2 Bilhete

É um gênero textual usado para transmitir um recado. É uma breve mensagem, em que se anota algum fato para ser levado ao conhecimento de outra pessoa. É uma carta em miniatura, sem as fórmulas das cartas ordinárias. É um aviso escrito (função sociocomunicativa).

São seus elementos estruturais: destinatário, mensagem, nome do emissor e data. Exemplo:

> Lúcia:
>
> Vou ao centro da cidade ver uns eletrodomésticos; volto dentro de 1 hora.
>
> Josué
>
> 10-8-2016

Juridicamente, significa o papel escrito que contém a obrigação de pagar, ou entregar algo a quem o bilhete é dirigido, dentro de determinado tempo.

Comercialmente, o bilhete tem função idêntica ao Título de Crédito, desde que se revista das formalidades legais. Recebe variadas designações: bilhete a domicílio, bilhete ao portador, bilhete à ordem (nota promissória, usada no comércio), bilhete de câmbio, bilhete de crédito, bilhete de desembarque, bilhete de passagem e outros.

1.3 *E-mail*

As antigas cartas foram substituídas no mundo moderno por *e-mails*, que significa correio eletrônico (*eletronic mail*). Alguns autores não consideram que ele constitua um gênero propriamente, mas apenas um **suporte**. Oliveira (2011, p. 159) entende tratar-se de um gênero híbrido, um "gênero-suporte":

> Quando uma aluna diz que recebeu um *e-mail* de uma universidade aceitando sua inscrição no programa de pós-graduação, ela está tratando o *e-mail* como um gênero textual. Entretanto, podemos imaginar que o *e-mail* que ela recebeu foi em forma de carta. Nesse caso, o *e-mail* foi o suporte para a carta, assim como pode ser o suporte para a veiculação de anúncios publicitários, convites, mensagens.

Muitas vezes, os gêneros são vistos em sua forma idealizada, como se constituíssem um texto com características diferentes de todos os outros, mas sua condição efetiva é híbrida. Assim como um texto normalmente envolve variadas sequências (um texto dominantemente argumentativo pode conter sequências descritivas, narrativas, expositivas etc.), um gênero também pode ser composto hibridamente, incorporando elementos de outros gêneros.

O artigo de Elio Gaspari, a seguir transcrito, é construído com se fosse uma carta de João Batista Figueiredo (ex-presidente do Brasil) a Dilma Rousseff. O título, para dar um ar de modernidade tecnológica, produz o efeito de sentido do suporte *e-mail*, mas não é um *e-mail*; é um artigo jornalístico, texto de tipo predominantemente argumentativo:

DE J.FIGUEIREDO@COM PARA DILMA@GOV

Prezada Presidente,

Já lhe escrevi várias vezes, sem qualquer resultado. Pedi-lhe que parasse de distribuir mau humor porque sei que riem de nós. Quando as coisas iam mal, eu me deixava fotografar montando um dos meus cavalos, a senhora monta sua bicicleta. Presidentes fazendo coisas desse tipo rendem imagens, mas sabemos que isso é apenas teatro. Quem lhe disser que a senhora se parece comigo está frito. Lastimo dizer-lhe: somos parecidos. Eu não tinha como mudar. A senhora tem. Como? Não sei, nem poderia lhe dizer.

Eu governei o Brasil de 1979 a 1985. Depois veio o Sarney (a quem não passei a faixa). Juntos, levamos o país para o que hoje se chama de "Década Perdida". Ela teria acabado em 1993, quando aquele caipira do Itamar Franco botou o Fernando Henrique Cardoso no ministério da Fazenda. O SNI achava que ele era comunista. Hoje me dou bem com o Itamar e gosto de conversar com o Tancredo Neves. Ele promete me reaproximar do general Ernesto Geisel, mas não está fácil. Se a tal "Década Perdida" tivesse acabado em 1994, teria começado em 1984. Não creio. Ela começou antes, no meu governo. [...]

Escrevo-lhe para pedir-lhe que pense na coisa mais elementar: o buraco está muito mais embaixo. A crise econômica do país é mais grave do que a senhora diz, mas está no início. Talvez esse moço que a senhora pôs na Fazenda tenha acreditado que resolveria com saltos triplos. Aprendeu que não dá e o pior que pode acontecer à senhora é ter um ministro vendendo otimismo e produzindo descrédito. Para desgraça geral, eu, o Sarney e o Itamar jogamos esse jogo.

Toda vez que eu fazia uma besteira a senhora ficava feliz. Hoje, daqui, não me alegro com suas bobagens. Essa história de crise transitória levando ao crescimento depois da próxima esquina é ridícula. Aliás,

> essa imagem veio do presidente americano Herbert Hoover em 1930, um sujeito pernóstico que conversa muito com o Roberto Campos. O Franklin Roosevelt, que governou depois dele, não o cumprimenta. [...]
>
> Outro dia a senhora disse que a Lava Jato influenciou na redução da atividade econômica em 1%. Eu sei quanto nos custam observações coloquiais. Tem gente que acredita que eu preferia o cheiro de cavalo ao do povo. Nossas derrapadas saem da alma, mas a senhora sabe que a Lava Jato não influenciou a atividade econômica. Foram as roubalheiras que provocaram a Lava Jato. Na dúvida, fique calada. Eu não conseguia.
>
> Despeço-me porque os meus cavalos estão pedindo comida.
>
> Atenciosamente,
> João Batista Figueiredo.
> (*Folha de S. Paulo*, São Paulo, 29 jul. 2015, p. B2.)

O texto apresenta alguns elementos estruturais de uma carta: o vocativo ("Prezada Presidente"); a coloquialidade que dá ao texto um tom ameno, de conversa de pessoas que são colegas; a despedida ("Despeço-me [...] atenciosamente"); a assinatura.

Enunciativamente falando, podemos afirmar que há no texto certa aproximação: um eu dirige-se à Presidenta Dilma Roussef para chamar-lhe a atenção sobre determinados fatos de seu governo e compará-la ao ex-Presidente da República, General Figueiredo, já morto. A conversa de Figueiredo é de quem não tem nada a temer, visto que está no outro mundo, e isto lhe faculta dizer o que quiser, sem nenhuma censura.

Quando se refere ao Ministro da Fazenda, Joaquim Levy, modaliza o enunciado, usando um *talvez*: "Talvez esse moço que a senhora pôs na Fazenda tenha acreditado eu resolveria com saltos triplos."

E para mostrar-se um enunciador de competência histórica, faz referência aos ex-presidentes americanos Herbert Hoover (1930) e Franklin Roosevelt.

De vez em quando, o articulista vale-se do imperativo, uma forma verbal nada simpática: "reconheça-a", "assuma-a", "fique calada". No entanto, como assume o papel de Figueiredo, que não "tinha papas na língua" e está morto, vai fazendo com tranquilidade seus comentários.

Como se vê, o enunciador, ao compor um texto, atualiza um conjunto de operações textual-discursivas que incidem nos níveis microestruturais ou macroestruturais do texto para atingir o objetivo que tem em vista e produzir o efeito de sentido pretendido. Assim, quando deseja contar uma história, discorrer sobre um acontecimento, selecionará a narração; se considera necessário caracterizar sujeitos e ambientes, operará com a descrição, mas se optar por comentar, refletir, explicar, avaliar, exarar um ponto de vista, então é a argumentação que será o tipo escolhido; se pretende levar o interlocutor a alguma ação, orientando-o ou aconselhando-o a agir de determinado modo (fazer o outro fazer), o tipo injuntivo é que será selecionado.

1.3.1 Suporte ou gênero?

O trabalho com gêneros implica o reconhecimento de que **não se deve confundir gênero com suporte**. Há gêneros que são veiculados por mais de um suporte: um **aviso** sobre a perda de um animal pode apresentar-se na forma de um **folheto**, uma **faixa** (*banner*), um **cartaz**, um **telefonema**, uma **elocução** realizada por meio de uma emissora de **rádio** etc. Também é preciso ter presente que os gêneros são entidades estáveis, mas não são imutáveis. Assim é que as comunicações rápidas via **telegrama** do passado foram assimiladas em um novo suporte, o *e-mail*, que também incorporou características da carta comercial ou particular. Nessa evolução, já não precisamos eliminar preposições, artigos definidos e indefinidos, advérbios: o novo meio permite a elaboração de frases inteiras, que possibilitam uma leitura menos problemática que a do telegrama, sem acrescentar custo. O custo agora é muito menor e a comunicação pode ainda alcançar níveis de eficiência maior. Da mesma forma, as antigas **atas** que eram redigidas em livros apropriados, ou em folhas destacáveis, conhecem hoje a versão eletrônica.

Então, *e-mail* é um gênero ou um suporte? A questão é complexa: temos o uso de uma tecnologia moderna para comunicação com um interlocutor. Ao mesmo tempo que designa um endereço eletrônico, designa a mensagem veiculada. Daí dizermos: "recebi um *e-mail*", como dizíamos até pouco tempo atrás: "recebi uma carta".

O avanço tecnológico acaba imprimindo maior velocidade à comunicação e influenciando na composição de uma mensagem. Escolhemos então estruturas sintáticas mais simples (evitando, sempre que possível, períodos recheados de orações adjetivas e outras subordinadas). Comumente, valemo-nos de estruturas sintáticas em que ao sujeito segue o verbo e a este o complemento, quando o verbo é transitivo direto: "João digitou o relatório". Utilizamos ainda vocabulário de uso do cotidiano, sempre visando à maior interação de locutor e interlocutor. O meio pede velocidade e, por isso, evita-se, sempre considerando o leitor, levá-lo a ter de procurar o significado de uma palavra no dicionário, para poder compreender o texto.

Para Rojo (In: TRAVAGLIA; FINOTTI; MESQUITA, 2008, p. 23), as tecnologias digitais possibilitam "uma sobrecarga de discursos/textos e informações nunca dantes vista, muitas naturalizadas, monofônicas, hipnóticas". O mundo conectado "cria também novos modos de produção/recepção/circulação de textos/discursos". Seriam características dessas linguagens: a multimodalidade, a hipermidialidade e interatividade. E acrescenta:

> Comparada às tecnologias da comunicação de massa impressas e audiovisuais analógicas, as tecnologias digitais tais como se configuram são mais democráticas, porque são interativas e ainda sem muito controle central sobre essa interatividade. Se as mídias analógicas são principalmente unidirecionais, encarregadas de difusão de bens culturais e colocando [em] sua audiência o papel de espectador ou consumidor, as mídias digitais permitem, por sua interatividade, interferências e diálogos leitor/autor,

receptor/produtor-difusor. Na rede, todos podem ter sua página, *blog* ou *fotolog*, montar comunidades, interagir de maneira síncrona ou assíncrona (*chats,* fóruns, trocas de *e-mails,* SMS, torpedos), comentar textos de autores, publicar opiniões (p. 24).

A leitura e a escrita dos textos nos ambientes digitais são realizadas de forma síncrona e não intervalar. O texto pode ser lido ao mesmo tempo que o escrevemos e sem o aparato de profissionais que trabalhem o texto, como no caso do livro. Rojo salienta ainda que agora o texto escrito aproxima-se da produção dos textos orais e já não se pode falar em distinções entre uma modalidade e outra (escrita e fala): contextualizada/descontextualizada, dependente de contexto/autônoma, planejada/não planejada, fragmentária/completa, imprecisa/precisa, normatizada/não normatizada.

Com as novas tecnologias, torna-se necessário o domínio de outras modalidades de linguagens: imagens estáticas e em movimento, música, fala, infografias (recursos gráfico-visuais). Além de intensificar a interação, o texto nesses ambientes digitais requisita maior competência comunicativa, bem como domínio multissemiótico.

1.3.2 Estrutura

Os textos são regulados por **superestruturas**, que se reportam a modelos abstratos, constituídos por um conjunto de partes (obrigatórias e opcionais), que se organizam esquematicamente, estabelecendo os arranjos possíveis para a estruturação do conteúdo veiculado no texto.

O *e-mail* assemelha-se à carta, ao bilhete, ao memorando. Estruturalmente, é composto de:

1. Vocativo: *olá, Fulana de Tal, ou simplesmente: Fulana de Tal.*
2. Para estabelecer um clima de simpatia, pode-se acrescentar algo como *"bom dia", "boa tarde", "boa noite".*
3. O texto da mensagem objeto do *e-mail.*
4. Despedida, seguida do nome da pessoa que o redigiu (assinatura), bem como a identificação de sua função na empresa (algo como: "gerente de vendas", "diretor financeiro", "contador").

Preferencialmente, as palavras são escritas por inteiro e evitam-se muitas abreviaturas, que são comuns na troca de mensagens entre amigos e colegas, bem como as brincadeiras e cacoetes próprios desse tipo de comunicação: *RS,* dois-pontos e parênteses para indicar sorriso[:)] , ou uma piscada [;)]. As imagens de *emoticons* a seguir transcritas não fazem parte dos *e-mails* veiculados nas relações administrativas:

:)	:(	:p	=D	:o	;)	:s
>:(	:/	:'(	:*	8)	B|	<3
3:)	O:)	-_-	o.O	>:o	:x	(y)

Imagem: PandaWild | iSotckphoto.

Outras recomendações para quem escreve *e-mails* administrativos: evitar o excesso de destaque ("aspas", **bold**, *itálico*, sublinha, uso de letras MAIÚSCULAS em todas as palavras). Em relação ao uso de maiúsculas, há quem diga que elas representam um grito; parece-nos que se trata de um destaque, uma subjetividade, que não tem um significado apenas. Esteticamente, o uso de maiúsculas pode sobrecarregar a disposição do texto em uma página, mas pode em alguns casos ser necessário. Não esquecer de preencher o campo "assunto", bem como de tratar de um assunto especificamente do início ao fim do *e-mail*, sempre com um objetivo claro para que o leitor possa compreendê-lo.

A informalidade não tem vez aqui. Ela é própria dos bate-papos com amigos, mas na redação administrativa não é recomendável. Daí a necessidade do uso da variedade linguística prestigiada e monitorada com zelo (essa que as pessoas escolarizadas utilizam nas cidades), respeitando concordância verbal, plurais e ortografia, bem como de um vocabulário apropriado, sem concessões a brincadeiras, gírias, palavrões.

Em relação à fonte, recomenda-se o uso de caracteres que não sejam excessivamente pequenos (se possível, utilizar de 10 para cima) nem deixar de espacejar a mensagem para que ela possa ser lida sem dificuldade. Distribuir o texto na página, arejando-o, pode constituir-se em uma estratégia para conquistar a atenção do leitor.

O fato de estar diante do computador e ter de responder um *e-mail* ou expedir uma mensagem por *e-mail*, solicitando algo de seu interlocutor, pode levar o redator inexperiente a imaginar que escrever é uma ação simples. Escrever, ainda que seja um bilhete, envolve algumas decisões anteriores como pré-requisito: Quem vai ler o texto que vou escrever? Que tipo de tratamento devo utilizar: chamarei a pessoa de *você* ou de *senhor*? Que informações preciso transmitir? Que variedade de linguagem será a adequada? Que objetivo tenho em vista?

O importante é comunicar o que o levou a escrever de forma objetiva, ou seja, indo direto ao assunto, focalizando um tópico por vez, escrevendo frases inteiras, com sujeito, predicado, complemento. Daí a necessidade de evitar orações complexas, intermináveis e confusas, com subordinadas dentro de subordinadas. A preocupação maior será com tornar comum (**comun**icar) o que se deseja que o leitor entenda.

Se você escreve como profissional de uma empresa, se se preocupa com a imagem que dela você projeta no cliente, não descuide de algumas características do gênero administrativo, como formas de tratamento, gentilezas comuns ao gênero, cumprimentos iniciais, despedidas atenciosas, "por favor", "me desculpe", "queira, por favor", "muito obrigado" e outras formas que contribuem para manter o interlocutor interessado em sua mensagem, ou despertem nele simpatia. Textos mal realizados, deselegantes, agressivos podem prejudicar a imagem do redator e da própria empresa.

1.3.3 Ortografia

Não dê oportunidade para insucessos comunicativos. Seu interlocutor pode não ser compreensivo com cochilos, ainda que simples relativamente a tais questões: um descuido ortográfico pode conquistar antipatia, ou provocar irritação no interlocutor, ou predispô-lo negativamente e não dar atenção à sua comunicação. Imagine-se, por exemplo, escrevendo para uma pessoa que valorize desmedidamente questões ortográficas e você venha a escrever palavras como: *paralizia, excessão, previlégio, menas, questã* etc. A imagem que projetará será ruim para sua empresa, assim como para você mesmo.

Tenha um dicionário sempre à mão e treine a escrita de palavras com as quais você tem mais dificuldades. Os leitores, em geral, quando identificam "erros" de português referem-se à ortografia, que é uma convenção e

> não tem nada a ver com saber a língua. A ortografia não faz parte da gramática da língua, isto é, das regras de funcionamento da língua. [...] Muitas pessoas nascem, crescem, vivem e morrem sem jamais aprender a ler e a escrever, sendo, no entanto, conhecedoras perfeitas da *gramática* da língua (BAGNO, 2015, p. 186).

A ortografia é resultado de um decreto do governo e foi alterada algumas vezes no século XX e já uma vez no século XXI (2012).

As dificuldades, em geral, recaem em palavras com:

SS: sessão (divisão temporal), sossego (não se confunda *sessão* com *seção*, divisão espacial);
S: estranho, estrangeiro, estender;
SC descer, crescer;
X: extraordinário, extravagante, extenso, extensão;
XC: exceção, exceto;
X: com som de *ss*: próximo;
X: com som de *ks*: fixo;
X: com som de *z*: exame;
X: com som chiado: xícara;
Ç: paçoca, aço; seção (divisão espacial), sumiço;
SÇ: cresça, desça;
CH: chave.

Palavras usadas com mais frequência são memorizadas mais facilmente: *quis, quisemos, quiseram; pus, pôs, pusemos, puseram; exceção, excepcional, paralisar, paralisia, varrição, curtume, cumprimentar, cumprimento*. Já a ortografia de palavras que utilizamos raramente na escrita pode oferecer maiores dificuldades: *concupiscência, maçaranduba, maçarico, dissensão, ascensão, pretensão, abscesso, abscissa, anis, revezamento, rijeza, xucro, obcecado, convalescença*.

Os **parônimos** também podem oferecer alguma dúvida na hora de escrever: *absolver (perdoar), absorver (assimilar), comprimento (extensão), cumprimento (saudação), deferimento (concessão), diferimento (adiamento), descriminar (absolver), discriminar (distinguir), emergir (vir à tona), imergir (mergulhar), emigrar (sair de uma região), imigrar (entrar em uma região), flagrante (evidente), fragrante (aromático), tráfico (comércio), tráfego (movimento)*.

1.3.4 Processo de comunicação e funções da linguagem

Como o gênero administrativo está diretamente relacionado à comunicação, o domínio dos elementos do **processo de comunicação** pode trazer enormes benefícios a quem se dedica a escrever textos administrativos.

Se se conhece bem o destinatário, seu nível de escolaridade, seu nível de exigência com relação ao uso da variedade de prestígio, seu repertório cultural (incluindo o lexical), mais fácil se torna escrever para ele. A comunicação, para estabelecer-se, precisa desses conhecimentos, e talvez o grande problema da maioria das pessoas que não são hábeis para elaborar uma mensagem resida na excessiva confiança de que para comunicar-se basta conhecer a língua. Há obstáculos que, se levados em conta, contribuem para a consecução do objetivo, que é estabelecer uma comunicação: quais são as preferências do meu interlocutor? Evito de toda forma qualquer tipo de preconceito? Meu interlocutor, por seu lado, caracteriza-se como pessoa preconceituosa? O assunto que vou abordar pode causar estranhamento? Estou atento aos **ruídos** na comunicação?

Descubra as informações mais importantes que devem ser objeto de sua mensagem e verifique se o canal que escolheu é o melhor para o objetivo que tem em vista. Suponhamos um *e-mail* **de cobrança**: será ele o melhor canal para veicular esse tipo de informação? Será que o mau pagador não jogará a mensagem no lixo tão logo lhe chegue às mãos? Você tem certeza de que um *e-mail* é o melhor canal para estabelecer a comunicação que você tem em vista? Você tem certeza de que seu interlocutor gosta de receber *e-mails*? Você já pensou em outros canais? Um telefonema, por exemplo? Um papo de um advogado com o mau pagador? Uma ação judicial? Você tem ideia da quantidade de mensagens eletrônicas que seu interlocutor recebe por dia e de que a sua não se perderá entre tantas? Seria possível um contato pessoal, uma conversa mais demorada? Enfim, use o canal adequado para transmitir suas informações.

Lembre-se: uma mensagem pode ser focalizada no eu (**função emotiva** ou **expressiva**) e, nesse caso, prevalecem referência a sua própria pessoa, a suas emoções, a seus interesses; a mensagem pode focalizar o interlocutor (**função conotativa**): prevalecerá então o uso de imperativos, ou formas que o substituem (infinitivo sobretudo); de *você, o senhor, a* *senhora, V. S.ª* etc. O leitor se sentirá enredado, tendo de tomar uma atitude. A mensagem poderá ainda focalizar a referência (**função referencial** da linguagem), o que se tem a comunicar. Aqui, prevalecerá o uso de verbos selecionados com precisão para o seu objetivo, de substantivos exatos, capazes de transmitir com clareza o que se deseja. Aqui, o foco é o conteúdo da mensagem, o que você tem como propósito. A sua comunicação poderá focalizar o próprio canal (**função fática**), priorizando o contato físico ou psicológico. Nesse caso, fará uso de expressões que têm em vista justamente aproximar locutor e interlocutor: *sabe, bom dia, boa tarde, você está me entendendo?* etc. Em alguns casos, você poderá optar pela **função poética**, sobretudo se estiver se relacionando com pessoa que valoriza esse tipo de texto. A preocupação então será com a estesia, com o ritmo, a sonoridade, a estrutura linguística. Finalmente, se a mensagem se centrar no próprio código (**função metalinguística**), você fará considerações sobre a própria língua: "o que você quis dizer com o termo X?", "vou definir o que entendo por X", "uso a palavra X com o sentido..." etc.

1.4 WhatsApp

O WhatsApp, considerado como um gênero, tem as mais variadas funções sociocomunicativas: informar, reclamar, convidar, discutir um assunto, fofocar etc.

O WhatsApp é um aplicativo gratuito que permite a troca de mensagens.

O uso de algumas ferramentas oferecidas na Internet requer alguns cuidados elementares. O WhatsApp, se transformado em uma sala de bate-papo, pode vir a acarretar problemas futuros em caso de um acidente, tornando pública uma conversa que seria de interesse reservado. Você tem certeza de que não haverá vazamento de informação? Seu uso é semelhante ao de um SMS, com a diferença de que se vale da Internet, mas conta com uma série de recursos.

Em relação à realização de textos veiculados por meio de WhatsApp, o que se tem observado é que a rapidez de construção das mensagens tem proporcionado inúmeros enunciados ininteligíveis, visto que truncados e nem sempre escritos segundo a ortografia convencional. Quando falados os textos, o diálogo entre locutor e interlocutor, porém, se encarrega de, no decorrer da conversa, preencher as omissões e os implícitos.

No uso do WhatsApp como instrumento de trabalho, contudo, é desejável que seja utilizada a variedade linguística que goza de prestígio: os enunciados devem ser completos, a concordância verbal e os plurais devem ser observados, a ortografia é a convencionalmente aceita, o objetivo das mensagens precisa ser claro.

1.5 Circular

O verbo *circular* tem como significado "que parte de um determinado ponto e, ao fim do percurso, retorna ao ponto inicial; [...] que se transmite de pessoa a pessoa; circulante; [...] diz-se de ou comunicação escrita de interesse comum, que é reproduzida em vários exemplares e transmitida a diferentes pessoas ou entidades" (HOUAISS; VILLAR, 2001, p. 727).

Em linguagem comercial, as circulares constituem cartas ou avisos que uma empresa envia a seus clientes, ou fornecedores, para lhes informar sobre procedimentos relativos ao negócio ou à própria organização da empresa.

Circular, memorando, carta são gêneros do domínio empresarial; são documentos administrativos que circulam entre empregados de uma organização ou grupo empresarial. É, portanto, uma correspondência interna na maioria das vezes. As do Banco Central, no entanto, são circulares oficiais que funcionam como textos administrativos de circulação ampla.

Uma circular é uma carta enviada a funcionários de um setor, remetida pelo chefe de uma repartição ou departamento, ou endereçadas aos chefes de serviços das diversas repartições subordinadas à direção respectiva, para transmitir avisos, ordens, instruções, normas, pedidos, objetivando organizar um trabalho e estabelecer comportamentos adequados à realização de tarefas.

Em geral, contém assunto de caráter ou interesse de todos os que participam de determinadas ações de trabalho. Trata-se de uma carta-circular, em que se observam muitos elementos de uma carta comercial: data, local, identificação do emissor e do receptor (que normalmente é um grupo de pessoas). Como se trata de texto informativo que tem em vista comunicar assuntos relevantes dentro de uma empresa, ele será mais eficaz se o redator observar elementos do processo de comunicação: emissor, receptor, mensagem, código, canal, referência, repertório linguístico e de conhecimento de mundo do receptor, possíveis ruídos.

Comunicações empoladas podem não cumprir seu objetivo. Frases breves, palavras conhecidas, de uso cotidiano (palavras técnicas justificam-se quando estritamente necessárias; se não são do conhecimento do receptor, devem ser acompanhadas de definição). Evita-se o uso de abreviaturas que dificultam o entendimento, de gírias inoportunas, de neologismos incompreensíveis.

Estruturalmente, são impressos em papel timbrado, com o nome da empresa, número do documento, data (em geral, não há localidade), assunto destacado, vocativo, texto, despedida, assinatura.

> Senhores:
>
> Comunicamos que nos dias 20 de dezembro de 2016 e 1º de janeiro de 2017, estaremos de férias coletivas. Retornaremos ao trabalho no dia 2 de janeiro.
>
> Atenciosamente,
> Fulano de Tal,
> Gerente.

Na **correspondência oficial**, circulares constituem instruções escritas, emanadas de uma autoridade competente. Essas instruções podem representar regras novas, ou ser consideradas interpretações de leis ou regulamentos. Seu objetivo é tornar o receptor consciente da existência de leis, decretos, portarias, resoluções, editais. Elas transmitem ordens de serviço, ou instruem sobre a realização de algum pedido.

Na **linguagem jurídica**, circular indica uma notícia, nota ou conhecimento de algum fato, que precisa ser divulgado por escrito e dirigido a diversas pessoas. Apresenta os seguintes elementos:

1. Timbre: logotipo do órgão (nome do órgão e endereço).
2. Título: Circular n. ....., de ...../...../.....
3. Ementa: resumo do assunto da circular. É facultativa.
4. Vocativo: tratamento e cargo das autoridades destinatárias da circular.
5. Texto: desenvolvimento do assunto tratado. Quando o texto for extenso, os parágrafos serão numerados a partir do segundo, que receberá o número 2.
6. Fecho (despedida): fórmula de cortesia. Não é numerado.
7. Assinatura: nome e cargo de autoridade competente.
8. Anexo.

Uma circular com vocativo e fecho recebe o nome de **ofício circular**.

CAIXA ECONÔMICA FEDERAL – CIRCULAR N. 673 DE 25/02/2015

VICE-PRESIDÊNCIA DE FUNDOS DE GOVERNO E LOTERIAS

Aprovar e divulgar o Manual de Orientação do sistema de Escrituração Fiscal Digital das Obrigações Fiscais, Previdenciárias e Trabalhistas – eSocial.

A Caixa Econômica Federal – CAIXA, na qualidade de Agente Operador do Fundo de Garantia do Tempo de Serviço – FGTS, no uso das atribuições que lhe são conferidas pelo artigo 7º, inciso II, da Lei n. 8.036/90, de 11/05/1990, e de acordo com o Regulamento Consolidado do FGTS, aprovado pelo Decreto n. 99.684/90, de 08/11/1990, alterado pelo Decreto n. 1.522/95, de 13/06/1995, em consonância com a Lei n. 9.012/95, de 11/03/1995, e com o Decreto n. 8.373, de 11/12/2014, Resolução n. 1 do Comitê Gestor do eSocial, de 20/02/2015, publica a presente Circular.

1. Referente aos eventos aplicáveis ao FGTS, declara aprovado o Manual de Orientação do eSocial versão 2.0 (MOS) que define o leiaute dos arquivos que compõem o Sistema de Escrituração Fiscal Digital das Obrigações Fiscais, Previdenciárias e Trabalhistas (eSocial),

e que deve o empregador, no que couber, observar as disposições deste manual.

2. A transmissão dos eventos se dará por meio eletrônico pelo empregador, por outros obrigados a ele equiparado ou por seu representante legal, com previsão, inclusive, de uso de módulo web personalizado, como condição de tratamento diferenciado a categorias específicas de enquadramento, a exemplo do Segurado Especial, Pequeno Produtor Rural, Empregador Doméstico, Micro e Pequenas Empresas e Optantes pelo Simples Nacional.

3. O padrão e a transmissão dos eventos é decorrente da publicação do Manual de Orientação do eSocial versão 2.0 (MOS) e seus anexos, a saber: – Tabelas do eSocial; – Regras de Validação; – Leiaute do eSocial.

3.1 O acesso à versão atualizada e aprovada deste Manual estará disponível na Internet, nos endereços "www.esocial.gov.br" e "www.caixa.gov.br", opção "download".

4. Será observado o cronograma e prazo de envio definidos em Resolução do Comitê Gestor do eSocial, para a transmissão dos eventos aplicáveis ao FGTS, constantes do leiaute dos arquivos que compõem o eSocial.

5. A prestação das informações pelo empregador ao FGTS, atualmente realizada por meio do Sistema Empresa de Recolhimento do FGTS e Informações à Previdência Social – SEFIP, será substituída pela transmissão dos eventos aplicáveis ao FGTS por meio do leiaute dos arquivos que compõem o eSocial, naquilo que for devido.

5.1 As informações contidas nos eventos aplicáveis ao FGTS serão utilizadas pela CAIXA para consolidar os dados cadastrais e financeiros da empresa e dos trabalhadores, no uso de suas atribuições legais.

5.1.1 Por consequência, são de total responsabilidade do empregador quaisquer repercussões, no âmbito do FGTS, decorrentes de informações omitidas ou prestadas, direta ou indiretamente, por meio do eSocial.

5.2 As informações por meio deste leiaute deverão ser transmitidas até o dia 7 (sete) do mês seguinte ao que se referem.

5.2.1 É antecipado o prazo final de transmissão para o dia útil imediatamente anterior, quando não houver expediente bancário no dia 7 (sete).

6. Esta Circular CAIXA entra em vigor na data de sua publicação e revoga disposições contrárias, em especial, aquelas preconizadas na Circular CAIXA 657, de 04/06/2014.

> FABIO FERREIRA CLETO
> Vice-Presidente
> [*DOU*, 27/02/2015]

1.6 Comunicação/comunicado

É comum encontrar esse gênero em jornais. Ele serve para tornar público determinados fatos. Outros nomes dados a "comunicação": *nota, esclarecimento, aviso à praça, aviso, comunicado*. Também pode receber o nome de *comunicado interno*, e nesse caso equivale a uma circular. Para Costa (2014, p. 84), comunicação é "declaração, nota, particular ou oficial, feita de maneira objetiva, difundida pelos meios de comunicação ou afixada em lugar público".

Entende-se também por comunicado ou comunicação a ciência ou o conhecimento que se dá a outra pessoa sobre um fato ocorrido ou de prática de algum ato. Assim, tem o sentido de aviso ou transmissão de ordem, que deve ser levado ao conhecimento de todos.

Em **linguagem jurídica**, a comunicação tem várias denominações, conforme o ato ou o fato em questão. A citação, intimação ou notificação são formas pelas quais se faz uma comunicação.

Enfim, um comunicado é um aviso oficial de uma instituição pública ou privada, transmitido por escrito ou oralmente. Publicação que fazem autoridades civis ou militares sobre acontecimentos ou de operações de guerra, de serviço, de chegada ou embarque de mercadorias.

> COMUNICADO
>
> De: Fulano de Tal
>
> Para: Todos os empregados do Departamento X
>
> Comunico a todos que, durante a semana dos festejos natalinos e de final e início de ano (compreendida entre 25-12-2016 e 1º-1-2017), estaremos de férias coletivas.
>
> Nome
> Função na empresa

> **COMUNICADO DE ABANDONO DE EMPREGO**
>
> Local e data
>
> A
> Sr. (ou Sra.) Fulano de Tal (ou Fulana de Tal)
>
> Solicitamos o seu comparecimento ao nosso Departamento de Recursos Humanos, situado na Rua X, no prazo de 72 horas, para justificação de suas faltas, sob pena de encerramento de relação trabalhista.
>
> Atenciosamente,
> Nome da Empresa e n. do CNPJ
> Nome do responsável

1.7 Edital

Outro texto que tem a função sociocomunicativa de informar é o edital.

Edital é um ato por meio do qual se publica pela imprensa, ou em lugares públicos, uma notícia de um fato, que deve ser divulgada para conhecimento das pessoas nele mencionadas e de outras que possam ter interesse no assunto. Em casos processuais, o edital é uma exigência imperativa. Entre eles, salientam-se: *edital de casamento, edital de venda de bens de menores, edital de arrematação de bens penhorados, de abertura de concurso para provimento de cargos públicos, de ciência, de concorrência, de convocação, de habilitação, de inscrição, de intimação, de leilão, de proclamas, de resultado.* O nome do edital provém de objetivo. A finalidade de um edital é tornar público um fato que deve ser conhecido. Por meio de edital também se realiza uma intimação, ou se faz a citação de uma pessoa não encontrada ou não conhecida.

São elementos constituintes de um edital:

1. Timbre do órgão que o expede.
2. Título: denominação do ato: "Edital n. X, de ..... de .... de 2016."
3. Ementa: facultativa.
4. Texto: assunto tratado. Quando há muitos parágrafos, eles podem ser numerados com algarismos arábicos, exceto o primeiro que não se numera.
5. Local e data.
6. Assinatura: nome da autoridade competente, com indicação do cargo que ocupa.

7. Visto: há casos em que, por exigência do órgão expedidor, é necessário o visto de um funcionário hierarquicamente superior. Depois da palavra *visto*, aparecem o nome do assinante e o cargo que ocupa.

O edital tem a função de informar ou convocar; é feito por meio da imprensa escrita (jornais) ou afixado em lugares públicos, para que não se alegue desconhecimento, como em:

1. **Edital de casamento:** é formulado por um escrivão e dá notícia da realização de um casamento ajustado que se pretende realizar. Constitui-se na solenidade dos proclamas.
2. **Edital de citação:** serve para cumprir uma citação inicial a pessoa não encontrada ou que se encontra em lugar desconhecido ou de difícil acesso.
3. **Edital à praça:** anuncia a venda em hasta pública. É uma formalidade essencial.

PREFEITURA DE SÃO PAULO   SECRETARIA DA EDUCAÇÃO
COMISSÃO PERMANENTE DE LICITAÇÃO
Processo Administrativo n. 2014-0.226.661-4

Objeto: Contratação de empresa especializada para prestação de serviço de nutrição e alimentação escolar, visando ao preparo e distribuição de alimentação balanceada em condições nutricionais e dispositivos legais vigentes aos alunos regularmente matriculados e demais beneficiários de programas/projetos da Secretaria Municipal de Educação em unidades educacionais da rede municipal de ensino, mediante o fornecimento de todos os gêneros alimentícios e demais insumos necessários. Fornecimento dos serviços de logística, supervisão e manutenção preventiva e corretiva dos equipamentos utilizados, fornecimento de mão de obra treinada e higienização de cozinhas, despensas e lactários das unidades educacionais em conformidade com os anexos do presente edital, as normas técnicas fixadas pelo DAE e demais órgãos sanitários divididos em 9 (nove) lotes.

Acha-se reaberta a licitação em epígrafe que será realizada às 11h30 do dia 28-12-2015.

O **Edital e seus Anexos** poderão ser obtidos até o último dia que anteceder a abertura, mediante recolhimento de guia de arrecadação, ou através da apresentação de CD-ROM gravável no Setor de Licitação – CONAE 151 – Rua Dr. Diogo de Faria, 1247 – sala 318 – Vila Clementino, ou através de internet pelo *site* www.comprasnet.gov.br

> e http://e-negocioscidadesp.prefeitura.sp.gov.br, bem como as cópias do Edital estarão expostas no mural do Setor de Licitação (*Folha de S. Paulo,* São Paulo, 11 dez. 2015, p. A12).

1.8 Auto

Auto, no singular, é um documento que relata um acontecimento e suas circunstâncias. É a exposição pormenorizada e autenticada de um fato. É um documento por meio do qual uma pessoa ou empresa é notificada sobre uma ou mais infrações que tenha cometido. O autor refere-se a um fato. A ata refere-se a vários acontecimentos. No plural, significa conjunto de peças de um processo forense ou administrativo. Tem o mesmo sentido de *processo.*

Na terminologia jurídica e em sentido genérico, significa toda solenidade ou ação pública, promovida com a finalidade de se cumprir um imperativo legal ou uma ordem emanada de autoridade.

Denota, estritamente, todo termo ou narração circunstanciada de qualquer diligência judicial ou administrativa, escrita por escrivão ou tabelião, e lavrado para provar ou registrar uma ocorrência. Os autos provêm de uma autoridade administrativa ou judicial.

Vários são os seus tipos:

1. **Auto de abertura:** solenidade processual, administrativa ou judicial, pela qual se promove, de início, a execução de determinado fato. O auto de abertura realiza-se por meio de um termo, mandado lavrar pela autoridade, com a presença de um escrevente e demais pessoas presentes e interessadas. São exemplos de autos:
    a) auto de abertura de testamento;
    b) auto de abertura de estabelecimento;
2. **Auto de corpo de delito:** é peça fundamental do processo criminal, que evidencia a natureza e a existência do crime praticado. Provém de perito médico.
3. **Auto de flagrante:** narração circunstanciada da prisão de um criminoso, após a realização de um crime. Provém de policial.
4. **Auto de infração:** inicia todo e qualquer processo administrativo-fiscal. Nele são anotados os dados relativos à infração. Provém de fiscal ou policial.
5. **Auto de partilha:** é documento que estabelece o pagamento pelo qual se atribuem aos herdeiros as partes que lhes cabem na herança. Provém de juiz.

São partes de um auto:

1. **Numeração:** título e número do auto. Auto n. ...
2. **Texto:** desenvolvimento do assunto (assinalar a data, dia, mês e ano), nome do autuado, motivo da autuação, indicação da penalidade e prazo para apresentação de defesa.
3. **Data:** local e data em que foi lavrado o auto.
4. **Assinatura:** nome da autoridade competente e indicação de seu cargo.

AUTO DE INFRAÇÃO ÀS NORMAS DE PROTEÇÃO
À CRIANÇA E AO ADOLESCENTE

1. DADOS DO ESTABELECIMENTO:

NOME: _____.

ENDEREÇO: _____
_____

2. DADOS DO PROPRIETÁRIO:

NOME: _____

DOCUMENTO DE IDENTIDADE: (RG/CPF) _____

ENDEREÇO: _____
_____

3. DADOS DO RESPONSÁVEL PELO ESTABELECIMENTO NO MOMENTO DA AUTUAÇÃO:

NOME: _____

DOCUMENTO DE IDENTIDADE: (RG/CPF) _____

4. DADOS REFERENTES AO FLAGRANTE DA INFRAÇÃO:

DATA: ___/___/_____. HORA: _____

4.1. MOTIVO DA AUTUAÇÃO: (DESCREVER OS FATOS E CIRCUNSTÂNCIAS)._____

4.2. VIOLAÇÃO ÀS NORMAS DE PROTEÇÃO DOS DISPOSTIVOS DO ECA:

( ) Parágrafo único do art. 74.

[...]

4.3. TESTEMUNHAS:

NOME: _____

ENDEREÇO: _____

NOME: _____

ENDEREÇO: _____

NOME: _____

ENDEREÇO: _____

5. CIÊNCIA DA AUTUAÇÃO SE LAVRADO O AUTO NA PRESENÇA DO RESPONSÁVEL LEGAL (PROPRIETÁRIO OU REPRESENTANTE LEGAL).

FICA o presente estabelecimento Notificado a apresentar defesa escrita no prazo de 10 dias, contados da presente data.

xxxxxxxxxxxxxxxxxxxxxxxxxxxxxxxxxxxxxxxxx, aos _____ dias do mês de _____ de 200__

NOME LEGÍVEL E ASSINATURA DO AUTUANTE:

_____

_____.

(PODE-SE UTILIZAR FOLHA ANEXA, RUBRICADA E ASSINADA, PARA MELHORES ESCLARECIMENTOS.)

Assessoria de Comunicação
Ministério Público do Estado do Amazonas [Disponível em: <http://www.mpam.mp.br/index.php/centros-de-apoio-sp-947110907/infancia-e-juventude/conselho-tutelar/2216-modelo-de-autode-infracao>. Acesso em: 23 fev. 2016.]

Um tipo de auto muito comum é o autor de infração:

> **DELEGACIA REGIONAL TRIBUTÁRIA DA GRANDE SÃO PAULO**
> **AUTO DE INFRAÇÃO – ICMS**
>
> Os contribuintes fulano e beltrano, autuados por infração à legislação fiscal, que rege o ICMS, sob pena de revelia, ficam intimados a apresentar suas defesas por escrito, dentro do prazo de 30 dias, contados da data da publicidade deste. As defesas devem ser dirigidas ao Delegado Regional Tributário da Grande São Paulo e entregues nos respectivos Postos Fiscais onde estiverem jurisdicionados e onde aguardarão a decorrência do prazo. As multas poderão ser pagas com 50% de desconto, desde que, no mesmo ato, os contribuintes recolham integralmente o imposto porventura exigido, assim como renunciem expressamente à defesa, reclamação ou recurso.
>
> Contribuinte – N. de Inscrição – N. do AIIM – Série – Valor do Imposto – Valor da Multa – Capitulação.
>
> São Paulo, .../..../....
> a) ....
> [Modelo extraído de *Correspondência* (MEDEIROS, 2010, p. 290).]

1.9 Ata

Outro texto cuja função sociocomunicativa é informar é a ata. Ela caracteriza-se como um texto em que se relata o que se passou em uma reunião, assembleia ou convenção. As atas podem ser ordinárias e extraordinárias. Enquanto as primeiras resultam de reuniões estabelecidas em estatutos, ou de convocação regular, as segundas ocorrem fora das datas costumeiramente previstas. Depois de redigida, o que ocorre durante a realização dos trabalhos, da reunião, ela deve ser assinada pelos participantes da reunião (em alguns casos, conforme o estatuto da empresa, ou da instituição), pelo presidente e pelo secretário sempre.

Para a redação da ata, observam-se as seguintes normas:

1. Lavrar a ata em livro próprio ou em folhas soltas. Hoje, com os computadores, *notebooks* e *tablets*, elas são redigidas eletronicamente em muitas ocasiões e, em seguida, impressas. Empresas de administração de condomínio costumam enviar um profissional para a realização da ata de reunião dos

condôminos; em geral, apresentam-se munidos de impressoras. Terminada a reunião e redigida a ata, ela é impressa imediatamente e assinada pelos presentes. Não se permite, depois de impressa e assinada, a inclusão de alterações. Se algum erro for constatado imediatamente antes de desfeita a assembleia, procede-se como relatado no n. 6, ou, se constatado depois de desfeita a assembleia, pode-se fazer constar a correção em uma nova ata, quando da leitura da ata anterior, em uma nova reunião, desde que as alterações sejam necessárias e autorizadas pela assembleia.

2. Sintetizar de forma clara e precisa as ocorrências verificadas.
3. Na ata do dia, consignam-se as retificações feitas à anterior.
4. O texto pode ser digitado ou manuscrito; não pode apresentar rasuras.
5. O texto, compacto, não apresenta divisão em parágrafos.
6. Se manuscrita, no caso de constatação de erros no momento em que ela é redigida, emprega-se a expressão corretiva "digo". Se o erro for constatado apenas depois de aprovada e assinada, recorre-se à expressão "em tempo", que é posta após todo o escrito, seguindo-se então o texto emendado: "Em tempo: na linha onde se lê 'varreção', leia-se 'varrição.'"
7. Os números são grafados por extenso.
8. Há atas rotineiras que se constituem em preenchimento de formulário.
9. A ata é redigida por um secretário efetivo, ou, o que é mais comum, por um secretário nomeado para a ocasião (neste caso, chamado de secretário *ad hoc*).
10. Constam de uma ata: (a) dia, mês, ano e hora da reunião (sempre por extenso); (b) local da reunião; (c) pessoas envolvidas, com suas respectivas qualificações (no caso de atas condominiais, diz-se "morador da unidade X"); (d) declaração de quem preside a reunião e de quem a secretaria; ordem do dia (relação dos assuntos tratados); (e) fecho ("Nada mais havendo a tratar, o Sr. Presidente encerrou a **sessão** [*observe a grafia dessa palavra, usada para indicar uma divisão temporal, cujo sentido é diferente de seção, divisão espacial*] e convocou outra sessão para o dia ..., às ... horas e ... minutos, quando serão julgados os recursos em pauta. E, para constar, lavrei a presente ata que subscrevo e vai assinada, depois de lida, pelo Sr. Presidente e por mim secretário"). Outro fecho possível: "Nada mais havendo a tratar, Fulano de Tal agradece a presença do Sr. Beltrano e das demais pessoas presentes e declara encerrada a reunião, da qual eu, Jota da Silva, Secretário em exercício, lavrei a presente ata, que vai assinada pelo Sr. Presidente e por mim". Uma terceira possibilidade: "A sessão encerrou-se às ... horas e tantos minutos. Eu ..., secretário em exercício, lavrei, transcrevi e assino a presente ata"; (f) assinaturas do presidente, secretário, participantes.

As atas registram resumidamente decisões, deliberações tomadas em uma reunião e têm valor de documento; por isso, elas seguem algumas normas, que lhes dão um caráter técnico e as revestem de determinadas formalidades. Antigamente, elas eram feitas em um livro próprio, mas com as novas tecnologias (computador), passaram a ser redigidas eletronicamente e, depois de impressas, arquivadas em uma pasta, ou em um arquivo eletrônico. Se redigidas em computador, devem ser formatadas em editor de texto que não permita alteração, como é o caso do PDF. Outro pormenor observado na redação de atas diz respeito ao não uso de abreviaturas e abreviações; tudo é registrado por extenso. Finalmente, as decisões e os assuntos tratados devem aparecer na ata na ordem sequencial em que foram tratados na reunião. Com relação ao tempo verbal, registra-se tudo, se possível, no pretérito perfeito.

Exemplo:

>   EMPRESA YYY
>   ATA DA ASSEMBLEIA GERAL ORDINÁRIA
>
> Aos 30 de maio de 2016 às 16 horas, na sede da empresa, na Rua ZZZZ, n. 555, São Paulo (SP), reuniram-se em Assembleia Geral Ordinária os acionistas da XXXX, que representam a totalidade do capital social com direito a voto, conforme consta dos Estatutos da Companhia. Assumiu a presidência da reunião o Presidente Fulano de Tal, que convidou para secretariá-lo a mim, Fulana de Tal. Instalada a Assembleia Geral Ordinária, o Presidente informou que a Administração da Companhia resolveu... [...]. Colocada em discussão e votação, foi a proposta aprovada por unanimidade. Nada mais havendo a tratar, o Presidente encerrou os trabalhos e pediu-me a lavratura da presente ata que, lida e aprovada, é assinada por todos os presentes. Presidente ....; Secretária..........; Acionistas.

1.10 Aviso

É o ato de avisar, comunicar, noticiar, participar, prevenir, admoestar. Enfim, aviso é informação que uma pessoa transmite a outra. É utilizado no comércio, na indústria, no serviço público, na rede bancária. Serve para cientificar, prevenir, convidar. Há variados tipos de aviso: um dos mais comuns é o aviso de rescisão do contrato de trabalho que se constitui no chamado aviso-prévio. Na Administração Pública, aviso é um tipo de correspondência de tamanho igual ao de um ofício, assinado por um ministro de Estado e dirigido a altas autoridades em assuntos de serviço: um ministro de Estado dá conhecimento de suas decisões administrativas e de ordem geral. Nesse caso, não traz destinatário expresso nem fecho com expressões de cortesia. Os avisos ministeriais destinam-se a pedidos de providências, a comunicar decisões, ordens, agradecimentos, elogios, censuras.

Entre as modalidades de aviso, temos:

1. **Aviso de apresentação:** dá conhecimento ao devedor sobre o banco em que se acha o título contra ele emitido.
2. **Aviso de aceite:** comunica ao cedente que o sacado aceitou o título e que foi cientificado em que banco se encontra o documento.
3. **Aviso de vencimento:** avisa o sacado sobre o dia do pagamento do título.
4. **Aviso de baixa** ou **de liquidação:** cientifica o cedente de que o sacado pagou o título.
5. **Aviso de ocorrência:** cientifica o credor do fato de o devedor não pagar e pede-se por meio dele instruções a esse respeito.
6. **Aviso de falta de pagamento:** notifica o sacado de que se acha no banco o título aceito e não pago.

Estruturalmente, um aviso é composto de:

1. Classificação: *Aviso n. ....*
2. Data: dia, mês e ano.
3. Invocação: *Exmo. Sr. Ministro....*
4. Fecho: *aproveito a oportunidade para apresentar a V. Ex.ª meus protestos de elevada consideração.*

Vejamos um exemplo de aviso de licitação:

COMPANHIA DOCAS DO ESTADO DE SÃO PAULO – CODESP

Secretaria de Portos   Governo Federal

                                    Brasil

                                    Pátria Educadora

AVISO DE LICITAÇÃO

Pregão Eletrônico n. 36/2015

Processo n. 18957/15-43

A COMPANHIA DOCAS DO ESTADO DE SÃO PAULO – CODESP, com sede na cidade de Santos/SP, inscrita no CNPJ sob n. 44.837.524/0001-07, torna público que realizará licitação, na modalidade de Pregão Eletrônico, sob n. 36/2015, do tipo Menor Preço Global, objetivando a Contratação de empresa para a prestação dos serviços de locação de

> 57 (cinquenta e sete) veículos, inclusas as manutenções preventivas e corretivas, reparos e substituições necessárias, com 48 (quarenta e oito) motoristas, pelo prazo de 12 meses, tudo em conformidade com o edital e apensos. A abertura da sessão pública para a formulação dos lances está marcada para o dia 17/08/2015, às 10 horas. DISPONIBILIZAÇÃO DO EDITOR: a partir de 27/07/2015, exclusivamente pelos sites www.comprasnet.gov.br e www.portodesantos.com.br.
>
> Luiz Orlando Fernandes
> Pregoeiro
> (*Folha de S. Paulo*, São Paulo, 29 jul. 2015, p. A10.)

Embora o texto seja assinado, nota-se uma enunciação em 3ª pessoa: a própria empresa assume características humanas (*prosopopeia* ou *animização*): A "Companhia Docas do Estado de São Paulo **torna** público que realizará..." Evidentemente, quem torna público é uma pessoa de sua direção ou autorizada pela direção. Mais abaixo temos: "A abertura da sessão pública para a formulação dos lances está marcada para o dia 17/08/2015...", em que a expressão *está marcada* não indica o sujeito que estabeleceu dia e horário. Essas formas verbais, em geral, são utilizadas para que não se conheça quem é o responsável pela ação. Nas empresas, avisos os mais diversos chegam às mãos de empregados com informações do tipo: "a diretoria resolveu que...", "é determinação da diretoria...", "a diretoria estabelece que...", em que aos empregados não cabe outra coisa senão obedecer, visto que, além da assimetria de poder, não há possibilidade de diálogo, de interação, porque não se sabe quem é o responsável pela informação; não há um responsável específico, mas uma fórmula que impede qualquer diálogo, esclarecimento. De quem recebe o aviso se espera apenas um consentimento obrigatório.

Na Administração Pública, o aviso é definido pela Instrução Normativa n. 4, de 6-3-1992, nos seguintes termos:

> Aviso e ofício são modalidades de comunicação oficial praticamente idênticas [...]. a única diferença entre eles é que o aviso é expedido exclusivamente por Ministros de Estado, Secretário-Geral da Presidência da República, Consultor-Geral da República, Chefe do Estado-Maior das Forças Armadas, Chefe do Gabinete Militar da Presidência da República e pelos Secretários da Presidência da República, para autoridades de mesma hierarquia, ao passo que o ofício é expedido para e pelas demais autoridades. Ambos têm como finalidade o tratamento de assuntos oficiais pelos órgãos da Administração Pública entre si e, no caso do ofício, também com particulares. Quanto a sua forma, *aviso* e *ofício* seguem integralmente o modelo do "padrão ofício", com acréscimo do *destinatário*. Pode-se observar mínima diferença de estrutura, sobretudo nos parágrafos do *desenvolvimento*, entre expedientes que apenas encaminhem documentos e outros que informem ou tratem substantivamente de determinado assunto.

Avisos e ofícios que encaminhem documentos devem ter a seguinte estrutura:

a) Introdução: inicia-se com referência ao expediente que solicitou o encaminhamento. Se a remessa do documento não tiver sido solicitada, deve iniciar com a informação do motivo da comunicação, que é *encaminhar*, indicando a seguir os dados completos do documento encaminhado (tipo, número, data, origem ou signatário, e assunto de que trata), e a razão pela qual está sendo encaminhado, segundo a seguinte fórmula:

    Em resposta ao Aviso n. 12, de 1º de fevereiro de 1991, encaminho, anexa, cópia do Ofício n. 34, de 3 de abril de 1990, do Departamento Geral de Administração, que trata da requisição do servidor Fulano de Tal.
    Ou
    Encaminho, para exame e pronunciamento, a anexa cópia do telegrama n. 12, de 1º de fevereiro de 1991, do Presidente da Confederação Nacional de Agricultura, a respeito de projeto de modernização de técnicas agrícolas na região Nordeste.

b) Desenvolvimento: se o autor da comunicação desejar fazer algum comentário a respeito do documento que encaminha, poderá acrescentar parágrafos de *desenvolvimento*; em caso contrário, não há parágrafos de desenvolvimento em aviso ou ofício de mero encaminhamento. Se o expediente contiver mais de dois parágrafos, deve-se numerá-los, à exceção do primeiro e do fecho.

c) Fecho: *Respeitosamente* ou *Atenciosamente*, conforme o caso.

    Quando tratam substantivamente de determinado assunto, aviso e ofício seguem a estrutura do "padrão ofício".

Pela Instrução Normativa n. 4, pode-se verificar como o aviso e o ofício na Administração Pública é rigidamente regrado. Trata-se de um gênero estabilizado, em que estão cristalizadas formas de introdução, desenvolvimento e fecho. Veja o exemplo que transcrevemos da Instrução n. 4:

324 Capítulo 8

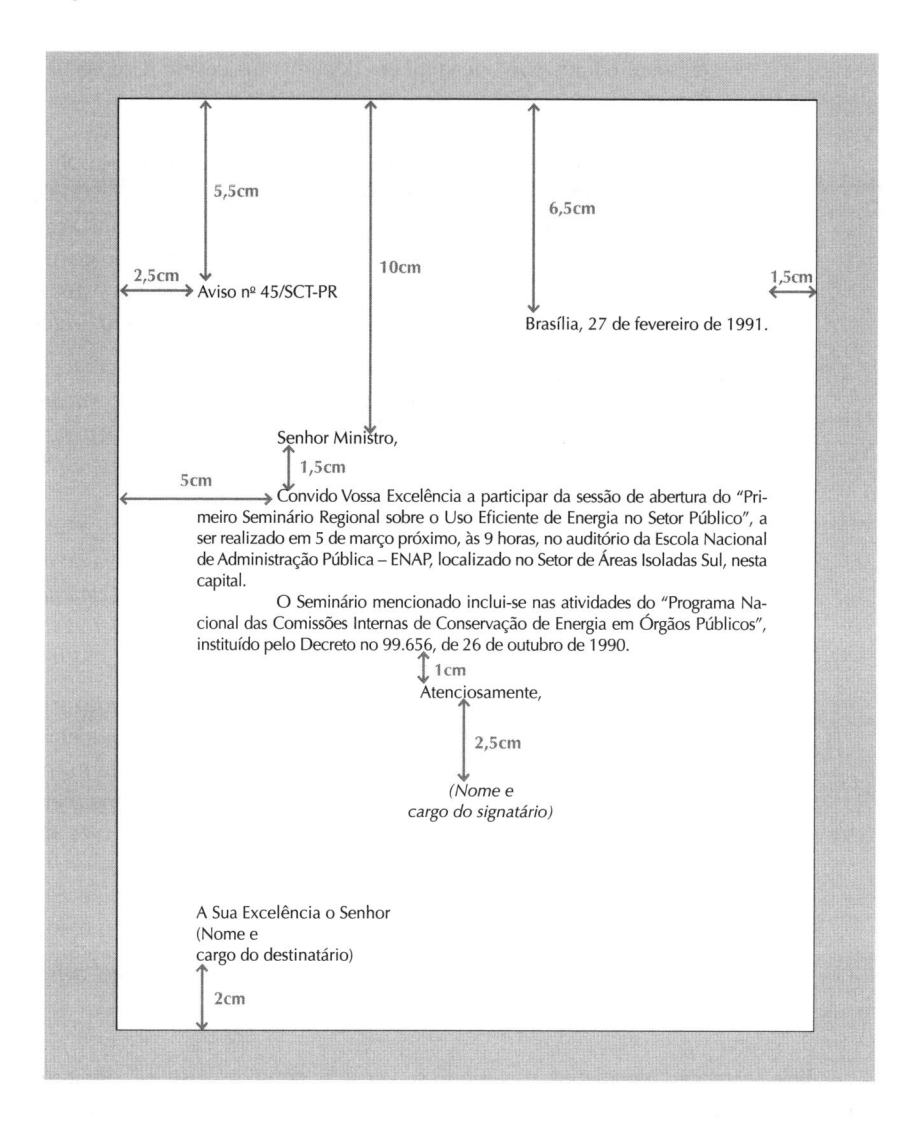

```
                    5,5cm
                                        6,5cm
  2,5cm      ↓      10cm                              1,5cm
  ←——→ Aviso nº 45/SCT-PR
                              Brasília, 27 de fevereiro de 1991.


                    Senhor Ministro,
                      ↑ 1,5cm
           5cm        ↓
  ←——————→ Convido Vossa Excelência a participar da sessão de abertura do "Pri-
           meiro Seminário Regional sobre o Uso Eficiente de Energia no Setor Público", a
           ser realizado em 5 de março próximo, às 9 horas, no auditório da Escola Nacional
           de Administração Pública – ENAP, localizado no Setor de Áreas Isoladas Sul, nesta
           capital.
                    O Seminário mencionado inclui-se nas atividades do "Programa Na-
           cional das Comissões Internas de Conservação de Energia em Órgãos Públicos",
           instituído pelo Decreto no 99.656, de 26 de outubro de 1990.
                              ↑ 1cm
                              ↓
                         Atenciosamente,

                              2,5cm

                           (Nome e
                        cargo do signatário)



           A Sua Excelência o Senhor
           (Nome e
           cargo do destinatário)
           ↑
           ↓ 2cm
```

Todavia, há também avisos da Administração Pública que não seguem esse rigor, como podemos ver no seguinte exemplo:

> AVISO
> SOBRE A OCUPAÇÃO DA PRAÇA DE ALIMENTAÇÃO E DEMAIS
> LOCAIS DO CARNAVAL 2016
>
> A Prefeitura Municipal de Arroio Grande, através da Secretaria de Cultura, avisa que para se utilizar a Praça de Alimentação, bem como os espaços destinados a quiosques e churrasquinhos, terão prioridade as pessoas que já fizeram uso dos mesmos espaços no ano de 2015, desde que procurem a Secretaria de Cultura até o dia 15 de janeiro, portando a documentação necessária (RG ou CPF).
>
> Após esta data os espaços restantes estarão disponíveis para os demais interessados, POR ORDEM DE CHEGADA, no prédio da Secretaria Municipal de Cultura, localizado junto ao Centro de Cultura Basílio Conceição, de segunda à sexta, das 07:00 h às 13:00 h.
>
> Sidney Bretanha
>
> Secretário Municipal de Cultura
>
> Arroio Grande, 12 de janeiro 2016.
>
> [Disponível em: <http://www.clicsul.net/portal/ag-aviso-importante-sobre-a-ocupacao-da-praca-de-alimentacao-e-demais-locais-do-carnaval-2016/>. Acesso em: 22 fev. 2016.]

Observar no exemplo apresentado o distanciamento do emissor: as informações são expostas com verbos na 3ª pessoa: "A Prefeitura Municipal [...] avisa". O texto é composto por uma sequência expositiva, como ocorre normalmente em teses e textos científicos. Não há ninguém que disponibilizará os espaços, mas "os espaços restantes" é que "estarão disponíveis para os demais interessados". O burocratismo da linguagem ainda se pode notar na expressão "POR ORDEM DE CHEGADA, no prédio da Secretaria Municipal de Cultura, localizado junto ao Centro de Cultura Basílio Conceição, de segunda à sexta, das 07:00 h às 13:00 h", em que é nítida a preocupação do emissor com relação à precisão das informações. Para destacar o critério a ser seguido, utiliza letras maiúsculas. Nesse ponto, pode-se notar alguma subjetividade da parte de quem redigiu o aviso. Trata-se de um emissor interessado em evitar problemas e "jeitinhos" na concessão dos espaços públicos; diríamos, certa preocupação ética.

São ainda comuns hoje os avisos de licitação, como se pode ver no exemplo seguinte:

Eletrobras/Eletronorte/Ministério de Minas e Energia/Governo Federal/
Brasil Pátria Educadora

AVISO DE LICITAÇÃO

Pregão Eletrônico PE-011-6-0001

Objeto: Centrais Elétricas do Norte do Brasil S.A. – Eletronorte, torna público aos interessados que realizará licitação na modalidade de Pregão Eletrônico, tipo menor preço global, no dia 05-02-2016, às 10:00 horas, no Sistema Comprasnet, cujo objeto é a Contratação de empresa especializada para prestação de serviços de vigilância patrimonial ostensiva armada ininterrupta das instalações da Eletronorte – OCT e Gerência de Obras de Transmissão Pará/Amapá – EETA. O edital estará à disposição dos interessados nos endereços: www.comprasgovernamentais.gov.br, *link* acesso livre – Pregões – Agendados e http://www.eln.gov.br/pagina_15 htm.

RICARDO GONÇALVES RIOS
Diretor de Gestão Corporativa

1.11 Citação

Juridicamente, citação é o ato pelo qual um oficial público comunica a alguém a ordem de uma autoridade jurisdicional, que lhe determina comparecer ou responder perante ela. É, enfim, uma intimação para que alguém, em determinada data, compareça ou responda a um processo perante uma autoridade judiciária.

O Código de Processo Civil de 2015 estabelece:

> **Art. 195.** A citação é o ato pelo qual se convocam o réu, o executado ou o interessado para integrar a relação processual.
> **Parágrafo único.** Do mandado de citação constará também, se for o caso, a intimação do réu para o comparecimento, com a presença de advogado, à audiência de conciliação, bem como a menção do prazo para contestação, a ser apresentada sob pena de revelia.

> Art. 196. Para a validade do processo é indispensável a citação inicial do réu ou do executado.
> § 1º O comparecimento espontâneo do réu ou do executado supre a falta ou a nulidade da citação, contando-se a partir de então o prazo para a contestação.
> § 2º Rejeitada a alegação de nulidade, o réu será considerado revel.
> Art. 197. A citação válida induz litispendência e faz litigiosa a coisa e, ainda quando ordenada por juiz incompetente, constitui em mora o devedor e interrompe a prescrição.
> § 1º A litispendência e a interrupção da prescrição retroagirão à data da propositura da ação.
> § 2º Incumbe à parte adotar as providências necessárias para a citação do réu nos dez dias subsequentes ao despacho que a ordenar, sob pena de não se considerar interrompida a prescrição e instaurada litispendência na data da propositura.

1.12 Relatório administrativo

Define-se relatório administrativo como a comunicação em que se expõe a ocorrência de fatos a alguém que deseja ser informado. Como em todos os outros tipos de texto, também aqui o receptor do relatório deve ser levado em consideração, deve-se procurar conhecê-lo bem, particularmente quanto ao seu repertório cultural. Se o vocabulário e a sintaxe forem excessivamente complexos para o destinatário, a comunicação não se estabelecerá. É preciso sempre ter presente a competência comunicativa do destinatário de toda comunicação. As informações expostas devem descrever, narrar, explicar. A persuasão deve advir dos argumentos utilizados e não de jogos de palavras, adjetivação. Nos manuais que tratam de relatórios, são recomendações comuns:

- Tem um objetivo predeterminado.
- Não é escrito com preocupação literário-estilística.
- Evita o jargão técnico.
- Preocupa-se com o seu receptor.
- Ocupa-se da exatidão das informações.
- Manifesta preferência por palavras curtas, de poucas sílabas, pelas antigas (evitando-se os neologismos), pelas formas simples (evitando-se a prefixação e a sufixação sempre que possível).
- Evita a ausência de redundância (para que a leitura não se torne excessivamente densa e possa incomodar o destinatário).
- Utiliza frases com a estrutura sequencial de sujeito + verbo + objeto; evitam-se períodos excessivamente longos que dificultam o entendimento. Dessa forma, não é próprio desse tipo de texto o uso de inversões, como: objeto, verbo, sujeito ("uma venda realizou João").

- Não exagera na extensão das frases: em geral, admite-se como uma extensão ideal a frase em torno de 15 palavras.
- Evita-se o uso de aspas, introdutoras de subjetividade.
- Se necessário destacar alguma ideia, utiliza-se com parcimônia o grifo, ou o itálico, ou o negrito.
- Restringe-se o uso de verbos auxiliares: *ter, ser, haver* (*foi resolvido = resolveu-se; tem sido produzido = produzem-se; havia sido orientado = orientou-se*). O uso de verbos precisos evita locuções verbais. Em vez de *tinha proporcionado*, por exemplo, escreve-se: *proporcionou*.
- Eliminação de expressões como: *geralmente, inclusive, aí então, a dizer a verdade, aliás*.
- Evita-se frase com sujeito indeterminado.

Aquele que vai receber o relatório é o fator mais importante a ser considerado. O destinatário pode ser uma pessoa, ou um grupo de pessoas. Como o relatório será utilizado? Ele contribuirá para resolver algum problema?

A expressão **relatório administrativo** é reservada aos textos que apresentam determinadas características formais e estilísticas próprias: *título, abertura* (que compreende origem, data, vocativo) e fecho (que compreende saudações protocolares e assinatura).

Os relatórios dentro de uma empresa podem ser: administrativos, de visita a clientes, de produção, de desempenho profissional, de despesas, de viagens, contábil, de desenvolvimento da empresa. Pode-se afirmar, contudo, que eles podem ser formais, informais, analíticos, informativos, rotineiros, não rotineiros. Os rotineiros são, em geral, de preenchimento de impressos fornecidos pela empresa. Sua finalidade é apresentar informações fundamentais com economia de tempo. Os não rotineiros tratam de problemas e ocorrências, desenvolvimento de uma ação.

Os relatórios mais comuns são os informais, cuja característica principal é o comprimento: uma ou duas páginas no máximo. Os memorandos são um tipo comum desse tipo de relatório.

Os relatórios informais servem às necessidades rotineiras; os formais são endereçados a pessoas que ocupam determinado grau na hierarquia de uma empresa. Um relatório formal típico é o administrativo. Ele compreende:

- Abertura.
- Introdução, que descreve o fato investigado e indica a autoridade que determinou a investigação; daí, indicar o objetivo do relatório.
- Desenvolvimento, que compreende o relato pormenorizado dos fatos apurados, com data, local, método adotado, discussão.
- Conclusão e recomendações de providências cabíveis.

Exemplo:

ELETROBRAS
RELATÓRIO DE ADMINISTRAÇÃO 2014

Mensagem da Administração

O ano de 2014 acrescentou um desafio àqueles que a Eletrobras já vinha enfrentando com foco e determinação: uma crise hídrica sem precedentes, que além de afetar o abastecimento de água para milhões de brasileiros, prejudicou também a geração de energia elétrica por nossas hidrelétricas.

Em decorrência e visando preservar os reservatórios brasileiros, o despacho energético das hidrelétricas foi limitado pelo Operador Nacional do Sistema (ONS), ficando a Eletrobras impossibilitada de gerar energia elétrica em volume suficiente para atender aos montantes contratuais. Essa insuficiência de geração acarretou sua exposição ao mercado de energia de curto prazo, liquidada financeiramente ao valor do PLD – Preço de Liquidação das Diferenças, que havia atingido patamares bastante elevados. Analogamente, nossas distribuidoras sofreram com a exposição involuntária ao mercado de energia de curto prazo e com o aumento do despacho das usinas termelétricas que operaram ao longo de todo o período.

Não obstante esse cenário, dominado por um evento não recorrente que impactou negativamente seus resultados contábeis, a Eletrobras manteve seu compromisso de gerar, transmitir e distribuir energia para o desenvolvimento do país.

Durante o ano de 2014, a Companhia continuou seu processo de reorganização empresarial, com o objetivo de melhorar seu desempenho operacional e financeiro.

A reestruturação dos processos empresariais, a readequação dos custos em relação às receitas e a otimização das atividades entre as Empresas Eletrobras, questões que já vinham sendo tratadas nos últimos anos, foram intensificadas em 2014 e continuam em pauta para 2015. A partir desse ano, teremos uma importante ferramenta de planejamento que vai auxiliar a Companhia a enfrentar os desafios futuros – o novo Plano Estratégico das Empresas Eletrobras 2015-2030, aprovado por seu Conselho de Administração no fim de novembro de 2014. O Plano propõe uma visão ousada para a Companhia: estar entre as três maiores empresas globais de energia limpa e entre as dez maiores do mundo em energia elétrica, com rentabilidade comparável às melhores do setor e sendo reconhecida por todos os seus públicos de interesse.

Tendo atualizado seu Plano Estratégico para o período 2015-2030, a Eletrobras está elaborando o Plano Diretor de Negócios e Gestão das Empresas Eletrobras – PDNG para o horizonte 2015-2019. O foco continua na expansão dos negócios de transmissão e geração, com agregação de valor por meio da inovação em nossos negócios.

Outra importante conquista foi a aprovação da implantação do Programa de *Compliance* das Empresas Eletrobras, em adequação à lei brasileira anticorrupção (Lei 12.846/2013) e ao *Foreign Corrupt Practices Act* – FCPA norte-americano, reforçando os controles internos e externos da Companhia. Dessa forma, nossos públicos de interesse, em especial investidores, podem ter mais tranquilidade quanto à transparência dos processos da Eletrobras. Todos ganham com isso.

Em 2014, foram investidos R$ 11,4 bilhões, divididos entre geração (R$ 6,3 bilhões), transmissão (R$ 4,0 bilhões), distribuição (R$ 728 milhões) e demais (R$ 370 milhões), representando aproximadamente 78% do total orçado de R$ 14,7 bilhões. Do realizado até dezembro, R$ 6,3 bilhões foram aplicados em empreendimentos corporativos, nos quais a Eletrobras possui responsabilidade integral, e R$ 5,1 bilhões referiram-se às participações proporcionais nas Sociedades de Propósito Específico 2 (SPEs). Foram acrescentados ao sistema interligado, em conjunto com seus parceiros, 2.884 MW em geração e 4.904 km de linhas de transmissão.

Ao final de 2014, a Eletrobras possuía em construção cerca de 21.611 MW de capacidade instalada na geração e 10.907 km de linhas de transmissão, incluindo a participação de seus parceiros. Dentre os empreendimentos de geração em construção, entraram em operação neste ano as novas unidades geradoras das hidrelétricas Santo Antônio e Jirau, a hidrelétrica de Batalha e as eólicas Rei dos Ventos 1, Rei dos Ventos 3 e Miassaba 3. No segmento de transmissão, o destaque foi a conclusão das obras do sistema de transmissão das usinas hidrelétricas do Rio Madeira.

No que diz respeito ao processo de recebimento das indenizações complementares decorrentes das concessões prorrogadas à luz da Lei 12.783/2013, o valor total pleiteado, até o momento, pelas empresas de Geração e Transmissão da Eletrobras que já encaminharam à ANEEL seus Laudos de Avaliação (para Transmissão) e Relatórios de Investimentos (para Geração), é de R$ 15.037 milhões. Durante o ano de 2015, será apresentado o Laudo de Avaliação por Furnas e os Relatórios de Investimentos por Furnas e Eletronorte, uma vez que os referidos documentos estão em elaboração.

As empresas de distribuição da Eletrobras obtiveram um acréscimo de aproximadamente 138 mil clientes, enquanto a inadimplência teve um decréscimo significativo ao longo do ano, fruto de um plano sistemático de cobranças judiciais e administrativas. No tocante ao combate às perdas, foi dado prosseguimento ao Projeto Energia+, em parceria com o Banco Mundial, que contempla a implantação de infraestrutura de medição avançada e obras de reabilitação e reforma das redes de distribuição. Foi concluída a última etapa do processo de aquisição, no início de 2015, do controle acionário da empresa de distribuição do estado de Goiás, CELG-D, concessionária responsável pelo atendimento de 237 municípios – mais de 98,7% do território goiano – que atende a 2,61 milhões de unidades consumidoras e abrange uma área de concessão de 336.871 km^2.

O ano de 2014 foi profícuo para a Eletrobras em termos de reconhecimento. Pela terceira vez consecutiva, a empresa foi listada no *Dow Jones Sustainability Emerging Markets Index*, índice composto por 86 empresas, sendo apenas 17 brasileiras e somente três do setor de energia elétrica, selecionadas dentre as que adotam as melhores práticas de desenvolvimento sustentável. Além disso, pelo oitavo ano seguido, a Eletrobras integra o Índice de Sustentabilidade Empresarial (ISE) da Bolsa de Valores de São Paulo (BM&FBovespa).

Essas conquistas traduzem o empenho da Eletrobras, através de seus empregados e colaboradores, em promover continuamente o aprimoramento de suas práticas empresariais, pautadas pela ética, pela transparência e pela responsabilidade social e ambiental. As ações da Eletrobras também são reconhecidas na imprensa. A revista *Época Negócios* incluiu a Eletrobras no *ranking* das 100 maiores marcas de prestígio do Brasil – a marca da empresa é a mais bem avaliada no setor de energia e a 64ª do *ranking* geral.

Os reconhecimentos obtidos, os obstáculos enfrentados e os instrumentos de gestão que estamos implementando nos levam a acreditar que 2015 será um grande ano para a Eletrobras. A caminhada é dura e os desafios são grandes, porém à altura de nossa posição de maior empresa de energia elétrica da América Latina, uma das maiores do mundo no setor elétrico.

José da Costa Carvalho Neto
Presidente Eletrobras

[Seguem a narrativa dos acontecimentos ocorridos em 2014; perfil da empresa; estrutura societária; geração, transmissão; receita, mercado de capitais etc.] (Disponível em: <https://www.google.com.br/search?q=Eletrobras+relat%C3%B3rio+de+administra%C3%A7%C3%A3o+2014&gws_rd=cr,ssl&ei=Z8LFVprrFYfCwASt3aC4Cg>. Acesso em: 18 fev. 2016).

Um relatório formal exige um planejamento; não se escreve como se fosse uma narrativa ficcional; faz-se com informações recolhidas, pesquisa, reflexão, elaboração de um plano pormenorizado para que nada de interesse fique sem ser relatado. Compreende seções, subseções, hierarquizadas logicamente ou de acordo com os tópicos que se queira que façam parte do relatório. Em geral, compreende mais de uma redação (várias versões), ou seja, é produto de elaboração refletida, pesquisada, redigida com esmero por profissional que conhece a empresa e as necessidades das informações para quem vai recebê-las.

1.13 *Curriculum vitae*

Define-se *curriculum vitae* como conjunto detalhado de informações sobre uma pessoa, cujo objetivo é apresentar qualificações, formação e experiência profissional para fins de concorrência a um emprego. Inclui pormenores de dados pessoais, formação educacional e profissional da pessoa, especificando cursos realizados, congressos de que tenha participado como ouvinte ou com comunicação individual apresentada, participação em mesas-redondas, seminários etc., bem como relação de atividades profissionais já exercidas. Enfim, um *curriculum vitae* apresenta um perfil do candidato, bem como uma biografia sucinta sobre formação educacional ou técnica e experiência profissional. É lido por um profissional de recursos humanos que sabe distinguir o que é relevante para o que procura.

No caso de carreira acadêmica, hoje é comum o *Curriculum Lattes*, que é um currículo elaborado segundo o padrão da Plataforma Lattes, gerida pelo Conselho Nacional de Desenvolvimento Científico e Tecnológico (CNPq). Esse tipo de currículo possibilita contagem de pontos, em caso de concursos públicos, bem como se presta a pleito de financiamento na área de ciência e tecnologia. Ele é mais longo que o *curriculum vitae*, incluindo participação nos mais diversos tipos de eventos acadêmicos, artigos científicos publicados, livros publicados, participação em bancas de defesa de dissertação de mestrado, tese de doutorado etc. Outra grande diferença entre esses dois tipos de currículo (o *vitae* e o Lattes) é que este último está disponível ao público para consulta na Internet.

Um currículo bem elaborado pode ser um dos fatores de sucesso na conquista de um emprego. Alguns cuidados básicos na redação desse gênero textual:

1. Objetividade: como a preocupação é persuadir o profissional que o examinará ao selecionar um candidato a um emprego, o equilíbrio das informações é fundamental; daí os manuais recomendarem que não devem ser nem longos nem excessivamente breves, mas conter apenas o necessário. Daí que a necessidade de revisar sempre, diante das situações concretas e tendo em vista a oportunidade específica. Manter um currículo arquivado eletronicamente tem a conveniência não precisar digitar todo o texto todas as vezes que se fizerem necessárias; todavia, é fundamental ajustar o currículo conforme ao emprego que se tem em vista e ao seu receptor.

2. O currículo deve parecer que foi redigido especificamente para a empresa que oferece uma oportunidade de emprego.
3. Atualmente, currículos podem ser enviados por *e-mail*.

1.13.1 Questões práticas

Entre as providências a serem tomadas, ressaltam-se:

1. Verificação de possíveis incoerências entre o currículo e a carta de apresentação que o acompanha. Assim, o currículo ou a carta não deve apresentar maior competência do que se dispõe. Pode soar presunção um jovem recentemente formado afirmar competência profissional que exceda a sua experiência. Nesse caso, o currículo não sustenta tal informação.
2. Autoelogios também podem soar presunçosos: "sou comunicativa"; "sou altamente profissional"; "sou dedicado e dinâmico".
3. Linguagem excessivamente técnica pode constituir-se em empecilho para o alcance de bom resultado. Se o selecionador, um profissional de recursos humanos muitas vezes da área de psicologia e administração, não entender a linguagem utilizada no currículo, o candidato pode ser posto à margem.
4. Quando não se tem grande experiência ou pouco conhecimento sobre algo, evita-se expor tal informação. Em vez disso, dá-se preferência às informações de que se tem realmente grande conhecimento: "Tenho conhecimento da área de..." é preferível a "Tenho noção da área de..."
5. Um currículo consistentemente elaborado não se ocupa de informações extensas do tipo biografia. Por isso, não são recomendáveis informações muito antigas, de 10, 20 anos anteriores. Diferentemente do *curriculum Lattes*, o *curriculum vitae* apoia-se em duas ou três atividades mais recentes. Selecionam-se as experiências, conforme o emprego oferecido.
6. Não se sobrecarrega o *curriculum vitae* com informações escolares do início da vida do indivíduo. Imagine-se o sujeito expondo informações sobre pré-escola, como berçário, maternal, jardim da infância, ou ensino fundamental.
7. Relacionam-se as experiências profissionais relevantes, partindo da mais recente para a mais antiga.
8. A verdade deve prevalecer sempre. Para suavizar uma possível informação, pode-se afirmar: "a experiência, embora frustrante, trouxe alguma aprendizagem".
9. Informa-se sobre a data da conclusão dos cursos.
10. Não se relaciona Trabalhos de Conclusão de Cursos.
11. Quem é recém-formado e pouco experiente, afirma ser recém-formado e pouco experiente. Persuadem mais a simplicidade, a modéstia, a verdade.
12. Informa-se o selecionador sobre o objetivo que se tem em vista com o emprego. Pode-se redigir: "Objetivo atuar na área de..., em que tenho maior conhecimento teórico e profissional."

13. Não se apresentam dados pessoais, como: solteiro, pai de tantos filhos, jovem, bonito, atraente, simpático, cabelos castanhos ou loiros, dentes em perfeito estado etc.

14. Um currículo visualmente bem apresentado pode favoravelmente constituir-se em fator de desequilíbrio entre candidatos. Daí a necessidade de separar as informações em blocos.

15. As informações são distribuídas de forma clara e objetiva.

16. Um currículo longo pode prejudicar um candidato.

17. Não se faz menção a cursos de datilografia, Cipa, horas de academia, religião que se professa etc.

18. Avalia-se a necessidade de inclusão de cursos sobre linguagens de computador.

19. Silencia-se sobre salário pretendido, que poderá ser um dos temas da entrevista.

20. Evitam-se siglas e abreviaturas, exceto as comumente conhecidas.

21. Em relação a idiomas estrangeiros, é conveniente informar sobre o grau de fluência oral, escrita, leitura.

Estruturalmente, compõe um currículo:

1. Dados pessoais: nome, data de nascimento, endereço, telefone, *e-mail*.

2. Objetivo que se tem em vista com o emprego.

3. Posicionamento profissional: "Sou assessor de imprensa com 12 anos de experiência"; "sou técnico em hidráulica com 8 anos de experiência".

4. Relatar o que sabe fazer; sua experiência profissional.

5. Discorrer brevemente sobre os três últimos empregos.

6. Formação educacional: preferencialmente, ensino médio, faculdade, mestrado, doutorado.

7. Domínio de idiomas: fluência em falar, escrever, ler.

8. Local e data.

9. Assinatura.

10. Carta de apresentação.

1.13.2 Currículo eletrônico

A seleção de candidatos a uma emprego faz-se, nos últimos tempos, inicialmente por meio de currículos que chegam às mãos do profissional de recursos humanos das empresas por meio de *e-mail*. Em geral, currículos são armazenados em banco de dados. Quando surge uma oportunidade, recorrem a ele para proceder a uma seleção do profissional que se encaixa no perfil desejado.

O selecionador filtra currículos pela escolaridade, pelo nível de experiência, pela diversidade de qualidades do candidato, ou por uma palavra-chave. Neste último caso, suponhamos que se deseja um MBA (*Master in Business Administration*). Com base nesse tipo de informação, iniciará sua pesquisa. As pessoas que enviam currículos eletrônicos às empresas, conscientes desse tipo de seleção, se ocuparão de dispor em seus currículos de termos precisos, mais procurados pelos profissionais de recursos humanos e sua seleção de candidatos. Nesse caso, evita-se a substituição de uma palavra por outra, como se houvesse sinônimo absoluto. As palavras equivalentes nem sempre são bem-vindas nessas horas. Para evitar tal problema, antes de redigir um currículo, faz-se uma busca das descrições atuais dos profissionais que atuam na área. Usar a mesma nomenclatura é uma prioridade.

1.13.3 Guia para preparação de um currículo eletrônico

São desejáveis em um currículo:

1. Uso de fonte legível; em geral, de 11 em diante.
2. Uso de fonte que proporcione maior clareza. Caracteres que dificultam a leitura não são indicados. Podem ser até estéticos, "bonitos", mas nem sempre são legíveis.
3. Evitam-se os destaques: sublinha, *itálico*, MAIÚSCULAS, "aspas".
4. Espaço interlinear de 1,5.
5. Se impresso, evita-se a impressão borrada.
6. No caso de texto impresso, não se envia cópia de um currículo a uma empresa, mas o original.
7. Usam-se palavras utilizadas na área; palavras que têm relação com a área de atuação.
8. Preferencialmente, as frases serão curtas; verbos na 1ª pessoa; voz ativa.
9. Evitem-se abreviaturas e siglas, exceto se de domínio comum, ou de reconhecido prestígio, como MIT para Instituto de Tecnologia de Massachusetts; MBA, para *Master in Business Administration*; USP, para Universidade de São Paulo; UNESP, para Universidade Estadual Paulista etc.
10. Duas são as seções fundamentais em um currículo: a de objetivo e a de experiência profissional.

1.13.4 Currículo oficial

São as seguintes as informações que em geral constam de um currículo para a Administração Pública:

> **Concurso:**   **Número de Inscrição:**
>
> 1. Dados de identificação
> Nome:
> Filiação:
> Naturalidade:
> Data de nascimento:
> RG (cédula de identidade):
> CPF:
> Endereço para correspondência:
> *E-mail*:
> CEP:
> Cidade:
> Estado:
> 2. Cursos
> Relacionar cinco ou seis cursos que considera mais significativos para o posto pretendido. Anexar comprovantes.
>   2.1 Nome do curso:
>   2.2 Instituição:
>   2.3 Carga horária:
>   2.4 Período:
>   2.5 Cidade:
> 3. Seminários, Congressos, Encontros etc.
>   Relacionar cinco ou seis atividades mais relevantes. Anexar comprovantes.
> 4. Trabalhos publicados

> Relacionar e entregar, no ato da inscrição, até três trabalhos publicados, indicando os respectivos nomes.
>
> 5. Atividades profissionais
>
>   Relacionar no máximo cinco atividades profissionais que julgar mais relevantes. Anexar comprovantes.
>
> 6. Termo de responsabilidade
>
>   Declaro que assumo total responsabilidade pelas informações apresentadas neste documento e respectivos comprovantes.
>
> Data:
> Local:
> Assinatura

2 FUNÇÃO DE ESTABELECER CONCORDÂNCIA

Entre os textos que têm a função sociocomunicativa de estabelecer concordância, Travaglia (In: TRAVAGLIA; FINOTTI; MESQUITA, 2008, p. 184) cita: acórdão, acordo, convênio, contrato.

2.1 Acórdão

É o mesmo que acordo, decisão ou resolução tomada em caráter unânime. Na linguagem jurídica, acórdão significa decisão ou resolução tomada coletivamente pelos tribunais de justiça. Para que o acórdão produza efeitos legais, é necessário que seja publicado.

Como a redação desse tipo de texto foge aos objetivos deste livro, não apresentamos exemplo de acórdão.

2.2 Acordo

Acordo é um ajuste, um contrato ou convenção que duas ou mais pessoas realizam. Nesse documento, estabelecem diretivas para a realização de um serviço ou abstenção de um ato. Também, por meio de acordo, podem estabelecer a cessação de demandas ou pendências.

2.3 Convênio

Define-se convênio como ajuste entre duas ou mais pessoas para a prática ou não de determinados atos. De modo geral, representa acordos firmados entre entidades coletivas, sociedades ou instituições, a fim de defenderem interesses recíprocos. Na Administração Pública, convênio é acordo estabelecido entre entidades públicas ou privadas, por meio do qual assumem compromissos de cumprimento de cláusulas regulamentares, para a realização de um objetivo comum, mediante formação de parceria. Normalmente, nos convênios assinados pelo Poder Público são previstos, de um lado, repasse de recursos e, de outro, a prestação de contas periodicamente.

> CONVÊNIO DE COOPERAÇÃO TÉCNICA, CIENTÍFICA, CULTURAL E FINANCEIRA, QUE ENTRE SI CELEBRAM A UNIVERSIDADE X E A INSTITUIÇÃO CONVENIADA Y.
>
> Pelo presente instrumento, a Universidade X, Instituição de Ensino Superior com personalidade jurídica de direito público, com sede e foro nesta cidade de ....., Estado de ..., inscrita no CNPJ/MF sob o n. ....., representada neste ato por seu Reitor, Prof. Fulano de Tal, doravante simplesmente denominada YYYY e Instituição Conveniada Y, com sede na Rua .... n. ....., inscrita no CNPJ/MF sob o n. ....., representada neste ato pelo ...., doravante simplesmente denominada ...., celebram este Convênio, que se regerá pelas cláusulas e condições seguintes:
>
> CLÁUSULA 1ª – DO OBJETO: Constitui-se objeto do presente Convênio a cooperação técnica, científica, cultural e financeira, entre os partícipes visando ao desenvolvimento e execução de programas e projetos de cooperação técnica e o intercâmbio em assuntos educacionais, culturais, científicos, tecnológicos e de pesquisa e o estabelecimento de mecanismos para sua realização.
>
> CLÁUSULA 2ª – DA COOPERAÇÃO: A cooperação definida na Cláusula 1ª poderá ocorrer na forma de: (1) intercâmbio de conhecimentos, experiências e informações técnico-científicas; (2) desenvolvimento de cursos, programas, projetos e eventos de interesse comum, no campo do ensino, da pesquisa e da extensão universitária; (3) intercâmbio de técnicos e membros pertencentes às instituições para atuarem nas atividades acordadas; (4) uso conjunto das bibliotecas e laboratórios de ambas as instituições. [...]
>
> CLÁUSULA 4ª – DA OBTENÇÃO DE RECURSOS: Os recursos materiais e humanos, necessários à execução das atividades resultantes deste Convênio, serão providenciados pela Universidade X e Instituição Conveniada Y, dentre os seus recursos orçamentários próprios e de fontes externas, podendo estes ser provenientes de organismos governamentais ou privados, em conformidade com o disposto na Lei n. 8.666/93.

CLÁUSULA 5ª – DA DIVULGAÇÃO E PUBLICAÇÃO: Qualquer divulgação ou publicação de resultados obtidos em atividades decorrentes deste Convênio somente poderá ser feita com a anuência de ambas as partes, devendo sempre fazer menção à cooperação ora acordada.

CLÁUSULA 6ª – DA VIGÊNCIA: O presente Convênio estará em vigor pelo período de X anos a partir da data de sua assinatura, em conformidade com o disposto na Lei n. 8.666/93, art. 57, podendo ser alterado ou renovado de comum acordo entre os partícipes, mediante assinatura de Termo Aditivo.

Subcláusula Única: De conformidade com o disposto no parágrafo único do art. 61 da Lei n. 8.666/93 e art. 17 da IN/STN 01/97, o presente instrumento será publicado no *Diário Oficial*, na forma de extrato, às expensas da Universidade X e Instituição Conveniada Y.

CLÁUSULA 7ª – DA DENÚNCIA: Este Convênio poderá ser denunciado por qualquer dos partícipes, por escrito, com antecedência mínima de 60 (sessenta) dias, sem prejuízo das atividades em andamento, devendo ser concluídas mediante acordos específicos.

CLÁUSULA 8ª – DO FORO: As questões porventura oriundas deste instrumento serão dirimidas no Foro da Justiça da Comarca de ....., Estado de ....., com renúncia prévia e expressa de ambas as partes a qualquer outro, por mais privilegiado que seja. E por estarem assim, justas e conveniadas, firmam o presente em duas vias de igual teor e forma, para um só fim, na presença das testemunhas abaixo, para que produza seus devidos e legais efeitos.

Local, ... de ..... de 2016.

_____   _____
Fulano de Tal   [Instituição Conveniada]
Reitor da Universidade X

TESTEMUNHAS

_____

_____

Estruturalmente, um convênio assemelha-se a um contrato. Em seu fecho são comuns enunciados como:

"E por estarem assim justos e convencionados e de acordo com as cláusulas deste convênio..."

2.4 Contrato

Contrato é um documento que duas ou mais pessoas estabelecem, por escrito ou oralmente, a transferência de um bem, ou determinada obrigação. É um acordo pelo qual uma ou mais pessoas se obrigam para com outras a dar, a fazer ou não fazer algo. Contrato é o acordo pelo qual duas ou mais pessoas transferem entre si algum direito, ou se sujeitam a alguma obrigação.

Para Costa (2014, p. 88), contrato é

> um pacto, acordo ou convenção entre duas ou mais pessoas, para o cumprimento de alguma coisa combinada, sob determinadas condições. Na esfera do discurso jurídico, geralmente é um gênero que traz o acordo de vontades entre as partes, com o fim de adquirir, resguardar, transferir, modificar, conservar, ou extinguir direitos. Há vários tipos de contrato [...]: (i) *antenupcial*: tudo, relativo a bens, que é acordado, antes da celebração do casamento, pelos cônjuges; (ii) *a termo*: aquele em que uma das partes se obriga a entregar determinada coisa à outra parte, dentro do prazo convencionado, e esta a lhe pagar o respectivo preço no ato da tradição; (iii) *bilateral* ou *sinalagmático*: acordo em que as partes transferem mutuamente alguns direitos e mutuamente os aceitam; (iv) *comutativo*: o em que a coisa que cada uma das partes se obriga a dar ou fazer equivale à que deverá receber; (v) *de aprendizagem* (*Direito Trabalhista*): contrato entre empregador e empregado maior de 14 e menor de 18 anos, em que o primeiro se compromete a ministrar ao empregado a formação profissional do ofício ou ocupação ao qual foi admitido, e o segundo se compromete a seguir o regime de aprendizagem.

Contrato administrativo é o que a Administração Pública firma com particular ou outra entidade administrativa para a realização de serviço ou execução de obra. Para um contrato da Administração Pública ter valor, são necessárias as seguintes formalidades:

1. que seja celebrado por autoridade competente;
2. que seja realizado para a execução de serviços autorizados em lei;
3. que haja citação da lei que o autoriza;
4. que nele se faça a indicação minuciosa dos serviços a serem realizados e respectivos preços;
5. que seja lavrado em repartições às quais interesse o serviço;
6. que respeite as disposições do direito comum.

São comuns nos contratos com a Administração Pública:

1. Título: Termo de Contrato.
2. Ementa: resumo do que trata o contrato; resposta à questão: "o contrato é sobre o quê?"
3. Texto: nome e qualificação do que se contrata.
4. Cláusulas contratuais, expondo minuciosamente tudo o que é contratado.
5. Fecho do contrato: "E por estarem assim justas e contratadas e de acordo com as cláusulas deste contrato..."
6. Local e data da assinatura do contrato.
7. Assinaturas: contratante, à direita; testemunhas, à esquerda.

No caso de haver necessidade de alterações no que foi contratado, faz-se um Termo Aditivo, cujo texto é semelhante ao Termo do Contrato.

Seriam outros tipos de contrato:

1. De compra e venda.
2. De depósito.
3. De edição.
4. De experiência (Direito Trabalhista).
5. De seguro.
6. Individual de trabalho.
7. Social.
8. Bilateral ou oneroso: aquele em que as partes estabelecem obrigações mútuas. Nesse caso, temos prestação de serviços, fornecimento de material, sociedades comerciais.
9. Unilateral ou gratuito: aquele em que apenas uma das partes se obriga a cumprir algo. Nesse caso, temos depósito, doação, empréstimo, mandato.
10. Aleatório: aquele em que pelo menos uma contraprestação é incerta, por entender de fato futuro.

CONTRATO DE COMPRA E VENDA DE BEM IMÓVEL – PESSOAS FÍSICAS

IDENTIFICAÇÃO DAS PARTES CONTRATANTES

VENDEDOR: ...., brasileiro, empresário, portador da Carteira de Identidade n. .... e do CPF

n. ...., casado no regime de comunhão total de bens com ...., brasileira, professora, portadora da Carteira de Identidade n. .... e do CPF n. ...., residentes e domiciliados na Rua ...., n. ...., Bairro ...., CEP ...., na cidade de ..../ [Estado].

COMPRADOR: ...., brasileiro, motorista, portador da Carteira de Identidade n. .... e do CPF n. ...., residente e domiciliado em ...., n. ......, Bairro ...., CEP ...., na cidade de ... ./.....[Estado].

As partes acima identificadas têm, entre si, justas e acertadas o presente Contrato de Compra e Venda de Bem Imóvel entre Pessoas Físicas, que se regerá pelas cláusulas seguintes e pelas condições descritas no presente.

DO OBJETO DO CONTRATO

Cláusula 1ª O presente contrato tem como OBJETO a venda de um imóvel no valor de R$ .... (valor por extenso), pelo **VENDEDOR** ao **COMPRADOR**, situado na Rua ...., n. ......, Bairro ...., na cidade de ..../.....[Estado], de propriedade do **VENDEDOR**.

DAS OBRIGAÇÕES

Cláusula 2ª Será de responsabilidade do **VENDEDOR** o pagamento dos impostos, taxas e despesas que incidam sobre o imóvel até a entrega das chaves, momento em que esta obrigação passará ao **COMPRADOR**. [...]

DA MULTA

Cláusula 7ª A parte que der causa a qualquer procedimento judicial ficará sujeita ao pagamento de uma multa de 10% (dez por cento) sobre o valor do presente contrato, além das custas, honorários advocatícios e outras despesas legais afinal verificadas, o **VENDEDOR** se reserva no direito de reter do valor pago pelo imóvel o valor necessário para a quitação de prestações em atraso, bem como quaisquer despesas ou danos causados indevidamente pelo **COMPRADOR**, abrangendo não só os contratantes mas também os seus herdeiros e sucessores.

DO PAGAMENTO

Cláusula 8ª Por força deste instrumento, o **COMPRADOR** pagará ao **VENDEDOR** a quantia de R$ .... (valor por extenso), sendo à vista o valor de R$ .... (valor por extenso), através do cheque n. ...., e para o prazo de 90 (noventa) dias após a assinatura do contrato, o valor de R$ .... (valor por extenso), através do cheque n. ...., ambos da conta corrente .... do banco ...., agência ....

CONDIÇÕES GERAIS

Cláusula 9ª O presente contrato passa a valer a partir da assinatura pelas partes, obrigando-se a ele os herdeiros ou sucessores das mesmas.

Cláusula 10ª Para dirimir quaisquer controvérsias oriundas do contrato, as partes elegem o foro da comarca de ..../ [Estado].

Por estarem assim justos e contratados, firmam o presente instrumento, em duas vias de igual teor, juntamente com 2 (duas) testemunhas.

.................................../......[Estado], ... de .... de ....

VENDEDOR
_____
Nome
CPF

COMPRADOR
_____
Nome
CPF

TESTEMUNHAS

_____   _____
_____   _____
_____   _____
Nome   Nome
CPF   CPF

2.5 Convenção

Convenção é um acordo estabelecido sobre determinada área de interesse, atividade, assunto, segundo ajustes recíprocos que obedecem a entendimentos e normas apoiadas na experiência comum. Também recebe o nome de convenção tudo o que é aceito tacitamente. É ainda um acordo de vontades realizado oralmente ou por escrito entre duas ou mais pessoas. Convenção é convênio, é ajuste. Para Odacir Beltrão (1981, p. 218), "é documento utilizado em conferências internacionais para oficialização de seus ajustes". Existem acordos ou convenções internacionais sobre arbitragem, serviço postal, direito autoral e outros.

CONVENÇÃO COLETIVA DE TRABALHO

Pela presente Convenção Coletiva de Trabalho que entre si realizam o Sindicato X e a Empresa Y, infra-assinados, ficam estabelecidas as seguintes cláusulas:

Cláusula 1: este instrumento normativo estabelece normas e condições de trabalho que regerão as relações entre empregados da Empresa Y sediada na Rua ...., n. ...., cidade de ......, estado de .....

Cláusula 2: Este instrumento terá vigência de X meses, contados a partir de ...../......./......

Cláusula 3: O salário inicial dos empregados abrangidos por esta convenção é de R$ ....

Cláusula 4: A partir de ...../........../......., os salários serão corrigidos segundo o IPCA.

Cláusula 5: Todo empregado terá direito a um auxílio-alimentação no valor de R$ ...., que não integrará o salário para todos os efeitos da legislação trabalhista.

Cláusula 6: Todos os empregados do setor X terão direito a um adicional de insalubridade, que será pago segundo o que estabelece a Portaria n. 3.214/78, NR X. Esse adicional terá como base o salário profissional estabelecido em Lei.

Cláusula 7: O adicional noturno será de x% sobre a remuneração da hora diurna, compreendido o período noturno entre 22 horas e 5 horas.

Cláusula 8: Fica estabelecido que, como a empresa tem mais de 30 (trinta) empregadas, disponibilizará local ou manterá convênio com alguma creche para a guarda e assistência dos filhos em idade de

> amamentação. Poderá optar pelo reembolso das despesas nos termos da legislação vigente.
>
> Cláusula 9: Será concedida antecipação da primeira parcela do 13º salário, sempre que o empregado a requerer dentro do prazo legal. Esse pagamento poderá ser feito antes ou depois do gozo das férias.
>
> Cláusula 10: Fica estabelecido que o sindicato profissional poderá, após comunicação com a empresa, afixar cartazes, editais e distribuir boletins informativos da categoria, no interior da empresa.
>
> Cláusula 11:
> [...]
>
> São Paulo, .../.........../.........
>
> _____
> Sindicato X
>
>
> _____
> Empresa Y

3 FUNÇÃO DE PEDIR, SOLICITAR, ESCLARECER

Os textos com função sociocomunicativa, como os que apresentam pedido, solicitação, são: abaixo-assinado, petição, memorial, requerimento, requisição, solicitação.

3.1 Abaixo-assinado

Abaixo-assinado é um tipo de requerimento em que várias pessoas pedem algo, isto é, é um "documento coletivo, de caráter público ou restrito, que torna manifesta a opinião de grupo e/ou comunidade, ou representa os interesses dos que o subscrevem" (COSTA, 2014, p. 32).

3.2 Petição

Em sentido geral, significa pedido, requerimento, que se apresenta a uma autoridade administrativa ou judicial. Na linguagem jurídica, constitui um pedido que se faz, com base no direito de uma pessoa, a um juiz competente. A petição que dá início a uma ação judicial recebe o nome de petição inicial.

3.3 Requerimento

Enquanto o requerimento é um texto pelo qual se solicita algo sob o amparo de uma lei, a petição destina-se a pedir sem a certeza quanto ao despacho favorável.

Requerimento é uma petição por escrito feita com as fórmulas legais, em que se solicita algo que é permitido por lei, ou como tal se supõe. É todo pedido que se encaminha a uma autoridade do Serviço Público. Enquanto o requerimento é um veículo de solicitação sob o amparo da lei, a *petição* destina-se a pedido sem certeza quanto ao despacho favorável.

No meio jurídico, o requerimento é, em geral, escrito; quando feito oralmente, deve ser tomado por termo, a não ser quando se referir a pedidos de certidões ou em casos de atos não processuais.

O requerimento deve ser redigido em papel simples ou duplo, mas o formato será o almaço, com pauta (se manuscrito) ou sem pauta (impresso, depois de digitado). O papel utilizado é o do tamanho ofício (215 por 315 mm). Evite-se, porém, o uso de tinta vermelha.

Entre a invocação e o texto deve haver espaço para o despacho: sete linhas (em caso de papel pautado) ou sete espaços interlineares duplos (se o papel não for pautado).

Foram abolidas as expressões **abaixo assinado, muito respeitosamente** e tantas outras.

Observam-se ainda os seguintes dizeres:

> Estabelecido, residente, morador, sito *na* Rua, *na* Avenida, *na* Praça.

São formas concorrentes:

> Estabelecido, residente, morador, sito à Rua, à Avenida, à Praça.

A um estabelecimento de ensino particular encaminha-se também requerimento pelo motivo de haver aí representante do governo ou inspetor.

São componentes de um requerimento:

1. **Invocação:** forma de tratamento, cargo e órgão a que se dirige:

   > Ilustríssimo Senhor:
   > Diretor Geral do Departamento de Pessoa do Ministério da Educação e Cultura:

   Não se menciona no vocativo o nome da autoridade nem se coloca após o vocativo nenhuma fórmula de saudação.

2. **Texto:** nome do requerente, sua filiação, sua naturalidade, seu estado civil, sua profissão e residência (cidade, Estado, rua e número). Acrescente-se, ainda, exposição do que se deseja, justificativa (fundamentada em citações legais e outros documentos).

3. **Fecho:**

   NESTES TERMOS, PEDE DEFERIMENTO.
   Espera deferimento.
   Aguarda deferimento.
   Pede deferimento.
   Termos em que pede deferimento.
4. **Local e data.**
5. **Assinatura.**

   Obs.: Evite-se o "pede e aguarda deferimento", pois ninguém pede e se recusa a aguardar.

Modelo de Requerimento

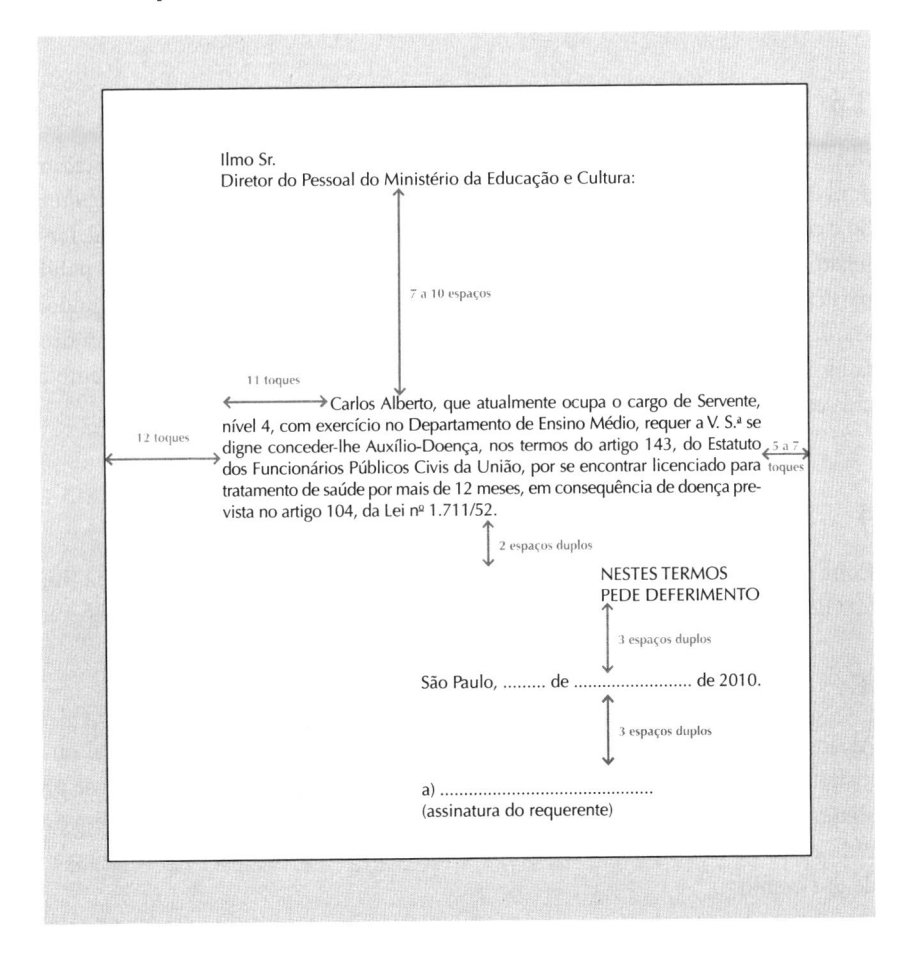

Ilmo Sr.
Diretor do Pessoal do Ministério da Educação e Cultura:

7 a 10 espaços

11 toques

12 toques

Carlos Alberto, que atualmente ocupa o cargo de Servente, nível 4, com exercício no Departamento de Ensino Médio, requer a V. S.ª se digne conceder-lhe Auxílio-Doença, nos termos do artigo 143, do Estatuto dos Funcionários Públicos Civis da União, por se encontrar licenciado para tratamento de saúde por mais de 12 meses, em consequência de doença prevista no artigo 104, da Lei nº 1.711/52.

5 a 7 toques

2 espaços duplos

NESTES TERMOS
PEDE DEFERIMENTO

3 espaços duplos

São Paulo, ... de .... de 2010.

3 espaços duplos

a) ....
(assinatura do requerente)

3.4 Requisição

Requisitar significa solicitar, requerer. Em linguagem jurídica, entende-se por requisição uma exigência legal ou ordem que emana de uma autoridade, para que se cumpra o que é ordenado ou exigido. A requisição pode referir-se à entrega de uma coisa, à prestação de serviços ou ao comparecimento de pessoas.

3.5 Solicitação

Para Houaiss e Villar (2001, p. 2602), solicitação é "pedido insistente, pretensão, rogativa [...] tentação capaz de atrair, convite, apelo". Já o *solicitar* é definido como: "tentar conseguir, ir atrás de [...], pedir com insistência, agenciar com vivo empenho; rogar, diligenciar; encorajar ou aconselhar (alguém) a (fazer algo); incitar, induzir, instigar [...]; pedir com educação e urbanidade, ou de acordo com fórmulas preestabelecidas".

3.6 Memorial

Memorial é o mesmo que relato, relatório. Pode também significar uma anotação breve para facilitar a lembrança de algo. Academicamente, assemelha-se a um *curriculum vitae*, hoje conhecido como currículo *Lattes*, ou simplesmente *Lattes*. No memorial, faz-se um relato de todas as atividades realizadas pelo acadêmico (artigos científicos publicados, participação em fóruns, debates, seminários, semanas de estudos, bancas arguidoras, teses, dissertações, livros publicados etc.). Juridicamente, o memorial serve para descrever fatos relativos a uma diligência ou perícia. Enfim, é uma peça de esclarecimento conhecida como memorial descritivo.

4 FUNÇÃO DE PERMITIR

Entre os textos administrativos que apresentam a função de permitir, Travaglia (In: TRAVAGLIA; FINOTTI; MESQUITA, 2008, p. 184) destaca: alvará, autorização, liberação.

4.1 Alvará

Alvará é uma ordem escrita que tem como origem uma autoridade judicial ou administrativa para o cumprimento de um despacho ou com a finalidade de que se pratique algum ato. É, portanto, um documento oficial pelo qual uma pessoa ou empresa é autorizada a praticar determinados atos, como o funcionamento de uma empresa, ou realização de um evento.

Quando parte de uma autoridade judicial, equivale a *mandado judicial*. Nesses casos, temos: alvará para levantamento de depósito, alvará para suprimento de consentimento, alvará de soltura, alvará para venda.

Quando parte de autoridade administrativa, equivale a uma *licença*. Nesses casos, temos: alvará para funcionamento de um estabelecimento comercial, alvará para construção de um prédio, alvará para venda de artigos controlados, alvará de estacionamento, alvará para uso de produtos químicos, alvará para bailes, alvará para funcionamento de circos, teatros, cinemas, alvará para venda de fogos de artifício, alvará para porte de arma.

Não obstante a diversidade de alvarás, eles podem ser divididos em dois tipos: de licença ou de autorização. São partes de um alvará:

1. Título: denominação do documento (Alvará), seguida de número de ordem e data de expedição.
2. Texto: com designação do cargo da autoridade que expede o alvará; citação da legislação em que se baseia a decisão da autoridade.
3. Assinatura: nome da autoridade competente, sem indicação do cargo, já mencionado no texto.
4. Local e data: Rio de Janeiro, ... de ... de 2016 (são dispensáveis se já constarem do título).

ALVARÁ N. ...., DE ... DE FEVEREIRO DE 2016

O ministro de Estado ...., usando da atribuição que lhe confere o art. 21 do Decreto-lei n. 227, de 28 de fevereiro de 1967 (Código de Mineração)

RESOLVE

Autorizar, pelo prazo de ..... anos, o Instituto de Pesquisas Tecnológicas do Estado de São Paulo S.A. – IPT – a pesquisa ...., no lugar denominado .... , Distrito de ...., Município de ...., Estado de São Paulo, numa área de 500 ha, delimitada por um polígono, que tem um vértice a 4.206 m, no rumo verdadeiro de 18º NW, da confluência do Rio do Desembarque com o Rio Guaraú e os lados a partir desse vértice, os seguintes comprimentos e rumos verdadeiros: 500 m-N, 2.000 m-W, 1.000 m-N, 500 m-E, 500 m-N, 2000 m-E, 500 m-S, 500 m-E, 1.000 m-S, 1.500 m-W (DNPM n. 820, 982/81).

a) ....

4.2 Autorização

Costa (2014, p. 45) define autorização como "documento pessoal ou oficial em que se dá permissão ou poder particular, corporativo ou institucional a outrem para que realize alguma ação ou faça alguma coisa para a qual normalmente não ter poder ou autoridade".

Estruturalmente, o texto deve conter: local, data e assinatura de quem autoriza a realização da ação.

4.3 Liberação

Liberação é ato de exoneração de uma obrigação ou compromisso. No comércio, utiliza-se a expressão *liberação* como ordem para que "certa partida de mercadoria de distribuição eventualmente sujeita à fiscalização oficial seja entregue ao comprador" (HOUAISS; VILLAR, 2001, p. 1752). Juridicamente, é um texto em que se exara a restituição de liberdade ao condenado, depois de ter cumprido pena ou por livramento antecipado.

5 FUNÇÃO DE DAR FÉ DA VERDADE DE ALGO, DECLARAR

5.1 Atestado

Atestado é um documento oficial em que se certifica, afirma, assegura, demonstra algo que interessa a alguém. É uma declaração, um documento firmado por uma autoridade em favor de alguém ou algum fato de que tenha conhecimento. Constituem elementos de um atestado: (a) o timbre da empresa ou instituição que fornece o atestado; (b) o título (ATESTADO) em letras maiúsculas (em geral, centralizado); (c) o texto do atestado, em que se afirma ou declara algo, identificando emissor, bem como o nome do interessado (juntamente com identidade [RG], profissão), exposição do fato que se atesta.

Em relação à linguagem, suas características são: objetividade, precisão, clareza. São comuns frases-clichês, como: "nada sabendo em desabono de sua conduta"; "é pessoa do meu conhecimento".

Outros tipos de atestado são o atestado médico, o de antecedentes criminais, o de idoneidade.

ATESTADO DE IDONEIDADE MORAL

Eu, Fulano de Tal, atesto para os devidos fins que conheço Jota da Silva há ... (...) anos e que é pessoa de alto conceito, digna de toda confiança e que nada existe que possa desaboná-la.

Por ser a expressão da verdade, firmo o presente atestado.

São Paulo, ... de ... de 2016.

a) ....

Enunciativamente, a presença forte do *eu* indica alta subjetividade e envolvimento de quem expede o atestado. De um lado, constrói-se uma identidade positiva do outro por meio de um atestado; de outro, como se trata de um atestado, já se espera que a imagem construída do outro seja positiva, o que indica que se trata de um texto pouco revelador, quase pleonástico, porque confirma uma expectativa do gênero utilizado. Outra análise que se faz do texto é a de que quem o assina deve gozar de alguma autoridade no assunto. Por exemplo: um empregador expede um atestado sobre um trabalhador. Se se tratar de pessoa que goza de crédito, o atestado poderá ter algum valor, mas se o destinador não for pessoa idônea, reconhecida socialmente, nada valerá...

5.2 Certidão

É um documento oficial em que se atesta, ou se dá testemunho de um fato. Ela é exarada por pessoa que possua fé pública e expressa tratar-se de cópia exata e autêntica. Para Costa (2014, p. 68), a certidão é um "documento legal em que o serventuário oficial certifica alguma coisa de que tem provas, como, por exemplo, *certidão de idade, certidão de casamento*, etc."

Entende-se também por certidão o resumo de um documento ou ato inscrito nos livros de um cartório. Quando não há ato escrito, deixa de ser certidão e passa a ser **certificado**. Entre os exemplos mais comuns de certidão, temos: certidão de nascimento, certidão de casamento, certidão de óbito.

Uma certidão que consiste em transcrição literal, integral, denomina-se **traslado**. São alguns tipos de certidão:

1. **De inteiro teor:** refere-se a um documento em sua totalidade.
2. **Parcial:** refere-se a parte ou fato apontado.
3. **Negativa:** certidão que faz referência à inexistência de um fato desabonador. As certidões são necessárias em caso de transferência de imóveis, pois exoneram o imóvel e isentam o adquirente de qualquer responsabilidade.

Uma certidão é composta de:

1. Timbre do órgão que fornece a certidão.
2. Título: Certidão (já impresso no próprio papel).
3. Preâmbulo: início. Em geral, apresenta-se segundo enunciados fixos:
   "Certifico, em cumprimento ao despacho do Sr. Secretário-Geral, que..."
   "Certifico que Fulano de Tal..."
   "Em cumprimento ao despacho exarado no documento..."
   [Faz-se sempre alusão ao ato que determinou o documento.]
4. Quando for o caso, faz-se menção ao documento, livro de onde se extraiu a certidão.

5. Texto: transcrição do original ou descrição do que foi encontrado.
6. Fecho: termo de encerramento:
"Nada mais havendo..."
"O referido é verdade e dou fé."
"Por ser verdade, firmo a presente certidão."
7. Local e data.
8. Assinatura de quem lavrou a certidão.
9. Visto da autoridade que autorizou a sua lavratura.

Uma certidão é fornecida quando o requerente expressa o fim a que se destina; ela é realizada em linhas corridas, sem emendas ou rasuras. São regras fundamentais para sua feitura:

1. Ser escrita em linhas corridas, sem alíneas.
2. Os números serem escritos por extenso (*um, dois, três, oito, doze, vinte e um*).
3. Quando ocorrem omissões, redigem-se acréscimos nas entrelinhas, com a indicação na margem: "vale a entrelinha" ou no final do texto, iniciando-as com "Em tempo".

CERTIDÃO

Certifico que .... arquivou nesta Junta sob o n. ..., por despacho de ..... de ..... 2016, da 3ª Turma, fls. Diário Oficial da União de ...../...../....., que publicou Portaria n. ..... de ...../...../....., que aumentou o capital social para R$ ..... do que dou fé.

Junta Comercial do Estado de São Paulo, em ...../..... Geral da JUCESP, a subscrevo e assino.

Processo n. .....

Taxa de arquivamento – R$ .....

São Paulo, .../...../.....

a) Fulano de Tal (nome da pessoa que exara a certidão)

5.3 Certificado

Certificado é o documento em que se certifica algum fato de que se é testemunha. Certificar significa atestar, firmar, asseverar. Muitos eletrodomésticos vêm acompanhados de um certificado de garantia; há também o certificado de reservista ou de alistamento militar, além dos certificados de conclusão de curso ou de participação em congressos, bem como os certificados digitais, usados por pessoas jurídicas.

> **CERTIFICADO**
>
> O Colégio X certifica que Fulano de Tal frequentou curso sobre gêneros administrativos, com carga horária de 30 horas, realizado no período de 22 de março a 29 de abril de 2016.
>
> São Paulo, 23 de maio de 2016.
>
> a) *Beltrano da Silva* (nome de quem exara a certidão)
> Professor Coordenador

5.4 Declaração

É um documento em que se expõe um depoimento, uma explicação, uma nota, manifestando um conceito, uma opinião, uma resolução, ou observação. É documento que também pode ser passado por órgão colegiado. As mais comuns são: *a declaração de amor, as declarações à praça, declaração de trabalho, declaração de residência*. Entre as de órgão colegiado, cita-se a Declaração de Direitos do Homem.

Declaração significa a afirmação da existência de um fato, de um direito. Pode ser realizada tanto por escrito, como oralmente, de viva voz. Se escrita, tem valor de documento. Quando provém de uma autoridade, recebe variados nomes: *aviso, edital, instrução, despacho, decisão, ofício, portaria, sentença*. Ainda segundo as circunstâncias e a finalidade, pode receber um dos seguintes nomes, entre outros: *declaração de ausência, declaração de vontade, declaração de crédito, declaração de direito, declaração de guerra, declaração de imposto de renda, recuperação de empresa*.

Em geral, as declarações à praça iniciam-se com fórmulas fixas: "declaro para fins de prova junto ao órgão tal que"; "declaro para os devidos fins que..."; "declaro, a pedido de fulano de tal, que..."

> DECLARAÇÃO À PRAÇA – HOMÔNIMO
>
> Fulana de tal, brasileira, casada, professora, portadora do RG ... e do CPF ..., nascida aos .../........./....., filha de beltrano de tal e delana de tal, residente na Rua X, n. Y, nesta cidade de ...., declara à praça e a quem possa interessar o seguinte:
>
> Que não se referem a sua pessoa os protestos de diversos títulos levados a efeito a partir de abril de 2016 até esta data, pelos Cartórios desta cidade e de Presidente Prudente, bem como a emissão de cheques sem fundos de responsabilidade de fulano de X, residente na Rua XX, n. YY, e outros, tratando-se de um ou mais homônimos que desconhece e com os quais nem tem parentesco.
>
> Local, ... de .... de 2016.
>
> Fulana de Tal

5.5 Recibo

Recibo é um documento em que se confessa ou se declara o recebimento de alguma coisa. Em geral, é um escrito particular. Entre os tipos de recibo, citam-se: *recibo de pagamento* (o mais comum, indica a quitação do pagamento de uma dívida, em sua totalidade ou parcialmente); *recibo por conta* (que é sempre parcial); *recibo por saldo* (indica quitação referente a todas as transações até a data do recibo, sendo uma quitação total).

São partes constantes de um recibo:

1. **Título:** escreve-se a palavra RECIBO, no centro do papel.
2. **Número** (só utilizado no caso de empresa). A sequência numérica do recibo pode ser precedida das iniciais do departamento que o expede. Pode-se colocar após o número do recibo o ano, ou dois números finais indicativos do ano. Suponha-se que o recibo tenha sido emitido pelo Departamento de Compras:

    DC-77/16 [significa Departamento de Compras, Recibo n. 77, de 2016]

3. **Valor:** é colocado à direita do papel. Exemplo:

    DC-77/16 R$ 15.000,00

4. **Texto:** declaração de que se recebeu (recebi ou recebemos), identificação daquele que pagou (nome, endereço, CPF ou CNPJ), valor por extenso, motivo do recebimento.

5. **Local e data.**
6. **Assinatura:** nome do recebedor. Sob o nome colocam-se endereço, CPF ou CNPJ.
7. **Testemunha:** utilizada quando necessário. Colocar nome, identificação e endereço.

Exemplo:

> RECIBO
> R$ 15.000,00
>
> Recebi do Sr. Fulano de Tal a importância de R$ 15.000,00 (quinze mil reais) como sinal de compra e princípio de pagamento da venda que lhe faço de um terreno, situado na Rua X, n. 222, no bairro de ...., nesta cidade, Estado de .....
>
> O preço da venda é de R$ 150.000,00 (cento e cinquenta mil reais), dos quais R$ 15.000,00 (quinze mil reais) ora pagos e recebidos; o restante, ou seja, R$ 135.000,00 (cento e trinta e cinco mil reais), será pago pelo Sr. Fulano de Tal da seguinte forma: R$ 35.000,00 (trinta e cinco mil reais), dentro de 90 (noventa) dias, ou seja, 30 de dezembro de 2016; R$ 50.000,00 (cinquenta mil reais), no dia 30 de maio de 2017; e R$ 50.000,00, no dia 30 outubro de 2017, no ato da escritura, que será lavrada no X Cartório de Notas desta cidade.
>
> Em caso de arrependimento, se por parte do vendedor, devolverá este em dobro o sinal ora recebido; e, se da parte do comprador, perderá este o sinal ora dado.
>
> São Paulo, 1º de setembro de 2016.
>
> _____
> (vendedor)
>
> Testemunhas:
> _____
> _____

6 FUNÇÃO DE DECIDIR, RESOLVER

6.1 Ordem de serviço

Ordem de serviço é um gênero textual que se caracteriza por uma comunicação em que se determina a execução de determinada tarefa. Em geral, encerra uma orientação precisa sobre a execução dos serviços, ou cumprimento de uma obrigação, ou seja, uma ordem de serviço instrui subordinados para realizarem uma obra; é uma autorização para a realização de um serviço. É de observar, portanto, uma assimetria nesse tipo de comunicação: há uma hierarquia de poder; um é o que estabelece as orientações, outro o que a elas obedece. É uma comunicação monocrática, sem permissão para o diálogo.

Ela constitui, por exemplo, um instrumento relevante para a Segurança do Trabalho na empresa, pois que pode objetivar conscientizar o trabalhador sobre riscos de determinadas operações, bem como salientar medidas que favoreçam a segurança no ambiente de trabalho.

Constitui também um documento que pode servir de prova em eventuais processos trabalhistas.

A legislação trabalhista (NR 1, item 1.7) estabelece que o empregador deve elaborar ordens de serviço, informando seus empregados sobre os riscos no ambiente de trabalho. À ordem de serviço, o empregado apõe sua assinatura, dando ciência de que foi avisado dos riscos que eventualmente podem ocorrer no ambiente de trabalho e, assim, não poderá futuramente alegar desconhecimento das regras a serem seguidas. No item seguinte (1.8), a norma afirma caber ao empregado cumprir as normas de segurança do trabalho e as ordens de serviço que o empregador emitiu.

ORDEM DE SERVIÇO

Nome: Fulano de Tal

Função: XYZ

Admissão do empregado: 07-08-2016

Atividades

1. Conferência de entrada e saída de automóveis.
2. Não permitir velocidade maior que 10 km por hora dentro do pátio da empresa.
3. Exigir que os motoristas acendam os faróis no interior do estacionamento.
4. Usar uniforme de trabalho durante toda a jornada de trabalho.

5. Conferir nota fiscal de mercadorias que estão entrando na empresa ou dela saindo.

Riscos na Execução do Serviço

1. Peso das embalagens acima da capacidade humana.
2. Queda de objetos.
3. Água no piso, o que aumenta o perigo de escorregões.
4. Gasolina e graxa no piso, o que aumenta o perigo de incêndio.

Equipamento de Proteção Individual (EPI)

1. Uso de bota ou botina de borracha, com biqueira de aço.
2. Uso de luvas para manusear caixas de mercadorias.
3. Uso de máscara para manusear produtos químicos.

Medidas Preventivas

1. Manter a iluminação acesa durante todo o dia, mesmo que haja claridade do sol.
2. Manter o local de trabalho seco e sob constante limpeza.
3. Observar avisos de segurança afixados nas paredes.
4. Não usar pulseiras, anéis, correntes, durante a execução dos trabalhos.
5. Não fumar no ambiente de trabalho nem consumir bebida alcoólica durante a jornada de trabalho.
6. Não realizar serviços de eletricista no interior da empresa; há especialistas para a função.
7. Não são permitidas brincadeiras de soco, pontapés com colegas.
8. Não é permitido nenhum tipo de jogo no interior da empresa (dominó, baralho, damas).

Termo de Responsabilidade

Declaro que fui orientado quanto aos procedimentos de segurança do trabalho, bem como estou ciente dos riscos decorrentes das atividades.

> Também declaro que estou ciente das sanções disciplinares a que estarei sujeito em caso de descumprimento das normas estabelecidas.
>
> **Data**   **Assinatura do Empregado**
> 15-08-2016

Na Administração Pública, ordem de serviço é uma instrução que se dá a um servidor ou a um órgão administrativo, com orientações a serem tomadas pela chefia na execução de serviços ou desempenho de encargos. É um ato pelo qual se estabelecem providências a serem cumpridas por órgãos subordinados.

As ordens de serviço podem receber nomes diversos: **instrução de serviço**, que se caracteriza como ato por meio do qual se fixam normas para a execução de serviços ou se disciplina a execução de serviços e **orientação de serviço**, que é o ato por meio do qual são estabelecidas normas administrativas no âmbito de setores subordinados.

Se o administrador deseja que um funcionário substitua outro tão somente nos encargos, sem direito a qualquer remuneração extra, faz uso da ordem de serviço. Para assegurar direito a remuneração, poderá valer-se de uma portaria. A ordem de serviço é um ato interno; sua finalidade é regular procedimentos gerais.

Estruturalmente, temos em uma ordem de serviço: título, texto, assinatura e indicação do cargo de quem expede a ordem. O título é:

Ordem de Serviço n. ..., de ... de ... de 2016.

Vieira e Silva (In: APARÍCIO; SILVA, 2014, p. 174-175) entendem que, diante de um gênero, precisamos considerar a categorização/classificação do gênero e suas características, bem como sua finalidade ou função social, o conteúdo temático, a forma composicional e o estilo de linguagem empregado. Ao denominarmos gêneros discursivos, indicamos que são relevantes a instância social de uso da linguagem, os interlocutores presentes, o lugar e o papel que cada um desses sujeitos representa na interlocução, a relação de formalidade ou informalidade entre eles; as vozes socialmente situadas que orientam o que pode ser dito; a atitude enunciativa do enunciador em relação ao seu objeto de dizer e ao seu interlocutor (por exemplo, modalizando seus enunciados: (a) modalização alética ou lógica [tenho certeza, é possível, talvez, é impossível, sem dúvida]; (b) modalização deôntica [é necessário, é preciso, deve-se]; (c) modalização valorativa ou apreciativa [*felizmente, infelizmente, curiosamente, estranhamente*] etc.); as expectativas e finalidades do interlocutor, bem como sua atitude responsiva em relação ao que está sendo enunciado; a variedade linguística a ser utilizada, a modalidade linguística (escrita ou falada) e o veículo que fará a mensagem circular.

Qual o objetivo do texto? É um só? São vários? Quem é o destinador? Quem é o destinatário? Qual a situação de origem do texto?

6.2 Decisão

Decisão é uma resolução tomada sobre algo. Para Houaiss e Villar (2001, p. 920), é "fato que determina os rumos de um acontecimento ou o resultado final de um conflito". Juridicamente, significa solução dada a uma questão, por meio de uma sentença, despacho ou resolução.

Uma decisão administrativa é um ato que se origina de uma autoridade, que objetiva decidir sobre qualquer assunto de ordem administrativa ou interpretação de dispositivo regulamentar. Assemelha-se a um despacho, quando decide sobre matéria em que já existe procedimento anterior. Uma decisão judicial representa qualquer despacho de um juiz ou tribunal e pode ser proferida em forma de despacho ou sentença.

Costa (2014, p. 99) define *despacho*, no domínio público, como decisão de autoridade pública, que se apõe em documentos como: petição, requerimento, "deferindo ou indeferindo as solicitações feitas. Geralmente, após o documento, a autoridade escreve apenas 'Deferido' ou 'Indeferido', seguido de sua assinatura". No domínio privado, é um texto por meio do qual se agilizam determinadas ações, negócios, serviços, ou o cumprimento de obrigações e/ou formalidades legais.

6.3 Resolução

No direito público ou administrativo, resolução é determinação, deliberação. É um ato pelo qual uma autoridade decide, ordena ou baixa uma medida, estabelece normas regulamentares. Resolução é um ato de autoridade e, comumente, diz respeito a assuntos de ordem administrativa. Enfim, é um ato emanado de autarquias ou de grupos representativos. Podem expedi-las conselhos administrativos ou deliberativos, bem como assembleias legislativas. É também denominada deliberação.

Ela é composta de: título (Resolução n. ..., de ... de... de 2016), ementa, texto, assinatura e cargo de quem expede a resolução. Exemplo:

> RESOLUÇÃO N. 175, DE 14 DE MAIO DE 2013
>
> Dispõe sobre a habilitação, celebração de casamento civil, ou de conversão de união estável em casamento, entre pessoas de mesmo sexo.
>
> O PRESIDENTE DO CONSELHO NACIONAL DE JUSTIÇA, no uso de suas atribuições constitucionais e regimentais,
>
> CONSIDERANDO a decisão do plenário do Conselho Nacional de Justiça, tomada no julgamento do Ato Normativo n. 0002626-65.2013.2.00.0000, na 169ª Sessão Ordinária, realizada em 14 de maio de 2013;

> CONSIDERANDO que o Supremo Tribunal Federal, nos acórdãos prolatados em julgamento da ADPF 132/RJ e da ADI 4277/DF, reconheceu a inconstitucionalidade de distinção de tratamento legal às uniões estáveis constituídas por pessoas de mesmo sexo;
>
> CONSIDERANDO que as referidas decisões foram proferidas com eficácia vinculante à Administração Pública e aos demais órgãos do Poder Judiciário;
>
> CONSIDERANDO que o Superior Tribunal de Justiça, em julgamento do REsp 1.183.378/RS, decidiu inexistir óbices legais à celebração de casamento entre pessoas de mesmo sexo;
>
> CONSIDERANDO a competência do Conselho Nacional de Justiça, prevista no art. 103-B, da Constituição Federal de 1988;
>
> RESOLVE:
>
> Art. 1º É vedada às autoridades competentes a recusa de habilitação, celebração de casamento civil ou de conversão de união estável em casamento entre pessoas de mesmo sexo.
>
> Art. 2º A recusa prevista no artigo 1º implicará a imediata comunicação ao respectivo juiz corregedor para as providências cabíveis.
>
> Art. 3º Esta resolução entra em vigor na data de sua publicação.
>
> Ministro Joaquim Barbosa
Presidente

7 FUNÇÃO DE SOLICITAR PRESENÇA

7.1 Convite

Convite é uma mensagem pela qual se formaliza uma "solicitação da presença ou participação de alguém em algo; convocação; [...] bilhete que dá direito a ingresso gratuito em um espetáculo" (HOUAISS; VILLAR, 2001, p. 828). Entre os convites, são comuns os de casamento, de aniversário pessoal ou de fundação da empresa, de inauguração de uma loja, de comemoração de um evento, de coquetel de lançamento de um livro etc. Em geral, são muito breves e incluem o nome de quem convida ou da instituição que promove o evento, o objeto do convite (responde à pergunta: "é um convite de quê?"), data, horário, local, telefone para outras informações. Às vezes, ao final de um convite aparecem a abreviatura RSVP (*Respondez s'il vous plâit*), que significa *responder por favor*.

Exemplo de convite:

> O Grupo GEN
>
> Convida você para o coquetel de lançamento do livro *Redação de artigos científicos*, de João Bosco Medeiros e Carolina Tomasi.
>
> Data: XX de abril de 201X
>
> Horário: A partir das 18 horas
>
> Local: Livraria X
>
> Shopping Center X
>
> São Paulo
>
> Telefone para informações: (11) XXXX-XXXX

7.2 Convocação

É um convite feito a uma ou muitas pessoas para se reunirem em algum lugar, para participar de um reunião, assembleia, para tratar de algum assunto que exija alguma comunicação ou decisão. São comuns: convocação de assembleia de condomínio, assembleia geral extraordinária de uma empresa, de reunião de uma diretoria etc.

Seus elementos fundamentais são: local, data, finalidade, nome de quem está convocando.

> MARINHA DO BRASIL
> COMANDO DO 1º DISTRITO NAVAL
>
> AVISO DE CONVOCAÇÃO N. 1/2016
>
> INSTRUÇÕES PARA O PROCESSO SELETIVO DE PROFISSIONAIS DE NÍVEL SUPERIOR DAS ÁREAS DE SAÚDE, APOIO À SAÚDE, TÉCNICA, MAGISTÉRIO E DE ENGENHARIA, PARA A PRESTAÇÃO DO SERVIÇO MILITAR VOLUNTÁRIO (SMV) COMO OFICIAIS TEMPORÁRIOS DA MARINHA DO BRASIL.
>
> O Comando do 1º Distrito Naval (Com1ºDN), no uso de suas atribuições, torna pública a abertura de inscrições e estabelece normas

específicas ao processo seletivo para convocação de profissionais de nível superior, de ambos os sexos, para a prestação do Serviço Militar Voluntário (SMV) temporário como Oficial de 2ª Classe da Reserva da Marinha (RM2), de acordo com o disposto nas Leis n. 4.375/1964 (Lei do Serviço Militar) e n. 5.292/1967 (Dispõe sobre a prestação do Serviço Militar pelos estudantes de Medicina, Farmácia, Odontologia e Veterinária e pelos Médicos, Farmacêuticos, Dentistas e Veterinários – MFDV), alterada pela Lei n. 12.336, de 26 de outubro de 2010, e Decretos n. 57.654/66 (Regulamento da Lei do Serviço Militar) e n. 4.780/2003 (Regulamento da Reserva da Marinha), a fim de completar o efetivo de militares na área de jurisdição do Comando do 1º Distrito Naval, nos Estados do Rio de Janeiro (RJ) e Espírito Santo (ES). As inscrições dos voluntários não implicam, por parte da Marinha do Brasil, qualquer compromisso até o início do Estágio de Adaptação e Serviço (EAS) ou Estágio de Serviço Técnico (EST).

1. DAS DISPOSIÇÕES PRELIMINARES

1.1. O processo seletivo para as vagas previstas será regido pelo presente Aviso de Convocação conforme item 2, executado pelo Comando do 1º Distrito Naval, destinando-se ao preenchimento das necessidades temporárias de Oficiais em Organizações Militares (OM) da Marinha, para a aplicação de seus conhecimentos técnico-profissionais.

[...]

16. DA INCORPORAÇÃO

16.1. Incorporação é o ato de inclusão do designado para o Serviço Ativo da Marinha (SAM) em uma OM, à qual fique vinculado de modo permanente, independentemente de horário e com os encargos inerentes a essa OM.

16.2. A incorporação ocorrerá na data prevista no Cronograma de Eventos do Apêndice I, quando terá início o Período de Adaptação.

16.3. Os designados para o SAM serão incorporados: a) como Praça Especial, Guarda-Marinha (GM) da RM2 dos Quadros de Médicos e Veterinários (Md), Dentistas (CD), ou do Apoio à Saúde (S), Farmacêuticos e os demais profissionais da área de Saúde para realizar o EAS; b) como Praça Especial, Guarda-Marinha (GM) da RM2 dos Quadros de Engenheiros (EN) ou do Quadro Técnico e Técnico-Magistério (T), dependendo de suas habilitações, para realizar o EST; e c) como Oficial RM2, do Corpo de Oficiais da Reserva da Marinha (CORM), dos Quadros para os quais realizarão os estágios em função de sua habilitação, nos termos das alíneas *a* e *b*, no Posto que já possuírem, se já forem Oficiais.

> 16.4. Os incorporados, nos termos do subitem 16.3, poderão, em tempo de paz, ter acesso gradual e sucessivo na hierarquia até o posto de Primeiro-Tenente (1ºTen), pelo critério de antiguidade, desde que satisfaçam às condições básicas estabelecidas na Lei n. 5.821/1972, adaptadas à legislação e à regulamentação que tratam do Serviço Militar, conforme estabelecido no Decreto n. 4.780/2003 e na Portaria n. 383/2008, do Comandante da Marinha.
>
> Rio de Janeiro, em 28 de janeiro de 2016.
>
> LEONARDO PUNTEL
> Vice-Almirante
> Comandante

7.3 Notificação

Notificação é aviso, citação, intimação. Em geral, compõe uma advertência ou informa sobre algo. Em sentido amplo, significa ato judicial escrito, cuja origem é um juiz, por meio do qual se dá conhecimento a uma pessoa sobre algo ou fato de seu interesse para que possa valer-se das medidas legais cabíveis. Constitui um aviso judicial.

Notificar é constituir prova de recebimento ou de se ter dado conhecimento sobre o conteúdo de um ato jurídico. A notificação é personalíssima, ou seja, só pode ser entregue a quem está destinada, ou a seus representantes legais, se se tratar de pessoa jurídica.

7.4 Intimação

É um ato judicial pelo qual se notifica uma pessoa sobre termos ou atos de um processo, para comparecer em determinado lugar, em data fixada e responder a acusação que conste do processo. As partes, em geral, são intimadas por meio de seus advogados. A intimação, em capitais e no Distrito Federal, pode ser realizada por meio de publicação em órgão oficial; nela devem constar o nome das partes e o de seus advogados.

8 FUNÇÃO DE PROMETER

Entre os textos administrativos que têm a função de prometer, salientam-se: nota promissória, termo de compromisso, voto.

8.1 Nota promissória

Juridicamente, é uma promessa de pagamento emitida pelo devedor em favor do credor, que deve ser cumprida no vencimento acordado. É conhecida também como *promissória*, simplesmente.

A seguir, um formulário comum de nota promissória:

```
┌─────────────── NOTA PROMISSÓRIA ───────────────┐
  N°: _____      Vencimento_____de_____de_____
                                  $ ┌──────────────┐
                                    └──────────────┘
  A _____
  pagar por esta_____ única via de Nota Promissória
  _____ CPF / CGC _____
  ou a sua ordem a    ┌────────────────────────────┐
  quantia de          └────────────────────────────┘
  ┌────────────────────────────────┐
  └────────────────────────────────┘ em moeda corrente
                                     deste país
  Pagável em _____
              emitente
  CPF/CGC:_____       _____
  ENDEREÇO:_____        _____
```

8.2 Termo de compromisso

Em linguagem jurídica, *termo* é uma palavra que se usa no mesmo sentido de auto; exprime a redução a escrito de um ato ou de uma diligência. Em geral, *termo* vem acompanhado de especificações: *termo de responsabilidade, termo de vista, termo de juntada, termo avulso, termo judicial, termo de registro, termos nos autos, termos de homologação* etc.

Termo de compromisso é um ajuste ou comprometimento entre duas ou mais partes de se sujeitarem a um julgamento ou decisão arbitral. É também um ajuste, acordo, promessa formal.

8.3 Voto

Entende por voto uma obrigação a que uma pessoa se compromete voluntariamente. É promessa, desejo que os noivos manifestam no ato do casamento. É também parecer ou opinião favorável, aprovação, concordância, ou posição individual de um juiz ministro manifestado no julgamento de um processo.

> **ADPF 54/DF**
> **VOTO DO MINISTRO RICARDO LEWANDOWSKI**
>
> I – BREVE RELATÓRIO
>
> Cuida-se de ação de descumprimento de preceito fundamental ajuizada pela Confederação Nacional dos Trabalhadores da Saúde – CNTS, com o fim de lograr "interpretação conforme a Constituição da disciplina legal dada ao aborto pela legislação penal infraconstitucional, para explicitar que ela não se aplica aos casos de antecipação terapêutica do parto na hipótese de fetos portadores de anencefalia, devidamente certificada por médico habilitado". [...]
>
> II – DA LEGISLAÇÃO PENAL VIGENTE
>
> Transcrevo abaixo, para melhor compreensão da matéria, os dispositivos do Código Penal cuja interpretação conforme a Constituição a autora requer. Art. 124. Provocar aborto em si mesma ou consentir que outrem lho provoque: Pena – detenção, de um a três anos.
>
> [...]
>
> VI – DA PARTE DISPOSITIVA
>
> Por todo o exposto, e considerando, especialmente, que a autora, ao requerer ao Supremo Tribunal Federal que interprete extensivamente duas hipóteses restritivas de direito, em verdade pretende que a Corte elabore uma norma abstrata autorizadora do aborto dito terapêutico nos casos de suposta anencefalia fetal, em outras palavras, que usurpe a competência privativa do Congresso Nacional para criar, na espécie, outra causa de exclusão de punibilidade ou, o que é ainda pior, mais uma causa de exclusão de ilicitude, julgo improcedente o pedido.

9 FUNÇÃO DE DECRETAR OU ESTABELECER NORMAS, REGULAMENTAR

Aqui, podemos observar os seguintes textos: decreto, decreto-lei, lei.

9.1 Decreto

Define-se como toda resolução ou decisão tomada por pessoa ou entidade às quais se conferem poderes especiais. Em outras palavras, é "ordem ou resolução emanada de autoridade superior ou instituição civil ou militar, leiga ou eclesiástica" (HOUAISS; VILLAR,

2001, p. 922). São muitas as possibilidades de decreto; um deles é o decreto executivo, que é um ato pelo qual o Poder Executivo expõe suas decisões em matéria administrativa. Há ainda: decreto judiciário (ato de autoridade judicial), decreto legislativo (deliberação do Poder Legislativo).

Constituem objeto de um decreto: pôr em execução uma disposição de lei; estabelecer a funcionalidade de uma lei; resolver sobre assunto de interesse da administração, criar ou modificar uma situação jurídica, organizar ou extinguir serviços públicos.

São, estruturalmente, compostos de: numeração e data (Decreto n. ..., de ... de ... de 2016), ementa (resumo do decreto), dizeres ("O Sr. Presidente da República..."), fundamentação (citação do dispositivo legal em que se baseia a decisão), texto, artigos numerados (1º ao 9º – numeração ordinal; de 10 em diante, numeração arábica), parágrafos, parágrafo único, data, assinatura e referenda de um ou mais ministros.

Exemplo:

DECRETO N. 8.572, DE 13 DE NOVEMBRO DE 2015

Altera o Decreto n. 5.113, de 22 de junho de 2004, que regulamenta o art. 20, inciso XVI, da Lei n. 8.036, de 11 de maio de 1990, que dispõe sobre o Fundo de Garantia do Tempo de Serviço – FGTS.

A PRESIDENTA DA REPÚBLICA, no uso da atribuição que lhe confere art. 84, *caput*, inciso IV, da Constituição, e tendo em vista o disposto no art. 20, *caput*, inciso XVI, da Lei n. 8.036, de 11 de maio de 1990,

DECRETA:

Art. 1º O Decreto n. 5.113, de 22 de junho de 2004, passa a vigorar com as seguintes alterações:

"Art. 2º ....

....

Parágrafo único. Para fins do disposto no inciso XVI do *caput* do art. 20 da Lei n. 8.036, de 11 de maio de 1990, considera-se também como natural o desastre decorrente do rompimento ou colapso de barragens que ocasione movimento de massa, com danos a unidades residenciais." (NR)

Art. 2º Este Decreto entra em vigor na data de sua publicação.

Brasília, 13 de novembro de 2015; 194º da Independência e 127º da República.

DILMA ROUSSEFF
Miguel Rossetto
Gilberto Magalhães Occhi

9.2 Decreto-lei

Como o nome já indica, decreto-lei é um decreto que tem força de lei e que emana do Poder Executivo. No Brasil, foi substituído na Constituição de 1988 pela Medida Provisória. Exemplo:

> DECRETO-LEI N. 938, DE 13 DE OUTUBRO DE 1969
>
> *Provê sobre as profissões de fisioterapeuta e terapeuta ocupacional, e dá outras providências.*
>
> OS MINISTROS DA MARINHA DE GUERRA, DO EXÉRCITO E DA AERONÁUTICA MILITAR, usando das atribuições que lhes confere o artigo 1º do Ato Institucional n. 12, de 31 de agosto de 1969, combinado com o § 1º do artigo 2º do Ato Institucional n. 5, de 13 de dezembro de 1968,
>
> DECRETAM:
>
> Art. 1º É assegurado o exercício das profissões de fisioterapeuta e terapeuta ocupacional, observado o disposto no presente Decreto-lei.
>
> Art. 2º O fisioterapeuta e o terapeuta ocupacional, diplomados por escolas e cursos reconhecidos, são profissionais de nível superior.
>
> Art. 3º É atividade privativa do fisioterapeuta executar métodos e técnicas fisioterápicos com a finalidade de restaurar, desenvolver e conservar a capacidade física do ciente.
>
> Art. 4º É atividade privativa do terapeuta ocupacional executar métodos e técnicas terapêuticas e recreacional com a finalidade de restaurar, desenvolver e conservar a capacidade mental do paciente.
>
> [...]
>
> Art. 13. O presente Decreto-lei entrará em vigor na data de sua publicação, revogando-se as disposições em contrário.
>
> Brasília, 13 de outubro de 1969; 148º da Independência e 81º da República.
>
> AUGUSTO HAMANN RADEMAKER GRÜNEWALD
> AURÉLIO DE LYRA TAVARES
> MÁRCIO DE SOUZA E MELLO
> Tarso Dutra
> Leonel Miranda

9.3 Lei

É regra jurídica escrita que o Poder Legislativo elabora. Ela pode ser municipal, estadual ou federal. Há diversos tipos de lei, como: lei complementar, lei ordinária, lei delegada, leis extravagantes. Exemplo:

LEI N. 8.313, DE 23 DE DEZEMBRO DE 1991

Restabelece princípios da Lei n. 7.505, de 2 de julho de 1986, institui o Programa Nacional de Apoio à Cultura (Pronac) e dá outras providências.

O PRESIDENTE DA REPÚBLICA Faço saber que o Congresso Nacional decreta e eu sanciono a seguinte lei:

CAPÍTULO I

Disposições Preliminares

Art. 1º Fica instituído o Programa Nacional de Apoio à Cultura (Pronac) com a finalidade de captar e canalizar recursos para o setor de modo a:

I – contribuir para facilitar, a todos, os meios para o livre acesso às fontes da cultura e o pleno exercício dos direitos culturais;

II – promover e estimular a regionalização da produção cultural e artística brasileira, com valorização de recursos humanos e conteúdos locais;

III – apoiar, valorizar e difundir o conjunto das manifestações culturais e seus respectivos criadores;

IV – proteger as expressões culturais dos grupos formadores da sociedade brasileira e responsáveis pelo pluralismo da cultura nacional;

V – salvaguardar a sobrevivência e o florescimento dos modos de criar, fazer e viver da sociedade brasileira;

[...]

Art. 41. O Poder Executivo, no prazo de sessenta dias, regulamentará a presente lei.

Art. 42. Esta lei entra em vigor na data de sua publicação.

Art. 43. Revogam-se as disposições em contrário.

Brasília, 23 de dezembro de 1991; 170º da Independência e 103º da República.

FERNANDO COLLOR
Jarbas Passarinho

9.4 Estatuto

Regulamento que estabelece uma norma. Lei orgânica ou regulamento especial de um Estado, associação, companhia, irmandade, condomínio, clube etc. É um texto em que se determinam princípios institucionais e uma coletividade ou entidade, pública ou privada. Um estatuto estabelece normas reguladoras das relações entre os elementos que o compõem, inclusive sanções e penalidades. Trata-se de um pacto coletivo, não de um contrato. No Direito Civil, o estatuto representa um conjunto de princípios jurídicos que disciplina as relações jurídicas de pessoas ou das coisas. No Direito Administrativo, diz respeito a regras que regulam as atividades dos funcionários públicos civis ou militares. São exemplos de estatutos: *Estatuto dos Militares, Estatuto dos Funcionários Públicos do Estado de São Paulo.*

GOVERNO DO ESTADO DE SÃO PAULO
CORREGEDORIA-GERAL DA ADMINISTRAÇÃO

Lei n. 10.261, de 28 de outubro de 1968

(Estatuto dos Funcionários Públicos Civis do Estado de São Paulo)

(Atualizada até a Lei Complementar n. 1.123, de 01 de julho de 2010)

TÍTULO I

Disposições Preliminares

Art. 1º Esta lei institui o regime jurídico dos funcionários públicos civis do Estado.

Parágrafo único. As suas disposições, exceto no que colidirem com a legislação especial, aplicam-se aos funcionários dos 3 Poderes do Estado e aos do Tribunal de Contas do Estado.

Art. 2º As disposições desta lei não se aplicam aos empregados das autarquias, entidades paraestatais e serviços públicos de natureza industrial, ressalvada a situação daqueles que, por lei anterior, já tenham a qualidade de funcionário público.

Parágrafo único. Os direitos, vantagens e regalias dos funcionários públicos só poderão ser estendidos aos empregados das entidades a que se refere este artigo na forma e condições que a lei estabelecer.

Art. 3º Funcionário público, para os fins deste Estatuto, é a pessoa legalmente investida em cargo público.

Art. 4º Cargo público é o conjunto de atribuições e responsabilidades cometidas a um funcionário.

Art. 5º Os cargos públicos são isolados ou de carreira.

Art. 6º Aos cargos públicos serão atribuídos valores determinados por referências numéricas, seguidas de letras em ordem alfabética, indicadoras de graus.

Parágrafo único. O conjunto de referência e grau constitui o padrão do cargo.

Art. 7º Classe é o conjunto de cargos da mesma denominação.

Art. 8º Carreira é o conjunto de classes da mesma natureza de trabalho, escalonadas segundo o nível de complexidade e de responsabilidade. (NR) – *Redação dada pelo artigo 2º, III, do Decreto-lei Complementar n. 11, de 02 de março de 1970.*

Art. 9º Quadro é o conjunto de carreiras e de cargos isolados.

Art. 10. É vedado atribuir ao funcionário serviços diversos dos inerentes ao seu cargo, exceto as funções de chefia e direção e as comissões legais.

[...]

Disposições Finais

Art. 322. O dia 28 de outubro será consagrado ao "Funcionário Público Estadual".

Art. 323. Os prazos previstos neste Estatuto serão todos contados por dias corridos.

Parágrafo único. Não se computará no prazo o dia inicial, prorrogando-se o vencimento, que incidir em sábado, domingo, feriado ou facultativo, para o primeiro dia útil seguinte.

Art. 324. As disposições deste Estatuto se aplicam aos extranumerários, exceto no que colidirem com a precariedade de sua situação no Serviço Público.

Disposições Transitórias

Art. 325. Aplicam-se aos atuais funcionários interinos as disposições deste Estatuto, salvo as que colidirem com a natureza precária de sua investidura e, em especial, as relativas a acesso, promoção, afastamentos, aposentadoria voluntária e às licenças previstas nos itens VI, VII e IX do artigo 181.

Art. 326. Serão obrigatoriamente exonerados os ocupantes interinos de cargos para cujo provimento for realizado concurso.

Parágrafo único. As exonerações serão efetivadas dentro de 30 (trinta) dias, após a homologação do concurso.

> Art. 327. Revogado. – *Revogado pelo artigo 5º, do Decreto-lei n. 60, de 15 de maio de 1969.*
>
> Art. 328. Dentro de 120 (cento e vinte) dias proceder-se-á ao levantamento geral das atuais funções gratificadas, para efeito de implantação de novo sistema retribuitório dos encargos por elas atendidos.
>
> Parágrafo único. Até a implantação do sistema de que trata este artigo, continuarão em vigor as disposições legais referentes à função gratificada.
>
> Art. 329. Ficam expressamente revogadas:
>
> I – as disposições de leis gerais ou especiais que estabeleçam contagem de tempo em divergência com o disposto no Capítulo XV do Título II, ressalvada, todavia, a contagem, nos termos da legislação ora revogada, do tempo de serviço prestado anteriormente ao presente Estatuto;
>
> II – a Lei n. 1.309, de 29 de novembro de 1951 e as demais disposições atinentes aos extranumerários; e
>
> III – a Lei n. 2.576, de 14 de janeiro de 1954.
>
> Art. 330. Vetado.
>
> Art. 331. Revogam-se as disposições em contrário.
>
> Palácio dos Bandeirantes, aos 28 de outubro de 1968.
>
> Roberto Costa de Abreu Sodré
>
> Publicada na Assessoria Técnico-Legislativa, aos 28 de outubro de 1968 [Disponível em: <http://www.corregedoria.sp.gov.br/adm/App_Cadastro/Uploads/Visualizar.aspx?id=38>. Acesso em: 25 fev. 2016.]

9.5 Regulamento interno

Regulamento é um conjunto de normas ou regras estabelecidas como necessárias a uma organização. É um regimento em que se determina o modo de direção, funcionamento e outras exigências de uma empresa, associação ou entidade.

Juridicamente, é um conjunto de regras destinado a estabelecer as condições ou o desempenho de cargos ou funções. Apresenta normas de conduta ou formas de ação e direção para o bom andamento das atividades. Exemplos: *Regimento Interno do STF; Regimento Interno do STJ, regimento de custas.*

Na Administração Pública, é o ato que regula o funcionamento de um órgão e indica sua competência e atribuições.

Estruturalmente, temos em um regulamento interno:

1. **Título:** Regimento do Centro de Estudos Portugueses.
2. **Texto:** artigos numerados como em uma lei, um decreto, isto é, do 1º ao 9º a numeração é ordinal; do 10 em diante a numeração é cardinal.
3. **Data e local.**
4. **Assinatura.**

REGULAMENTO INTERNO

Capítulo I

Da Integração no Contrato Individual de Trabalho

Art. 1º O presente Regimento integra o contrato individual de trabalho. A ação reguladora nele contida estende-se a todos os empregados, sem distinção hierárquica e complementa os princípios gerais de direitos e deveres contidos na Consolidação das Leis do Trabalho (CLT).

Parágrafo único. A obrigatoriedade de seu cumprimento permanece por todo o tempo de duração do Contrato de Trabalho, não sendo permitido, a ninguém, alegar seu desconhecimento.

Capítulo II

Da Admissão

Art. 2º Todas as funções deverão passar por período experimental de 30 a 90 dias, conforme o cargo, ressalvando o direito à prorrogação, segundo os critérios estabelecidos por Lei e somente após poderá ocorrer a efetivação na função.

Parágrafo único. A admissão condiciona-se à realização de exames de seleção técnica e de saúde, mediante apresentação dos documentos exigidos, em 24 horas após a seleção.

Capítulo III

Da Carteira de Trabalho

Art. 3º A Carteira de Trabalho é o principal documento do empregado na Associação e merece especial atenção e cuidado. O empregado deverá apresentá-la ao Departamento Pessoal sempre que ocorrer: A – Alteração de Salário; B – Alteração de Cargo; C – Pagamento de Contribuição Sindical; D – Férias.

Capítulo IV

Dos Benefícios

Art. 4º Os benefícios oferecidos concedidos pela ACITS entre eles plano de saúde, seguro de vida, cartões de desconto somente serão concedidos a partir da avaliação de desempenho e ultrapassado o período de experiência, desde que ocorra a efetivação do funcionário.

Capítulo V

Dos Deveres, Obrigações e Responsabilidades do Empregado

[...]

Capítulo XX

Das Disposições Finais

Art. 60. Os empregados devem observar o presente Regimento Interno com todas suas regras e peculiaridades, circulares, ordens de serviço, avisos, comunicados e outras instruções expedidas pela direção da associação.

Art. 61. Cada empregado recebe um exemplar do presente Regimento e deverá declarar, por escrito, tê-lo recebido, lido e estar de acordo com todos os seus preceitos.

Art. 62. Os casos omissos ou não previstos serão resolvidos pela Associação, à luz da CLT e legislação complementar pertinente.

Art. 63. O presente Regimento pode ser substituído por outro, sempre que a Associação julgar conveniente, em consequência de alterações na legislação social. Esta Consolidação de Normas Internas foi implantada nesta entidade em .... de .... de 2017 e passar a integrar o contrato de trabalho individual de cada funcionário para que surta os devidos fins.

Fulano de Tal
Presidente

10 FUNÇÃO DE DETERMINAR A REALIZAÇÃO DE ALGO

Entre os textos cuja função é determinar a realização de algo, destacam-se o mandado e a interpelação.

10.1 Mandado

Mandado é texto escrito que contém despacho, ordem, determinação, que um superior envia a um subordinado. Juridicamente, é uma ordem escrita emanada de autoridade pública que prescreve o cumprimento de determinado ato judicial ou administrativo. São seus tipos principais: mandado de busca e apreensão, mandado administrativo, mandado de segurança, mandado de injunção etc.

10.2 Interpelação

Para Houaiss e Villar (2001, p. 1636), "interpelação é um ato jurídico, judicial ou extrajudicial pelo qual é declarada ao devedor a exigência do cumprimento de uma obrigação civil, sob pena de incorrer em mora". É uma ação que apenas comunica algo a alguém por meio de um juiz. É ato por meio do qual uma pessoa, a fim de conservar ou resguardar direitos, exige que outra, no tempo, lugar e modo convencionados, satisfaça determinada obrigação contratual de dar ou de fazer coisa determinada, sob pena de ficar constituída em mora.

11 FUNÇÃO DE ACRESCENTAR ELEMENTOS A UM DOCUMENTO, DECLARANDO, CORRIGINDO, RATIFICANDO

Entre tais textos, salientam-se: a averbação e a apostila.

11.1 Averbação

Averbar é anotar ou declarar algo à margem de um documento a fim de consignar alguma alteração.

Averbação é, pois, uma correção ou nota que se insere à margem de um documento para indicar alguma alteração devida ao documento.

11.2 Apostila

Em sentido amplo, é uma publicação avulsa com objetivos didáticos. Já em sentido jurídico, significa breve observação ou nota que se adiciona à margem de um documento, uma escritura, por exemplo. Por meio dela, acrescentam-se informações a um documento público ou ato administrativo para esclarecê-lo, interpretá-lo ou completá-lo. Enfim, é um documento complementar de um ato.

Uma apostila pode alterar atos ou documentos referentes a promoções, lotação em outro setor, majoração de vencimentos, aposentadoria, reversão de atividade.

São partes de uma apostila: título (Apostila), texto (que esclarece o dispositivo legal do ato referente ao titular), data, assinatura.

12 FUNÇÃO DE OUTORGAR MANDATO, EXPLICITANDO PODERES

12.1 Procuração

É um documento em que se outorga o mandato e se explicitam os poderes conferidos; é um documento por meio do qual um indivíduo, chamado mandante, confere a outra pessoa, chamada mandatário, poderes para praticar atos em seu nome e por sua conta, ou seja, é um documento que uma pessoa passa para outra pessoa para que possa tratar de negócios em seu nome; um documento em que se estabelece legalmente essa incumbência, em que se outorga o mandato e se explicitam os poderes conferidos A procuração pode ser particular ou por escritura pública. Ela pode receber variados nomes:

    Procuração *ad judicia*
    Procuração em causa própria
    Procuração em termos gerais
    Procuração especial
    Procuração extrajudicial
    Procuração geral
    Procuração particular
    Procuração pública
    Procuração insuficiente

1º Modelo

PROCURAÇÃO

Texto-base para qualquer procuração particular

........................, ..., ..., ..., residente na
   (nome)   (nacionalidade)   (estado civil)   (profissão)

........................, ..., ..., portador do RG
       (cidade)   (Estado)

nº ...., CPF nº ...., pelo presente instrumento de procuração constitui e nomeia seu bastante procurador ....

........................, ..., ...,
    (nome)   (nacionalidade)   (estado civil)

........................, residente na ....,
  (profissão)   (cidade)

........................, portador do RG nº ....,
   (Estado)

Texto específico

CPF nº ...., para proceder à matrícula no .... ano (ou semestre), do Curso de ...., da Faculdade ...., realizando todos os atos necessários para esse fim, dando tudo por firme e valioso, a bem deste mandato.

Fecho fixo de procurações particulares

........................, ..., ... de 2010.
  (cidade)   (dia)   (mês)

(a) ....
(assinatura com firma reconhecida)

2º Modelo
Modelo de procuração *ad judicia*:

PROCURAÇÃO

Texto-base para qualquer procuração

...., ..., ...
(nome)   (nacionalidade)   (estado civil)

..............................., ..., ..., ...
(profissão)   (residência)   (cidade)   (Estado)

portador do RG nº ...., CPF nº ...., pelo presente instrumento de procuração constitui e nomeia seu bastante procurador, ...

...., ..., ...,
(nome)   (nacionalidade)   (estado civil)

..............................., com escritório na ...., ...,
(profissão)   (cidade)   (Estado)

inscrito na OAB, seção de ...., sob nº ....,

CPF nº ....

Texto específico

    Para que em seu nome, como se presente fosse, em qualquer juízo ou tribunal, possa requerer tudo o que em direito for permitido, usando os poderes *AD JUDICIA*, em toda sua extensão, podendo, também, acordar, transigir, receber e dar quitação, substabelecer, praticando, enfim, todos os atos permitidos em direito, por mais especiais que sejam, o que tudo dará por firme e valioso, a bem deste mandato.

...., ... de .... de 2010.

(assinatura com firma reconhecida)

3º Modelo

Procuração com fim específico:

> PROCURAÇÃO
>
> OUTORGANTE: nome, número do RG e do CPF, filiação (nome dos pais) e endereço.
>
> OUTORGADO: nome, número do RG, CPF, endereço.
>
> Pelo presente instrumento particular de procuração e na melhor forma do direito, o outorgante, acima qualificado, constitui e nomeia o outorgado seu procurador, com poderes expressos para o fim específico de efetuar matrícula na Universidade de São Paulo, podendo assinar documento e praticar todos os atos necessários ao bom e fiel cumprimento do presente mandato.
>
> Local e data.
>
> Assinatura do outorgante
> [reconhecer firma em cartório]

EXERCÍCIOS

1. Depois de ter lido um artigo de opinião em um jornal de sua preferência, escreva uma carta ao editor reclamando sobre a falta de parcialidade nas considerações expostas no artigo.

2. Você é gerente em uma loja de calçados e precisa escrever um memorando para seus colegas promoverem a venda de determinada linha de sapatos femininos. Como seria esse memorando?

3. Você trabalha em um escritório de contabilidade e recebeu um comunicado em que constavam modalizadores, como *infelizmente, obviamente*, bem como adjetivos modalizadores, como *verdadeiro, certo, obrigatório*. Que comentários faria a um colega sobre o texto recebido, considerando tais juízos avaliativos?

4. Você foi chamado à diretoria para opinar sobre o melhor canal para veicular uma informação para os colegas. Que sugeriria se fosse uma orientação de trabalho? E se fosse um convite para uma festa? E, ainda, um texto motivacional?

5. Você precisa escrever um *e-mail* para um cliente de sua empresa sobre o atraso na entrega de um pedido. Que argumentos vai utilizar? Escreva o *e-mail*.

6. Seu diretor pediu-lhe que escrevesse um *e-mail* para um professor, para contratar-lhe um treinamento de redação empresarial. Quais seriam os cuidados em relação à linguagem que teria?

7. Você se preocupa com o conhecimento enciclopédico ou partilhado de seus interlocutores quando escreve para eles? Que cuidados são esses que um redator profissional deve ter em relação a tais conhecimentos?

8. Quando você escreve textos administrativos, preocupa-se com os elementos contextuais, para que seu leitor possa entender o que você objetiva? Que elementos contextuais utiliza normalmente?

9. Quem em sua empresa tem autoridade para escrever determinados textos? Por exemplo: um *e-mail*, um memorando, um aviso, um bilhete, um regimento interno?

10. Você se preocupa em conhecer os elementos estruturais dos gêneros administrativos que utiliza normalmente? Você tem o cuidado de selecionar uma variedade linguística adequada, conforme seu leitor ou interlocutor?

11. Selecione três cartas de leitores de jornais e revistas e comente os argumentos utilizados pelo enunciador.

Referências

ABREU, Antônio Suárez. *A arte de argumentar*: gerenciando razão e emoção. São Paulo: Ateliê, 1999.

ADAM, Jean Michel. *A linguística textual*. São Paulo: Cortez, 2009.

_____; HEIDEMAN, Ute; MAINGUENEAU, Dominique. *Análises textuais e discursivas*. Organizado por Maria das Graças Soares Rodrigues; João Gomes da Silva Neto; Luis Pacceggi. São Paulo: Cortez, 2010.

ALVES, Maria do Rosário do Nascimento Ribeiro. Gêneros textuais no ensino médio em uma abordagem interdisciplinar. In: APARÍCIO, Ana Sílvia Moço; SILVA, Sílvio Ribeiro (Org.). *Gêneros textuais e perspectivas de ensino*. Campinas: Pontes, 2014. p. 99-120.

AMADO, Jorge. *Dona Flor e seus dois maridos*. 51. ed. Rio de Janeiro: Record, 2001.

ANDRADE, Carlos Drummond de. *Poesia completa*. Rio de Janeiro: Nova Aguilar, 2002.

_____. *Poesia completa*. Fixação de textos e notas de Gilberto Mendonça Teles. Introdução de Silviano Santiago. Rio de Janeiro: Nova Aguilar; Bradesco Seguros, 2001. 2 v.

_____. *Obra completa*. 5. ed. Rio de Janeiro: Nova Aguilar, 1983.

_____. *Fala, amendoeira*. 7. ed. Rio de Janeiro: José Olympio, 1976.

ANDRADE, Mário de. *A lição do amigo*: cartas de Mário de Andrade a Carlos Drummond de Andrade. Anotadas pelo destinatário. Rio de Janeiro: José Olympio, 1982.

ANDRADE, Oswald de. *Oswald de Andrade*. Seleção de textos, notas, estudos biográfico, histórico e crítico por Jorge Schwartz. 2. ed. São Paulo: Nova Cultural, 1988.

ANTUNES, Arnaldo. *Como é que chama o nome disso*: antologia. São Paulo: Publifolha, 2006.

ANTUNES, Irandé. *Lutar com palavras*. São Paulo: Parábola, 2005.

APARÍCIO, Ana Sílvia Moço; ANDRADE, Maria de Fátima Ramos de. A formação de professores das séries iniciais do ensino fundamental: uma experiência com a engenharia didática e a construção de sequências didáticas de gêneros textuais no âmbito do PIBID. In: _____; SILVA, Sílvio Ribeiro (Org.). *Gêneros textuais e perspectivas de ensino*. Campinas: Pontes, 2014. p. 249-281.

_____; SILVA, Sílvio Ribeiro (Org.). *Gêneros textuais e perspectivas de ensino*. Campinas: Pontes, 2014.

ARANTES, Marilza Borges. Apólogos, fábulas e parábolas: confluências e divergências. In: TRAVAGLIA, Luiz Carlos; FINOTTI, Luisa Helena Borges; MESQUITA, Elisete Maria Carvalho de (Org.). *Gêneros de texto*: caracterização e ensino. Uberlândia: Edufu, 2008. p. 193-228.

Referências

ARAÚJO, Antonia Dilamar. Uma análise da polifonia discursiva em resenhas críticas acadêmicas. In: MEURER, José Luiz; MOTTA-ROTH, Désirée (Org.). *Gêneros textuais e práticas discursivas*: subsídios para o ensino da linguagem. Bauru: Edusc, 2002. p. 141-158.

ARISTÓTELES. *Retórica*. Tradução de Marcelo Silvano Madeira. São Paulo: Rideel, 2007.

ARRUDA-FERNANDES, Vania Maria Bernardes. Os estudos sobre argumentação no ensino fundamental. In: TRAVAGLIA, Luiz Carlos; FINOTTI, Luisa Helena Borges; MESQUITA, Elisete Maria Carvalho de (Org.). *Gêneros de texto*: caracterização e ensino. Uberlândia: Edufu, 2008. p. 65-99.

ASSIS, Machado de. *Dom Casmurro*. Rio de Janeiro: MEDIAfashion, 2008. (Coleção Folha Grandes Escritores Brasileiros.)

_____. *Obra completa*. Rio de Janeiro: Nova Aguilar, 1997. 3 v.

BAGNO, Marcos. *Preconceito linguístico*. 56. ed. São Paulo: Parábola, 2015a.

_____. Variação, avaliação e mídia: o caso do ENEM. In: ZILLES, Ana Maria Stahl; FARACO, Carlos Alberto. *Pedagogia da variação linguística*. São Paulo: Parábola, 2015b. p. 191-224.

_____. *Língua, linguagem, linguística*: pondo os pontos nos ii. São Paulo: Parábola, 2014.

_____. Norma linguística, hibridismo & tradução. *Traduzires 1*, p. 19-32, maio 2012.

_____. *Nada da língua é por acaso*: por uma pedagogia da variação linguística. São Paulo: Parábola, 2010.

_____. Língua, história e sociedade: breve retrospecto da norma-padrão brasileira. In: BAGNO, Marcos (Org.). *Linguística da norma*. 2. ed. São Paulo: Loyola, 2004. p. 179-199.

_____ (Org.). *Linguística da norma*. 2. ed. São Paulo: Loyola, 2004.

_____ (Org.). *Norma linguística*. São Paulo: Loyola, 2001.

_____. Introdução: norma linguística & outras normas. In: _____ (Org.). *Norma linguística*. São Paulo: Loyola, 2001. p. 9-21.

BAKHTIN, Mikhail. *Estética da criação verbal*. Tradução de Paulo Bezerra. São Paulo: Martins Fontes, 2006.

_____. *Problemas da poética de Dostoiévski*. Tradução de Paulo Bezerra. 2. ed. Rio de Janeiro: Forense, 1997a.

_____; (VOLOCHINOV, V. N.). *Marxismo e filosofia da linguagem*. Tradução de Michel Lahud e Yara Frateschi Vieira. São Paulo: Hucitec, 1997b.

BALOCCO, Anna Elizabeth. A perspectiva discursivo-semiótica de Gunther Kress: o gênero como um recurso representacional. In: MEURER, J.; BONINI, Adair; MOTTA-ROTH, Désirée (Org.). *Gêneros*: teorias, métodos, debates. São Paulo: Parábola, 2010. p. 65-80.

BARROS, Diana Luz Pessoa de. Dialogismo, polifonia e enunciação. In: _____; FIORIN, José Luiz. *Dialogismo, polifonia, intertextualidade*. São Paulo: Edusp, 1999. p. 1-9.

_____; FIORIN, José Luiz (Org.). *Dialogismo, polifonia, intertextualidade*. São Paulo: Edusp, 1999.

BARROS, Eneas Martins. *Cartas comerciais e redação oficial*. São Paulo: Atlas, 1983.

BAWARSHI, Anis S.; REIFF, Mary Jo. *Gênero*: história, teoria, pesquisa, ensino. Tradução de Benedito Gomes Bezerra. São Paulo: Parábola, 2013.

BAZERMAN, Charles. *Gêneros textuais*. Bate-papo acadêmico. Entrevista. Organização de Angela Paiva Dionisio, Carolyn Miller, Charles Bazerman, Judith Hoffnagel. Tradução de Benedito Gomes Bezerra et al. Recife: [s.n.], 2011. Disponível em: <http://www.nigufpe.com.br/batepapoacademico/bate-papo-academico1.pdf>. Acesso em: 8 jun. 2016.

_____. *Gênero, agência e escrita*. Organização de Judith Chambliss Hoffnagel e Angela Paiva Dionisio. Tradução e adaptação de Judith Chambliss Hoffnagel. 2. ed. São Paulo: Cortez, 2011a.

_____. *Gêneros textuais, tipificação e interação*. Organização de Angela Paiva Dionisio e Judith Chambliss Hoffnagel. Tradução e adaptação de Judith Chambliss Hoffnagel. 4. ed. São Paulo: Cortez, 2011b.

_____. *Escrita, gênero e interação social*. Organização de Judith Chambliss Hoffnagel e Angela Paiva Dionisio. Tradução e adaptação de Judith Chambliss Hoffnagel et al. São Paulo: Cortez, 2007.

BECHARA, Evanildo. *Moderna gramática portuguesa*. 37. ed. Rio de Janeiro: Lucerna, 1999.

BELTRÃO, Odacir. *Correspondência*: linguagem e comunicação. 16. ed. São Paulo: Atlas, 1981.

BIASI-RODRIGUES, Bernarderte; ARAÚJO, Júlio César; SOUSA, Socorro Cláudia Tavares (Org.). *Gêneros textuais e comunidades discursivas*: um diálogo com John Swales. Belo Horizonte: Autêntica, 2009.

BIROLI, Flávia. Dizer (n)o tempo: observações sobre história, historicidade e discurso. In: SIGNORINI, Inês. *[Re]Discutir texto, gênero e discurso*. São Paulo: Parábola, 2010. p. 157-184.

BLIKSTEIN, Izidoro. *Técnicas de comunicação escrita*. São Paulo: Ática, 2004.

BONINI, Adair. Os gêneros do jornal: questões de pesquisa e ensino. In: KARWOSKI, Acir Mário; GAYDECZKA, Beatriz; BRITO, Karim Siebeneicher (Org.). *Gêneros textuais*: reflexões e ensino. 4. ed. São Paulo: Parábola, 2011. p. 53-68.

_____. A noção de sequência textual na análise pragmática-textual de Jean-Michel Adam. In: MEURER, J. L.; BONINI, Adair; MOTTA-ROTH, Désirée (Org.). *Gêneros*: teorias, métodos, debates. São Paulo: Parábola, 2010. p. 208-236.

BORTONI-RICARDO, Stella Maris. Um modelo para a análise sociolinguística do português do Brasil. In: BAGNO, Marcos. *Linguística da norma*. São Paulo: Loyola, 2004. p. 333-350.

BOTELHO, Laura Silveira; SILVA, Marta Cristina. O gênero monografia em um curso de pedagogia: um estudo exploratório. In: APARÍCIO, Ana Sílvia Moço; SILVA, Sílvio Ribeiro (Org.). *Gêneros textuais e perspectivas de ensino*. Campinas: Pontes, 2014. p. 283-306.

BRANDÃO, Helena H. Nagamine. Gêneros do discurso: unidade e diversidade. 2004. Disponível em: <http://periodicoscientificos.ufmt.br/ojs/index.php/polifonia/article/view/1127/891>. Acesso em: 19 maio 2015.

_____. Introdução à análise do discurso. 7. ed. Campinas: Editora da Unicamp, 1998.

BRITO, Luiz Percival Leme. Língua e ideologia: a reprodução do preconceito. In: BAGNO, Marcos (Org.). Linguística da norma. 2. ed. São Paulo: Loyola, 2004. p. 135-154.

BRONCKART, Jean-Paul. O agir nos discursos. Campinas: Mercado Aberto, 2008.

_____. Atividade de linguagem, textos e discursos: por um interacionismo sociodiscursivo. Tradução de Anna Rachel Machado. São Paulo: Educ, 1999.

CAMÕES, Luís de. Obra completa. Rio de Janeiro: Nova Aguilar, 2003.

CANÇADO, Márcia. Manual de semântica: noções básicas e exercícios. São Paulo: Contexto, 2013.

CARROLL & BROWN. Culinária ilustrada passo a passo. Tradução de Mary Amazonas Leite Barros. São Paulo: Publifolha, [20--].

CARVALHO, Gisele de. Gênero como ação social em Miller e Bazerman: o conceito, uma sugestão metodológica e um exemplo de aplicação. In: MEURER, J.; BONINI, Adair; MOTTA-ROTH, Désirée (Org.). Gêneros: teorias, métodos, debates. São Paulo: Parábola, 2010. p. 130-149.

CASTILHO, Antonio Feliciano de. Obras completas. Lisboa: Livraria Moderna Typographia, 1905. v. 4.

CASTILHO, Ataliba T. de. Gramática do português brasileiro. São Paulo: Contexto, 2010.

_____. Variação dialetal e ensino institucionalizado da língua portuguesa. In: BAGNO, Marcos (Org.). Linguística da norma. 2. ed. São Paulo: Loyola, 2004. p. 27-36.

_____. O português do Brasil. In: ILARI, Rodolfo. Linguística românica. 3. ed. São Paulo: Ática, 2002. p. 237-269.

CHARAUDEAU, Patrick; MAINGUENEAU, Dominique. Dicionário de análise do discurso. Coordenação da tradução de Fabiana Komesu. São Paulo: Contexto, 2004.

CITELLI, Adilson. O texto argumentativo. São Paulo: Scipione, 1994.

_____. Linguagem e persuasão. 16. ed. São Paulo: Ática, 2007.

CORRÊA, Deuziane Veiga Pinheiro; SILVA, Marta Cristina da. Gêneros textuais em documentos oficiais e no livro didático de língua estrangeira. In: APARÍCIO, Ana Sílvia Moço; SILVA, Sílvio Ribeiro (Org.). Gêneros textuais e perspectivas de ensino. Campinas: Pontes, 2014. p. 145-165.

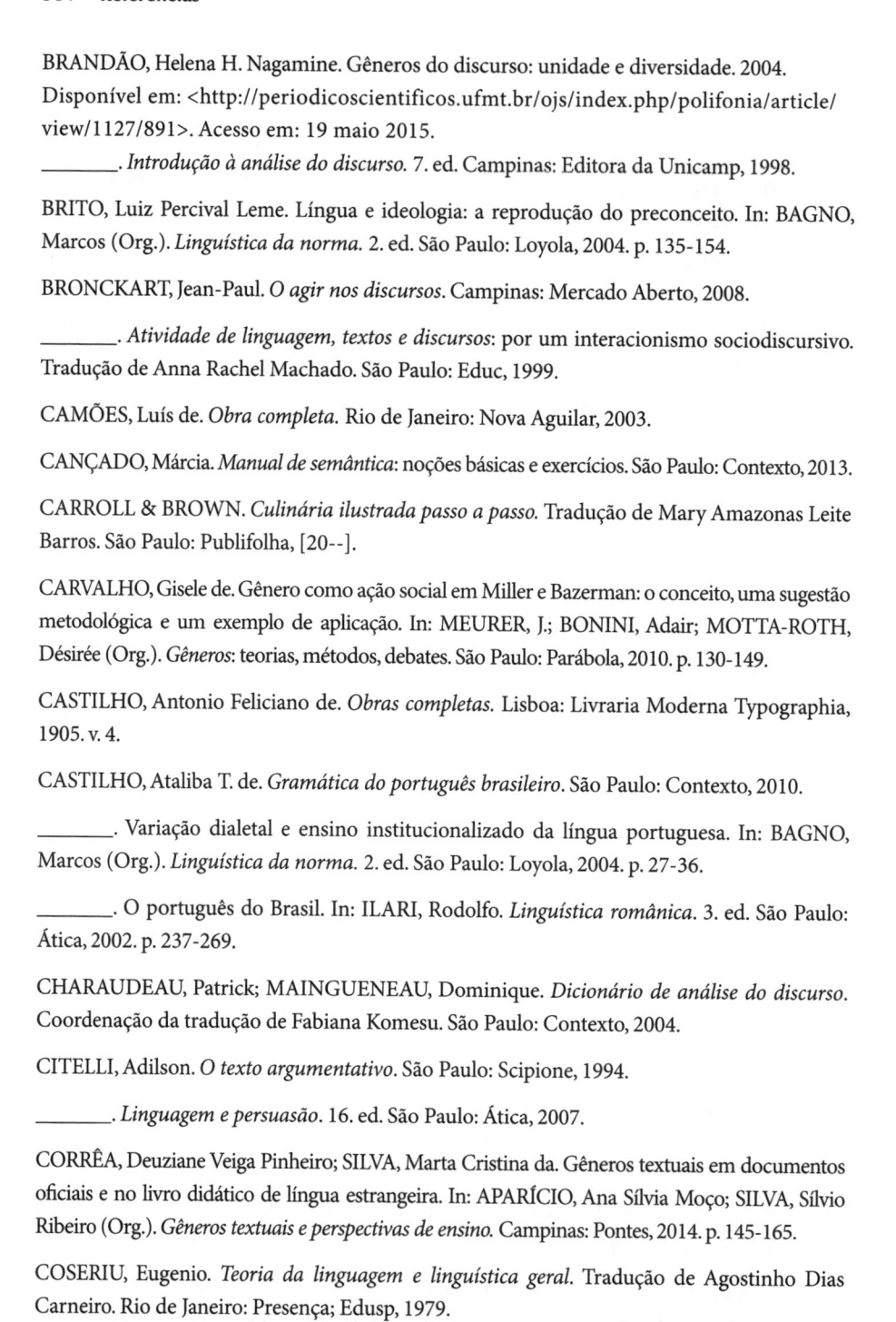

COSERIU, Eugenio. Teoria da linguagem e linguística geral. Tradução de Agostinho Dias Carneiro. Rio de Janeiro: Presença; Edusp, 1979.

COSTA, Sérgio Roberto. Dicionário de gêneros textuais. 3. ed. Belo Horizonte: Autêntica, 2014.

CRISTÓVÃO, Vera Lúcia Lopes. Modelo didático de gênero como instrumento para formação de professores. In: MEURER, José Luiz; MOTTA-ROTH, Désirée (Org.). *Gêneros textuais*: subsídios para o ensino da linguagem. Bauru: Edusc, 2002. p. 31-73.

_____; NASCIMENTO, Elvira Lopes. Gêneros textuais e ensino: contribuições do interacionismo sociodiscursivo. In: KARWOSKI, Acir Mário; GAYDECZKA, Beatriz; BRITO, Karim Siebeneicher (Org.). *Gêneros textuais*: reflexões e ensino. 4. ed. São Paulo: Parábola, 2011. p. 33-52.

CRUZ, Carlos Eduardo F. da; OLIVEIRA, Francisca Poliane Lima de. Vivendo n(os) gêneros textuais: uma experiência na EJA. In: APARÍCIO, Ana Sílvia Moço; SILVA, Sílvio Ribeiro (Org.). *Gêneros textuais e perspectivas de ensino*. Campinas: Pontes, 2014. p. 121-143.

CUNHA, Celso; CINTRA, Lindley. *Nova gramática do português contemporâneo*. Rio de Janeiro: Nova Fronteira, 1985.

CUNHA, Dóris de Arruda Carneiro da. O funcionamento dialógico em notícias e artigos de opinião. In: DIONISIO, Angela Paiva; MACHADO, Anna Rachel; BEZERRA, Maria Auxiliadora (Org.). *Gêneros textuais & ensino*. São Paulo: Parábola, 2010. p. 179-193.

CYRANKA, Lucia F. Mendonça. A pedagogia da variação linguística é possível? In: ZILLES, Ana Maria Stahl; FARACO, Carlos Alberto (Org.). *Pedagogia da variação linguística*: língua, diversidade e ensino. São Paulo: Parábola, 2015. p. 31-51.

DASCAL, Marcelo (Org.). *Fundamentos metodológicos da linguística:* pragmática. Campinas: Editora da Unicamp, 1982. v. 4.

DIAS, Eliana et al. Gêneros textuais e(ou) gêneros discursivos: uma questão de nomenclatura? *Interacções*, n. 19, p. 142-155, 2011.

DIONISIO, Angela Paiva et al. (Org.). *Bate-papo acadêmico*. Tradução de Benedito Gomes Bezerra et al. Recife: [s.n.], 2011. Disponível em: <http://www.nigufpe.com.br/batepapoacademico/bate-papo-volume1-quest1-portugues.html>. Acesso em: 8 maio 2015.

_____. Gêneros textuais e multimodalidade. In: KARWOSKI, Acir Mário; GAYDECZKA, Beatriz; BRITO, Karim Siebeneicher. *Gêneros textuais*: reflexões e ensino. 4. ed. São Paulo: Parábola, 2011. p. 137-152.

_____; MACHADO, Anna Rachel; BEZERRA, Maria Auxiliadora (Org.). *Gêneros textuais & ensino*. São Paulo: Parábola, 2010.

DOLZ, J.; SCHNEUWLY, B. *Pour un enseignement de l'oral:* initiation aux genres formels à l'ecole. Paris: ESF, 1998.

_____; PASQUIER, A; BRONCKART, J.-P. L'acquisition des discours: émergence d'une compétence ou appressentissage de capacités langagières? *Etudes de Linguistique Appliqué*, n. 102, p. 23-27, 1993.

Referências

DUBOIS, Jean et al. *Dicionário de linguística*. Tradução de Frederico Pessoa de Barros; Gesuína Domenica Ferretti, John Robert Schmitz, Leonor Scliar Cabral, Maria Elizabeth Leuba Salum. São Paulo: Cultrix, 1988.

ESOPO. *Fábulas*. Tradução de Antônio Carlos Vianna. Porto Alegre: LP&M, 2007.

FALEIROS, Álvaro. *Traduzir o poema*. São Paulo: Ateliê, 2012.

FARACO, Carlos Alberto. Norma culta brasileira: construção e ensino. In: ZILLES, Ana Maria Stahl; FARACO, Carlos Alberto (Org.). *Pedagogia da variação linguística*: língua, diversidade e ensino. São Paulo: Parábola, 2015. p. 19-30.

_____. *Norma culta brasileira*: desatando alguns nós. São Paulo: Parábola, 2009a.

_____. *Linguagem e diálogo*: as ideias linguísticas do círculo de Bakhtin. São Paulo: Parábola, 2009b.

_____. Norma-padrão brasileira: desembaraçando alguns nós. In: BAGNO, Marcos (Org.). *Linguística da norma*. 2. ed. São Paulo: Loyola, 2004. p. 37-61.

_____ (Org.). *Estrangeirismos*: guerra em torno da língua. São Paulo: Parábola, 2001.

_____; TEZZA, Cristovão. *Oficina de texto*. 7. ed. Petrópolis: Vozes, 2009.

_____; _____. *Prática de texto*: para estudantes universitários. 12. ed. São Paulo: Vozes, 2004.

FÁVERO, Leonor Lopes; KOCH, Ingedore Villaça. *Linguística textual*: introdução. 7. ed. São Paulo: Cortez, 2005.

FERREIRA, Luiz Antonio. *Leitura e persuasão*: princípios de análise retórica. São Paulo: Contexto, 2015.

FERREIRA, Simone Cristina Salviano. Afinal, o que é a crônica? In: TRAVAGLIA, Luiz Carlos; FINOTTI, Luisa Helena Borges; MESQUITA, Elisete Maria Carvalho de (Org.). *Gêneros de texto*: caracterização e ensino. Uberlândia: Edufu, 2008. p. 347-394.

FIORIN, José Luiz. *Argumentação*. São Paulo: Contexto, 2016.

_____. Gêneros e tipos textuais. In: MARI, Hugo; WALTY, Ivete; VERSIANI, Zélia (Org.). *Ensaios sobre leitura*. Belo Horizonte, PUC Minas, 2005. p. 101-117.

_____ (Org.). *Introdução à linguística*: I. Objetos teóricos. 3. ed. São Paulo: Contexto, 2004.

_____. Pragmática. In: _____ (Org.). *Introdução à linguística*: II. Princípios de análise. 2. ed. São Paulo: Contexto, 2003. p. 161-185.

_____ (Org.). A linguagem em uso. In: _____. *Introdução à linguística*: I. Objetos teóricos. 3. ed. São Paulo: Contexto, 2004. p. 165-186.

_____. Polifonia textual e discursiva. In: BARROS, Diana Luz Pessoa de; FIORIN, José Luiz. *Dialogismo, polifonia, intertextualidade*. São Paulo: Edusp, 1999. p. 29-36.

_____. Sobre a tipologia dos discursos. *Significação*, n. 8 e 9, p. 91-98, out. 1990.

_____; SAVIOLI, Francisco Platão. *Lições de texto*: leitura e redação. 4. ed. São Paulo: Ática, 1999.

_____; _____. *Para entender o texto*: leitura e redação. 4. ed. São Paulo: Ática, 1995. FREITAS, Alice Cunha. A estrutura lexical e a caracterização de um gênero discursivo. In: TRAVAGLIA, Luiz Carlos; FINOTTI, Luisa Helena Borges; MESQUITA, Elisete Maria Carvalho de (Org.). *Gêneros de texto*: caracterização e ensino. Uberlândia: Edufu, 2008. p. 101-133.

FREITAS, Mirella de Oliveira. A coerência local em textos expositivos e/ou argumentativos, escritos em língua portuguesa por vestibulandos. In: TRAVAGLIA, Luiz Carlos; FINOTTI, Luisa Helena Borges; MESQUITA, Elisete Maria Carvalho de (Org.). *Gêneros de texto*: caracterização e ensino. Uberlândia: Edufu, 2008. p. 229-269.

GALVÃO, Walnice Nogueira; GOTLIB, Nádia Battella (Org.). *Prezado senhor, prezada senhora*: estudos sobre cartas. São Paulo: Companhia das Letras, 2000.

GARCIA, Othon M. *Comunicação em prosa moderna*: aprenda a escrever, aprendendo a pensar. 13. ed. Rio de Janeiro: FGV, 1986.

GIKOVATE, Flávio; RIBEIRO, Renato Janine. *Nossa sorte, nosso norte*: para onde vamos? São Paulo: Papirus 7 Mares, 2013.

GONZÁLES, César Augusto. Variação linguística em livro de português para o EM. In: ZILLES, Ana Maria Stahl; FARACO, Carlos Alberto. *Pedagogia da variação linguística*. São Paulo: Parábola, 2015. p. 225-245.

GREIMAS, A. J.; COURTÉS, J. *Dicionário de semiótica*. Tradução de Alceu Dias Lima, Diana Luz Pessoa de Barros, Eduardo Peñuela Cañizal Lopes, Ignacio Assis da Silva, Maria José Castagnetti Sombra, Tieko Yamaguchi Miyazaki. São Paulo: Contexto, 2008.

GRICE, Paul. Lógica e conversação. In: DASCAL, Marcelo (Org.). *Fundamentos metodológicos da linguística:* pragmática. Campinas: Editora da Unicamp, 1982. v. 4.

GRUPO DE ESTUDOS DOS GÊNEROS DO DISCURSO (GEGe). *Palavra e contrapalavras*: conversando sobre os trabalhos de Bakhtin. São Paulo: Pedro & João Editores, 2010.

GRYNER, Helena. A sequência argumentativa: estrutura e funções. *Veredas – revista de estudos linguísticos,* Juiz de Fora, v. 4, n. 2, p. 97-112, 2000.

GUIMARÃES, Eduardo. *Texto e argumentação*: um estudo de conjunções do português. 3. ed. Campinas: Pontes, 2002.

GUIMARÃES, Elisa. *Texto, discurso e ensino*. São Paulo: Contexto, 2013.

_____. *A articulação do texto*. 9. ed. São Paulo: Ática, 2004.

GULLAR, Ferreira. *Relâmpagos*: dizer o ver. São Paulo: Cosac & Naify, 2003.

_____. *Toda poesia*. 9. ed. Rio de Janeiro: José Olympio, 2000.

HALLIDAY, M. A. K. Os usuários e os usos da língua. In: HALLIDAY, M. A. K.; MCINTOSH, Angus; STREVENS, Peter. *As ciências linguísticas e o ensino de lingual*. Petrópolis: Vozes, 1974.

Referências

HANSEN, João Adolfo. O nu e a luz: cartas jesuíticas do Brasil. Nóbrega – 1549-1558. *Revista do Instituto de Estudos Brasileiros*, São Paulo, n. 38, p. 87-119, 1995.

HAZAN, Marcella. *Fundamentos da cozinha italiana clássica*. São Paulo: Martins Fontes, 2002.

HEMAIS, Barbara; BIASI-RODRIGUES, Bernardete. A proposta sociorretórica de John Swales para o estudo de gêneros textuais. In: MEURER, José Luiz; BONINI, Adair; MOTTA-ROTH, Désirée (Org.). *Gêneros*: teorias, métodos, debates. São Paulo: Parábola, 2010. p. 108-129.

HENDGES, Graciela Rabuske. Citando na Internet: um estudo de gênero da revisão da literatura em artigos acadêmicos eletrônicos. Bauru: Edusc, 2002. p. 117-139.

HYMES, D. On communicative competence. In: PRIDE, J. B.; HOLMES, J. (Ed.). *Sociolinguistics*. Harmondsworth: Penguin, 1972.

HOUAISS, Antônio; VILLAR, Mauro de Salles. *Dicionário Houaiss da língua portuguesa*. Elaborado no Instituto Antônio Houaiss de Lexicografia e Banco de Dados da Língua Portuguesa. Rio de Janeiro: Objetiva, 2001.

IKEDA, Sumiko Nishitani. A noção de gênero textual na linguística crítica de Roger Fowler. In: MEURER, J.; BONINI, Adair; MOTTA-ROTH, Désirée (Org.). *Gêneros*: teorias, métodos, debates. São Paulo: Parábola, 2010. p. 46-64.

ILARI, Rodolfo. *Introdução ao estudo do léxico*: brincando com as palavras. 4. ed. São Paulo: Contexto, 2008.

_____. *Linguística românica*. 3. ed. São Paulo: Ática, 2002.

_____; BASSO, Renato. *O português da gente*. São Paulo: Contexto, 2006.

KARWOSKI, Acir Mário; GAYDECZKA, Beatriz; BRITO, Karim Siebeneicher (Org.). *Gêneros textuais*: reflexões e ensino. 4. ed. São Paulo: Parábola, 2011.

KOCH, Ingedore Villaça. *Introdução à linguística textual*: trajetória e grandes temas. 2. ed. São Paulo: Contexto, 2015.

_____. *Desvendando os segredos do texto*. 4. ed. São Paulo: Cortez, 2005.

_____. *A interação pela linguagem*. 9. ed. São Paulo: Contexto, 2004.

_____. *O texto e a construção dos sentidos*. 7. ed. São Paulo: Contexto, 2003.

_____. *Desvendando os segredos do texto*. São Paulo: Cortez, 2002.

_____. *A coesão textual*. 8. ed. São Paulo: Contexto, 1996.

_____; BENTES, Anna Christina; CAVALCANTE, Mônica Magalhães. *Intertextualidade*: diálogos possíveis. 2. ed. São Paulo: Cortez, 2008.

_____; ELIAS, Vanda Maria. *Escrever e argumentar*. São Paulo: Contexto, 2016.

_____; _____. *Ler e compreender*: os sentidos do texto. São Paulo: Contexto, 2006.

_____; MORATO, Edwiges Maria; BENTES, Anna Christina (Org.). *Referenciação e discurso*. São Paulo: Contexto, 2005.

_____; TRAVAGLIA, Luiz Carlos. *Texto e coerência*. 13. ed. São Paulo: Cortez, 2012.

_____; _____. *A coerência textual*. São Paulo: Contexto, 1990.

_____; _____. *Texto e coerência*. São Paulo: Cortez, 1989.

LEFEBVRE, Claire. As noções de estilo. In: BAGNO, Marcos (Org.). *Norma linguística*. São Paulo: Loyola, 2001. p. 203-236.

LEITE, Marli Quadros. *Preconceito e intolerância na linguagem*. São Paulo: Contexto, 2008.

LOPES-ROSSI, Maria Aparecida Garcia. Gêneros discursivos no ensino de leitura e produção de textos. In: KARWOSKI, Acir Mário; GAYDECZKA, Beatriz; BRITO, Karim Siebeneicher. *Gêneros textuais*: reflexões e ensino. 4. ed. São Paulo: Parábola, 2011. p. 69-82.

LOUSADA, Eliane Gouvêa. Elaboração de material didático para o ensino de francês. In: DIONISIO, Angela Paiva; MACHADO, Anna Rachel; BEZERRA, Maria Auxiliadora (Org.). *Gêneros textuais e ensino*. 2. ed. São Paulo: Parábola, 2010.

LUCCHESI, Dante. Norma linguística e realidade social. In: BAGNO, Marcos (Org.). *Linguística da norma*. 2. ed. São Paulo: Loyola, 2004. p. 63-92.

LUFT, Celso Pedro. *Dicionário prático de regência verbal*. 7. ed. São Paulo: Ática, 1999.

_____. *Dicionário prático de regência nominal*. 3. ed. São Paulo: Ática, 1998.

MACHADO, Anna Rachel. A organização sequencial da resenha crítica. *ESP, The ESPecialist*. Pesquisa em Línguas para Fins Específicos. Descrição, Ensino e Aprendizagem. São Paulo, v. 17, n. 2, p. 133-149. Disponível em: <http://revistas.pucsp.br/index.php/esp/article/view/9686/7201>. Acesso em: 19 fev. 2016.

_____. A perspectiva interacionista sociodiscursiva de Bronckart. In: MEURER, J. L.; BONINI, Adair; MOTTA-ROTH, Désirée (Org.). *Gêneros*: teorias, métodos, debates. São Paulo: Parábola, 2010. p. 237-259.

MAINGUENEAU, Dominique. *Termos-chave da análise do discurso*. Tradução de Márcio Venício Barbosa e Maria Emília Amarante Torres Lima. Belo Horizonte: Editora da UFMG, 2000.

MARCUSCHI, Luiz Antônio. *Produção textual, análise de gêneros e compreensão*. São Paulo: Parábola, 2011.

_____. Gêneros textuais: configuração, dinamicidade e circulação. In: KARWOSKI, Acir Mário; GAYDECZKA, Beatriz; BRITO, Karim Siebeneicher. *Gêneros textuais*: reflexões e ensino. 4. ed. São Paulo: Parábola, 2011. p. 17-31.

_____. Gêneros textuais: definição e funcionalidade. In: DIONISIO, Angela Paiva; MACHADO, Anna Rachel; BEZERRA, Maria Auxiliadora (Org.). *Gêneros textuais & ensino*. São Paulo: Parábola, 2010. p. 19-38.

_____. Anáfora indireta: o barco textual e suas âncoras. In: KOCH, Ingedore Villaça; MORATO, Edwiges Maria; BENTES, Anna Christina. *Referenciação*. São Paulo: Contexto, 2005. p. 53-101.

MARI, Hugo; WALTY, Ivete; VERSIANI, Zélia (Org.). *Ensaios sobre leitura*. Belo Horizonte: PUC Minas, 2005.

MARQUESI, Sueli Cristina. Contribuições da análise textual dos discursos para o ensino em ambientes virtuais. *Linha D'Água*, v. 26, n. 2, p. 185-201, 2013.

_____. *A organização do texto descritivo em língua portuguesa*. São Paulo: Vozes, 1996.

MARTINS, Marco Antonio; VIEIRA, Silvia Rodrigues; TAVARES, Maria Alice (Org.). *Ensino de português e sociolinguística*. São Paulo: Contexto, 2014.

MEDEIROS, João Bosco. *Correspondência*: técnicas de comunicação criativa. 20. ed. São Paulo: Atlas, 2010.

MESQUITA, Elisete Maria de Carvalho. O texto técnico: aspectos textuais-discursivos. In: TRAVAGLIA, Luiz Carlos; FINOTTI, Luisa Helena Borges; MESQUITA, Elisete Maria Carvalho de (Org.). *Gêneros de texto*: caracterização e ensino. Uberlândia: Edufu, 2008. p. 135-158.

MEURER, José Luiz. Integrando estudos de gêneros textuais ao contexto de cultura. In: KARWOSKI, Acir Mário; GAYDECZKA, Beatriz; BRITO, Karim Siebeneicher. *Gêneros textuais*: reflexões e ensino. 4. ed. São Paulo: Parábola, 2011. p. 175-196.

_____. Gêneros textuais na análise crítica de Fairclough. In: _____; BONINI, Adair; MOTTA-ROTH, Désirée (Org.). *Gêneros*: teorias, métodos, debates. São Paulo: Parábola, 2010. p. 81-106.

_____. O conhecimento de gêneros textuais e a formação do profissional da linguagem. In: FORTKAMP, Milce Borges Mota; TOMICH, Leda Maria Braga (Org.). *Aspectos da linguística aplicada*. Florianópolis: Insular, 2008.

_____. Uma dimensão crítica do estudo de gêneros textuais. In: MEURER, José Luiz; MOTTA-ROTH, Désirée (Org.). *Gêneros textuais e práticas discursivas*: subsídios para o ensino da linguagem. São Paulo: Edusc, 2002. p. 17-29.

_____; BONINI, Adair; MOTTA-ROTH, Désirée (Org.). *Gêneros*: teorias, métodos, debates. São Paulo: Parábola, 2010.

_____; MOTTA-ROTH, Désirée (Org.). *Gêneros textuais e práticas discursivas*: subsídios para o ensino da linguagem. São Paulo: Edusc, 2002.

MEYER, Michel. *A retórica*. Tradução de Marly N. Peres. São Paulo: Ática, 2007.

MILLER, Carolyn R. *Gênero textual, agência e tecnologia*. Organização de Angela Paiva Dionisio e Judith Hoffnagel. Tradução de Judith Hoffnagel et al. São Paulo: Parábola, 2012.

_____. Genre as social action. *Quartely Journal of Speech*, n. 70, p. 151-167, 1984.

MOISÉS, Massaud. *Dicionário de termos literários*. 15. ed. São Paulo: Cultrix, 2011.

_____. *A literatura portuguesa através dos textos.* 24. ed. São Paulo: Cultrix, 1995.

_____. *A literatura brasileira através dos textos.* 4. ed. São Paulo: Cultrix, 1976.

MORAES, Marcos Antonio. *Correspondência*: Mário de Andrade & Manuel Bandeira. 2. ed. São Paulo: Edusp: Instituto de Estudos Brasileiros, Universidade de São Paulo, 2001.

MORAES, Vinicius de. *Poesia completa e prosa.* Rio de Janeiro: Nova Aguilar, 1998.

MOTTA-ROTH, Désirée. Questões de metodologia em análise de gêneros. In: KARWOSKI, Acir Mário; GAYDECZKA, Beatriz; BRITO, Karim Siebeneicher. *Gêneros textuais*: reflexões e ensino. 4. ed. São Paulo: Parábola, 2011. p. 153-173.

_____. A construção social do gênero resenha acadêmica. In: MEURER, José Luiz; MOTTA-ROTH, Désirée (Org.). *Gêneros textuais e práticas discursivas*: subsídios para o ensino da linguagem. Bauru: Edusc, 2002. p. 77-116.

NEVES, Maria Helena de Moura. *Guia de usos do português.* 2. ed. São Paulo: Edusp, 2012.

OLIVEIRA, Luciano Amaral. *Coisas que todo professor de português precisa saber*: a teoria na prática. São Paulo: Parábola, 2011. p. 65-99.

PADILHA PINTO, Abuêndia. Gêneros discursivos e ensino de língua inglesa. In: DIONISIO, Angela Paiva; MACHADO, Anna Rachel; BEZERRA, Maria Auxiliadora (Org.). *Gêneros textuais & ensino.* São Paulo: Parábola, 2010. p. 51-62.

PAES, José Paulo. *Poesia completa.* São Paulo: Companhia das Letras, 2008.

PARREIRA, Miriam Silveira. Operadores argumentativos e técnicas de argumentação em editoriais de jornal. In: TRAVAGLIA, Luiz Carlos; FINOTTI, Luisa Helena Borges; MESQUITA, Elisete Maria Carvalho de (Org.). *Gêneros de texto*: caracterização e ensino. Uberlândia: Edufu, 2008. p. 271-297.

PÉCORA, Alcir. *Máquina de gêneros.* São Paulo: Edusp, 2001.

PEREIRA, Rosimeri da Silva. O ensino de língua portuguesa: perspectivas conceituais e históricas do campo. Disponível em: <http://www.histedbr.fe.unicamp.br/acer_histedbr/jornada/jornada7/_GT4%20PDF/O%20ENSINO%20DE%20L%CDNGUA%20PORTUGUESA.pdf>. Acesso em: 31 mar. 2016.

PERELMAN, Chaïm. *Retóricas.* Tradução de Maria Ermantina Galvão G. Pereira. São Paulo: Martins Fontes, 1997.

_____; OLBRECHTS-TYTECA, Lucie. *Tratado da argumentação*: a nova retórica. Tradução de Maria Ermantina Galvão G. Pereira. São Paulo: Martins Fontes, 1996.

PESSOA, Fernando. *Obra poética.* Rio de Janeiro: Nova Aguilar, 2003.

PINHEIRO, Najara Ferrari. A noção de gênero para análise de textos midiáticos. In: MEURER, José Luiz; MOTTA-ROTH, Désirée (Org.). *Gêneros textuais e práticas discursivas*: subsídios para o ensino da linguagem. Bauru: Edusc, 2002. p. 259-290.

POSSENTI, Sírio. *Discurso, estilo e subjetividade*. 3. ed. São Paulo: Martins Fontes, 2008.

_____. Um programa mínimo. In: BAGNO, Marcos. *Linguística da norma*. São Paulo: Loyola, 2004. p. 317-332.

PRETTI, Dino. *Sociolinguística*: os níveis da fala. 9. ed. São Paulo: Edusp, 2000.

_____. _____. 3. ed. 1977.

PRIDE, J. B.; HOLMES, J. (Ed.). *Sociolinguistics*. Harmondsworth: Penguin, 1972.

QUEIRÓS, Eça de. *O primo Basílio*. São Paulo: Selinunte, 1992.

RAMOS, Graciliano. *Relatórios do prefeito de Palmeira dos Índicos*. Rio de Janeiro: Record; Entrelivros, [20--].

_____. *São Bernardo*. 34. ed. Rio de Janeiro: Record, 1979.

REY, Alain. Usos, julgamentos e prescrições linguísticas. In: BAGNO, Marcos (Org.). *Norma linguística*. São Paulo: Loyola, 2001. p. 115-144.

RIBEIRO, Josélia. *A sequência argumentativa e as categorias de argumentos no texto escolar nos níveis de ensino fundamental e médio*. 196 p. Tese (Doutorado) – Universidade Federal do Paraná. Curitiba, 2012.

ROCHA LIMA, Carlos Henrique. *Gramática normativa da língua portuguesa*. 19. ed. Rio de Janeiro: José Olympio, 1978.

RODRIGUES, Aryon Dall'Igna. Problemas relativos à descrição do português contemporâneo como língua-padrão no Brasil. In: BAGNO, Marcos. *Linguística da norma*. São Paulo: Loyola, 2004. p. 11-25.

RODRIGUES, Rosângela Hammes. Os gêneros do discurso na perspectiva dialógica da linguagem: a abordagem de Bakhtin. In: MEURER, J. L.; BONINI, Adair; MOTTA-ROTH, Désirée (Org.). *Gêneros*: teorias, métodos, debates. São Paulo: Parábola, 2010. p. 152-183.

ROJO, Roxane. Gêneros do discurso e gêneros textuais: questões teóricas e aplicadas. In: MEURER, J.; BONINI, Adair; MOTTA-ROTH, Désirée (Org.). *Gêneros*: teorias, métodos, debates. São Paulo: Parábola, 2010. p. 184-207.

_____. O texto no ensino-aprendizagem de línguas hoje: desafios da contemporaneidade. In: TRAVAGLIA, Luiz Carlos; FINOTTI, Luisa Helena Borges; MESQUITA, Elisete Maria Carvalho de (Org.). *Gêneros de texto*: caracterização e ensino. Uberlândia: Edufu, 2008. p. 9-43.

ROSA, João Guimarães. *Grande sertão*: veredas. 19. ed. Rio de Janeiro: Nova Fronteira, 2001.

SABINO, Fernando. *A falta que ela me faz*. São Paulo: Círculo do Livro, 1987.

SALVADOR, Arlete. *Para escrever bem no trabalho*: do WhatsApp ao relatório. São Paulo: Contexto, 2015.

SANT'ANNA, Affonso Romano de. *Poesia reunida*: 1965-1999. Porto Alegre: L&PM, 2007. 2 v.

_____. *Paródia, paráfrase e cia*. São Paulo: Ática, 1985.

SANATAELLA, Lucia. O novo estatuto do texto nos ambientes de hipermídia. In: SIGNORINI, Inês. *[Re]Discutir texto, gênero e discurso*. São Paulo: Parábola, 2010, p. 47-72.

SANTINI, Juliana. A escrita epigramática de Cecília Meireles. In: FERNANDES, Maria Lúcia Outeiro; LEITE, Guacira Marcondes Machado; BALDAN, Maria de Lourdes Ortiz Gandini (Org.). *Estrelas extremas*: ensaios sobre poesia e poetas. Araraquara: Cultura Acadêmica; Laboratório Editorial Unesp, 2006. p. 94-95.

SANTOS, Leonor Werneck; RICHE, Rosa Cuba; TEIXEIRA, Claudia Souza. *Análise e produção de textos*. São Paulo: Contexto, 2013.

SANTOS, Rosilda Maria Araújo Silva dos. *Os gêneros textuais como ferramenta didática para o ensino da linguagem*. 120 f. Dissertação (mestrado) – Universidade Católica de Pernambuco. Recife, 2010.

SAUSSURE, Ferdinand de. *Curso de linguística geral*. Tradução de Antônio Chelini, José Paulo Paes e Izidoro Blikstein. 27. ed. São Paulo: Cultrix, 2006.

SCABIN, Rafael Cesar. As cartas jesuíticas do século XVI e a *ars dictaminis* medieval: uma proposta de leitura documental. VIII Ciclo de Estudos Antigos e Medievais. IX Jornada de Estudos Antigos Medievais. Universidade Estadual de Londrina, 9 a 11 de novembro de 2010. Disponível em: <http://www.ppe.uem.br/jeam/anais/2010/pdf/30.pdf>. Acesso em: 30 set. 2015.

SCHNEUWLY, Bernard; DOLZ, Joaquim. *Gêneros orais e escritos na escola*. Campinas: Mercados de Letras, 2004.

SCHERRE, Maria Marta Pereira. A norma do imperativo e o imperativo da norma: uma reflexão sociolinguística sobre o conceito de erro. In: BAGNO, Marcos (Org.). *Linguística da norma*. 2. ed. São Paulo: Loyola, 2004. p. 217-251.

SIGNORINI, Inês. *[Re]Discutir texto, gênero e discurso*. São Paulo: Parábola, 2010.

SILVA, Jane Quintiliano G. Gênero discursivo e tipo textual. Disponível em: <http://www.pucminas.br/imagedb/documento/DOC_DSC_NOME_ARQUI20120831132614.pdf>. Acesso em: 26 maio 2015.

SILVA, Noádia Íris da; BEZERRA, Benedito Gomes. O conceito de gêneros em artigos científicos sobre ensino de língua materna: repercussões de quatro tradições de estudos. In: APARÍCIO, Ana Sílvia Moço; SILVA, Sílvio Ribeiro. *Gêneros textuais e perspectivas de ensino*. Campinas: Pontes, 2014. p. 17-48.

SILVA, Rosa Virgínia Mattos e. Variação, mudança e norma: movimentos no interior do português brasileiro. In: BAGNO, Marcos (Org.). *Linguística da norma*. 2. ed. São Paulo: Loyola, 2004. p. 291-316.

SILVA, Vera Lúcia Teixeira da. Competência comunicativa em língua estrangeira (que conceito é esse?). *SOLETRAS*, São Gonçalo, UERJ, ano IV, n. 8, p. 7-17, jul./dez. 2004.

SIMÕES, Darcilia; REIS, Rosane. Ensino da norma linguística a partir dos gêneros em suportes digitais. In: APARÍCIO, Ana Sílvia Moço; SILVA, Sílvio Ribeiro (Org.). *Gêneros textuais e perspectivas de ensino*. Campinas: Pontes, 2014. p. 213-245.

SPARANO, Magali et al. *Gêneros textuais*: construindo sentidos e planejando a escrita. São Paulo: Terracota, 2012.

TARALLO, Fernando. *A pesquisa sociolinguística*. 4. ed. São Paulo: Ática, 1994.

TOMASI, Carolina. *Elementos de semiótica*: por uma gramática tensiva do visual. São Paulo: Atlas, 2012.

TRASK, R. L. *Dicionário de linguagem e linguística*. Tradução e adaptação de Rodolfo Ilari. São Paulo: Contexto, 2004.

TRAVAGLIA, Luiz Carlos. Composição tipológica de textos como atividade de formulação textual. *Revista do GELNE*. Fortaleza, v. 4, n. 1/2, p. 32-37, 2002. Disponível em: <http://www.ileel.ufu.br/travaglia/sistema/uploads/arquivos/artigo_composicao_tipologica_textos_atividade_formulacao.pdf>. Acesso em: 30 maio 2016.

_____. *Gramática e interação*: uma proposta para o ensino de gramática. 14. ed. São Paulo: Cortez, 2009.

_____. Das relações possíveis entre tipos na composição de gêneros. In: 4º Simpósio Internacional de Estudos de Gêneros Textuais (IV SIGET), 2007, Tubarão – SC. *Anais [do] 4º Simpósio Internacional de Estudos de Gêneros Textuais (4º SIGET)*. Tubarão: Universidade do Sul de Santa Catarina – UNISUL, 2007, v. 1. p. 1297-1306.

_____. Categorias de texto: significantes para quais significados? In: _____; FINOTTI, Luisa Helena Borges; MESQUITA, Elisete Maria Carvalho de (Org.). *Gêneros de texto*: caracterização e ensino. Uberlândia: Edufu, 2008. p. 173-192.

VAN JR., Orlando; LIMA-LOPES, Rodrigo E. de. A perspectiva teleológica de Martin para a análise dos gêneros textuais. In: MEURER, J.; BONINI, Adair; MOTTA-ROTH, Désirée (Org.). *Gêneros*: teorias, métodos, debates. São Paulo: Parábola, 2010. p. 29-45.

VIEIRA, Antonio. *Sermões*. Organização de Alcir Pécora. São Paulo: Hedra, 2000.

VIEIRA, Mauriceia Silva de Paula; SILVA, Danielle Cristine. Multimodalidade e multissemiose na formação de leitores proficientes: um estudo na perspectiva dos gêneros. In: APARÍCIO, Ana Sílvia Moço; SILVA, Sílvio Ribeiro (Org.). *Gêneros textuais e perspectivas de ensino*. Campinas: Pontes, 2014. p. 169-189.

VILELA, Mário; KOCH, Ingedore Villaça. *Gramática da língua portuguesa*: gramática da palavra, gramática da frase, gramática do texto/discurso. Lisboa: Almedina, 2001.

WACHOWICZ, Teresa Cristina. *Análise linguística nos gêneros textuais*. Curitiba, IBPEX, 2010.

ZILLES, Ana Maria Stahl; FARACO, Carlos Alberto. *Pedagogia da variação linguística*. São Paulo: Parábola, 2015.

Índice Remissivo

A

"Cena do ódio", de Almada Negreiros, 240
"Gare do infinito", de Oswald de Andrade, 60
Abaixo-assinado, 345
Ação retórica tipificada, 245, 246
Ação retórica, 16, 35
Aceitabilidade, 165
Acórdão, 337
Acordo, 337
Adjetivos, 272
    adjetivos de verificação, 273
    adjetivos não predicativos, 273
    adjetivos predicativos, 272
    adjetivos qualificadores, 273
    adjetivos quantificadores, 273
Afetações, 262
Alusão, 7
Alvará, 348
Ambiguidade, 268
Amplificação, 240
Anáfora, 219
Anáfora indireta, 68, 95, 223
Análise crítica do discurso, 205
Ancoragem, 70
Ancoragem diferida, 70
Anexo, 267
Antítese, 233
Antonímia, 232
Apólogo, 59
Apostila, 374
Argumentação, 79
    apresentação de um ponto de vista, 86
    aspectos particulares (especificação), exemplificação (sustentação), 87
    confirmação da posição defendida, 87
    definição expressiva, 94
    definição normativa, 94
    estratégias, 80-85
    explicitação das causas e razões da posição assumida, 86
    lugar da qualidade, 89
    lugar da quantidade, 90
    não *stricto sensu*, 59
    pelo exemplo, 102
    retórica aristotélica, 88
    stricto sensu, 59
Argumento
    antimodelo, 102
    baseado em ligações de coexistência, 100
    baseado na estrutura do real, 92, 97
    da competência linguística, 81
    da direção, 100
    de autoridade, 101
    de contradição e incompatibilidade, 93
    de identidade e definição, 93
    do ridículo, 97
    ligações que fundamentam a estrutura do real, 92, 102
    por analogia, 103
    por comparação, 95
    por divisão, 96
    por ilustração, 104
    por inclusão ou divisão, 95
    por processo de dissociação, 104
    por processo de ligação, 104
    por retorsão, 96
    por sucessão, 97
    por superação, 100
    por transitividade, 95
    pragmático, 98
    quase lógicos, 92, 93, 97
Ars dictaminis, 255
Articuladores
    argumentativos, 272
    evidenciadores da propriedade autorreflexiva da linguagem, 198
    metadiscursivos, 196
    orientados para a formulação textual, 197
    textuais discursivo-argumentativos, 196
Artigo científico, 58, 257
Aspas
    na heterogeneidade discursiva, 10
    no dialogismo, 180
Aspectualização na descrição, 70
Assimetria e poder, 210
Assinatura na carta comercial, 263, 264
Ata, 318
Ata de condomínio, 24
Atestado, 350
Ato de fala, 222, 228, 247
Ato ilocutório, 250
Ato locutório, 250
Ato perlocutório, 250
Auto, 315
    de abertura, 315
    de corpo de delito, 315
    de flagrante, 315
    de infração, 315
    de partilha, 315
Autorização, 349
Averbação, 374
Aviso, 58, 320
    de aceite, 321
    de apresentação, 321
    de baixa ou de liquidação, 321

de falta de pagamento, 321
de ocorrência, 321
de vencimento 321

B

Bakhtin
  alusão, 7
  aspas (indicação de dialogismo), 9
  citação direta, 6
  citação indireta, 7
  competência linguística, 6
  definição de gênero, 13
  dialogismo, 9
  domínio do gênero, 20
  enfoque discursivo-interacionista, 3
  estilização, 8
  função comunicativa, 18
  gênero rígido, 25
  gêneros primários, 5
  gêneros relativamente estáveis, 19
  gêneros secundários, 5
  heterogeneidade constitutiva, 9
  heterogeneidade mostrada, 9, 10
  ironia, 8
  paráfrase, 8
  paródia, 8
  polifonia, 9
  princípio centrífugo, 18
  princípio centrípeto de identidade, 18
  teoria de gêneros discursivos, 16
  teoria de gêneros textuais, 16
Benveniste: discurso e história, 54
Bilhete, 300

C

Cabeçalho da carta comercial, 263
Campo associativo, 236, 237
Campo lexical, 236, 237
Capacidade
  de ação, 52
  de linguagem, 51, 52
  discursiva, 52
  formativa: competência textual, 48
  linguístico-discursiva, 52
  qualificativa: competência textual, 49
  transformativa: competência textual, 48
Carta, 19, 255
  abreviatura de departamento, 263
  ambiguidade, 268
  anexo, 267
  ars dictaminis, 255
  assinatura, 263
  cabeçalho, 263
  circunlóquios, 268
  clareza, 268
  código aberto, 259

código fechado, 259
comercial, 258
concisão, 268
cortesia, 267
data, 263
de crédito, 257
de petição, 257
de reclamação, 210
de venda de produtos ou serviços, 282
empolação, 268
estereótipos, 267
estrutura, 263
eufonia, 267
expressividade, 267
fecho de cortesia, 263
harmonia, 267
hiato, 267
história, 256
introdução, 263
manuais de escrita de cartas, 257
manutenção da face positiva, 267
partes, 256
precisão, 268
preconceitos, 267
saudação (vocativo), 263
texto, 264
Carta aberta, 279
Carta do(a) editor(a), 282
Carta do(a) leitor(a), 284
Carta entre amigos, 274
Carta-manifesto, 275
Catáfora, 219
Categorias de texto, 251
Certidão, 351
Certificado, 352
Circular, 43, 308
Circunlóquio, 268
Citação, 326
  direta, 6
  indireta, 7
Clareza, 268
Código aberto, 259
Código fechado, 259
Coerência, 221
  anáforas indiretas, 223
  atos de fala, 222
  catáfora, 224
  conhecimento enciclopédico, 222
  descrições definidas, 227
  estratégias de formulação, 223
  estratégias de preservação de faces, 222
  estratégias de referenciação, 223
  estratégias interacionais, 222
  estratégias textuais, 223
  fatores de natureza linguística, 226
  marcadores conversacionais, 227
  macroestrutural, 79

procedimentos retóricos, 223
repetições, 227
sistema interacional, 222
sistema linguístico, 222
Coerência e coesão, 180
Coesão, 216
  anáfora, 219
  catáfora, 219
  exófora, 219
  formas remissivas não referenciais, 218
  formas remissivas referenciais, 218
  parafrástica, 220
  sequenciação frástica, 219
  sequenciação parafrástica, 219
Coesão e coerência textual, 215
Comparação na argumentação, 95
Competência
  comunicativa, 1, 52, 53, 159
  discursiva, 53, 160
  estratégica, 160
  genérica (sobre gêneros), 4
  gramatical, 159
  linguística, 6, 53
  metalinguística, 52
  sociolinguística, 159
  textual, 48, 53
Comunicação
  empresarial, 245
  oficial, 245
Comunicação/comunicado, 312
Comunicado interno, 58, 295
Comunidade discursiva de lugar, 33
Concepções de escrita, 156
Concisão, 268
Condições de felicidade, 247
Conflito, 65
Conhecimento de mundo, 227
Conhecimento enciclopédico, 198
Conhecimento partilhado, 227
Conhecimento linguístico, 198
Conhecimento textual, 199
Conjunto de gêneros, 249
Conotação, 235, 270
Contexto de situação, 228
Contrato, 43, 340
Convenção, 344
Convênio, 337
Convite, 360
Convocação, 361
Correção gramatical, 271
Cortesia, 267
Curriculum vitae, 332
  currículo eletrônico, 334
  estrutura, 334
  guia para preparação de um currículo eletrônico, 335
  questões práticas, 333
currículo oficial, 336

D

Decadência linguística, 127
Decisão, 359
Declaração, 353
Decreto, 365
Decreto-lei, 367
Degeneração linguística, 127
Dêiticos, 274
Delimitadores de domínio, 197
Denotação, 235, 269
Descrição
  de boletim de acidente de trânsito, 23
  elemento retardador de ações, 76
  literária, 23
  nos gêneros, 19
Desenlace, 65
Designação na descrição, 70
Despedida burocrática, 260
Dialetos sociais, 135
Dialogismo, 9, 179
Discurso, 47, 52
Discurso e história, 54
Discurso reportado, 6
Dissertação, 79
Dolz e Scheneuwly: gêneros como ferramentas, 29
  propósito de comunicação, 32
  prototipicidade, 33
Dom Casmurro, cap. 2, 70
Domínio do gênero, 19
Domínio dos mecanismos linguísticos, 52

E

Edital, 313
Editorial, 58
E-mail, 43, 300
  de cobrança, 307
  estrutura/superestrutura, 304
  ortografia, 306
Empolação, 262, 268
Empréstimo, 262
Encapsulamento, 187
Enfoque discursivo-interacionista de Bakhtin, 3
  definição, 13
  gêneros discursivo secundários, 5
  gêneros discursivos primários, 5
Enredo, 60
Enriquecimento do vocabulário, 238
  amplificação, 240
  paráfrase, 240
  resumo 240
Entrevista de emprego, 19, 210
Enunciação
  marcas, 54
  tempo, 61
Enunciado: tempo, 61

Escrita como produto, como processo, como planejamento, 156
Esquemas, 227
Esquema cognitivo, 56
Esquema textual, 175
Estatuto, 369
Estereótipo, 267
Estilização, 8
Estrangeirismo, 262
Estratégia persuasiva
   baseada na mensagem, 82
   baseada na referência, 82
   baseada no canal, 84
   baseada no código, 84
   baseada no emissor, 82
   baseada no receptor, 82
Estratégias argumentativas, 82, 92
Estratégias de formulação, 223
Estratégias de preservação da face, 222
Estratégias de progressão temática, 190
Estratégias de referenciação, 223
Estratégias interacionais, 222
Estratégias textuais, 223
Estrutura da carta comercial, 263
Estrutura da competência argumentativa, 85
Estudo do vocabulário, 231
   antítese, 233
   antonímia, 232
   campo lexical e campo associativo, 236
   denotação e conotação, 235
   enriquecimento do vocabulário, 238
   eufemismo, 234
   formação de palavras, 238
   hiponímia e hiperonímia, 236
   homonímia, 234
   lítotes, 234
   oxímoro, 233
   paradoxo, 233
   paronímia, 234
   polissemia, 235
   sinonímia, 235
Eufemismo, 234
Eufonia, 267
Exófora, 219
Exórdio, 79
Exórdio na argumentação, 90
Expansão na descrição, 70
Expressividade, 267

F

Fábula "O adivinho", 65
Fábulas, 59
Face negativa, 222, 223
Face positiva, 222, 223
Fatores pragmáticos, 228
Fecho de cortesia na carta comercial, 263, 264

Forma composicional dos gêneros, 43
Formas remissivas não referenciais, 218
Formas remissivas referenciais, 218
   operadores argumentativos, 221
   operadores organizacionais, 221
Frames, 201, 227
Função comunicativa, 18
Função de linguagem, 307
   emotiva ou expressiva, 307
   conativa, 307
   fática, 308
   metalinguística, 308
   poética, 308
   referencial, 308
Função de acrescentar elementos a um documento, declarando, corrigindo, ratificando, 374
Função de dar conhecimento de algo a alguém, 295
Função de dar fé da verdade de algo, declarar, 350
Função de decidir, resolver, 356
Função de decretar ou estabelecer normas, regulamentar, 365
Função de determinar a realização de algo, 373
Função de estabelecer concordância, 337
Função de outorgar mandato, explicitando poderes, 375
Função de pedir, solicitar, esclarecer, 345
Função de permitir, 348
Função de prestar contas, relatar, 295
Função de prometer, 363
Função de solicitar presença, 360

G

Gênero
   definição, 13
   domínio, 19
   função sociocomunicativa, 253
   primário, 5
   produção (implicações), 52
   rígido, 24
   secundário, 5
   significado de um texto, 41
Gênero administrativo em face da comunicação, 250
Gênero artigo científico, 58
Gênero como forma de ação social, 34, 245
Gênero editorial, 58
Gênero manual de instrução, 72
Gênero multa de trânsito, 16
Gênero propaganda, 211
Gêneros
   conjunto, 249
   forma composicional, 43
   forma híbrida, 36
   formas relativamente estáveis, 36
   função de acrescentar elementos a um documento, declarando, corrigindo, ratificando, 374
   função de dar conhecimento de algo a alguém, 295
   função de dar fé da verdade de algo, declarar, 350

função de decidir, resolver, 356
função de decretar ou estabelecer normas, regulamentar, 365
função de determinar a realização de algo, 373
função de estabelecer concordância, 337
função de outorgar mandato, explicitando poderes, 375
função de pedir, solicitar, esclarecer, 345
função de permitir, 348
função de prestar contas, relatar, 295
função de prometer, 363
função de solicitar presença, 360
intercambialidade, 41
na literatura, 14
na publicidade, 14
nas empresas, 14
no jornalismo, 14
no teatro, 14
orais, 14
primários, 55
princípio centrífugo, 18
princípio centrípeto de identidade, 18
relativamente estáveis, 18
secundários, 55
sistema, 249
Gêneros acadêmicos, 14
Gêneros administrativos, 258
empresariais, 245
oficiais, 245
Gêneros como ferramentas: Dolz e Schneuwly, 29
sequência didática, 29
Gêneros de maior estabilidade, 17
Gêneros de texto: propriedade, 15 (nota)
Gêneros discursivos, 1
antiguidade dos estudos de gêneros, 1
com base na textualidade, 54
como ferramentas: Dolz e Schneuwly, 29
como prática sócio-histórica, 34
comunidades discursivas e propósitos de comunicação: John Swales, 31
definição, 13
enfoque discursivo-interacionista de Bakhtin, 3
interacionismo sociodiscursivo de Bronckart, 27
intergenericidade: mistura e mudança de gênero, 36
primários, 5
propriedades, 15
secundários, 5
Gêneros retóricos, 2
deliberativo, 2
epidítico, 2
judiciário, 2
Gêneros rígidos, 17
Gíria, 262

H

Harmonia, 267
Hegemonia, 211

Heterogeneidade, 9
constitutiva, 9
mostrada, 9, 10
uso de aspas, 10
Hiato, 267
Hiperonímia, 236
Hiperônimo, 236
Hiponímia, 236
Hipônimo, 236
Homonímia, 234

I

Ideologia, 211
Implicatura convencional, 161
Incompatibilidade na argumentação, 93
Inferência, 79, 227
Informatividade, 168
Intencionalidade textual, 163
Interacionismo sociodiscursivo de Bronckart, 27
ação e operação de linguagem, 28
mecanismos de textualização, 28
mecanismos enunciativos, 28
texto como folhado de camadas superpostas, 28
Intercambialidade de gêneros, 41
Intercâmbio de gêneros, 2
Intergenericidade de gêneros, 41
mistura e mudança de gênero, 36
Interpelação, 374
Intertextualidade, 174
explícita e implícita, 177
formal, 174
Intimação, 363
Intriga, 60
Introduções em cartas comerciais, 263
Ironia, 7, 11

J

Jean-Michel Adam: gêneros discursivos com base na textualidade, 54
John Swales
comunidade discursiva de lugar, 33
comunidade discursiva, 31, 32, 33
léxico, 33
mecanismos de comunicação, 33
propósito comunicativo, 31, 33
prototipicidade, 32
sistema ou rede interativa, 33

L

Lei, 368
Leitura, 155, 198
ascendente, 202
orações passivas, 208
processo *bottom-up*, 201
processo *top-down*, 201
tipos, 201

Liberação, 350
Língua
  como atividade de construção de sentidos, 52
  como código, 51
  como estrutura, 202
  como expressão do pensamento, 48
  como instrumento de comunicação, 48
  como processo de interação, 48
  como representação do pensamento, 202
  conceito, 47, 49, 50
  concepção dialógica (interacional), 51, 202
  sistema abstrato autônomo, 49
  sistema de valores puros, 49
Lítotes, 234

M

Mala-direta, 284
Mandado, 374
Manuais de escrita de cartas, 257
Manual de instrução, 72
Manutenção da face positiva, 267
Marcuschi: gêneros como prática sociodiscursiva, 35
  gênero como ação retórica, 35
  gênero como forma de ação social, 35
Mecanismos de comunicação, 33
Medida Provisória, 367
Memorando, 295
Memorial, 348
Mensagem
  esfriamento, 260
  esquentamento, 260
Mensagens frias, 260
Mensagens quentes, 260
Mescla de gêneros, 37
Mistura de gêneros, 41
Modalidade retórica, 55
Modalização
  afetiva, 272
  deôntica, 272
  epistêmica, 272
Modalizadores, 196
Monitoramento de linguagem, 145
Mudança, 127

N

Naturalização de práticas sociais, 205, 210, 212
Nível comum de linguagem, 135
Nível culto de linguagem, 135
Nível popular de linguagem, 135
Nominalização, 186
Norma
  conceito, 122
  culta, 125, 135
  curta, 132
  objetiva, 139
  pedagógica, 139
  popular, 135
  subjetiva, 139
Nós exclusivo, 77
Nós inclusivo, 77
Nós misto, 77
Nota promissória, 364
Notificação, 363

O

Ofício, 287
Ofício circular, 310
Operação de tematização, 69
Operadores
  argumentativos, 77, 221
  organizacionais, 221
Oposição conversa, 233
Oposições
  contraditórias, 233
  graduais, 233
Orações passivas, 208
Ordem de serviço, 356
Organização textual, 196
Ortografia, 306
Oxímoro, 233

P

Palavras de sentido equivalente, 182
Palavras fazem coisas, 249
Parábolas, 59
Paradoxo, 233
Paráfrase, 182, 240
Paralelismo, 182
Paródia, 8
Paronímia, 234
Parônimos, 234, 307
Peroração, 79
Peroração na argumentação, 91
Petição, 345
Piada, 175
Plágio, 176
Plano, 227
Pleonasmo, 262
Poema
  "A cabra" de Ferreira Gullar, 188
  "A pesca", de Affonso Romano de Sant'Anna, 217
  "Aula de português", de Oswald de Andrade, 147
  "Cena do ódio", de Almada Negreiros, 240
  "Filhos", de Ferreira Gullar, 181
  "Formigueiro" de Arnaldo Antunes, 172
  "Kipling revisitado", de José Paulo Paes, 200
  "Procura da poesia", de Carlos Drummond de Andrade, 241
  "Se", de Rudyard Kipling, 199
  "Sick transit", de José Paulo Paes, 40
Polifonia e dialogismo, 177
Polifonia, 6, 9
  alusão, 6

citação direta, 6
citação indireta, 7
dialogismo, 9
discurso reportado, 6
estilização, 8
heterogeneidade, 9
ironia, 6
paráfrase, 8
paródia, 8
Polissemia, 235
Português do Brasil, 133
   conservadorismo fonético, 133
   conservadorismo gramatical, 133
   inovações fonológicas, 133
   inovações gramaticais, 134
Posto e pressuposto, 79
Prática discursiva, 206, 210
Prática social, 206
Práticas sociais naturalizadas, 205
Precisão, 268
Preconceito, 267
Preconceito linguístico, 150
Predicativo, 272
Presente da enunciação, 61
Preservação da face, 222
Pressuposto e posto, 79
Princípio
   centrípeto de identidade, 18
   da cooperação, 225
   da não contradição, 88
   de identidade, 88
   do terceiro excluído, 88
Procedimentos retóricos, 223
Processo de comunicação, 307
Procuração, 375
Produção de gêneros: implicações, 52
Produção de textos, 155
Produção textual nas teorias sociointerativas, 158
Progressão
   por tematização linear, 192
   textual com tema constante, 190
Progressão textual, 183
Prolixidade, 261
Propósito comunicativo, 31, 33
Prototipicidade, 55
Provas, 79

R

Recibo, 43, 354
Recursos retóricos, 195
Redação
   profissional, 254
   técnica, 258
Rede interativa, 33
Reformulação na descrição, 70
Regulamento interno, 371
Relações discursivo-argumentativas, 196
Relações lógico-semânticas, 196
Relativa copiadora, 124
Relativa cortadora, 124
Relativa padrão, 124
Relatório administrativo, 25, 327
Rema, 192
Repertório, 271
Repetição, 186, 261
Requerimento, 24, 346
Requisição, 348
Resolução, 65, 359
Resumo, 240
Retórica
   aristotélica: argumentação, 88
   novas abordagens, 91
Retorsão: argumento, 96
Rótulos, 187
Ruído, 262

S

Saudação na carta comercial, 263
Scanning: tipo de leitura, 201
Sentido de um texto, 227
Sequência explicativa: fases, 109
Sequência textual argumentativa, 76
   formas impessoais, 77
   presente atemporal, 77
Sequência textual descritiva
   anáfora indireta, 68
   ancoragem diferida, 70
   ancoragem, 69
   designação, 67, 70
   elementos, 69
   operação de aspectualização, 70
   operação de expansão, 70
   operação de tematização, 69
   operações de relação, 70
   reformulação, 70
Sequência textual dialogal, 113
Sequência textual expositiva/explicativa, 104-111
Sequência textual injuntiva, 111
Sequência textual narrativa, 59
Sequenciação
   frástica, 219
   parafrástica, 219
Sequências prototípicas, 55
Sequências textuais, 54, 57
   argumentativa, 76
   descritiva, 67
   dialogal, 112
   expositiva/explicativa, 104
   injuntiva, 111
   narrativa, 59
Significado de um texto, 41, 210

Sinonímia, 235
Sistema, 33
Sistema de gêneros, 249
Sistema interacional, 222
Sistema linguístico, 222
Situacionalidade, 171
Skimming: tipo de leitura, 201
Solicitação, 348
Subentendido, 79
Superestrutura da narrativa canônica, 59
Superestrutura textual, 55, 56, 175
Suporte ou gênero, 303

T

Técnicas argumentativas, 92
Tematização na descrição, 71
Tempo
　da enunciação, 61
　da narrativa, 61
　do enunciado, 61
Teoria da variação e da mudança, 147
Teoria de gêneros discursivos: herança bakhtiniana, 16
Termo de compromisso, 364
Termo exato, 269
Texto
　argumentativo, 58, 106
　como folhado de camadas superpostas, 28
　como prática social, 211
　conceito, 47, 50
　da carta comercial, 265
　descritivo, 58
　explicativo, 58
　expositivo, 58
　função sociocomunicativa, 295
　heterogeneidade, 50
　injuntivo, 112
　materialização de um gênero, 51
　narrativo, 58
　opinativo, 78
　polifonia, 50
　relações de poder, 54
　significado, 41
　técnico, 27
　vozes, 50
Textualidade, 162
　aceitabilidade, 165
　informatividade, 168
　intencionalidade, 163
　situacionalidade, 171
Tipelemento, 251
Tipo de texto, 54, 55, 57
Tipologia textual, 47
Tópico frasal, 156
Traços descontínuos: variedades linguísticas, 148
Traços graduais: variedades linguísticas, 148

V

Variação
　de canal, 146
　e variante, 119
　e variedade linguística, 119
　geográfica, 141
　individual, 145
　sociocultural, 142
　temática, 146
　temporal, 142
Variedades linguísticas, 121
　de registro, 121, 145
　diacrônicas, 121
　dialetais, 121
　diamésicas, 121
　diastráticas, 121
　espaciais (diatópicas), 121
　inovadoras, prestigiadas, estigmatizadas, 134
　linguísticas vista por Bortoni-Ricardo, 148
　monitoramento, 149
　oralidade/letramento, 149
　traços descontínuos, 148
　traços graduais, 148
Verdade natural, 210
Vocabulário, 238
Voto, 364
Vozes: composição de um texto, 50

W

WhatsApp, 308